석유화학공장 안전관리

추병길 · 이재섭

지우북스

머리말

석유화학 산업은 원유부터 최종적으로 석유화학제품을 만들기까지 원·부원료의 공급체계가 계열화되어야 하는 장치산업으로써 대단위 석유화학공업단지를 형성하기에 많은 시설 투자가 필요한 첨단기술의 집약체라고 할 수 있다. 또한 나프타를 분해하여 생산되는 각종 가연성 또는 유독성 물질을 원·부원료로 사용하는 석유화학공장은 이를 다량으로 저장·취급하고 있으며 제조공정도 고온과 고압이 요구되는 공정의 특성상 위험물질의 누출로 인한 화재나 폭발, 재해의 위험이 크다. 때문에 사고발생 시에는 대규모 재해로 확대되어 인근 공장에까지 영향을 미칠 수 있으며, 공장의 위치가 도시와 인접했을 경우 지역 주민에게도 심각한 영향을 주게 되고 환경오염 등 2차적인 재해의 가능성도 크다고 할 수 있다.

석유화학공장은 공정의 특성상 안전을 경영의 최우선 목표로 삼아야 한다. 이를 위해 안전관리 전문인력의 양성 및 확보, 노후화된 설비의 교체, 가동 중인 설비의 철저한 점검과 유지·보수가 필요하다. 그뿐만 아니라 공정, 전기계장, 기계금속 등 각 분야별 전문팀을 구성하여 현장에서 근무하고 있는 근로자에 대한 검사·점검업무와 종합적 안전관리시스템(SMS)의 평가 및 이행상태 확인 등 부단한 교육이 필요하다.

이 책은 화공, 기계, 화학설비, 전기계장, 산업공학, 산업안전, 소방안전, 가스안전 등의 학과에서 석유화학산업 관련 회사로 진출할 학생들에게 화학공장의 안전관리 내용을 실무적으로 강의를 하는 데 용이하게 사용할 수 있도록 편집하였다. 또한 사업장에서는 안전관리에 관하여 간부, 감독자 및 기타 종업원에게 화학공장의 공정설비, 화학설비 및 기구, 화재·폭발, 안전설비 대책 등 안전관리에 대한 교육자료로 사용할 수 있도록 구성하였다.

이 책은 총 6개의 장으로 구성되어 있다.

제1장은 석유화학공장의 특성을, 제2장은 정유·석유화학공장 공정설비를, 제3장은 석유화학공장 사고현황 분석을, 제4장은 석유화학공장의 화재·폭발사고의 원인 및 대책을 기술하였으며 제5장은 석유화학공장의 중대 주요 사고사례를, 끝으로 제6장에는 석유화학설비의 안전대책을 기술하였다. 특히 제5장에서는 화학공장에서 발생할 수 있는 사고 시나리오에 대한 위험성 평가방법 및 기준을 소개하였으며, 국내·외 중대산업사고에 대한 사고원인 및 예방대책에 대해서도 기술하였다. 또한 제6장의 안전대책에서는 안전작업 절치와 공정안전관리(PSM) 및 종합적 안전관리시스템(SMS)과 설비유지관리기법(RBI), 한국형위험기반검사(K-RBI)의 실무를 다루었다. 아울러 각 장에서 꼭 알아야 하는 기계나 설비, 안전 등의 용어를 그때그때 참고로 수록하여 공부하기에 좀 더 도움을 줄 수 있도록 하였다.

이 책을 집필함에 있어 석유화학공장 현장에서 오랜 기간 안전관리 업무를 추진한 관리자의 도움을 받았으나 석유화학공정의 용어나 안전관리 용어 등은 부족할 수 있기에 계속해서 자료를 보완·첨가할 것이며, 내용 역시 좀 더 충실하게 보완할 것을 약속드린다. 끝으로 이 책이 발간되기까지 도움을 주신 지우북스 서철종 대표님과 관계자 여러분께 감사드린다.

2022년 2월

목차

제1장

석유화학공장의 특성

1-1 석유화학산업의 특성

1. 석유화학산업의 의의

석유나 천연가스를 원료로 하여 연료, 윤활유 이외의 용도로 사용되는 석유화학 제품을 만드는 산업이다. 즉, 원유 → 정제 → 가공 → 석유화학 제품을 생산하여 각종 화학품의 가공을 통해 제조업체의 핵심적인 소재를 제공한다.

2. 특성

① 보편성 결여 : 고도의 기술집약적 장치산업으로 시스템이 복잡하다.
② 여러 종류의 화학 물질의 사용, 취급 및 저장하므로 높은 잠재 위험성이 있다.
③ 위험물질의 누출 또는 화재·폭발과 같은 사고가 발생할 경우 생명 및 환경에 막대한 영향을 끼치는 대형 사고가 된다.
④ 국가기간산업으로 국가 경제의 산업의 기반이 된다.
⑤ 석유화학공업은 대규모 단지로 조성된다.
⑥ 매출원가의 비중이 상당히 큰 편이다.
⑦ 활용도가 낮은 에너지를 사용하여 상품을 제조하는 것으로 에너지 효율성이 높다.

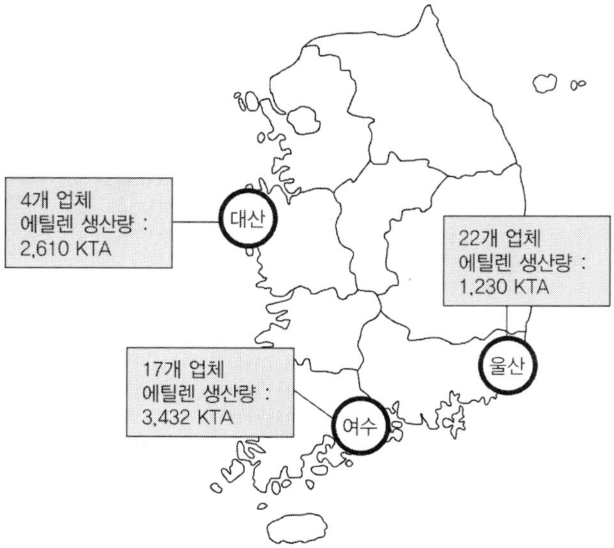

그림 1.1 국내석유화학단지의 현황

표 1.1 한국과 일본의 비교

	한국	일본
석유화학단지 개수	3(대산, 울산, 여수)	38
규모	대규모	소규모
관리기관	중앙정부 위주	지방기관, 자체 관리
단지 내 업체 수	다수	소수
주요 관점	인위재해(화재, 폭발)	자연재해(지진, 태풍)

1-2 석유의 생성과 석유 종류

1. 석유의 이해

1) 석유의 생성

원유(crude oil)는 지층에서 천연적으로 산출되는 가연성 액체로써, 이를 정제하여 만든 제품이 석유제품(petroleum products)이며, 원유와 석유제품을 총칭하여 석유(petroleum)라고 한다.

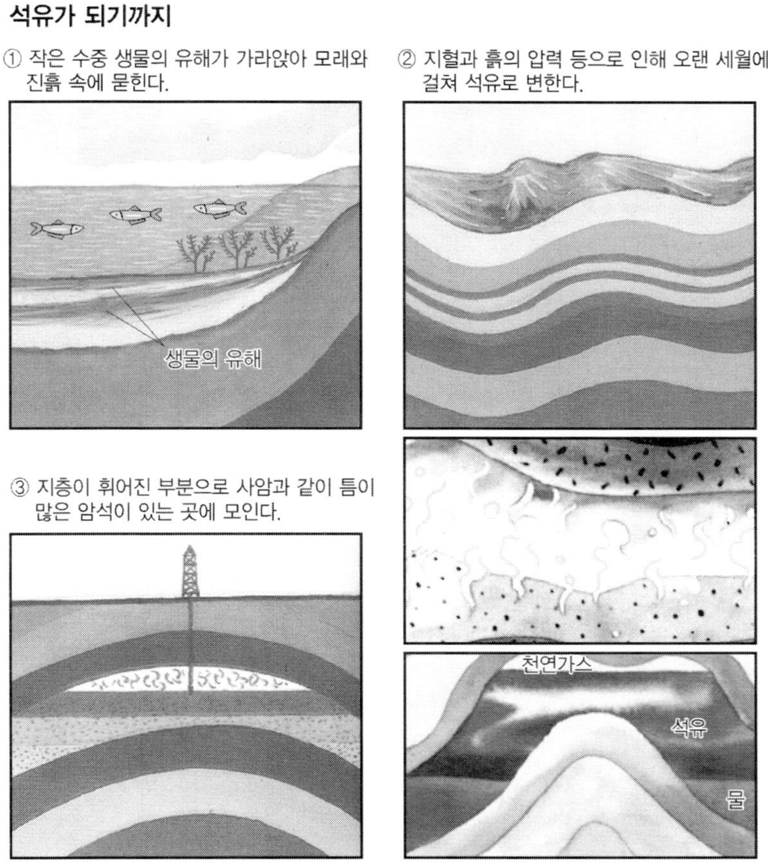

그림 1.2 석유의 생성

유기성인설에 대해 알아보면 지금부터 수억 년 전, 땅 위에는 공룡이 살고 있었으며 얕은 바다나 호수에는 플랑크톤이나 조류가 번식하였다. 석유는 주로 물밑에 퇴적된 실체를 이루며 생체 안에서 생명력에 의하며 만들어지는 물질 - 유기물(죽은 수중 미생물)에서 생성되었다고 한다. 우선 죽은 미생물들이 해저에 가라앉으면 세월의 흐름에 따라 차례로 쌓이고 겹쳐진 유기물 위에 사암과 이암(泥巖, 주로 점토와 실트 따위의 작은 입자들이 굳어져 생긴 퇴적암)이 뒤덮인다. 그것이 적당한 지압과 지열을 받아 서서히 화학변화를 일으켜 석유가 포함된 석유 모암(母巖, 광맥을 품고 있는 바위)이 형성된다.

수천만 년에 걸쳐 생성된 석유 모암의 틈 사이에 생긴 석유는 지구의 지각변동에 의해 모암을 떠나 현재의 유전을 형성하고 있는 지층 속으로 이동해 온 것이다. 따라서 석유가 생성되어 유전이 형성되기까지의 몇 가지 조건이 필요하다. 퇴적암이 널리 발달하여 꽤 큰 퇴적분지가 형성되어 있어야 하며 적절한 온도와 압력에 의해 화학변화가 진행되어야 하고 석유층이 생성되는 사암이나 석회암이 있어야 한다. 또한 지각의 변동에 의해 석유가 고이기 쉬운 지층 구조를 이루어야 한다.

2) 석유 매장량

매장량(reserves)이란 "시추를 통하여 부존이 확인된 저류층으로부터 현재시간 이후로, 주어진 경제 조건과 확립된 기술 그리고 정부 규제 하에서 상업적으로 생산할 수 있는 석유의 양"으로 정의된다. 쉽게 말하면, 매장량은 불확실성이 없이 검증된 기술로 상업적으로 생산할 수 있는 양이다. 불확실성이 없다는 것은 실제로 시추하여 부존을 확인하였고 또 사용할 생산기술을 유사한 조건에서 이미 검증하였다는 것을 의미한다. 중동이 전체 매장량의 65.4% 정도를 차지하고 있으며, 편중된 석유 매장량의 분포로 인하여 분쟁의 원인이 되고 있다.

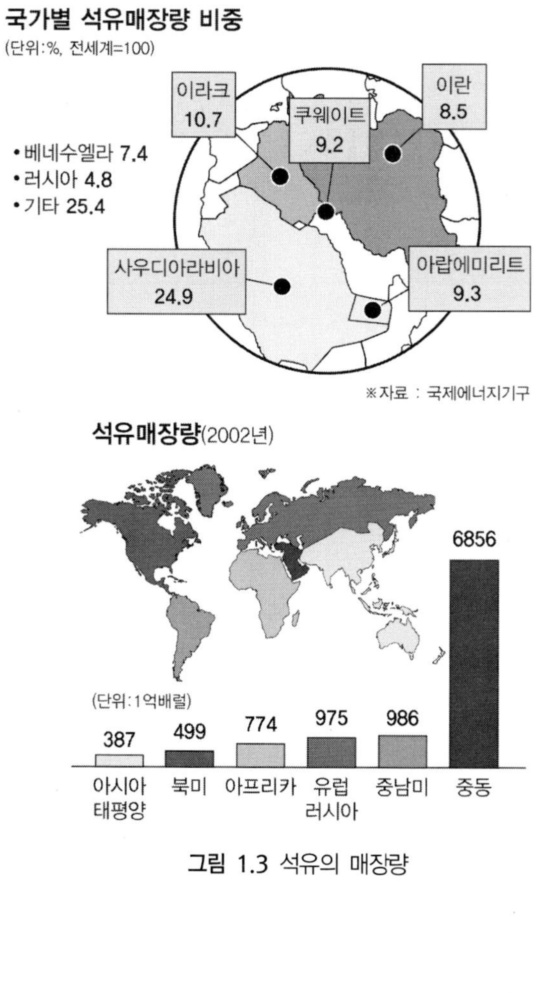

그림 1.3 석유의 매장량

3) 석유 수요

환경에 대한 관심과 각국 정부의 정책적 지원으로 관련 통계에서도 재생에너지 비중이 조금씩 늘어나고 있다. 그러나 그 재생에너지 비율은 기술적으로 생산이 어렵고 생산단가도 비싸므로 대량생산되기에는 한계가 있어 그 비중은 여전히 3.6% 정도에 불과하다. 환경에 대한 관심은 규제 강화로 나타나므로 석탄의 비중(27.6%)은 점차 감소하고 단기간 내에 비중을 확대하기 어려운 재생에너지의 현실적 대안으로 천연가스의 비중(23.4%)이 계속 늘어나는 추세이다. 원유의 비중이 34%이므로 이들 세 전통에너지는 현재 85%의 에너지를 공급하고 있다.

표 1.2 주요 국가의 석유 수요 증가율 (단위 : 백만 배럴/일)

	1990년	2000년	2005년	2010년	2015년	2020년	2025년
서유럽	12.5	13.5	14.1	14.4	14.6	14.8	15.3
동유럽	1.6	1.4	1.5	1.7	2	2.2	2.5
미국	17	19.7	20.0	23.0	25.2	27.1	29.2
중국	2.3	4.8	5.0	5.5	6.5	7.7	8.9
전 세계	66.1	76.9	81.1	89.7	98.8	108.2	118.8

표 1.3은 주요 국가별 1인당 연간 원유소비량을 나타내었다. 한국은 1인당 20배럴의 원유를 사용하여 미국과 비슷한 수치를 보이고 있다. 중국과 인도의 1인당 연간 사용량은 낮지만 한국과 비슷해진다면 전 세계 원유생산량은 이들 두 나라 수요의 66%만 충족하게 된다.

표 1.3 국가별 일인당 연간 원유소비량 (BP 2018 에너지 통계)

항목 \ 국가	미국	중국	인도	일본	사우디	한국
1인당 연간 소비량[배럴]	22.3	3.4	1.3	11.5	43.4	19.8
1인당 원유 사용량[천 배럴]	19,880	12,799	4,690	3,988	3,918	2,796
세계 수요 백분율[%]	20.2	13.0	4.7	4.0	3.9	2.8
인구수[백만]	326	1,386	1,339	127	33	51

표 1.4 주요 국가의 석유 소비량 (단위 : 백만 배럴/일)

	1990년	2000년	2005년	2010년	2015년	2020년	2025년
미국	20.4	23.8	23.5	28.3	31.5	34.2	37.5
서유럽	12.5	13.8	14.0	15.0	15.6	16.2	16.7
러시아	8.4	3.8	3.9	4.9	6.1	7.7	9.3
중국	2.3	4.8	5.0	8.1	10.2	12.8	15.2
한국	1.0	2.1	2.1	2.7	2.9	3.2	3.5
전 세계	66.1	76.9	77.1	95.4	109.0	124.7	141.7

4) 천연가스 관련 중요 항목

표 1.5 천연가스 관련 중요 항목의 세계 순위

순위 \ 항목	가스매장량 [조입방미터]	가스생산량 [억입방미터/일]	가스수출량 [억입방미터/일]	가스수입량 [억입방미터/일]	가스소비량 [억입방미터/일]
1	러시아	미국	러시아	일본	미국
	35.0	7,345	2,309	1,139	7,395
2	이란	러시아	카타르	독일	러시아
	33.2	6,356	1,218	948	4,248
3	카타르	이란	노르웨이	중국	중국
	24.9	2,239	1,150	920	2,404
4	투르크메니스탄	캐나다	미국	미국	이란
	19.5	1,763	835	829	2,144
5	미국	카타르	캐나다	이탈리아	일본
	8.7	1,757	807	622	1,171

(BP 2018 에너지 통계)

참고

BP(the british petroleum)
영국의 석유, 천연가스 관련 에너지 기업으로 세계 2위의 석유 회사이며 세계에서 3번째로 큰 다국적 에너지 기업

천연가스는 파이프라인 또는 저온 고압에서 액화(LNG)시킨 후 수송선을 이용하여 수입된다. 표 1.5에서 보면 미국이 가스 생산과 소비 모두에서 1위를 차지하고 있다. 일본은 가스 수입량이 가장 많으며 LNG 형태로 수입되고 독일은 전량을 파이프라인을 통해 수입된다.

가스매장량이나 수출량은 러시아가 1위를 차지하고 있으며, 중국도 가스 수입량은 증가하고 있다. 한국은 LNG 수입량은 세계 3위, 총수입량은 8위, 소비량은 16위이다.

5) 석유 자원을 둘러싼 분쟁

석유 확정 매장량은 1조 330억 배럴(BBL), 하루 석유 소비량은 7,300만 BBL이다. 이러한 추세를 본다면 석유 사용 가능기간은 약 40년이다.

표 1.6 미국과 중국석유 현황

미국	중국
석유 매장량 : 2 % 소비량 : 25 % 석유 수입 의존도 1985년 : 30 % 2003년 : 50 % 2020년 : 70 % 중국의 에너지 자원에 대한 접근 봉쇄	석유소비량 : 2위 급격한 소비량 증가 2010년 400만 BBL/Day 안정적인 수입 루트 없음 해상교통로에 의존

화석에너지는 100년 이내에 고갈될 것이며 생존 경쟁을 할 수밖에 없다. 현대의 주요 석유 분쟁의 현실은 다음과 같다.

(1) 걸프전

이라크의 쿠웨이트 침공은 UN 다국적군에 의하여 격퇴되고 미국을 비롯한 대규모 석유소비국들이 걸프만을 지키기 위한 조치를 하였다.

(2) 미국의 아프가니스탄 침공

미국은 대테러와의 전쟁을 명분으로 아프가니스탄을 침공하였고, 아프가니스탄은 가스자원의 경제적 통제를 위한 미국의 대 중동 정책에서 중요한 위치를 점유하였다.

(3) 미국의 대 이라크 전쟁

전 세계 석유매장량의 10%를 차지하고 있으나 유전개발이 미비하고 탐사 시 2,002억 배럴 이상의 석유매장량이 예상된다. 이라크 전쟁으로 인하여 미국은 이라크 유전개발의 기회를 획득하였다.

(4) 아부무사 섬 분쟁지역

이란과 아랍에미리트 사이에 있는 섬으로 석유 생산지 확보, 송유관 및 해상교통로 확보에 탁월한 지리적 이점이 있어 이란과 아랍에미리트가 영유권 분쟁을 일으키고 있다.

'BTC라인'과 아티라우–두산쯔 석유 파이프라인

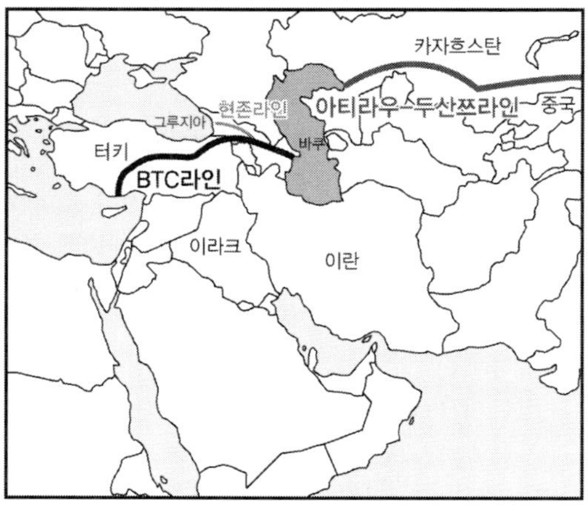

그림 1.4 BTC 라인과 '아티라우–두산쯔' 석유 파이프라인

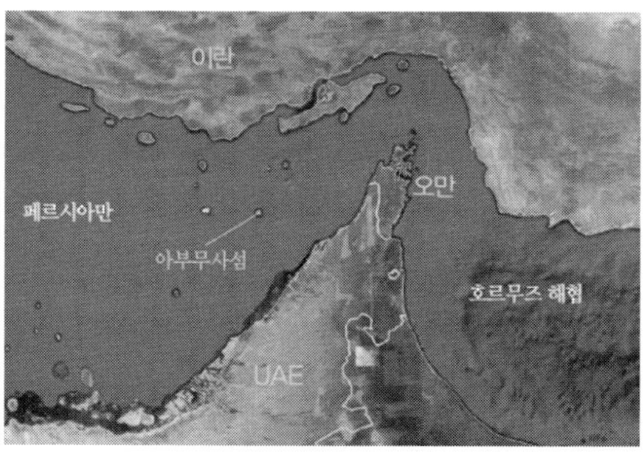

그림 1.5 아부무사 섬 석유 분쟁지역

(5) 카스피해 분쟁지역

카스피해를 바다 또는 호수로 보느냐에 따라 해저 석유 자원이 가질 수 있는 범위가 달라지기 때문에 주변국 사이에 갈등이 발생되고 있다. 500억 배럴의 원유와 8조 4,000억 m^3 규모의 천연가스가 매장되어 있기 때문이다. 카스피해가 호수라고 주장한 이란과 바다라고 맞선 카자흐스탄 등이 논쟁 끝에 특수한 법적 지위를 가진 바다인 '내륙해'로 보기로 합의하고 자원 개발을 위한 후속 협정을 맺기로 했다. 카스피해를 바다로 취급할지의 여부에 따라 주변국의 자원 영유권이 좌우된다. 카스피해 5개 연안국들은 카자흐스탄 악타우에서 정상회담을 열고 이같이 합의했다.

그림 1.6 카스피해 5개 연안국 활용 원칙 합의

6) 원유 가격과 GDP

한국이 수입하는 원유 가격은 수요와 공급에 의해서 시시각각 변한다. 이 가격에 따라서 원유 수출국과 수입국은 손해를 보거나 이익을 보기도 한다. 스위스 취리히에 본사를 둔 금융기업인 UBS가 원유 가격 변동이 각국의 국내총생산(GDP)에 얼마나 영향을 주는지 분석하였다.

그림 1.7은 원유가격이 50달러일 때와 100달러일 때 GDP를 표시하였다. 원유가격이 50달러일 때는 흐린색으로, 1,000달러일 때는 진한색으로 표시되었다. 한국의 경우 원유가격이 50달러일 때는 GDP가 30포인트 까지 올라갔지만 100달러로 오르니 마이너스 10포인트로 떨어진 것을 볼 수 있다. 일반적으로 원유 수입국인 한국, 일본, 영국, 터키 같은 나라는 원유가격이 하락하면 혜택이 큰 반면 유가가 상승하면 그 손실도 커진다. 그림에서 보듯이 원유가격에 따라서 원유수입국과 수출국은 손해를 보거나 이익을 볼 수 있다. UBS의 애널리스트에 따르면 유가는 50달러 이상 75달러 사이가 가장 적정하다고 한다.

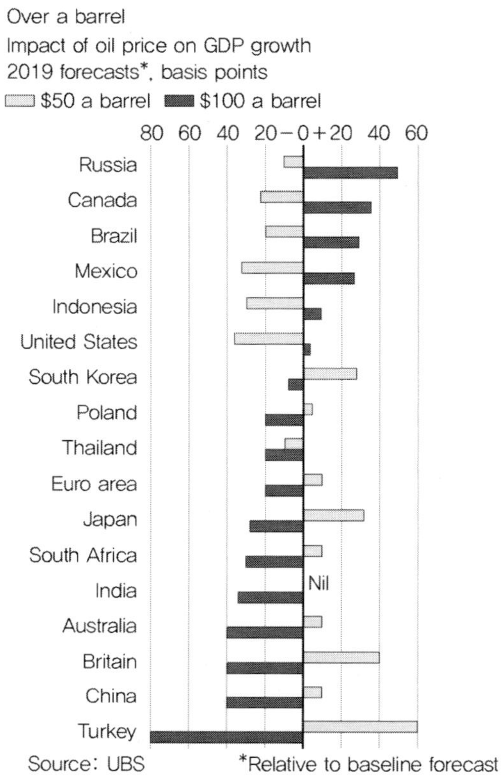

그림 1.7 원유 가격 변동에 따른 각국의 국내총생산의 증감(economist.com)

석유 수입국인 한국 입장에서 유가 하락은 기본적으로 교역조건을 개선하고 경상수지 흑자를 늘려 전반적으로는 우리 경제에 긍정적인 영향을 주는 것으로 알려졌다. 한국은행이 지난 2016년 발표한 '유가 DSGE(동태확률 일반균형) 모형 구축 및 유가 변동의 경제적 영향 분석' 보고서를 보면 원유공급 충격으로 유가가 10% 상승할 경우 국내총생산(GDP) 증가율이 첫 해에 0.1% 포인트, 이듬해에 0.24% 포인트 각각 하락했다. 이것은 유가 10% 하락이 GDP를 0.1% 포인트 올리는 효과가 있다는 의미다.

참고

GDP

국내총생산(GDP, gross domestic product)은 한 나라의 영역 내에서 가계, 기업, 정부 등 모든 경제주체가 일정 기간 동안 생산한 재화 및 서비스의 부가가치를 시장가격으로 평가하여 합산한 것

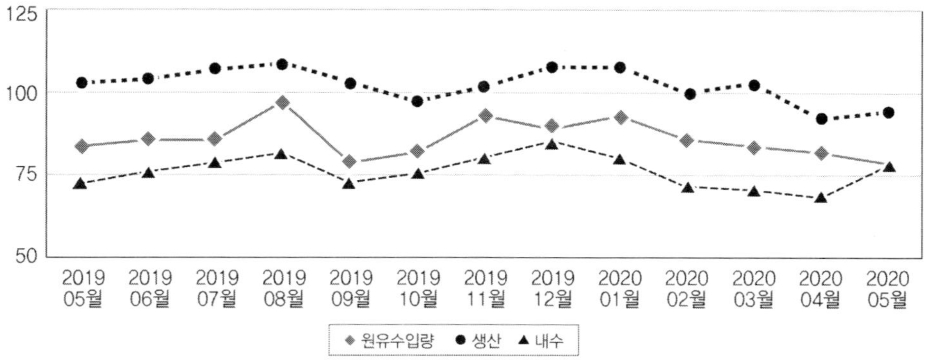

출처: 한국석유공사 「석유수급통계」, 한국무역협회 「무역통계」

그림 1.8 국내 석유 수급 동향

① 원유 수입은 2019년 원유 수입량은 전년 동기 대비 4% 감소한 10억 7천만 배럴이며 유럽, 중동, 아프리카, 아시아지역으로부터의 원유 수입 감소

② 석유제품 소비는 석유화학 원료용 납사, 항공유의 수요 감소로 인해 석유제품 소비는 0.2% 감소한 9억 3천만 배럴을 기록

③ 석유제품 수출은 벙커C유 등의 수출감소로 수출량은 1.6% 감소한 5억 2천만 배럴임

④ 석유제품 생산은 벙커C유 등의 생산 감소로 석유제품 생산량은 전년 동기 대비 0.6% 증가한 12억 5천만 배럴임

⑤ 석유제품 수입은 납사, LPG 등의 수입이 증가함에 따라 석유제품 수입은 전년 동기 대비 3% 증가한 3억 5천만 배럴을 기록

7) 국내 정제 처리 능력

영국 석유회사인 BP보고서에 따르면 2018년 한국 정유사들의 정제 설비 능력과 실제 정제 투입 물량 모두 하루 300만 배럴을 넘었다. 세계 5~6위 규모인데 우리나라보다 많은 정제 처리 물량을 기록한 국가들은 일본을 제외하면 모두 산유국이고 석유 소비 대국들이다. 한국 정유사들의 정제 설비 능력(refining capacity)은 지난해 기준 334만 B/D(Barrel per Day)로 평가됐다. 그 전년 정제 능력 대비 1.4%가 늘었고 전 세계 정제 설비 규모 중 3.3% 수준이다.

표 1.7 2018년 주요 국가별 정제 설비 능력(oil refinery capacity) (barrel per day, b/d)

미국	중국	러시아	인도	한국	일본	세계 총생산량
1876만	1565만	659만	497만	334.6	334.3	1억4만
18.9 %	15.6 %	6.6 %	4.9 %	3.3%	3.3%	100%

표 1.8 국내 정유사의 원유정제 처리 능력

회사명	가동일	정제능력(B/D)	연혁
SK 에너지	1964.04.01	810,000	• 걸프사 지분 : 25%(63년), 50%(70년), 0%(80년) • 정부 걸프사 지분 인수 : 1980. 8. 19. • 선경 정부 지분 인수 : 1980. 12. 23.
GS-칼텍스 정유	1969.04.01	650,000	• 락희화학공업사와 칼텍스사와 공동으로 공장설립 • LG : Caltex = (50) : (50)
SK 인천 정유	1971.05.22	275,000	• 한화그룹과 유니온 오일사가 공동으로 정유공장 설립 • 유니온 오일사 철수 : 1983.12.31. • 현대정유 인수 : 1999.8.31.
현대 오일뱅크	1966.03.10	310,000	• 극동석유 설립 : 1964.11.19 • 영국 로얄더치셀시 지분 참여 : 1968.9.10. • 로얄더치셀사 지분 철수(현대지분참여) : 1977.6.10. • 현대정유 개명 및 경영 권 인수 : 1993.6.30. • U.A.E IPIC사 경영권 인수 : 1999.12.10.
S-OIL	1980.05.06	525,000	• 쌍용양회와 이란 석유공사 공동으로 한·이 석유 설립 • 이란 석유회사 : 회교혁명으로 철수(1980.6.28) 및 쌍용정유로 개명(쌍용양회 지분인수) • 사우디 아람코사 지분 참여 : 1991.8.17. • 사우디 아람코사 S-OIL 경영권인수(37%) : 1999.11.
TOTAL		2,570,000	2005년 국내 수요 : 2,100,000 BPSD

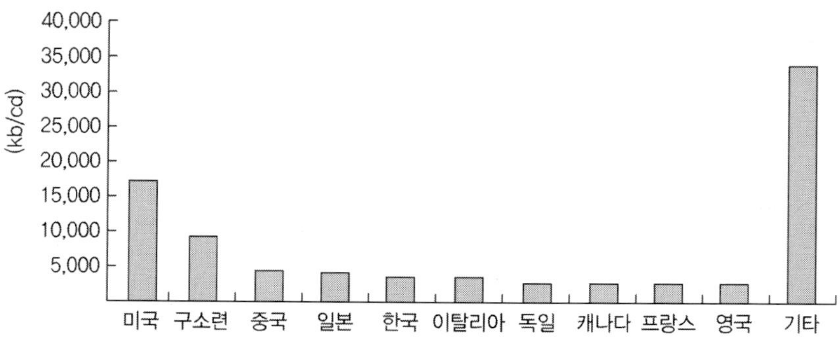

그림 1.9 국가별 석유정제 처리 능력

※ kb/cd Thousand barrels daily(atmospheric distillation capacity on a calendar-day basis)

8) 국제 원유 및 현물 가격

표 1.9 2020년 4월 30일 국제 원유 가격

국제 원유 가격	$/BBL(2020.4.30)
dubai	20.73
brent	25.27
wti	18.84

표 1.10 국제 석유제품 가격

국제 제품 가격	$/BBL(2020.9.3)
휘발유	46.86
naphtha	37.63
등유	39.97
경유	46.13
고유황 중유	41.47

참고

- WTI(west texas intermediate) : 주로 미국 텍사스주 서부와 뉴멕시코주 동남부에서 생산되는 저유황 경질원유. 경질원유임에도 서부텍사스 중질유라고 불리는 것
- Brent유 : 영국령 북해의 Brent 등 9개의 유전에서 생산되는 원유 브랜드로서 유럽 시장의 기준유로 통용
- Dubai유 : 중동 UAE에서 산출되는 고유황 중질 원유로서 중동 및 아시아 원유시장의 기준 원유

원유에 따라 가격이 차이가 나는 이유는 원유의 성분(yield)이 다르기 때문이며 성분이 높으면 가격이 높고 중유 성분이 많으면 가격이 낮아진다. 원유 중에 있는 황(sulfur) 함량에 따라서도 가격이 달라진다.

휘발유, 등유, 경유의 가격에 비해서 고유황 중유의 가격이 낮으므로 중질유분해 탈황 시설(heavy oil upgrading unit(FCC/Hydro Cracker)을 설치하여 중유 성분을 휘발유, 등유, 경유 등으로 바꿔 경제성을 높일 수 있다.

예) 중국 Sinopec에서 인천 정유를 인수하여 중질유 분해 탈황시설을 설치하려고 한다.

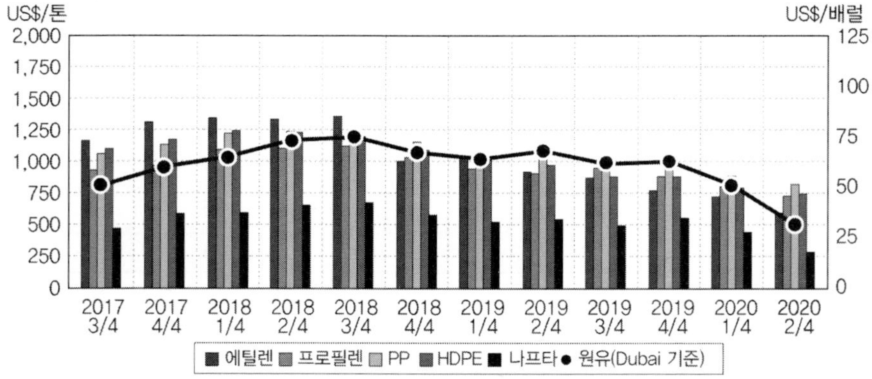

출처: 한국석유화학협회(KPIA)

그림 1.10 국제유가 및 석유화학제품 가격 동향

2. 정유제품의 종류와 용도

① LPG(liquefied petroleum gas, 액화석유가스)

원유의 상압증류장치의 최상단에서 추출되며 세정장치를 거쳐 황 등의 불순물을 제거한 후 LPG(Liquefied Petroleum Gas)회수장치에서 프로판과 부탄으로 분리하여 생산된다.

② 휘발유(gasoline)

휘발성 액체 상태의 석유유분을 말한다.

③ 나프타(naphtha)

나프타는 원유를 증류할 때 LPG와 등유 유분 사이에 유출되는 것으로 일반적으로 경질 나프타와 중질 나프타로 구분하고 있다. 경질 납사는 주로 용제 및 석유화학의 원료로 사용되며(NCC의 원료), 중질 납사는 개질시설(reformer)을 통해 휘발유 제조나 B.T.X 생산에 사용된다.

참고

> B.T.X
> 방향족 화학제품인 벤젠(B), 톨루엔(T), 크실렌(X)의 머리글자를 합하여 불리움

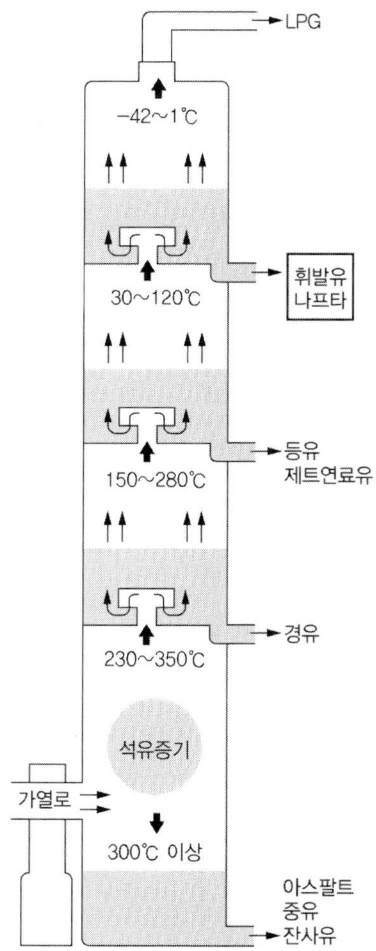

그림 1.11 증류탑

④ 실내등유(kerosene)와 보일러 등유

석유제품 중 가장 오래전부터 사용되어 온 것으로 흔히 일반가정 스토브에 사용하는 '석유'를 말한다. 최근에는 수급상의 문제로 보일러에 사용되는 등유의 수요를 줄이기 위해 실내등유와 보일러용 등유로 나누어 공급하고 있다.

⑤ 제트유

제트엔진에 사용되는 연료로 JP-4와 Type-A가 많이 쓰이고 있다. JP-4는 군용기에 이용된다. Type-A는 민간용 항공기 연료에 사용된다.

⑥ 경유(diesel oil or gasoil)

원래는 휘발유나 등유보다 용도가 적어서 가격이 낮아 경유를 분해한 가스를 첨가시켜서 도시가스의 열량을 높이는 데 사용하였기 때문에 가스오일이라는 별칭이 붙게 되었다. 그러나 현재는 대부분(약 80%) 고속 디젤 엔진의 연료로 쓰이고 있어 디젤오일이라고 부른다.

⑦ 중유(fuel oil)

상압증류의 공정에서 정유탑의 밑바닥에 최후까지 남은 제품이다. 중유는 선박 내연기관, 보일러 등의 연료로 사용되지만, 분해 공정 원료로 투입, 공정처리를 하여 경질유(휘발유, 등유, 경유), 윤활기유, 아스팔트, 왁스, 코크스 등을 제조하기도 한다. 중유는 점도에 따라 B-A유, B-B유, B-C유로 구분된다.

1) 액화석유가스(LPG)

(1) 개요

LPG는 liquefied petroleum gas의 약칭으로 시판제품으로는 프로판(C_3H_8 ; 비중 1.53)과 부탄(C_4H_{10} ; 비중 2.01)이 있다. 다른 석유제품에 비하여 환경오염이 적은 반면에 인화점(flash point)이 극히 낮기 때문에 안전관리를 위한 법적 규제가 엄격하다. LPG는 상온, 상압에서 기체 상태이기 때문에 수송 및 저장 시는 냉각 또는 가압하여 액체 상태로 취급한다.

(2) 생산

상압증류공정과 메록스 공정을 거친 가스 성분과 접촉개질 공정에서 회수한 가스 성분 중에서 메탄과 에탄 등 불순물을 제거하여 프로판과 부탄을 생산한다.

가스 노출을 감지할 수 있도록 인체에 무해한 알킬 sulfide 화합물을 주성분으로 하는 착취제를 첨가하고 있다.

참고

> **메록스 공정**
> 상압증류공정에서 생성된 경질유분에 황화수소(H_2S)를 제거하고 악취가 심한 머캡탄(mercaptan) 성분을 악취가 덜 나는 이황화물(disulfide)로 전환 또는 제거하는 공정.
>
> **상압증유공정**
> 정유공정 중 가장 중요하고 기본이 되는 공정으로, 증류의 원리에 의해서 원유를 가열, 냉각 및 응축과 같은 물리적 변화과정을 통하여 일정한 범위의 비점을 가진 석유 유분을 분리시키는 공정

(3) 특성 및 위험성

① 프로판과 부탄을 혼합한 가스로써 석유정제 과정의 부산물로 이루어진 가스이다.

② 액화 및 기화가 쉽게 이루어진다.

③ 기체 상태에서는 공기보다 무거우며 액체 상태에서는 물보다 가볍다.

④ 무색, 무취, 무미하기 때문에 LPG 가스를 제조할 때 발암성물질인 부취제를 혼합하여 제조한다. 따라서 다른 부취제보다 독성이 낮으나 장시간으로 흡입하면 폐암과 각종 장기에 암을 유발할 수 있다.

⑤ 밀폐된 공간에서 LPG 가스가 누출되면 호흡곤란으로 사망할 수 있다.

⑥ 천연가스 버스 연료인 CNG(압축천연가스, 도시가스) 자동차처럼 깨끗한 천연가스이다.

⑦ LPG는 가연성가스이기 때문에 불꽃, 스파크가 발생하면 화재 또는 폭발이 발생한다.

(4) 용도

① 가정 및 업무용 연료(프로판) : 난방, 취사용 등 가정용 및 업무용 연료로 이용한다.

② 공업용 연료(프로판, 부탄) : 금속공업, 섬유공업, 요업공업, 식품 가공업, 화학공업 등 공업용 연료로 이용한다.

③ 자동차용 연료(부탄) : 동절기에는 기화 촉진을 위해 프로판을 혼합하고 있다.

2) 가솔린(Gasoline)

(1) 개요

① 휘발유는 자동차 엔진이 급속히 발달함에 따라서 내연기관용 연료로 널리 사용되고 있다. 자동차 배출가스에 의한 대기오염으로부터 환경을 보전하고자 우리나라는 「대기환경보전법」으로 휘발유의 증기압 및 방향족, 벤젠, 올레핀, 산소함량 등을 규제하고 있다. 포화,

불포화 탄화수소의 혼합물이고 휘발성 액체이다. 인화점은 -43℃～-20℃, 착화점 300℃, 연소범위 1.4～7.6%, 액비중 : 0.65～0.8, 증기 비중 : 3～4이다. 옥탄가를 높이기 위해 가솔린의 첨가제를 넣어 착색한다.

② 유연가솔린 : 4에틸납$(C_2H_5)_4Pb$

③ 무연휘발유 : MTBE(메틸터셔리부틸에테르), 메탄올 등

참고

- 옥탄가 : 연소성의 측정기준
- 옥탄값 $= \dfrac{\text{이소옥탄}}{\text{이소옥탄} + \text{노르말헵탄}} \times 100$
- 옥탄값이 0인 물질 : 노르말 헵탄
- 옥탄값이 100인 물질 : 이소옥탄

(2) 생산

직류가솔린(LSR), 접촉개질유(reformate), MTBE(methyl tertiary butyl ether), alkylate, 부탄 및 석유화학 부산물 등을 배합하여 제조하며, 휘발유는 충분한 안티녹크성을 가져야 하고, 휘발성이 양호하여 시동이 용이하고 가속성이 양호하다. 또한 연료소비량이 적고, 비휘발성 유분이 적어야 한다. 이러한 다양한 성능요구조건을 충족하기 위해 산화방지제, 부식방지제, 청정제 등의 첨가제를 첨가한다.

(3) 위험성

① 증기는 공기보다 무겁기 때문에 유증기가 발생하여 낮은 곳에 체류하기 쉽고 먼 곳에서도 인화하기 쉽다.

② 파이프 내의 흐름이나 옮겨 담는 작업할 때 정전기 발생으로 정전기 불꽃에 의하여 연소되는 경우도 있다.

③ 연소범위의 하한이 낮아 조금의 증기량만 있어도 연소할 가능성이 있다.

④ 비전도성(부도체)으로 정전기의 발생, 축적시키므로 대전을 일으키기 쉽다.

⑤ 사에틸납($(C_2H_5)_4Pb$)의 첨가로 유독성이 있으며, 혈액에 들어가 빈혈 또는 뇌에 손상을 준다.

⑥ 불순물에 의해 연소 시 유독한 아황산(SO_2)가스를 발생시키며, 내연기관의 고온에 의해 질소산화물을 생성시킨다.

(4) 저장 및 취급 방법

① 화기엄금. 화기 및 점화원을 피하고 통풍이 잘되는 냉암소에 보관한다.
② 증기는 공기보다 3～4배 무거워 낮은 곳에서 체류하므로 증기 및 액체의 누설에 주의한다.
③ 부피 팽창률이 0.00135/℃이므로 온도상승을 막고 밀폐용기는 저장할 때 약 10% 정도의 여유 공간을 둔다.
④ 강산화제, 강산류와의 접촉을 피한다.
⑤ 유체 마찰에 의해 저장 취급 중 정전기의 발생 및 축적이 되므로 옮겨 담는 작업할 때 주의하고 취급소 내 전기설비에 대해서는 방폭 조치한다.

(5) 용도

① 자동차용 휘발유로 많이 사용한다.
② 옥탄가에 따라 보통휘발유와 고급휘발유, 납 성분의 유무에 따라 유연휘발유와 무연휘발유로 구분된다. 「대기환경보전법」에 의해 1993.1.1부로 유연휘발유 생산은 종료되었다.
③ 항공휘발유는 경비행기의 연료로 사용된다.

3) 나프타(Naphtha)

(1) 개요

나프타는 원유를 증류할 때 LPG와 등유 사이에서 유출되는 것으로 중질 가솔린이라고도 한다. 일반적으로 경질나프타(full range naphtha)와 중질나프타(heart cut naphtha)로 구분된다. 석유 정제 시 140～180℃에서 분리되어 나오는 고분자 탄소화합물이다. 과거에는 일본어로 납사로도 불렸으며 이후에도 현장 용어로 사용되고 있다. 여기서 나오는 에틸렌 등이 플라스틱 같은 각종 석유화학공업에서 만들어지는 고분자 제품의 원료가 된다.

(2) 특성

나프타를 850℃ 이상에서 열분해하면 에틸렌과 프로필렌, 올레핀이 나오는데 이것으로 플라스틱과 고무, 섬유 등을 만든다. 석유의 액체 탄화수소 중에 가장 가벼우면서도 고에너지를 가지고 있다. 색깔은 무색에서 적갈색을 띠며, 휘발성, 방향성 액체로써 가솔린과 매우 비슷하다. 나프타의 구성 성분은 탄소수가 5개에서 12개 사이의 혼합물로 되어있다.

(3) 용도

① 경질 나프타(끓는점 35～130℃) : 열분해되기 쉬운 파리핀계 탄화수소이다. 용도는 수소제조공정(수소제조 원료), 석유화학공장 원료(에틸렌 제조 원료), 도시가스용, 합성비료 등 화학공업의 원료로 사용된다.

② 중질 나프타(끓는점 130～220℃) : 방향족화되기 쉬운 아로마틱계 및 나프텐계 탄화수소이다. 용도는 휘발유 배합 원료인 접촉개질유(reformate)의 원료. 벤젠, 톨루엔, 자일렌 제조 원료로 사용된다.

참고

올레핀

천연가스나 원유 정제 과정에서 생산되는 불포화 탄화수소, 플라스틱, 합성섬유, 합성고무의 소재로 쓰이며 '석유·화학 산업의 쌀'이라고 불린다.

프로필렌

화학식이 C_3H_6인 에틸렌계 탄화수소의 하나로, 이중결합을 한 개 가지며 탄화수소의 알켄계열 중에서 두 번째로 간단한 불포화 유기화합물이다. 프로펜이라고도 하며 상온에서 약한 자극적인 냄새가 나는 무색의 기체이다. 녹는점 -185℃, 끓는점 -47.7℃, 비중 0.5139이다.

방향족 화합물

방향족성 고리(벤젠고리)를 갖는 화합물이다. 대부분은 유기화합물이나 극소수는 무기화합물이다. 고리형이면서 분자구조가 평면이다. 어떤 고리가 방향족이기 위해서는 그 고리 내의 파이 전자의 총 합이 4n + 2개여야 한다.(n은 0, 1, 2, 3, …, n은 0 이상의 정수이다.)

파라핀계 탄화수소

사슬 구조를 갖은 지방족 포화 탄화수소를 통틀어 이르는 말. 일반식은 CnH2n + 2로 표시되며, n≥4에서는 여러 가지 이성질체가 있다. 노말 사슬인 경우 n이 1에서 4까지의 것은 무색무취의 기체이고, 5에서 17까지의 것은 무색의 액체이며, 그 이상의 것은 흰색의 고체이다.

4) 항공유(Aviation Turbine Fuel)

(1) 개요

항공유는 군항공기용인 JP-5, JP-8과 일반항공기용인 jet fuel, JET A-1, 항공가솔린(aviation gasoline) 등으로 구분된다. 항공유는 고공, 저온 상태에서의 운항 조건, 급상승 및 고속운항, 연료탱크의 제한에 따른 연료 효율, 엔진 부식방지의 필요성 등을 고려하여 특수한 품질 성상이 요구된다. 산화방지제(aromatic diamines과 alkylphenols 등), 정전기 방지제, 빙결방지제(diegme), 부식 방지제(금속 불활성제) 등의 첨가제가 포함되고 이 첨가 성분으로 인해 항공유는 휘발유나 경유에 비해 고공의 저온 저압에서도 증기 폐쇄를 일으키지 않으며 응고하지 않는다. 또한 자동차용 가솔린보다 높은 옥탄가(자동차용 옥탄가 : 최대 95 이상, 항공용 옥탄가 : 100~116 이상)를 보유해야 한다. 우리가 일반적으로 말하는 항공유는 민간항공유인 제트연료(jet fuel)를 말한다.

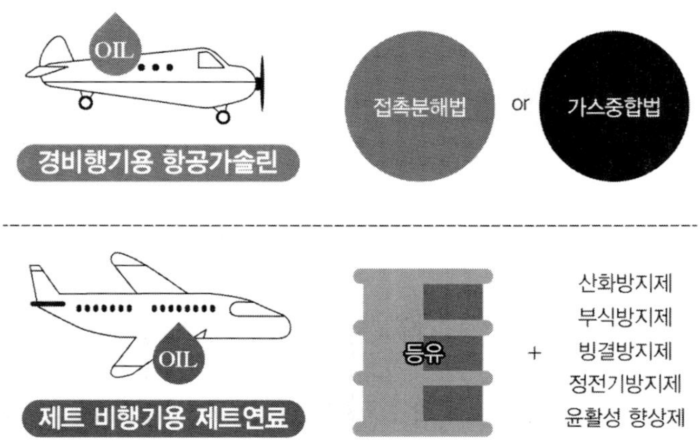

그림 1.12 항공가솔린과 제트연료 만드는 과정
(http : //www.chemi-in.com/330 한화토탈 케미인 공식 블로그)

경비행기에 주로 사용하는 항공 가솔린은 옥탄가가 높아 원유에서 직접 정제하여 생산할 수 없으므로 접촉분해법, 가스중합법 등 특수제유법을 사용하여 제조한다. 제트 비행기에 사용하는 제트연료는 등유(kerosene)에 휘발유 혼합물과 산화방지제, 부식방지제, 빙결방지제, 정전기 방지제, 윤활성 향상제 등을 첨가해 만든다. 휘발성이 낮은 등유를 사용하는 것은, 높은 고도에서는 기압이 낮아 액체의 끓는점이 낮아지고 기화가 빨리 진행되므로 휘발성이 높으면 사용 전에 증발해버리므로 휘발성이 낮은 등유를 사용한다.

참고

접촉분해법

등유나 경유를 산성을 지닌 고체촉매를 사용하여 분해시키는 방법으로 탄소 수 3개 이상의 탄화수소, 방향족 탄화수소가 많이 생긴다.

> **가스중합법**
> 유기 및 유기금속의 가스상태 단량체들이 반응촉매 또는 산화제들과 접촉되면서 활성화되고 결합되면서 중합이 일어나는 합성과정으로 에틸렌과 같은 올레핀 중합의 필름공정에서 많이 이용되고 있다.

(2) 항공기 원료 종류

① 항공용 가솔린(aviation gasoline)

경비행기에서 주로 사용하는 비행기용 왕복엔진은 자동차 가솔린 엔진과 큰 차이가 나지 않는다. 항공기 원료로 휘발유를 기반으로 각종 첨가제(산화방지제, 부식방지제, 빙결방지제, 정전기방지제, 윤활성향상제 등)를 넣어 만든 AVGAS(aviation gasoline)이라는 것을 사용한다(상대되는 개념으로 자동차 연료는 MOGAS(motor gasoline)이라고 한다). 기본적으로는 고옥탄가의 휘발유에 고고도로 올라가면 떨어지는 온도에서도 엔진이 잘 돌아가도록 각종 첨가제를 넣어 만든다. 지상에서는 작동 할 수 있으나 문제는 지상 몇천 피트 위에서 엔진노킹이 발생하는 것이다. 항공유가 비싼 이유는 옥탄가가 높은 것도 있지만 노킹 방지용 첨가물과 베이퍼락(액체가 가열되어 생긴 거품으로 인해, 액체의 유동이나 압력의 전달이 저해되는 현상) 방지용 첨가물 등이 들어가기 때문이다.

② 민간용

등유(케로신) 기반으로 만들고 납을 제거한 Jet A/A-1과 나프타-등유 계열인 Jet-B로 나뉜다. 엄밀히 말해 Jet-B는 등유 30%에 휘발유 70% 쯤 섞은 것인데 영하 60도(섭씨)에서도 얼지 않는 뛰어난 능력을 가지나 휘발유 때문에 유증기가 많이 생겨 취급 시 주의가 요구되기 때문에 극지방이나 일부 군용을 제외하고는 잘 사용되지 않는다. 반면 Jet A와 Jet A-1은 등유에 얼지 않는 첨가물을 넣어 각각 영하 -40℃,와 -47℃,에서도 얼지 않도록 만든다. 인화점은 각각 51.1℃와 42℃의 민간용을 주로 많이 사용한다.

③ 군용

군용 제트연료는 험난한 환경과 피탄 시 폭발 가능성을 줄여야 하기 때문에 민간용 제트연료에 비하여 각종 첨가제를 더 섞어서 만든다. 명칭은 JET propellant이며 줄여서 JP라고 한다.

- JP-1 : 가장 처음 사용된 군용 제트연료

- JP-2/3 : JP-1보다 더 만들기 쉬웠으나 빙점이 더 높았고 특히 3은 휘발성이 강해서 사용이 중단되었다.
- JP-4 : Jet-B와 비슷하다
- JP-5 : 군함탑재 전투기에 사용되는 연료이며 안정성 충족을 위해 인화점 60℃ 이상이 요구된다. 인화점을 높여 항공모함에서 화재 발생 사고를 줄이려고 사용되었다.
- JP-6 : XB-70 발키리를 위해서 특별히 제작된 연료. 인화점이 높다.
- JP-7 : SR-71 블랙버드를 위해서 특별히 제작된 연료. 인화점이 높다.
- JP-8 : 등유제품과 유사하며 JP-4에 비하여 안정성과 연비면에서 유리하여 Jet A-1과 비슷하며 세계적으로 JP-4를 대체하는 추세이고 현재 널리 사용되고 있다.
- Jet A-1 : 등유제품과 동일하나 높은 발열량과 엔진부식 방지를 위하여 엄격한 규격을 적용 및 다양한 첨가제(부식방지제, 정전기 방지제 등)를 사용하여 고품질 제품을 생산한다.

④ jet fuel

- 가스터빈 엔진용 연료로써, 제트엔진뿐만 아니라 터보프롭, 터보샤프트도 가스터빈이어서 jet fuel 항공유를 주유한다. 터보프롭과 터보샤프트는 프로펠러가 돌아가니 AVGAS 연료 같지만 속은 제트엔진과 동일하기 때문이다. 조그마한 KT-1 웅비호의 경우에도 터보프롭엔진이기 때문에 jet fuel을 주유한다.
- jet fuel 연료는 등유를 기반으로 얼지 않도록 각종 첨가제를 넣어 만든다. 사실 가스터빈 엔진이 연료를 잘 가리지 않고 뭐든 타면 돌아가기 때문에 휘발유와 등유를 반반 섞어도 돌아간다고 한다. 과거 에어 뉴질랜드의 실험에 의하면 털털거리긴 했지만 av gas 100을 주유했을 때도 터보팬이 돌아가긴 했다고 한다. 민간용과 군용의 형식과 성분이 다르나 민항기에 군용을 넣거나 그와 반대로 넣는다고 안 날아가거나 고장 나는 것은 아니다. F-4에 들어간 엔진 기반으로 나온 여객기도 있다.

5) 등유(Kerosene)

(1) 개요

등유는 실내등유와 보일러 등유로 구분된다. 실내등유는 주로 가정 난방용 또는 취사용으로 대부분 실내에서 사용되므로 연소할 때 연기 및 그을음이 없어야 한다. 불쾌한 냄새가 나지 않아야 하며, 인체에 해가 없도록 가능한 한 유황 함량이 적어야 하며 소비자 사용에 화재 예방을 위한 안전성이 우선되어야 한다. 보일러 등유는 가정용 및 산업용 보일러 연료로 사용되며 연소 상태가 균일하여야 하고 그을음이 적어야 하며 겨울철에는 저온 성능을 충분히 갖추어야 한다.

(2) 성상

① 비중 0.8, 증기 비중 4.5, 비점 151～301℃, 인화점 43～72℃, 발화점 210℃, 연소범위 0.7～5 Vol%

② 탄소수 C_9～C_{18}의 포화, 불포화탄화수소의 혼합물이다.

③ 무색 또는 담황색의 액체이며 형광성이 있다. 물에 녹지 않는다.

(3) 생산

실내등유는 상압증류공정에서 유출된 조등유(raw kerosene)를 수첨탈황공정에서 탈황 처리하여 생산하거나 중질유 수첨 분해공정에서 생산되는 등유 유분을 비율 배합하여 생산한다. 보일러 등유는 조등유 및 경질가스유(LGO) 성분을 적정하게 탈황 처리 후 배합하여 생산한다. 동절기에는 저온 성능을 보강하기 위해 유동성 향상제를 첨가한다.

(4) 위험성

① 상온에서 인화의 위험성은 적으나 증기는 공기와 혼합하여 연소범위 내에서 인화·폭발의 위험이 있다.

② 가열하거나 액온이 인화점 이상이 되면 휘발유와 같이 극히 작은 점화원으로 인화, 연소한다.

③ 인화점 이하의 온도라도 무상(안개)으로 되거나, 천 등에 배어 있을 때는 공기와의 접촉면이 넓고 열전도가 나빠지므로 발화, 연소하기 쉽다.

④ 정전기 축척이 이루어지므로 액온이 인화점 이상이거나 공기와의 접촉면이 넓어지면(무상으로 되거나 천 등에 스며든 상태) 연소하기 쉽다.

⑤ 제1류 위험물(산화성고체) 또는 제6류 위험물(산화성액체)에 혼촉되면 발화의 위험이 생긴다.

(5) 저장 및 취급 방법

① 화기엄금, 화기와의 격리, 가열금지, 증기 누설을 방지한다.

② 강산화제, 강산류, 다공성 가연물과의 접촉을 방지한다.
③ 취급소 내 전기설비는 방폭 조치하고 정전기의 발생 및 축적을 방지시킨다.
④ 용기는 통풍이 잘되는 냉암소에 저장한다.

(6) 용도

① 실내등유 : 실내 보조난방기기, 온풍기, 농작물 건조기, 용매
② 보일러 등유 : 가정용 보일러, 산업용 보일러

6) 경유(Diesel)

(1) 개요

경유(light oil)라는 말은 19세기 후반 종래의 석탄유에 비하여 비중이 가볍기 때문에 유래되었으며, 주로 디젤엔진의 연료로 많이 사용되어 디젤유(diesel oil)라고도 한다. 배출가스에 의한 대기오염으로부터 환경을 보전하고자 「대기환경보전법」으로 경유의 유황분 함량은 0.043 wt % 이하로 규제되어 있다.

경유의 주요 품질 요건으로서는 착화성이 우수하고 유황분이 적어야 하며, 특히 저온에서 사용상 문제가 없어야 한다.

(2) 성상

① 비중 0.82～0.85, 비점 300～350℃, 인화점 50～70℃, 발화점 257℃, 연소범위 1.1～6.0%, 증기비중 4～5
② 탄소수 C_{15}～C_{19}인 포화·불포화탄화수소의 혼합물이다.
③ 물에는 불용성이며 여러 가지 유기용제와 잘 섞이고 유지나 수지 등을 잘 녹인다.
④ 비수용성 액체로 지정수량은 1,000 L이다.

(3) 생산

상압 증류공정에서 유출되는 조등유(raw kerosene), 경질가스유(LGO) 및 중질가스유(HGO)를 규격범위 내에서 적절히 배합하여 제조하며 청정제, 부식방지제, 유동성 향상제(동절기) 를 첨가하여 생산한다.

7) 중유(Fuel Oil)

(1) 개요

중유는 다른 제품에 비하여 가격이 저렴하고 발열량이 높기 때문에 내연기관 및 보일러의 열 에너지원으로도 많이 쓰이므로 연료유(fuel oil)라고도 한다. 중유는 사용하는 용도가 매우 다양하므로 제품 사용 시에 그 용도에 적합한 성상을 지닌 제품을 선택하여야 하며, 경질중유(B-A), 중유(LRFO), 중질중유(B-C)로 구분된다. 비수용성 액체로 직류중유와 분해중류가 있다.

중유는 연소 시 발생하는 아황산가스(SO_2)가 공해를 유발시키기 때문에 대기환경 보전을 위해 「대기환경보전법」에 의해 초저유황(0.3 또는 0.5 wt%) 및 저유황(1.0 wt%) 중유 사용지역이 점차 확대되어 '99년 1월부로 육상에서의 고유황(2.0～4.0 wt%) 중유 사용이 전면 금지되었다.

(2) 성상

① 직류중유

- 인화점 60～150℃, 착화점 254～405℃, 유출온도 300～500℃
- 주로 디젤기관의 연료로 사용되며 분무성이 좋다.
- 원유를 300～350℃에서 추출한 유분 또는 이에 경유를 혼합한 것으로 포화탄화수소가 많으므로 점도가 낮고 착화가 잘된다.

② 분해중유

- 인화점 70～150℃, 착화점 380℃ 이하, 비중 0.95～1.0
- 주로 보일러의 원료로 쓰이며 자연발화의 위험이 있다.
- 등급은 점도 차에 따라 A중유, B중유, C중유로 구분하며 벙커C유는 C중유에 속한다.

(3) 생산

경질중유(B-A)와 중질중유(LRFO)는 경질가스유(LGO), 중질가스유(HGO) 및 상압잔사유(atmospheric reside)를, 중질중유(B-C)는 중질가스유(HGO)와 상압잔사유를 기본 원료로 하여 유황분, 동점도(점도를 동일상태(온도, 압력)에 있어서의 밀도로 나눈 값. CGS단위로 스톡크스(stokes)라고 한다), 유동점을 중심으로 제품 규격에 맞추어 배합하여 생산하며 유황 함량에 따라 고유황(2.0～4.0 wt%), 저유황(1.0 wt%), 초저유황(0.3 또는 0.5 wt%)으로 구분되어 있다.

(4) 위험성

① 인화점이 높으므로 가열하지 않으면 연소위험이 없으나 가열하면 제1석유류와 같은 위험

성이 생기며 가연성증기를 발생하여 인화의 위험이 있다.

② 분해중유는 불포화탄화수소이므로 산화 중합하기 쉽고 액체의 누설은 자연발화 위험이 있다.

③ 연소가 시작되면 액온이 높아지므로 수분 등이 포함되어 있는 소화제(포 등)를 사용하면 수분의 비등과 증발로 포가 파괴되고 슬롭오버(slop over) 현상이 일어난다.

④ 대형탱크에서 화재가 발생하면 보일오버 현상 또는 슬롭오버 현상이 일어난다.

참고

슬롭오버 현상

포말 및 수분이 함유된 물질의 소화는 시간이 지연되면 수분이 비등 증발하여 포가 파괴되어 화재면의 액체가 포와 함께 혼합되어 넘쳐흐르는 현상

보일오버 현상

장시간 연소가 계속되는 동안 상부 화염 부위의 액온이 상승하여 고온층을 형성하고 이것이 하층부로 내려가 물과 접촉 하면 물이 비등을 일으키면서 뜨거운 기름과 함께 탱크 밖으로 분출, 비산하는 현상

(5) 저장 및 취급 방법

① 가열금지, 화기엄금 : 저장용기나 탱크 밖으로의 누출을 방지한다.

② 중유가 들어있는 용기나 탱크에 직접 용접하면 공간의 저비점의 유증기를 폭발시킬 수 있으므로 용접행위를 절대 금지시킨다.

③ 강산화제 및 강산류와의 혼촉을 방지한다.

④ 액체의 누출로 인해 다공성의 가연성 물질에 스며들지 않도록 한다.

(6) 용도

① 경질중유(B-A) : 요업, 금속제련, 보일러 및 소형 선박 내연기관용

② 중유(LRFO) : 보일러용, 중형 선박내연기관용

③ 중질중유(B-C) : 대형보일러, 대형내연기관, 각종 선박용

8) 아스팔트(Asphalt)

(1) 개요

정유공장에서 석유를 분별, 증류했을 때 최종적으로 남는 물질 중 하나로, 상온에서 검은색의

반고체 혹은 액체 상태로 존재한다. 점성이 매우 높으며 딱딱한 반고체/반액체 수지는 피치(pitch)라고 부르는데 아스팔트도 피치의 일종이다. 액체에 가깝거나 점도를 강조하지 않을 때는 타르(tar)라고 부르기도 한다. 연료로 사용하기가 힘들고, 불이 붙으면 불완전연소가 심해서 유독가스가 자주 발생하므로 주로 도로 포장재로 쓰이는 등 용도가 제한되었으나, 탄소나노튜브의 재료로 사용되는 등 수요처가 늘자 가격이 조금씩 상승하는 물질이다.

아스팔트는 천연 아스팔트(natural asphalt)와 석유 아스팔트(petroleum asphalt)가 있는데, 천연아스팔트는 산지와 산출량이 극히 제한되어 있고, 사용량은 아주 적기 때문에 통칭 아스팔트라면 석유아스팔트를 말한다.

(2) 종류와 용도

① 천연 아스팔트

석유의 경질분이 태양열, 지열 등에 의하여 증발된 뒤 잔류물의 형태로 산출된 것으로서 생산량은 극히 적으며 산출상태에 따라 레이크(lake) 아스팔트, 로크(lock) 아스팔트, 샌드(sand)아스팔트, 아스팔타이트(aspaltite) 등이 있다.

- 레이크 아스팔트 : 아스팔트가 호수와 같은 모양으로 지표면에 노출되어 있는 것이다.
- 로크 아스팔트 : 다공성의 석회암과 사암에 아스팔트가 스며들어 생긴 것으로 아스팔트 함유량은 10% 정도이며 잘게 부수어 도로포장에 사용한다.
- 샌드아스팔트 : 모래층 속에 아스팔트가 스며들어 이루어진 것이다.

② 석유 아스팔트

석유 정제와 같은 석유류 제품 제조과정에서 얻어지는 제품으로 다음과 같은 종류가 있다.

- 스트레이트(straight) 아스팔트 : 잔사유(원유에서 휘발유 경유 등유 같은 경질유를 정제하고 남은 찌꺼기 기름)를 감압 증류하여 얻은 최종 잔유분 중에 분해되지 않는 역청질이 가장 많이 함유되어 있는 것으로 각종 아스팔트 제품으로 가공되는 원료 아스팔트(base asphalt)가 된다. 다양한 석유계 아스팔트 원료로 쓰인다.
- 아스팔트 시멘트 : 도로포장용으로 사용되는 아스팔트를 말하며 아스팔트 산화공정에서 침입도를 조절하여 생산하거나 straight-run 아스팔트 생산 시 침입도 규격을 맞추어 직접 생산한다. AP-3, AP-5 제품이 이에 해당되며, 최근 견고성이 우수한 AP-5로 대체되는 추세이다. AP-5는 최근에는 도로파손피해(소성변형)를 예방하기 위하여 고온에서의

포장 성능이 우수하여 수요가 증가되고 있다.

- 커트백 아스팔트 : 도로포장용 아스팔트인 아스팔트 시멘트는 상온에서 반고체 상태이므로 골재와 혼합하거나 살포 시는 가열해서 사용해야 하는 불편이 따르므로 이를 개선하여 아스팔트나 아스팔트 시멘트를 등유, 경유 등의 석유 용제와 배합하여 생산된 제품으로 SK의 MC-1,3 제품이 이에 해당된다.
- 고분자 개질 아스팔트(PMA, polymer modified asphalt) : AP-5에 고분자 개질재(styrene butadiene styrene) 를 혼합하여 생산한다. 도로파손, 온도변화에 취약한 점 등 기존 아스팔트 포장의 문제점을 개선한 제품으로 고속도로, 교량, 공항 유도로 등에 포장 중이다.
- 유화 아스팔트 : 아스팔트를 미세한 입자로 만들어 물에 분산시킨 것을 말하며, 물속에서 아스팔트 상분리 현상이 일어나지 않고 분산상태를 유지하기 위해서는 유화제가 필요하다. 유화제가 양전하(+)로 대전되어 있으면 양이온계(cation) 아스팔트, 음전하(−)로 대전되어 있으면 음이온계(anion) 아스팔트라고 한다. 국내 생산제품은 양이온계 유화 아스팔트이다.

참고

스트레이트 런 아스팔트

나프탈렌기(아스팔트기) 원유를 상압 및 진공 증류에 걸어 가마 잔류로 얻어지는 아스팔트로 원유로부터 성분을 가능한 변화시키지 않고 추출한 아스팔트이다.

(3) 용도

- AP-3, AP-5 : 도로포장용, 건축용 및 전기절연용
- MC-1, MC-3 : 도로포장 시 표면처리용 및 골재혼합용 결합재로 사용
- PMA : 도로포장용

9) 용융 황(Molten Sulfur)

(1) 개요

석유제품의 유황분을 제거하는 탈황 공정으로부터 추출되는 H_2S 성분을 유황 회수시설(sulfur plant)을 거쳐 용융 황(molten sulfur)을 생산한다. 용융 황은 녹는점이 120℃ 이므로 보온 시설이 잘 갖추어진 탱크에 132℃ 이상으로 저장·수송하여야 한다.

(2) 생산

등경유 수첨탈황시설은 고온 고압 하에서 촉매와 수소를 이용해서 중간유분에 함유되어 있는 황, 질소, 방향족, 금속 등을 제거하여 제품규격에 적정하게 처리하는 시설이다. 이 탈황시설에서 황과 질소는 수소와 반응을 통해 황화수소(H_2S)와 암모니아(NH_3)로 그 형태가 바뀌게 된다. 등경유 수첨탈황시설에서 발생하는 부생가스 중에는 황화수소와 암모니아가 다량 함유되어 있다. 가스를 연료로 사용하기 위해서는 이 두 가스를 제거해야 하는데 이 역할을 담당하는 장치가 황 회수시설(SRU, sulfur recovery unit)이다.

(3) 용도

주로 고무의 가황, 약품, 화약, 성냥 및 의약품의 원료로 사용된다.

참고

등경유 수첨탈황시설
석유정제과정에서 황 함량뿐 아니라 질소화합물, 방향족 화합물, 금속 성분을 제거하고 세탄가와 유동성 등의 규격을 만족시키기 위해 필요한 장치

1-3 원유 및 석유제품의 수송

1. 석유제품의 수송

우리나라는 세계 5위의 석유 수입국으로 원유의 약 80%는 중동에서 들여온다. 중동산 원유의 수송은 유조선이 역할을 하고 있다. 원유를 실은 유조선은 정유공장 앞바다에 도착하여 파이프라인을 통해 지상의 원유 탱크로 옮겨진다. 우리나라는 원유의 전량을 해로를 통해 들여오기 때문에 육지의 도로와는 달리 언제라도 수송상의 안정 문제에 봉착할 수 있다. 특히 우리나라는 국민의 생존을 위해 절대 필요한 석유의 약 80%를 중동으로부터 들여오기 때문에 페르시아만 – 인도양 – 말라카해협 – 남지나해 – 동지나해의 해로는 생명선이나 마찬가지이다. 그러나 중동 원유 해상항로는 석유 해상로는 만성적인 중동지역의 정치분쟁으로 인하여 가장 위험한 해로라고 말할 수 있다. 따라서 선박사고가 빈발하게 일어나고 있다.

원유가 전량 유조선에 실려 해로를 통하여 들어오는 데 비해 국내 석유제품의 수송은 다양한 경로를 통해 이루어지고 있다. 국내 수송 수단으로는 선박, 유조화차(RTC), 유조차(T/T), 송유관(파이프라인) 등이 이용되고 있는데, 이들 수송 수단 중 선박에 의한 해상 수송이 가장 큰 비중을 차지하고 있다. 이는 삼면이 바다에 둘러싸여 있고, 정유공장이 모두 해안 지역에 위치하고 있는 데다, 대량 원거리 수송 시 해상 수송비가 가장 저렴하기 때문이다. 항만, 도로, 철도 등 사회간접시설의 과밀화 현상이 나타나고 있을 뿐만 아니라 유조차와 선박 등의 수송 수단은 사고에 따른 환경오염을 일으킬 가능성이 크다.

이에 대해 송유관 수송은 시스템 운영방식에 의해 운영되므로 전천후 대량수송이 가능하며, 수송비가 저렴하고 안정적으로 수송할 수 있다는 장점을 가지고 있어 역할이 증대되고 있다. 다만 송유관 수송을 위해서는 파이프라인과 가압소 등의 시설이 필요하기 때문에 정유공장에서 저유소 또는 대수요처까지의 대량수송에서 경제성을 찾을 수 있다. 그러나 송유관 수송에 있어서 석유 제품별로 다른 관을 사용하는 것이 아니라 하나의 관에 여러 가지 석유제품을 연속적으로 수송하기 때문에 다른 유종의 제품이 섞이는 문제가 발생한다. 이런 혼합유 발생을 최소화하기 위해 비중이 서로 다른 유종끼리 인접시켜 송유하며, 그래도 발생하는 혼합유는 정유사로 반송하여 재정제 처리한다.

표 1.11 석유제품 수송 수단별 특성

수송형태	장점	단점
유조선	• 대량, 원거리 수송에 적합 • 수송비가 저렴함 • 수송계획수립이 용이함	• 수송 시간이 길다. • 기상 조건에 따라 하역과 운행에 제약 • 항만, 부두시설에 대규모 투자가 소요
유조화차	• 원거리 내륙수송에 적합함 • 사고위험이 적어 안전성 있음 • 기상 조건에 영향을 받지 않음	• 화차 작업시간이 길고 배차가 수동적 • 근거리 수송 시 수송단가가 높음 • 수송지역이 철도부설지역으로 제한됨
유조차	• 근거리 수송 시 경제적임 • 수송대기 시간이 짧음 • 수송지역 제한이 거의 없음	• 원거리 수송 시 수송단가 높음 • 대량수송이 불가능함 • 악천후 및 교통혼잡 시 수송 장애 발생
송유관	• 전천후 대량수송이 가능함 • 수송비가 저렴함 • 지속적인 사고 발생이 적음	• 중질제품의 수송에 적합하지 않음 • 초기 건설비가 막대하게 소요됨 • 대량의 수요확보가 필요함

※ 대한석유협회 홈페이지

수송단계별로는 정유공장에서 주요 소비 지역에 위치한 저유소까지의 운송(1차 수송)과 저유소에서 대리점·주유소·판매소·중소규모 수요처까지의 운송(2차 수송)으로 구분될 수 있다. 하지만 정유공장 주변의 수요처나 화력발전소, 공항 등의 대수요처에는 저유소를 거치지 않고 정유공장으로부터 직접 수송이 이루어진다.

표 1.12 송유관 현황

송유관로	관료연장	송유 경로
남북송유관	442 km 468 km	• 온산 - 울산 - 대구 - 추풍령 - 대전 - 천안 - 성남 - 과천 • 여수 - 곡성 - 전주 - 대전 - 천안 - 성남
경인송유관	31 km 24 km 23 km	• 인천 - 고양(일반유 전용 송유관) • 인천 - 김포공항(항공유 전용 송유관) • 인천 - 인천국제공항(항공유 전용 송유관)
호서석유관	93 km	• 서산 - 천안
SK송유관(YKP)	101 km	• 울산 - 대구
TKP	452 km	• 포항 - 의정부

※ 대한석유협회 홈페이지

2. 원유 하역과정

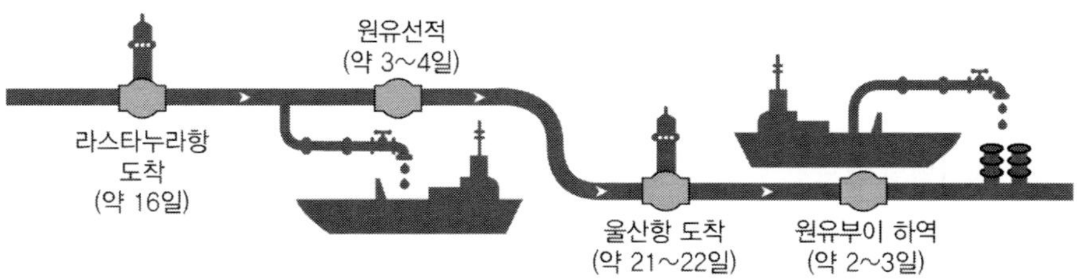

그림 1.13 국내 S정유회사의 유조선으로부터 하역과정

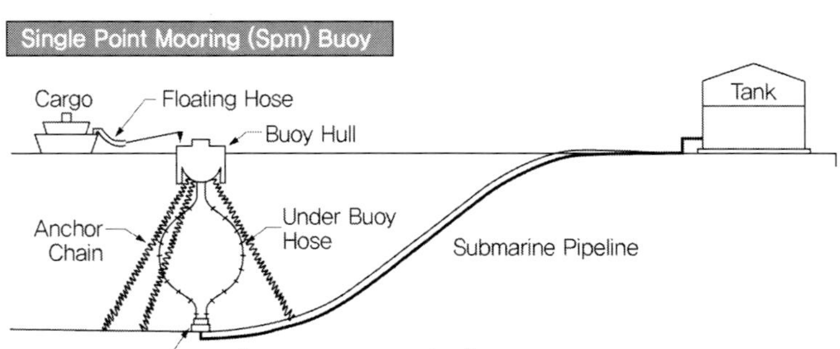

그림 1.14 원유하역시설

3. 석유화학공장의 물질별 특성

1) 가연성가스 및 증기

① 상온, 상압 하에서 기체 상태인 가연성가스(수소·에틸렌·암모니아 등), 가연성 액화가스(LP가스·액화암모니아 등), 그리고 가연성액체의 증기(에테르·알콜·벤젠 등) 등이 있다.

② 지연성가스인 산소·염소·불소·산화질소·이산화질소 등은 가연성가스와 공존할 때에는 가스폭발의 위험이 있으므로 지연성가스도 가연성가스와 마찬가지로 이 분류에 포함시켜야 한다.

③ 가연성가스 및 증기가 공기 또는 산소와 혼합하여 이 혼합가스의 농도가 연소한계(폭발한계) 범위에 있을 때 발화원에 의하여 착화되면 순식간에 가스폭발을 일으킨다. 일반적으로 가연성가스 및 증기의 위험성을 폭발한계, 최소발화에너지, 발화온도, 연소열, 분해열 등에 의하여 달라진다.

④ 가연성가스에는 공기의 공급 없이 분해폭발을 일으킨다. 이러한 가스에는 아세틸렌, 에틸렌, 산화에틸렌, 히드라진 있으면, 이들 가스는 고압일수록 분해폭발을 일으키기 쉽다.

⑤ 가연성가스가 고압 상태에 있기 때문에 발생하는 재해 현상으로는 가스용기의 파열, 고압가스의 분출 및 그에 따른 폭발성 혼합가스의 폭발 등이 있다.

참고

폭발한계

가연성 기체(가연성 액체 또는 증기 포함)의 공기와의 혼합율에 있어서 점화원에 의해서 필요적으로 연소가 일어날 수 있는 범위

- 연소 하한계(LCL)
  공기 또는 산소와 더불어 가연성 혼합물을 형성하는 증기들은 공기 또는 산소 내에서 점화원을 접촉시켜도 불꽃을 형성시키지 않는 최소 증기 농도
- 연소 상한계(UCL)
  불꽃을 형성시키지 않는 최대 증기 농도

- 위험도 : 가연성가스 폭발범위의 하한계와 상한계의 차를 하한계로 나눈 값을 H로 표시하면 다음 식으로 표시된다.

$$H=\frac{UEL-\leq L}{\leq L}$$

2) 가연성액체

가연성액체는 소방법의 위험물 분류에서 제4류 위험물로 증기압((액체가 기체가 되려고 하는 성질, 증기압이 높다는 것은 빨리 휘발하려는 성질이 크다는 것)과 비점에 따라 인화성액체와 가연성 액체로 구분하는데 NFPA 30에서의 기준은 증기압 2-4 Psi 이상 또는 미만으로 구분한다.

(1) 인화성액체

휘발유 등 인화성액체는 인화점이 낮아 상온, 상압에서 가연성 혼합기를 형성하고 이때 점화원에 의해 착화되면 연소 형태가 폭발 형태와 같이 나타난다. 제4류 위험물 중 특수인화물(1기압에서 액체로 되는 것으로써 인화점이 -20˚C 이하, 비점이 40˚C 이하이거나 착화점이 100˚C 이하인 것, 이소프렌, 이소 펜탄, 산화프로필렌, 이황화탄소, 아세트알데이드, 디에틸에테르) 이나 제1류 석유류(1기압 상온에서 액체로 인화점이 21˚C 미만인 것. 아세톤, 피리딘, 가솔린 등)가 여기에 해당된다.

(2) 가연성액체

벙커-C유나 디이젤(경유) 등 가연성액체는 액면의 온도가 인화점보다 낮아 연소 시 예열형(열을 가해야 증기가 발생하고 가연성 혼합기가 형성) 형태를 갖는다. 중질유는 예열형전파 형태를 갖고 액면 아래 열류층(200～300℃)이 형성되는데 이 열류층과 액온 아래 수분과 만나서 발생하는 보일 오버나 수분과 물질의 이동이 같아져서 발생하는 슬롭오버 등이 화재진압 시 소방관 등에게 피해를 줄 수 있기 때문에 이를 방지하기 위한 대책이 필요하다.

주로 액체 표면에서 증기를 발생하며 이 증기가 산소와 반응하여 화재나 폭발을 일으킨다. 가연성액체의 위험성은 인화점에 따라 달라진다.

(3) 저장·취급 시 주의사항

① 냉암소에 보관하고 가열을 피한다.

② 화기 및 점화원을 멀리하고 가열해서는 안 된다.

③ 전기설비는 방폭성의 것을 사용한다.

④ 발생하는 증기는 폭발한계 이하로 유지하며 환기를 하여 증기가 체류하지 않도록 한다.

⑤ 누설을 방지하고 정전기 발생 우려 장소는 접지 조치하고 액체의 흐름으로 인한 정전기가 발생하지 않도록 하기 위하여 유속을 낮춘다.

3) 가연성 고체(이연성 물질)

① 일반적으로 이연성 물질이라고도 하며 소방법에서는 제2류 위험물과 특수가연물에 해당하는 물질이다. 공업용 원료, 연료, 금속재료, 고분자물질로 구분하고 있다. 종이, 실 등의 섬유제품과 나무, 석탄, 아스팔트 피치, 파라핀, 생고무, 유황, 수지, 성냥 등의 일반가연물 및 연료류의 일부가 이 분류에 속한다.

② 가연성 고체의 위험성은 일반적으로 발화온도와 연소열에 의하여 좌우된다. 이들은 상온에서는 고체로 있어도 연소에 의해 용융하여 액체 상태로 되는 것은 그 위험성은 증가된다.

③ 비교적 낮은 온도에서 착화되기 쉬운 가연성 고체이다. 산화되기 쉽고 또 반응할 때 반응속도가 대단히 빠르며, 발화되기 쉬운 물질이다.

④ 가연성 고체의 위험성은 발화온도와 연소열에 따라서 달라진다. 화재는 최초증발 또는 분해열에 의하여 생성된 가연성가스에 착화되어 연소를 확대시킨다.

⑤ 섬유류는 다공성으로 공기를 다량 보유하고 있고 공기와의 접촉면적이 커서 착화하기 쉽고 착화 후에는 소화가 곤란하다. 또한 단열재로 사용되고 있는 코르크 및 합성수지도 다공성물질로써 보온성이 좋기 때문에 발화원에 의해 착화되면 소화가 곤란하며 불완전연소를 하기 용이하다.

⑥ 공기가 부족한 장소에서는 불완전연소를 일으켜 다량의 연기와 함께 일산화탄소 등의 유해가스를 발생시켜 화재 시 피난을 방해하고 가스중독의 원인이 되기도 한다.

4) 가연성 분체

① 가연성 고체가 분체 또는 액적상으로 공기 중에 분산되어 있는 상태에서 착화되면서 분진폭발을 일으킬 위험이 있다. 이러한 가연성 분체를 폭발성 분체라고 한다. 공기 중에 분산된 분진으로는 석탄, 유황, 나무, 밀, 합성수지, 비금속(알루미늄, 마그네슘, 티타늄 가루 등) 등이 있다.

② 분진폭발이 발생하려면 공기 중에 적당한 농도로 분체가 분산되어 있어야 한다. 분진의 연소가 급격하게 전파되면서 짧은 시간에 연소가 완료되기 때문에 혼합가스의 폭발과 동일한 현상을 만든다. 분진폭발의 위험성은 주로 분진폭발한계 농도, 최소발화에너지, 연소열, 분진폭발의 최고압력, 압력 상승속도 및 분진폭발에 필요한 한계산소농도 등에 따라 달라지며, 분진폭발의 한계농도는 분진의 입자크기와 형상에 의해 영향을 받는다.

③ 분진폭발 후의 연소생성물로는 분진이 유기물질인 경우는 CO, CO_2, SO_2, H_2O 등의 기체

이지만 금속 가루인 경우는 MgO, CaO, SiO_2 등의 금속산화물에서 생성되는 높은 온도의 입자를 만든다.

5) 폭발성 물질(자기반응성 물질)

① 성상

자기반응성 물질(소방법상 제5류 위험물)이란 고체 또는 액체로서 폭발의 위험성 또는 가열, 분해의 격렬함을 판단하기 위하여 고시로 정하는 시험에서 고시로 정하는 성질과 상태를 나타내는 것을 말한다. 자기연소성 물질 또는 폭발성 물질이라고도 한다. 일반적인 공통 성상은 다음과 같다.

- 산소 함유 물질이므로 자기연소를 일으키기 쉬우며 연소속도도 대단히 빨라서 폭발적이다.
- 가열·충격·마찰에 의하든지 혹은 다른 약품과의 접촉에 의해서 폭발하는 것이 많다.
- 가연물과 산소공급원이 혼합되어 있는 상태라고 생각하면 되므로 점화원을 가까이 하는 것은 대단히 위험하다.
- 오랜 시간이 경과함에 따라서 산화반응이 일어나 열분해가 진행되어 자연 발화를 일으키는 경우도 있다.
- 대부분 물에 잘 녹지 않은 비수용성 물질로써 물과의 직접적인 반응은 없다.
- 대부분 가연성 물질이고 분해할 때는 단시간 내에 이루어지며 분해생성물은 C, CO_2, H_2O, N_2, NO_2 등 다량의 가스를 발생한다.
- 니트로기($-NO_2$)를 2개 이상 포함하여야 한다.

② 위험성

- 산소를 함유하고 있는 유기과산화물, 질산에스테르류, 니트로화합물, 니트로소 화합물은 특히 외부의 산소가 없어도 자기연소하고 연소속도가 빠르다.
- 아조화합물, 디아조화합물, 히드라진 유도체는 고농도인 경우 충격에 매우 민감하고 연소 시 순간적인 폭발로 이어진다.
- 유기질소화합물은 불안정하여 분해가 용이하고 공기 중 분해열이 축적되면 자연발화하는 것도 있다. 이 경우 연소생성물인 산화질소는 유독성이 강하다.
- 니트로화합물은 니트로기($-No_2$)가 많을수록 가열·충격에 민감하고 폭발력도 크다.
- 연소 시 발생하는 연소생성물은 다량이고 유독성 가스가 많이 함유되어 밀폐된 곳에서 화재·폭발 시 중독 위험이 크다.

• 강산화제, 강산류와 혼합한 것은 발화를 촉진시키고 위험성도 증가한다.
• 유기과산화물은 농도가 높은 것은 과열, 직사광선, 충격·마찰에 의해서 폭발한다.

③ 저장 및 취급 방법
• 사전에 충분한 시험평가를 실시하여 엄격한 안전관리가 이루어져야 한다.
• 화염, 불꽃 등의 점화원의 엄금, 가열, 충격·타격·마찰 등을 철저히 피한다.
• 직사광선 차단, 적정 습도 유지하고 통풍이 양호한 찬 곳에 저장한다.
• 강산화제, 강산류 등의 물질이 혼입되지 않도록 한다.
• 가급적 소분하여 저장하고 용기의 파손 및 위험물의 누출을 방지한다.
• 폭발에 대비하여 토담, 제방 등을 설치하여 폭풍으로 인한 피해를 줄이도록 한다.
• 유별을 달리하는 위험물과는 동일한 위험물 저장소, 특히 옥내저장소의 경우 함께 저장하지 않도록 한다.
• 제5류 위험물 제조소 등에는 적색 바탕에 백색 문자로 "화기엄금"의 주의사항 표시판을 설치한다.

6) 자연발화성 물질

① 자연발화성물질, 금수성물질(소방법상 제3류 위험물)은 외부로부터 어떠한 열원과 접촉 없이 상온의 공기 중에서 자연적으로 발열하여 열이 축적되어 발화점에 도달하면 발화 연소에 이르는 물질이다.
② 열원이 없이 상온에서 자연 발화되어 연소를 일으키는 원인으로 분해열, 산화열, 중합열 등이 있다. 반응 공정과정에서 비교적 발화온도가 낮은 물질의 생성은 폭발사고의 위험도를 증가시킨다.
③ 자연발화성 물질을 세분하면 유류에는 식물류와 어유 등, 금속분말류에는 아연, 알루미늄, 마그네슘, 망간 등과 이들의 합금으로 된 분말이 있고, 황철광, 어분, 원면, 골분, 고무 및 석탄가루도 포함된다.

7) 금수성 물질

① 공기 속의 습기를 흡수하든지 또는 수분에 접촉하면 발화 또는 발열을 일으킬 위험성이 있는 물질을 말한다. 소방법의 분류상 제3류 위험물에 속하는 것으로 금수성 물질은 수분

과 반응하여 가연성가스를 발생하여 발화하는 것과 수분과 반응하여 발열하는 것으로 편의상 두 가지로 나눌 수 있다(물기 엄금).

② 대부분 무기물의 고체이지만 알킬알루미늄(알루미늄에 알킬기가 결합한 유기 금속 화합물로 상온에서는 무색투명한 액체)과 같은 액체도 있다. 가열되거나 강산화성 물질 또는 강산류와의 접촉에 의해서 위험성이 현저히 증가된다.

③ 물과 반응할 때 부식성 물질을 발생하는 것도 있다.

④ 수분과 반응하여 가연성가스를 발생하는 것으로는 금속나트륨, 알루미늄분말, 인화칼슘 등이 있으며, 수분과 반응하여 발열하는 것은 생석회(CaO), 무수염화알루미늄(AlCl), 과산화나트륨(Na_2O_2), 수산화나트륨(NaOH), 삼염화인(PCl_3) 등으로 물에 접촉하면 발열하고, 이에 접촉해 있는 다른 가연물을 발화 연소시키는 물질이다.

⑤ 저장 및 취급 시 유의사항
- 용기는 밀봉하여 공기와 수분과의 접촉을 피한다.
- 용기파손과 누설에 주의하며, 산과의 접촉을 피한다.
- 용기의 내압 증가에 주의한다.
- 보호액 중에 보관하는 위험물의 표면이 노출되는 일이 없도록 해야 한다.
- 폐기처분은 위험이 없는 장소에서 조금씩 처분한다.
- 주수, 분무는 위험하므로 절대 불가하며, 소화 시는 팽창질석, 마른모래를 사용한다.
- 소분하여 수분의 침입을 막고 눈과의 접촉을 피하도록 한다.
- 보호액 중에 저장하는 것은 위험물이 보호액 표면에 노출되지 않도록 한다.

⑥ 예방대책
- 저장용기는 완전히 밀폐하여 공기 또는 물과의 접촉을 방지한다.
- 산화성 물질(제1류, 제6류 위험물)과 강산류와의 혼촉, 혼합을 방지한다.
- 용기는 금속제의 견고한 것을 사용하고 저장용기의 파손과 부식을 방지하며, 용기가 가열되지 않도록 한다. 보호액이 들어 있는 것은 용기 밖으로 누출되지 않도록 한다.
- 알킬알루미늄, 알킬리튬 및 유기금속화학물은 화기를 엄금하고 용기 내 내압이 상승하지 않도록 한다.
- K, Na 및 알카리금속은 석유, 경유, 등유, 벤젠 등의 석유류(알코올, 아세톤 등 석유류 제외)에 저장한다. 이 보호액의 증발을 막으며 물이 들어가지 않도록 한다.
- 저장용 용기의 부식, 균열 등을 정기적으로 점검하고 운반 시 용기의 낙하, 전도에 주의한다. 황린은 물속에 저장한다.

• 원칙적으로 유별이 다른 위험물과는 동일한 위험물 저장소에 함께 저장해서는 아니 된다.
• 위험물 제조소 등에는 청색 바탕에 백색 문자로 '물기엄금'을 표기한 주의사항을 설치한다.
• 알킬알루미늄과 알킬리튬을 취급하는 설비는 불활성기체를 봉입하는 봉입장치를 설치해야 한다.
• 금수성 물질의 옥외저장탱크에는 방수성의 불연성재료로 저장한다.

8) 산화성 물질

① 산화성 물질은 산화성 염류, 무기과산화물, 산화성 산류, 산화성 액화가스 등이 속하고 소방법 분류상 제1류 및 제6류 위험물에 해당하는 물질이 많다.

② 산화성 산류에는 아염소산, 염소산, 과염소산, 브롬산, 질산, 황산 등이 있고, 산화성 액화가스는 아산화질소, 염소, 공기, 산소, 불소 등이 있으며, 산화성 가스에는 이산화질소, 공기, 산소, 이산화염소, 오존, 과산화수소 등과 산화성 염류 및 무기과산화물이 있다.

③ 산화성 위험물은 일반적으로 물질 자체는 불연성이지만 다른 물질을 산화시킬 수 있는 다량의 산소를 함유하고 있는 자기연소성물질이다. 따라서 반응성이 풍부하고 가열·충격·마찰 등에 의해 분해하여 산소를 방출하기 용이하고 가연물과 결합하여 연소하면 연소가 격렬해지며 때로는 폭발하는 경우도 있다.

④ 산화성 물질의 저장·취급에 있어서는 가열·충격·마찰 등 분해를 주는 조건을 갖추지 않아야 하며, 분해를 촉진하는 약품류와의 접촉을 피하고 환기가 잘되는 차가운 곳에 저장하여야 한다. 또한 용기 파손을 방지하고 내용물이 유출되지 않도록 하며 조해성이 있는 것은 습기 방지를 고려해서 용기를 밀폐하는 것이 필요하다.

⑤ 산화성 물질에 의한 화재는 공기 중에서 다른 가연성 물질의 연소와 다르게 분해에 의하여 산소가 공급되기 때문에 격렬한 연소가 이루어지고 위험물 자체의 분해도 격렬하다. 따라서 소화는 산화제의 분해를 멈추게 하기 위하여 물을 사용하여 냉각시켜 분해온도 이하로 낮추고 가연물의 연소도 억제해야 한다.

⑥ 산화성 물질 중에서 알카리금속의 과산화물(과산화칼륨, 과산화나트륨)에 대해서는 물과 반응하여 발열하는 성질이 있으므로 저장이나 취급 시 특히 물이나 습기에 접촉하지 말아야 한다.

⑦ 산화성액체(소방법 분류상 제6류 위험물)는 모두 무기화합물이며 물보다 무겁고 물에 녹기 쉽고 과산화수소를 제외하고 강산성 물질이며 수용액도 강산작용을 나타낸다. 또한 자신은 불연성물질이고 할로겐화합물을 제외하고 산소를 많이 함유하고 있는 강산화제로서 물과 접촉 시 발열하여 심한 반응을 나타낸다.

⑧ 저장·취급 시 주의사항

- 용기의 전락, 전도 방지 조치를 하고 가열, 충격, 마찰에 주의한다.
- 가연물과의 접촉을 금지하고 강산과의 접촉은 위험하다.
- 용기는 밀봉하여 냉암소에 두고 환기를 잘 시킨다.
- 수분 및 강산성과의 접촉을 피한다.
- 대부분 조해성(공기 중에 노출되어 있는 고체가 수분을 흡수하여 녹는 현상)을 가지므로 밀폐하여 저장할 것
- 알카리 금속이 과산화물을 저장 시에는 다른 1류 위험물과 분리된 장소에 저장한다. 가연물 및 유기물 등과 같이 있을 경우에 충격 또는 마찰 시 폭발의 위험이 있다.
- 유별을 달리하는 위험물과는 동일한 위험물 저장소 내에서 저장하여서는 아니 된다.
- 저장창고에 있어서 위험물이 침윤될 우려가 있는 부분은 아스팔트 등으로 피복하여 부식하지 않도록 한다.

⑨ 예방대책

- 강산류 위험물과는 어떤 경우에도 접촉을 피한다.
- 가열금지, 화기엄금 및 햇빛의 직사광선을 차단한다.
- 충격, 마찰, 타격 등에 의한 불꽃이 만들어지지 않도록 주의한다.
- 조해성 물질이므로 습기를 차단하고 용기 밀전하여 보관한다.
- 용기는 가열이나 누출, 파손 전도를 방지한다.
- 분해 촉매, 이물질과의 접촉을 금지한다.

⑩ 소화 방법

- 모래나 이산화탄소로 소화하며 사염화탄소는 지하실이나 창이 없는 곳에서 사용이 불가능하다.(포스겐 가스 때문)
- 유출 시에는 건조사를 뿌리거나 중화제로 중화시킨다.
- 경우에 따라서 안개 모양의 물이나 위급할 때는 다량의 물로 희석한다.

9) 혼합 위험성 물질

2종 또는 그 이상의 물질이 혼합 또는 상호 접촉하면 발화의 위험을 일으킬 수 있는 물질을 말한다. 위험성 물질의 혼합의 경우에는 3가지 경우를 들 수 있다.

① 폭발 혼합물 형성한다.

② 화학반응을 일으켜 민감한 폭발성 물질을 형성한다.

③ 혼합과 동시에 연소 또는 폭발을 일으킨다.

1-4 석유화학산업 안전 및 환경 위험 대책

1. 석유화학산업의 위험성 물질

1) 개요

석유화학산업은 원유 정제과정에서 분리되는 납사(나프타, naphtha)를 기초원료로 합성수지, 합성원료, 합성고무 등의 유도제품을 생산하는 산업이다. 국내에서는 대부분 납사를 주원료로 화학제품을 생산하고 있으나, 해외에서는 가스, 석탄 등의 원료로도 화학제품을 생산하고 있다. 석유화학산업은 위험물질을 취급하며 제조공정이 고온·고압에서 운영되고 있어서 화재 및 폭발 등의 안전사고와 환경오염 위험에 노출되어 있다. EU에서는 2007년 REACH 제도를 도입하여 위험물질의 관리·감독 규정을 강화한 바 있으며, 일본과 중국도 각각 2010년 4월과 10월에 유사한 국가적 관리 체계를 도입·운영하고 있다. 국내에서도 관련 기준을 유럽 수준까지 높인 ① 화학물질의 등록 및 평가 등에 관한 법 ② 화학물질관리법이 2015년 1월부터 시행되고 있다. 관련 규제는 석유화학산업 진입장벽의 요소 중 하나이며, 개별기업의 생산원가, 사고 발생 시의 우발비용을 증가시키는 원인으로 작용하고 있다. 또한 석유화학공장에서의 위험물질에 대한 관련 규제는 소방법과 산업안전보건법에서 위험물질을 규제하고 있다(2018 Industry Risk Rating).

참고

> REACH(Registration Evaluation Authorization and Restriction of Chemicals) 제도
> 유해물질제한 관련 선진국인 EU지역에서 먼저 시작한 하나의 규제를 위한 프로세스로 화학물질의 등록, 평가, 허가, 제한에 관한 제도를 뜻한다.

표 1.13 안전 및 환경규제 관련 법규

관련법	내용
화학물질의 등록 및 평가 등에 관한 법	• 제조수입업자는 화학물질의 용도 및 그 양을 보고하고 유해성 자료 제출 • 화학제품의 독성 사고와 화학사고를 미연에 방지
화학물질의 관리법	• 유해화학물질의 영업허가제 도입 • 화학사고 대응체계 개편

표 1.14 석유화학산업에서의 위험물질 분류

산업안전보건법	소방법
폭발성물질	산화성고체(제1류)
발화성물질	가연성고체(제2류)
산화성물질	자연발화성물질(제3류)
인화성물질	금수성물질(제3류)
가연성가스	인화성액체(제4류)
부식성물질	자기반응성물질(제5류)
독성물질	산화성액체(제6류)

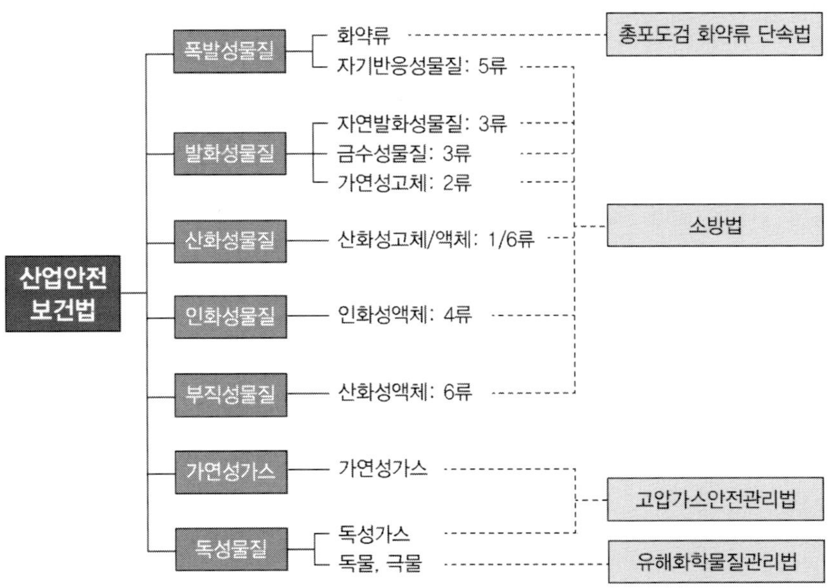

그림 1.15 석유화학공장의 취급 위험물 분류

2) 위험물질의 종류

표 1.15 석유화학산업에서 발생되는 유해물질

종류	특성	물질 예
폭발성 물질	• 가열·마찰·충격 또는 다른 화학물질과의 접촉으로 인하여 산소나 산화제의 공급 없이 폭발	• 질산에스테르류, 니트로화합물,니트로소화합물, 아조화합물, 디아조화합물, 하이드라진 및 유도체,유기과산화물 등
발화성 물질	• 스스로 발화 하거나 발화가 용이한 것 또는 물과 접촉하여 발화, 고가연성가스를 발생시키는 물질	• 리듐, 칼륨, 나트륨, 황인, 황, 황화인, 적린, 셀룰로이드류, 알킬알미늄, 알킬리듐, 마그네슘분말, 금속분말(마그네슘 제외), 알카리금속 등
가연성가스	• 폭발한계 농도의 하한이 10% 이하 또는 상·하한의 차이가 20% 이상인 가스	• 수소, 아세틸렌, 에틸렌, 메탄, 에탄, 프로판, 부탄, 기타 15℃ 1기압 하에서 기체 상태인 가연성가스
부식성 물질	• 금속 등을 쉽게 부식시키고 인체와 접촉하면 심한 상해를 입히는 물질	• 부식성 산류 : 농도 20% 이상인 염산, 질산, 황산 농도 60% 이상인 인산, 불산, 아세트산 등 • 부식성 염기류 : 농도 40% 이상인 수산화나트륨, 수산화칼륨 등
독성물질	• 다음 조건의 동물실험 독성치를 나타내는 물질	• LD50(경구, 쥐) : 200 mg/kg 이하 • LD50(경피, 쥐 또는 토끼) : 400 mg/kg 이하 • LC50(쥐, 4시간 흡입) : 2,000 ppm 이하
산화성 물질	• 산화력이 강하고 가열·충격 및 다른 화학물질과의 접촉으로 인하여 격렬히 분해·반응하는 물질	• 차아염소산, 아염소산, 염소산, 과염소산 및 그 염류, 브롬산, 요오드산 및 그 염류, 과산화수소 및 무기과산화물, 질산 및 그 염류, 과망간산 및 그 염류, 중크롬산 및 그 염류 등
인화성 물질	• 대기압에서 인화점이 65℃ 이하인 가연성액체	• 인화점 -30℃ 미만 : 에틸에테르, 가솔린, 아세트 알데히드, 산화프로필렌 • 인화점 -30℃ ~ 0℃ 미만 : 노르말핵산, 산화에틸렌, 아세톤, 메틸에틸케톤 등 • 인화점 0℃ ~ 30℃ 미만 : 메틸알코올, 에틸알코올, 크실렌, 아세트산아밀 등 • 인화점 30℃ ~ 65℃ : 등유, 경유, 테레핀유, 이소벤질알코올, 아세트산

3) 급성독성물질

(1) 급성독성물질의 정의

유독성 물질에 대한 관리는 화학물질관리법, 화학물질등록평가법, 산업안전보건법 등에서 그 기준을 정하고 있다. 화학물질관리법에서는 유독성 물질이란 유해성이 있는 화학물질로써 대통령령으로 정하는 기준에 따라 환경부 장관이 정하여 고시한 것을 말하고 그 지정기준은 표 1.16에 나타내었다. 산업안전보건법 기준에 관한 규칙 [별표 1]에서 독성물질은 입(경구) 또는 피부(경피)를 통하여 체내에 흡수되거나 호흡기를 통하여 체내에 흡입되었을 때 유해한 영향을 일으키는 물질을 말한다고 규정되었다. 경구독성의 경우 LD50 300 mg/kg-체중 이하, 경피독성의 경우 LD50 1,000 mg/kg-체중 이하, 흡입독성의 경우 LC50(가스) 2,500 ppm 이하, LC50(증기) 10 mg/L 이하, LC50(분진 또는 미스트) 1 mg/L 이하인 물질로 정의한다. 포스겐, 아크롤로니트릴(플라스틱, 접착제 및 합성 고무 제조에 널리 사용되는 독성이 강한 화합물로 비중 0.804(25℃), 융점 -82℃, 비점 78.5℃, 인화점 0℃, 발화점 24.9℃), 일산화탄소, 염소, 시안화수소, 황화수소, 모노실란(상온에서 무색투명한 액체. 비점 -112℃, 응고점 -185℃, 밀도 0.68 g/cm^3, 반도체 재료로 많이 사용) 등이 있다.

표 1.16 유독물질의 지정기준(제3조 관련)

구분	지정기준
가. 설치류에 대한 급성 경구독성	• 시험동물 수의 반을 죽일 수 있는 양(LD50)이 킬로그램당 300밀리그램(300 mg/kg) 이하인 화학물질
나. 설치류에 대한 급성 경피독성	• 시험동물 수의 반을 죽일 수 있는 양(LD50)이 킬로그램당 1,000밀리그램(1,000 mg/kg) 이하인 화학물질
다. 설치류에 대한 급성 흡입독성	• 기체나 증기로 노출시킨 경우 시험동물 수의 반을 죽일 수 있는 농도(LC50, 4hr)가 2,500 ppm 이하이거나 리터당 10밀리그램(10 mg/L) 이하인 화학물질 • 분진이나 미립자로 노출시킨 경우 시험동물 수의 반을 죽일 수 있는 농도(LC50, 4 hr)가 리터당 1.0밀리그램(1.0 mg/L) 이하인 화학물질
라. 피부 부식성/자극성	• 피부에 3분 동안 노출시킨 경우 1시간 이내에 표피에서 진피까지 괴사(壞死)를 일으키는 화학물질
마. 어류, 물벼룩 또는 조류에 대한 급성독성	• 어류에 대한 급성독성 시험에서 시험어류 수의 반을 죽일 수 있는 농도(LC50, 96 hr)가 리터당 1.0밀리그램(1.0 mg/L) 이하인 화학물질 • 물벼룩에 대한 급성독성 시험에서 시험물벼룩 수의 반에게 유영저해를 일으킬 수 있는 농도(EC50, 48 hr)가 리터당 1.0밀리그램(1.0 mg/L) 이하인 화학물질 • 조류(藻類)에 대한 급성독성 시험에서 시험조류의 생장률을 반으로 감소시킬 수 있는 농도(IC50, 72 hr 또는 9 hr)가 리터당 1.0밀리그램(1.0 mg/L) 이하인 화학물질

구분	지정기준
바. 어류, 물벼룩 또는 조류에 대한 만성독성	• 어류, 물벼룩 또는 조류에 대한 만성독성 시험에서 무영향농도 또는 이에 상응하는 영향을 주는 농도(ECx)가 리터당 0.01밀리그램(0.01 mg/L) 이하인 화학물질
사. 반복노출독성	• 사람에 대한 사례연구 또는 역학조사로부터 반복 노출에 의해 사람에게 중대한 독성을 일으킨다는 신뢰성 있고 양질의 증거가 있는 화학물질 • 시험동물을 이용한 적절한 시험으로부터 일반적으로 낮은 수준의 노출농도에서 사람의 건강과 관련된 중대하거나 또는 강한 독성영향을 일으켰다는 소견에 기초하여 반복 노출에 의해 사람에게 중대한 독성을 일으킬 가능성이 있다고 추정되는 화학물질
아. 변이원성	• 사람에 대한 역학조사 연구에서 양성인 증거가 있는 물질로서 사람의 생식세포에 유전성 돌연변이를 일으키는 것으로 알려진 화학물질 • 포유동물을 이용한 유전성 생식세포 변이원성시험에서 양성인 화학물질 • 포유동물을 이용한 체세포 변이원성시험에서 양성이고, 생식세포에 돌연변이를 일으킬 수 있는 증거가 있는 화학물질 • 사람의 생식세포에 변이원성 영향을 보여주는 시험에서 양성인 화학물질
자. 발암성	• 사람에게 발암성이 있다고 알려져 있는 물질로서 주로 사람에게 충분한 발암성 증거가 있는 화학물질 • 사람에게 발암성이 있다고 추정되는 물질로서 주로 시험동물에게 발암성 증거가 충분한 물질이거나 시험동물과 사람 모두에게서 제한된 발암성 증거가 있는 화학물질
차. 생식독성	• 사람에게 성적기능, 생식능력이나 발육에 악영향을 주는 것으로 판단할 만한 증거가 있는 화학물질 • 사람에게 성적기능, 생식능력이나 발육에 악영향을 주는 것으로 추정할 만한 동물시험 증거가 있는 화학물질

※ 비고

1. 흡입독성의 단위는 기체 또는 증기로 노출시키는 경우에는 ppm으로, 분진 또는 미립자로 노출시키는 경우에는 mg/L로 표시하는 것을 원칙으로 하되, 다음의 계산식에 따라 ppm 또는 mg/L로 환산하여 적용한다.

$$mg/L=(ppm\times 분자량/24.45)\times 1/1,000(상온,\ 상압)$$

2. 수생생태독성을 평가할 때에 대상 물질이 수계(水界)에서 쉽게 흡착되거나 분해되는 경우 등 특별한 사정이 있는 경우에는 이를 고려하여 수행한 시험 결과를 기준으로 유독물질로 지정할 수 있다.
3. 어독성 시험자료가 96시간 기준이 아닌 48시간 기준인 경우에는 잠정적으로 계수 2를 사용할 수 있으며, 여러 어종(魚種)에 대한 자료가 있는 경우에는 국내 서식 어류를 우선하여 고려한다.
4. 해당 화학물질의 분해산물이 위 항목별 기준에 해당되는 경우에는 해당 화학물질이 항목별 기준에 해당되는 것으로 본다.

(2) 독성치 표기 기준

① TLV(threshold limit value) : 허용농도

미국산업위생학회(ACGIH)에서 매년 채택

② TWA(time weighted average) : 시간 가중 평균치

하루 8시간 또는 주 40시간 평상 작업 시 반복 피복 되어도 악영향을 받지 않는 농도

③ STEL(short time exposure limit) : 단시간 피폭 한계치

15분간 연속 피복하여도 자극, 만성적 조직변화, 작업능률 저하 등이 없는 정도의 마취 상태를 일으키지 않는 정도의 최고 농도

④ LD50(lethal dose fifty)

실험동물에 화학물질 등을 투여했을 때 50% 사망한 약품 투여량

⑤ LC50(lethal concentration fifty)

실험동물에 화학물질 등을 일정 시간 흡입시켰을 때 50%가 사망한 약품 농도(ppm, mg/m^3)

4) MSDS(Material Safety Data Sheet) : 물질안전보건자료

① 물질안전보건자료란? 화학물질의 이름, 물리화학적 성질, 유해위험성, 폭발/화재 시 방재 요령, 환경에 미치는 영향 등을 기록한 서류(sheet)로서 화학물질에 대한 취급 설명서에 비유. (예) 전자제품이나 의약품의 취급 설명서

② 근로자에게 화학물질의 유해·위험성 등을 알려줌으로써 근로자 스스로 자신을 보호하도록 하고 불의의 사고 시 신속히 대응하도록 하기 위함

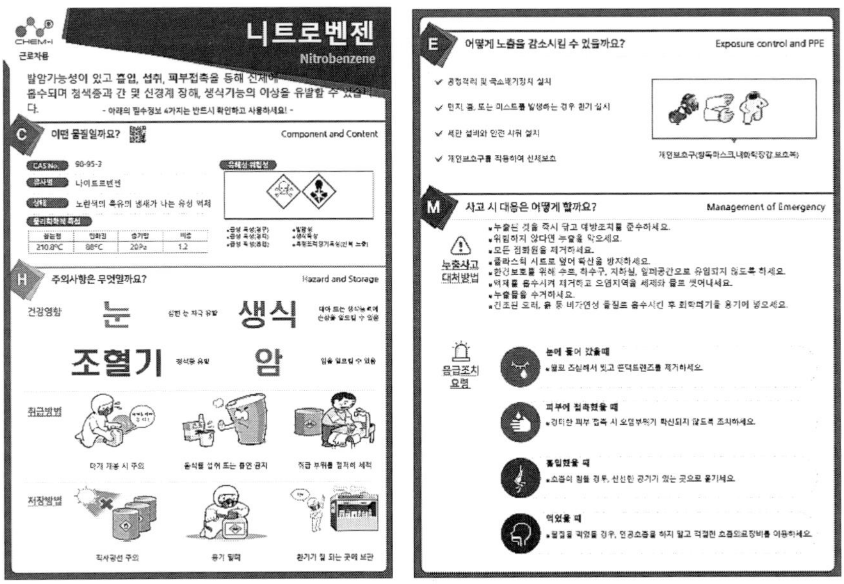

그림 1.16 MSDS Sheet(예시)

폭발성 물질	산화성 물질	부식성 물질

BD, 부탄, KA, KP, KDB, KAC, KTB, KH, LNG, LPG	-	황산, 염산, 가성소다, 수산화칼륨, 인산
산소없이 마찰 발생, 충격, 접촉 시 폭발, 폭연 되는 물질 또는 기체	다른 물질(특히 가연성 물질)과 접촉하여 심한 발열반응을 나타내는 물질	접촉 시 피부조직(세포) 파괴성 물질(pH2 이하 강산, pH11.5 이상 알칼리)
인화성 물질	**고인화성 물질**	**극인화성 물질**

SM, AMS, DMF, 경유, C9+, MA(TDDM)	MMA, 톨루엔, CP, KM, EB	AN, 펜탄, MEK
인화점 21℃ 이상, 55℃ 이하 액체	인화점 21℃ 미만 액체, 상온에서 공기 접촉시 발열·발화 물질	인화점 0℃ 미만, 끓는점 35℃ 이하 액체, 상온, 상압에서 공기 접촉 시 인화성 기체
유해성 물질	**자극성 물질**	**환경유해물질**
		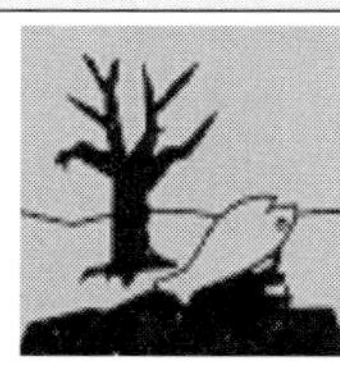
SM, MMA, DMF 등	SM, MMA, DMF 등	SM, MMA, EB, DMF, MEK 등
흡입, 섭취 등 흡수 시 급·만성 장해 우려물질	피부 자극성, 눈 자극성, 호흡기계 자극성 물질	인화점 0℃ 미만, 끓는점 35℃ 이하 액체, 상온, 상압에서 공기 접촉 시 인화성 기체

※ 과산화물 : 코드명이 "K"물질로 가열, 마찰, 충격 또는 물과의 혼합에 의한 폭발성 물질 (KH+MA = 폭발)

※ 인화점 : 어떤 액체가 점화원에 의하여 불이 붙을 수 있도록 상부에 충분한 증기를 발생시키는 최소한의 온도

그림 1.17 MSDS 경고표지 예시

2. 석유화학공장의 안전

1) 석유화학산업의 화재·폭발의 특성

화학공장에서의 사고는 주로 화재, 폭발, 누출의 형태로 나타나며 인명과 공정 설비 및 인근 지역에까지 심각한 피해를 줄 수 있다. 인화성 물질의 누출에 의한 화재와 폭발, 설비 내부에서 체적의 급격한 팽창에 의한 물리적 폭발, 유해성 물질 및 독성물질의 누출의 형태로 주로 사고가 발생한다. 이러한 석유화학공장에서는 원료나 제품으로 속하는 인화성액체, 가연성가스 및 인화성액체, 가스의 화재는 높은 연소열, 빠른 열방출 속도, 유동성의 3가지 특성으로 인하여 다른 일반화재에 비해 그 위험성이 더욱 높아지며 다음과 같은 특성이 있다.

① 방호공간 및 공정에 따라 화재하중 및 심도의 차이가 있고, 또한 화재 강도가 매우 높으며 특히, 위험물질 및 가연성가스는 연소 특성상 연소 확대 속도가 매우 빠르기 때문에 긴급 상황에 대처하기 어렵다.

② 폭발 등이 발생하게 되면 고온의 열과 압력에 의하여 구조물, 시설 등에 충격력을 가함으로써 구조물의 붕괴 및 파괴로 전개될 위험성이 있고, 분출된 화염과 고온의 열기와 진한 연기로 인하여 소화작업이 곤란하다.

③ 제조공정 중에서 반응기, 증류탑, 열교환기 등이 있는 공정에서 혼합과정 및 열 취급이 수반되고 혼합물, 가스 등의 물질이 배관 열을 지지하는 선반인 파이프 랙(pipe rack) 내부를 따라 유동함으로써 초기에 잠재된 위험을 감지하기가 매우 어렵다. 따라서 폭발, 복사열 등에 의해 인접 제조사 및 인접 지역으로 화재가 확대될 가능성이 상존하고 있다.

④ 위험물 또는 혼합물의 종류에 따른 신속한 폭발, 대피 범위 설정이 곤란하고 2차 폭발 시 폭발범위가 광범위하여 인명피해의 증가요인이 된다.

⑤ 폭발 시 폭발과 동시에 소화설비도 파손되어 소화기능이 상실되며, 옥외 설치된 제조소 또한 소화설비(소화전 등)가 제조소와 근접하여 유독가스와 화세가 강하여 소화활용이 사실상 불가능하다.

2) 석유화학공장의 화재·폭발사고 유형

(1) Pool Fire(개방공간의 액면화재)

대기상에 액면이 노출된 개방탱크 또는 방유제 내의 액체에 착화 되었을 때의 화재를 말한다.

열방출 속도는 노출된 액체 표면적에 좌우되고 액 표면적 1 m^2당 27,000 kcal/min 정도의 열이 (완전연소 가정 시) 방출한다. 대응 방법으로 소규모 화재의 경우에는 관계인의 소방시설 활용으로 소화를 시도하고 확대된 화재의 경우에는 소방대가 유면 전체에 방사할 수 있는 위치를 선정한 후 수원과 포 약제량을 확보하고 충분한 방출량으로 동시 방사해 폼(form)으로 유면을 덮어 소화한다.

(2) Unconfined Spill Fire(자유공간 유출 화재)

개방공간 지표면 상에 방출된 액체는 지표면에 두루 퍼져서 엷은 막을 형성하고 화재는 방출된 액체량과 방출된 지표면 형태에 좌우된다. 방출이 수반된 화재도 액체 표면적 1 m^2 당 27,000 kcal/min의 열을 방출할 수 있으며, 화재 지속시간은 유출 양에 달려 있다.

(3) Jet Fire와 Spray Fire(가압의 가스 또는 액체 분출 화재)

가압상태의 가스 또는 액체가 분출될 때 착화된 화재 유형을 jet fire라 하고, 특히 고압의 유압유 배관 또는 액체 이송배관과 같이 인화성액체가 가압된 상태에서 연무 상태로 누출될 때 착화된 화재를 spray fire라 하며, 스프레이 상태(작은 방울의 액체 연무)에서는 인화점 미만의 온도에서도 쉽게 점화된다. 스프레이 된 액체는 그것이 방출되어 pool fire(개방공간의 액체 표면 화재) 또는 spill fire가 일어났을 때보다 훨씬 큰 열방출 속도로 신속하게 연소한다.

참고

spill fire
지면으로 유출된 인화성 및 가연성 액체에서 발생한 화재

스프레이 화재는 액체 1 L당 약 8,000 kcal의 열을 발생하고 화재의 지속시간은 공급되는 연료량과 얼마나 빨리 연료를 차단하는가에 달려 있다.

(4) Confined Explosion(밀폐공간 폭발)

제한된 밀폐공간에서 급격한 화학적 반응 등으로 인한 폭발을 말한다. 밀폐공간 폭발의 원인은 연소반응, 열분해, 또는 폭주반응이다. 이는 만약 환기와 냉각이 되지 않는다면, 이로 인한 위험성은 폭발로 인한 충격파와 파편이다. 증폭된 압력은 초기 절대 압력의 6~9배가 된다.

참고

> 폭주반응(runway reaction)
> 발열반응이 일어나는 반응기에서 서로 다른 물질이 반응하여 냉각의 실패로 인하여 반응속도가 급격히 증대되어 용기 내부의 온도와 압력이 비정상적으로 상승하는 이상 반응

(5) 비등액체팽창 증기폭발(BLEVE)

BLEVE(boiling liquid expanding vapor explosion)는 밀폐공간 폭발의 한 유형이다. 가연성 액화가스 주위에 화재가 발생한 경우 기상부 탱크 강관이 국부 가열되어 그 부분의 강도가 약해

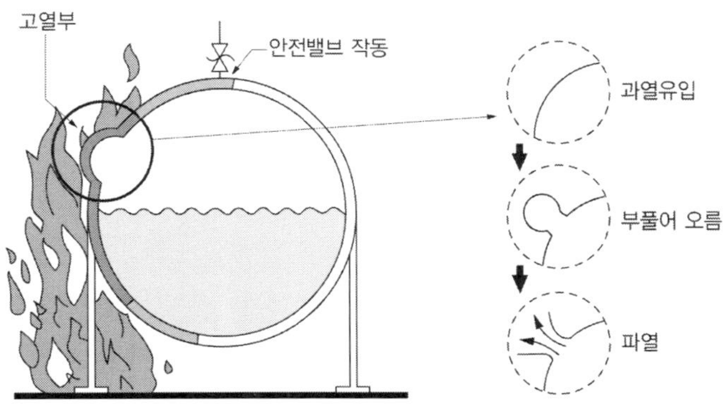

그림 1.18 국부가열에 의한 탱크의 파열 개요

그림 1.19 BLEVE 발생 메커니즘

지면 탱크가 파열되고 이때 내부의 가열된 액화가스가 급속히 팽창하면서 폭발하는 현상을 말한다. 에너지는 팽창 증기와 비등액에 의해 생성되며, 증기가 인화성이 있고 점화되는 경우 fire ball(화구)이 생겨난다. 증기는 공기와 미리 혼합되어 있지 않기 때문에 점화가 즉각 이루어지는 경우 연소의 주된 효과는 폭발력(과압효과)이라기보다는 화재와 복사열의 조합이다.

(6) 증기운폭발(UVCE, Unconfined Vapor Cloud Explosion)

UVCE는 증발이 용이한 가연성 물질이 다량으로 급격하게 대기 중에 유출되면 증기운을 형성하여 확산되며, 물질의 연소하한계 이상의 상태에서 착화원과 접촉 시 발생하는 폭발사고를 자유공간 증기운폭발 또는 증기운폭발(VCE)이라 한다. UVCE에 의한 피해는 충격파에 의한 것이다. 석유화학공장에서 일어날 수 있는 이러한 유형의 대표적인 사고이다.

일반적인 폭발방지 대책에는 예방과 방화대책이 있으나 UVCE는 제어나 진압을 통한 특별한 방화대책이 없으므로 예방만이 최선의 대책이다.

① 가연성 물질의 유출을 막는다.
② 가연성 물질의 재고량을 최소화한다.
③ 누설 대비 가스누설 검지기를 설치한다.
④ 누설 시 초기단계에서 시스템을 자동 정지하게 한다(자동차단밸브 설치).
⑤ 사례연구를 통한 누출지역 보완 및 종사자 교육과 홍보를 한다.

표 1.17 UVCE 형성물질의 분류

Class	물질 예	특성	증발형태
I	LNG(저온 메탄)	대기압 저온액화	열전달 증발을 제한
II	LPG, 액화HCl, 액화NH_3	상온 가압액화	순간증발(flashing)
III	벤젠, 헥산	비점 이상 가압액화	열전달, 확산 증발제한
IV	화학공정상의 유기액체	주위온도 이상 가압액화	순간증발(flashing)

- Class II, IV의 액체가 순간증발(flashing)이 되기 쉬워 위험성이 더 높다.
- flash 증발률

$$\frac{q}{Q} = \frac{H_{t_1} - H_{t_2}}{L}$$

여기서, q : 기화된 액량[kg]

Q : 전체 액량[kg]

H_{t_1} : 가압 액체 엔탈피[kcal/kg]

H_{y_2} : 대기압 액체 엔탈피[kcal/kg]

- 순간증발률이 30% 이하이면 pool fire 초과 시 fire ball로 발전한다.

(7) Fire Ball

① 개요

파이어 볼이란 BLEVE 등에 의한 인화성 또는 가연성액체 저장탱크가 파열되면서 가연성 증기가 대량으로 분출되고 상승 확산하여 공기와의 혼합이 폭발범위에 이르렀을 때 커다란 버섯형 공의 형태로 화염을 만드는 현상으로 폭발에 의한 과압에 화재에 의한 복사열이 가중되므로 더욱 위험한 형태이다. 즉, 액화가스의 탱크가 파열하면 flash 증발을 일으켜서 가연성의 기액 혼합물이 대량 분출한다. 이것이 발생하면 지면에서 반구상의 화염이 되어 이것이 부력으로 상승하여 동시에 주변의 공기를 끌어들여 화염은 공모양으로 되고 더욱 상승하여 버섯형 화염을 만든다.

② fire ball 방정식

fire ball 크기를 D라고 하면

$$D = 3.77\,W^{0.320}$$

여기서, D : 직경[m]

W : 가연성 혼합물(가연성물질 + 산소)의 중량[kg]이다.

fire ball의 연소시간을 T[sec]라고 하면

$$T = 0.258\,W^{0.340}$$

③ 발생단계

- 1단계 폭발 후 fire ball의 형성 : 1단계 폭발에 의해 확산 및 열에너지를 얻은 증기운이 fire ball을 형성하여 2단계 폭발을 일으킨다.
- 가연성 증기가 외부 연소화재의 열을 흡수하여 fire ball을 형성한 후 폭발을 일으킨다.

그림 1.20 fire ball

④ fire ball의 특징

- 가스 저장탱크의 대표적인 중대재해는 UVCE와 BLEVE이다. UVCE는 저장탱크에서 유출한 가스가 구름을 형성하여 떠다니다가 점화원과 접촉 시 발생하는 폭발사고로 가장 위험한 사고 유형이며, BLEVE는 가스 저장탱크 지역의 화재 발생 시 저장탱크가 가열되어 탱크 내 액체가 급격히 증발하여 탱크 내 압력이 저장탱크의 설계압력을 초과하여 탱크가 폭발하는 형태이다.
- 인화성액체 저장탱크는 BLEVE와 동시에 fire ball이 형성되므로 그 위험성이 증가된다. UVCE로 인한 위험성은 폭발압이고 BLEVE와 fire ball은 복사열이 피해를 가중시키는 중요 요소이다.

⑤ fire ball 형성에 영향을 미치는 요인

- 넓은 폭발범위
- 낮은 증기밀도
- 높은 연소열
- 유출되는 형태에 따라 증기-공기 혼합물의 조성이 결정되며 이 조성은 fire ball 형성 조건에 결정적인 영향을 미친다.

3) 석유화학공장의 주요 위험요인

석유화학산업은 대규모의 복잡하고 다양한 장치산업으로써 유해한 화학물질을 많이 사용하고 위험하기 때문에 사고 발생 시 환경을 오염시키고 그 영향이 광범위하게 파급하게 된다. 또한 화학공장의 사고는 각종 원료를 공급하는 기간산업이기 때문에 사고 시 타 산업 분야까지 연쇄적인 피해를 유발한다. 석유화학공장의 화재·폭발·누출사고의 위험 요소에는 점화원, 과압, 부식, 열복사, 피로, 누설, 마모, 폭주반응, 독극물, 기기고장, 질식, 불순물 등이고 이들의 요소들을 공정위험성평가기법인 HAZOP 등의 안전성 평가기법들을 동원하여 개선하고 잠재 위험 요소를 줄여나가는 것이다.

지난 30년간(2000년까지)의 전 세계 화학 사업장의 대형 사고를 세계적인 보험업체에서 분석한 결과, 전체 사고의 80%는 정유 사업장(약 46%)이나 석유화학 사업장(약 35%)에서 발생하였다. 사고유형은 증기운폭발, 화재, 그리고 폭발 순으로 전체 95% 이상을 차지하고 있다.

참고

HAZOP(hazard and operability analysis)

HAZOP 평가기법은 공정의 위험성을 평가하고 운전상의 문제점을 발견하기 위해 개발되었다. 즉, 공정에 존재하는 위험요소들이나 공정의 효율을 떨어뜨릴 수 있는 운전상의 문제점을 체계적으로 알아내고자 각 분야의 전문가들로 팀을 조직, 설계도면 등 여러 가지 자료를 검토하여 장토론(brain storming) 방식으로 회의를 진행하여 위험을 정성적으로 평가하는 기법

표 1.18 석유화학공장의 위험요인

위험요인	위험요인 비율[%]	
	석유화학	기타장치산업
플랜트의 입지조건	7.0	3.5
부적절한 장치의 배치	12.0	2.0
사용조건에 부적합한 구조	14.0	3.0
위험물의 위험성연구 부족	2.0	20.0
화학프로세스의 문제	3.0	10.6
물질이송의 문제(배관 및 펌프)	4.0	4.0
조작 잘못	10.0	17.0
설비의 결함	46.0	31.9
부적절한 방재계획	2.0	8.0

석유화학공장의 위험요인은 국가에 따라 약간의 차이는 있으며 이는 대상 업체 및 재해분석 시기 그리고 방법이 다르기 때문이다. 미국과 스위스의 재보험회사(보험사들이 다른 보험사(재보험전문 회사 등)에 가입하는 보험)가 분석한 내용을 종합하면 설비의 결함이 30~50%를 차지

하고, 그 다음이 운전 조작의 잘못에 의한 위험인 것으로 분석하였다.

① 설비결함 : 설계단계 40%, 재료 불량 32%로 근원적인 안전조치 미흡

② 운전관리 : 운전자의 기술 및 경험 부족

4) 석유화학공장에서 발생 가능성이 높은 화재폭발

(1) 기상폭발

① 가스폭발

폭발 사고의 대부분을 차지하는 가스폭발은 가연성가스와 지연성 가스와의 혼합기체가 존재할 때에 폭발이 발생한다(농도조건과 발화원의 조건).

② 분무폭발

분무폭발은 고압의 유압 설비의 일부가 파손되어 내부의 가연성 액체가 공기 중에 분출되어 이것이 미세한 액적이 되어 무상으로 되고 공기 중에 비산하여 존재할 때 착화 에너지가 주어지면 발생한다.

③ 분진폭발

분진폭발은 가연성 고체의 아주 작은 분말이 공기 중에 부유하고 있을 때에 어떤 착화원에 의해 에너지가 주어지면 폭발하는 현상 : 탄광, 곡물 사일로(Silo)나 사료공장, 중·소규모의 금속공장이나 세제공장, 분체도장공업이나 공해방지용의 집진, 악취흡 착용의 설비에서 발생한다.

④ 분해폭발

분해폭발은 석유화학공업에서 다량으로 취급하고 있는 에틸렌, 산화에틸렌이나 금속의 용접, 용단에 널리 사용되고 있는 아세틸렌 등이 분해하는 경우, 상당히 큰 발열을 동반하기 때문에 분해에 의해 생성되는 압력상승과 이 압력의 방출에 의해 지연성 가스가 전혀 필요없이 폭발이 일어난다.

(2) 응상폭발

응상이란 고상과 액상의 총칭이며, 응상은 기상에 비해 그 밀도가 100~1,000배가 되므로 폭발현상에 있어서도 기상과는 커다란 차이가 있다.

① 수증기폭발

보일러 등 내부가 대기압 하에서 비등점 이상으로 과열되어 액상의 물이 순간적으로 대기

압으로 방출되어 폭발한다. 또한, 고온의 용융 금속이나 슬러그가 물속에 급속 냉각되는 경우 발생한다.

② 증기폭발

증기폭발은 저온 액화가스가 사고로 인해 물 위에 분출되었을 때에는 급격한 기화로 액상에서 기상으로 급격한 상변화에 의한 폭발 현상이다.

③ 전선폭발

전선폭발은 고체인 무정형 안티몬이 동일한 고상의 안티몬으로 전이할 때에 발열한다. 이 때문에 주위의 공기가 팽창하여 폭발하는 경우가 있다.

(3) 가연성가스의 폭발

① 증기운폭발(UVCE, unconfined vapor cloud expansion)

대기 중에 대량의 가연성가스가 유출되거나 가연성 액체가 유출되어 발생하는 증기가 공기와 혼합해서 가연성 혼합기체를 형성하여 폭발한다.

② 액화가스 탱크의 폭발

프로판 액화가스의 고압가스 용기(탱크차, 탱크로리) 등에 외부에서 화재가 발생하면 용기가 파열해서 그 파편이 멀리까지 날아가고, 내부의 액화가스는 증기운폭발을 일으킨다.

5) 석유화학공장의 안전 시스템

석유화학공장의 안전 시스템은 본질적인 안전대책과 기술적 대책, 관리적 대책을 통해 안전성을 확보해야 한다.

본질적인 안전대책은 유해위험물질의 공정 내부에서의 사용량 최소화 등의 효율화 방안과 위험성이 낮은 물질로의 교체, 위험성이 높은 취급조건의 완화, 입지 등의 제한을 통해 피해 결과의 감소, 실수 등의 방지를 위한 공정을 단순화시키는 방법이 있다. 예를 들면 급성독성물질인 수산화나트륨을 비유해화학 물질인 차아염소산 나트륨으로 교체하는 등의 대책을 들 수 있다.

기술적 대책은 석유화학공장의 공정은 복잡성 및 사고의 잠재위험도에 따라 한 개 또는 그 이상의 방호조치를 설치한다. 방호조치는 다중적인 방호개념 즉, 페일세이프적인 방호대책을 설계에 반영하여야 한다.

관리적 대책은 사회·제도적 안전 시스템에서 요구하는 사항들은 사회적인 합의에 의해 도출된 최소한의 안전을 확보하기 위한 제도적인 보장이므로 석유화학공장 사업장은 제도적 안전

시스템을 정착해야 한다.

(1) 석유화학공장의 위험성 및 안전기준 목표

어느 산업시설이나 마찬가지겠지만 석유화학공장에서는 수많은 화학제품과 중간체가 화학 플랜트에서 생산되고 있으며, 상당수의 물질과 공정이 화재와 폭발에 대한 위험을 나타내고 있다. 이 유해 위험물질을 외부로 조금이라도 방출시키지 않고 생산을 할 수는 없다. 원료로 사용하는 중간제품, 원제품에 이르기까지 그 정도의 차이는 있지만 일용품으로 사용되는 가공 완제품을 제외하고는 대부분이 유해 위험물질이다. 따라서 석유화학공장에는 대량의 인화성, 산화성, 폭발성, 유독성을 지닌 물질들을 취급하고 있으며, 이러한 물질의 누출이 발생할 경우 화재, 폭발, 독성물질의 흡입에 따른 1차 피해와 공장 주변 지역의 보건·환경적 2차적인 피해 영향을 주게 되므로 대규모의 피해를 입힐 수 있는 잠재적인 위험이 존재하므로 다음과 같은 요건을 목표로 안전기준을 세워야 한다.

① 화재, 폭발사고의 예방
- 위험물 및 비위험물 취급 압력용기(고압용기, 고압스팀 등)
- 인화성 및 가연성물질이 기화하는 조건
- "적절한 비율"의 의미 즉, 인화성 혼합물의 특성
- "발화원"의 의미 및 이러한 발화원으로부터 연소의 확산 방법

② 유독, 유해 물질의 누출 방지
- 대부분의 화학물질 사고는 인명피해를 동반하므로
- 누출된 유해 물질이 주변 지역으로 확산될 경우 인근 주민의 건강과 주변 생태계에 미치는 악영향이 매우 크다.
- 화학물질의 생산, 유통, 사용 각 단계에서 발생할 수 있는 사고를 근본적으로 예방하고 관리하기 위한 총체적인 대응 시스템을 마련한다.

(2) 석유화학공장의 안전기준

① 공장 및 장치의 안전거리 기준
② 공정시스템의 안전설계
③ 압력용기의 안전설계, 제작
④ 압력방출계통의 안전 구조
⑤ 위험물 취급관리기준

⑥ 설비의 안전 운전, 점검, 검사, 정비기준
⑦ 발화에너지의 관리기준
⑧ 자동화 설비의 안전운전 관리
⑨ 내화구조 및 소방설비기준

6) 화재안전성능 확보방안

(1) 화학공장 안전설계 기준 강화 및 엄격한 적용

① 방호공간의 구조, 배치(이격 거리) 등을 적용 강화한다.
② 위험공정 등 특수공정에 대한 화재안전기준의 적용을 강화한다.

(2) 공정안전보고서 작성 및 심사강화

신규공장설계 및 대규모 증설 예정인 사업장의 공정안전보고서 심사 및 확인을 강화한다.

① IRMS(integrated risk management system : 종합위험관리체제) 프로그램을 활용한 정량적 위험성평가를 수행한다.
② 중대 산업사고 시나리오 작성 및 피해를 예측한다.
③ 비상 대책 수립 및 비상 대응 훈련을 실시한다.

(3) RBI 및 RCM 기법(Reliability Centered Maintenance) 조기 도입 적용유도

설비 노후화를 과학적으로 예측하고 적기에 보수, 정비로 경제성 및 안전성을 도모한다.

참고

종합위험관리체제(IRMS, integrated risk management system)
석유화학업체 등에서 화재·폭발·위험물질 누출 등으로 발생하는 산업재해를 효과적으로 예방하기 위하여 사업장별 위험 정도를 지도상 한눈에 알아볼 수 있도록 표시함
- 위험설비 및 물질 취급현황 파악·관리
- 위험설비와 위험물질로부터 발생할 수 있는 사고유형 파악
- 피해를 객관적으로 평가하는 정량적 위험성평가수행 등의 체계 구축

신뢰성기반 검사(RBI, reliability–based inspection)
- 검사 및 유지·보수계획 수립, 관리 그리고 시행에 위험성평가를 이용하여 각 공정 및 설비별로 안전·보건·환경과 경제성 관점에서의 위험도에 입각한 검사계획을 수립하여 설비의 유지보수

기술의 향상과 기계 고장으로 인한 위험도를 체계적으로 줄여 설비의 신뢰성을 확보하기 위한 기법

신뢰성 중심 유지보수(RCM, reliability centered maintenance)

- 적정수명 기준으로 교체되어야 안전성과 신뢰성을 보장할 수 있다는 획일화된 '일정 정비(scheduled maintenance)' 위주의 예방보전의 정비에서 벗어나 유지보수가 설비점검 및 정비의 효율성을 극대화하기 위한 분석학적인 프로세스로서 설비의 안정성 및 경제성 측면에서 가장 중요한 기기들을 찾아서 새로운 '예방적 유지보수' 방법을 개발하거나, 기존의 예방 유지보수 프로그램을 최적화하고 그에 대한 분석을 신뢰도로 평가하는 체계적인 최적화 기법

(4) 체계적인 정밀안전진단 실시

① 단위 공정별, 설치 연도로 위험 강도를 분석한다.

② 중대 산업사고가 발생한 동종업종의 관리자, 전문가가 참여하는 정밀안전진단을 실시하도록 권고한다.

(5) 화학공장, 공정별 위험분석을 통한 취약공정 선정 중점관리

① 위험의 강도에 따라 관리의 기준이 다르다.

② 위험 발생의 빈도가 높은 공정이나 지점에 대한 관리를 철저히 한다.

(6) 피해 최소화 대책 내실화

① 사례별 비상 시나리오를 수립 운영한다.

② 인접 공장 및 단위공장별, 단계별 비상 시나리오 3개씩 작성한다.

③ 피해 최소대책 수립 및 비상 대응 훈련을 한다.

④ 석유화학안전협의회와의 연계로 지속적으로 교육하여 사업장 자체 운영 능력 배양 사업장과 비상대응기관과의 유기적 협조체제를 구축한다.

(7) 정비 · 보수작업자에 대한 교육지원 강화

보수 협력업체 근로자에 대한 사전 안전보건교육을 실시한다.

① 석유화학공장에 대한 안전보건에 관한 기초지식

② 용기 내 작업 등 산소 결핍 작업 안전에 관한 사항

③ 용접 등 화기 작업 시 안전조치 등

(8) 화학공장 안전관리협의회 활성화

① 공단 안전관리협의회의 협력 강화 및 공조 체계 재정립 유도

② 타 화학공단과의 정보교류를 유도(예 : 여수/울산 석유화학안전관리위원회)

③ 중대 산업사고 공유

④ 공정개선사례 벤치마킹(bench marking)

(9) 화재안전시설 적용 강화

① 성능위주설계 반영

② 소방설계 전문업체가 반드시 설계

③ 화학공장 설계에 대한 사전 심의제도 강화

④ 우수 소방제품 및 장비를 설치할 수 있는 방안

참고

성능위주설계

소방법령에 따라 설계를 하면 화재안전성능을 확보할 수 없는 특수한 대상물에 대하여, 법규 중심의 화재안전기준에 따른 설계보다 동등 이상의 안전성을 확보하도록 용도·위치·수용인원·가연물의 종류 및 양 등을 고려하여 설계하는 것

성능위주설계를 하여야 하는 특정소방대상물의 범위

1. 연면적 20만 m^2 이상인 특정소방대상물, 공동주택 중 주택으로 쓰이는 층수가 5층 이상인 주택은 제외
2. 다음 각 목의 어느 하나에 해당하는 특정소방대상물. 다만, 아파트 등은 제외한다.
   가. 건축물의 높이가 100 m 이상인 특정소방대상물
   나. 지하층을 포함한 층수가 30층 이상인 특정소방대상물
3. 연면적 3만 m^2 이상인 특정소방대상물로서 다음 각 목의 어느 하나에 해당하는 특정소방대상물
   가. 철도 및 도시철도 시설
   나. 공항시설
4. 영화상영관이 10개 이상인 특정소방대상물

(10) 안전문화 보급(장기 대책)

① PSM 사업장 safety culture 보급

- 미국 DuPont 사에 의하면, 인적 원인에 의한 사고가 96%를 차지한다.

참고

공정안전관리(PSM, process safety management)

산업안전보건법에서 정하는 유해·위험물질을 제조·취급·저장하는 설비를 보유한 사업장은 그 설비로부터의 위험물질 누출 및 화재·폭발 등으로 인한 '중대산업사고'를 예방하기 위하여 공정안전보고서를 작성·제출하여 심사·확인을 받도록 한 법정 제도

- 제출 주체 : 공정안전보고서 제출 대상 사업장의 사업주
- 공정안전보고서 제출 대상 업종

업종	업종분류코드	업종	업종분류코드
원유 정제처리업	19210	질소 화합물, 질소·인산 및 칼리질 화학비료 제조업	20311
기타 석유정제물 재처리업	19229	복합비료 및 기타 화학비료 제조업	20312
석유화학계 기초화학물질 제조업	20111	화학 살균·살충제 및 농업용 약제 제조업	20321
합성수지 및 기타 플라스틱물질 제조업	20202	화약 및 불꽃제품 제조업	20494

- 제출 시기 : 착공일 30일 전
  - 유해·위험물질 제조·취급·저장설비의 설치·이전 시
  - 주요 구조 부분의 변경 시
- 제출 서류
  - 공정안전보고서 심사신청서(고용노동부 고시 제2017-62호 별지 1호 서식)
  - 공정안전보고서 2부

② 사업장별 정기보수기간을 사전 파악하여 사전 기술지원

- 정비·보수계획의 적절성(비상조치계획 포함 여부)
- 변경관리 준수 여부
- 안전작업허가서 절차 준수 여부

3. 석유화학 장치산업에서 정전기 관리

1) 정전기의 의의

전하가 정지 상태로 있어 전하의 분포가 시간적으로 변화하지 않는 전기를 말한다. 정전기는 물체의 마찰 등에 의하여 전하의 분리가 일어나 과잉전하가 물체에 축적되거나 두 종류의 물질이 접촉하고 떨어질 때 발생되며 정전압은 1,000～10,000 V 정도까지 발생하므로 착화가 가능하다.

2) 정전기 종류

(1) 액체 유동에 의한 대전(유동대전)

파이프로 액체 이송 시 액체와 파이프의 마찰로 인하여 전기 이중층이 형성되고 이때 발생된 전하가 액체와 함께 유동함으로써 발생하는 정전기이다. 인화성액체는 전기절연성이 높고 고유저항이 높으면 대전현상이 일어나기 쉬우므로 유동에 의한 대전이 없도록 해야 한다. 특히 충전작업 시 탱크로리 위에서 금속봉으로 액면을 측정하는 것은 피해야 한다.

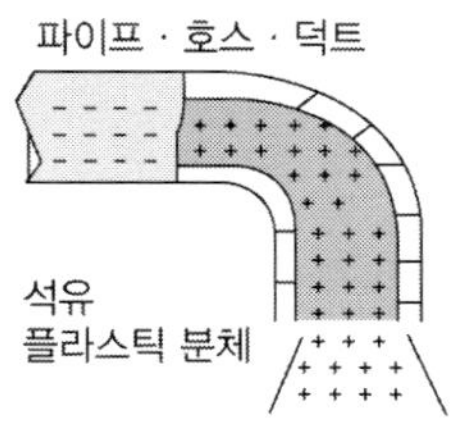

그림 1.21 유동대전

(2) 분출가스에 의한 대전

순수가스가 분출될 때 대전이 잘 일어나지 않지만 이 가스가 분진, 무상입자를 함유하면 쉽게 대전한다. 분출대전에 의한 정전기 발생량 크기는 분출되는 물질과 분출구보다는 분출되는 구성입자 간 상호충돌이 커야 한다.

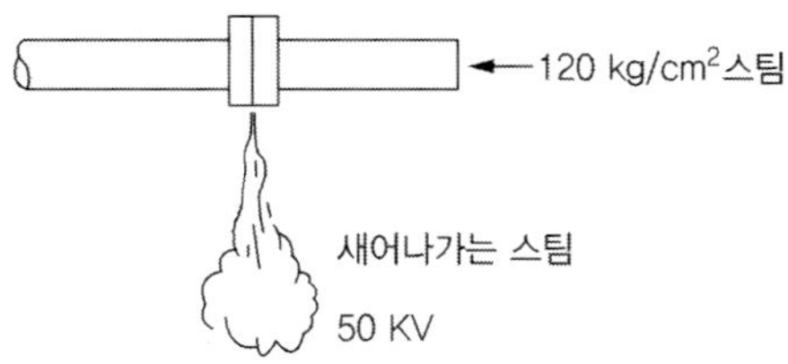

그림 1.22 분출대전

(3) 인체의 대전

인체에 의한 대전은 조건에 따라 다르지만 전기저항이 큰 신을 신고 습도가 40% 이하인 상태의 대리석 같은 전기절연체를 걸을 때 1,000～1,500 V로 대전된다.

(4) 박리대전

서로 밀착해 있는 물체가 분리될 때 전하 분리가 일어나서 정전기가 발생하는 현상으로 마찰대전보다 상대적으로 큰 정전기가 발생한다.

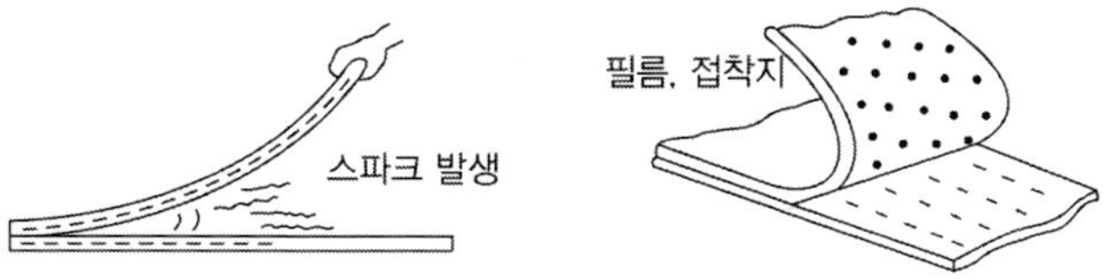

그림 1.23 박리대전

(5) 마찰대전

서로 다른 재료를 마찰함으로써 고체류, 액체류 또는 분체류의 경계에서 상호 간섭에 의해 또는 액체, 가스체의 경계의 파괴 등에 의해 부호의 전하가 생성되는 대전을 말한다.

(6) 충돌대전

분체류와 같은 입자 상호 간 혹은 입자와 고체와의 충돌에 의해 빠른 접촉, 분리가 행해지기 때문에 정전기가 발생하는 현상이다.

(7) 파괴대전

파괴대전은 주로 고체, 분체류와 같은 물체가 파괴됐을 때 전하 분리 또는 (+)와 (-)의 전하의 균형이 깨지면서 정전기가 발생하는 현상을 말한다.

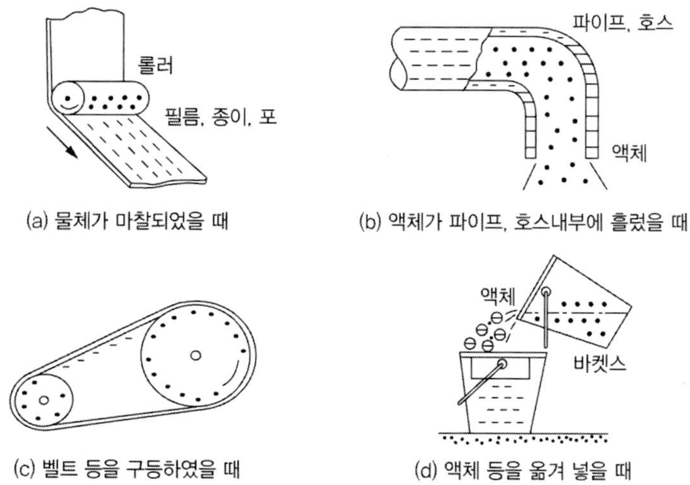

그림 1.24 마찰대전의 예

3) 정전기 발생원인

마찰로 인한 정전기는 이질 물체 간의 마찰은 물론 동질 물체 간의 마찰에도 발생하는데 정전기 발생량은 두 마찰물질의 대전서열이 멀수록, 마찰의 정도가 심할수록 커지게 된다. 석유류 제품 취급 시 정전기가 발생할 경우인데 이송할 때 특히 마찰의 정도가 심하여 많은 양의 정전기가 발생하게 된다.

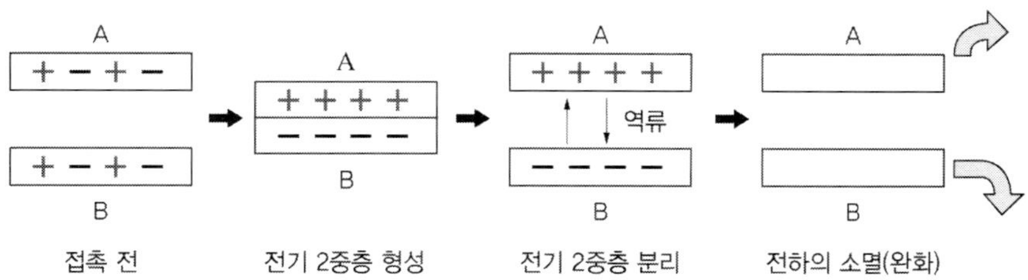

그림 1.25 정전기 발생

표 1.19 정전기를 발생시키는 물질 및 작업 동작

정전기 원인	정전기를 발생시키는 물질이나 작업동작
작업자 의복	걷는 행위, 의자를 밀거나 의자에서 일어나는 동작, 의복을 입거나 벗는 동작 등 일반적인 의복, 합성섬유로 된 모든 의복, 합성섬유로 된 비전도성 작업신발
작업 의자 작업대	비닐을 씌우거나 유리섬유, 그 외 니스, 라카, 폴리우레탄 코팅 혹은 왁스 처리한 의자 등 플라스틱 비닐로 씌우거나 니스, 라카, 왁스 등으로 처리한 것
바닥	비닐 처리한 것, 니스 등으로 표면 처리한 것, 콘크리트 바닥, 왁스 처리한 바닥 등
부품함, 상자 포장재	플라스틱, 용재로 표면 처리한 나무상자, 금속상자 등 일반적인 플라스틱 백, 랩, 버블팩, 스티로폼, 유리제품 등
용구	플라스틱, 접지 되지 않은 팁의 납땜인두, 손잡이가 플라스틱 코팅된 일반용구, 튜브관이나 건조를 위한 히트 건(heat gun), 솔벤트 브러쉬(毛가 합성섬유로 된 것) 등
제조기 및 제조공정	건조오븐, 사출기, 항온조, 납땜기기, 전자 복사기, 코팅, 크리이닝, 페인팅, 냉각용 스프레이 등

표 1.20 정전기의 발생 요인

요인	세부요인	정전기 발생량
물질의 특성	대전열에서 멀수록	high
물질의 표면상태	기름 등의 오염, 산화부식	high
물질의 이력	접촉/분리가 반복될수록	low
분리속도	분리속도가 빠를수록	high

4) 정전기의 성질

(1) 역학현상

정전기는 전기적 작용인 쿨롱 힘(coulomb)에 대전물체 가까이 있는 물체를 흡인하거나 반발하게 하는 성질이 있는데 이를 정전기의 역학현상이라 한다. 이 현상은 일반적으로 대전물체의 표면저하에 의해 작용하기 때문에 무게에 비해 표면적이 큰 종이, 필름, 섬유, 분체, 미세입자 등에 많이 발생되기 쉬워 각종 생산 장해의 원인이 된다.

(2) 방전현상

정전기 방전은 정전기의 전기적 작용에 의해 일어나는 전리작용(이온화과정, 원자는 +극인 원자핵과 −극인 전자로 이루어져 있는데 이러한 원자에서 전자를 떼어 내는 작용)으로 일반적으로 대전 물체에 의한 정전계가 공기의 절연파괴 강도(직류의 경우 30 kV)에 달한 경우에 일어나는 기체의 전리작용이다. 방전이 일어나면 대전체에 축적되어 있는 정전에너지는 방전에너지로써 공간에 방출되어 열, 파괴음, 발광, 전자파 등으로 변환되어 소멸되는데, 이 에너지가 크게 되면, 화재·폭발 등을 일으켜 재해의 주요 원인이 된다. 이러한 방전에는 다음과 같은 방전 형태가 있다.

① 불꽃방전 : 가스기구의 점화 불꽃에서 볼 수 있듯이 강한 발광과 파괴음을 수반하는 방전

② 뇌상 불꽃방전 : 불꽃방전의 일종으로 번개와 같은 수지상(樹枝狀)의 발광을 수반하기 때문에 이렇게 불린다. 이 방전은 강력하게 대전한 입자군이 대규모(지름 수 m 이상)의 구름 모양으로 확산되어(대전운이라 부른다) 일어나는 특수한 방전이라 할 수 있다.

③ 코로나 방전 : 그 가까이에서만 절연파괴를 일으키는 부분 방전으로서 약간의 발광과 소음을 수반한다.

④ 연면방전 : 두 전극 간에 고전압을 가함으로써 전극 사이의 절연물의 표면에 따라 강한 발광을 수반하여 일어나는 방전이다.

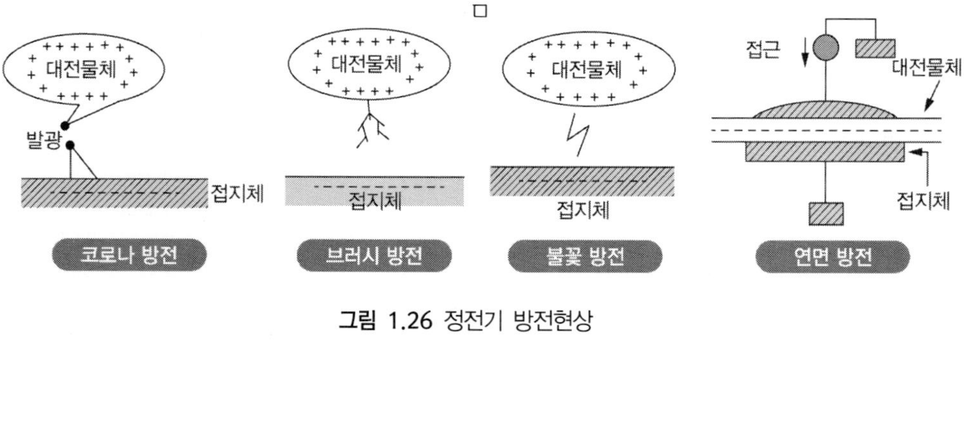

그림 1.26 정전기 방전현상

(3) 정전유도현상

대전물체 부근에 절연된 도체가 있을 경우에는 정전계에 의해 대전물체에 가까운 쪽의 도체 표면에는 대전물체와 반대 극성의 전하(電荷)가, 반대쪽에는 같은 극성의 전하가 대전되게 되는데 이를 정전유도현상이라고 한다. 정전유도의 크기는 전계에 비례하고 대전체로부터의 거리에 반비례하며 도체의 형상에 의해서도 영향을 받는데 이는 유도대전을 일으켜 각종 장·재해의 원인이 되기도 하며 이 원리를 이용하여 대전전위 전하량 등을 측정하기도 한다.

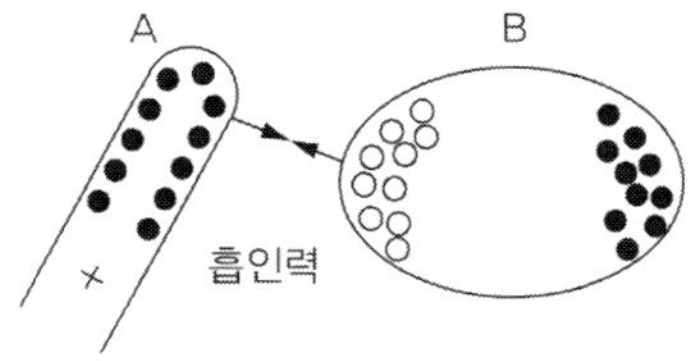

참고

정전기에 관련된 용어

- 전기력 : 전기를 띤 물체 사이에 작용하 힘
- 인력(당기는 힘) : 서로 다른 종류의 전기를 띤 물체 사이에 끌어당기는 힘
- 척력(미는 힘) : 서로 같은 종류의 전기를 띤 물체 사이에 밀어내는 힘
- 전하 : 물체가 띠고 있는 전기를 전하라고 하고, 입자나 물질이 아니라 전기적인 현상을 나타내는 원인이 되는 것
- 대전체 : 전하를 띤 물체(대전 된 물체)
- 대전열 : 마찰에 의하여 물질의 종류에 따라 + 혹은 -로 대전 되는 관계를 나타낸 순서

(+) 유리 – 머리털 – 나일론 – 레이온 – 견포 – 비니론인견혼방 – 오오론면혼방 – 펄프로지 – 고무 – (0) 테릴런 – 비닐론 – 사린 – 카페이트 – 폴리에틸렌 – 카네칼론 – 셀루로이드 – 사진필름 – 염화비닐 – 테프론 (-)

- 역학적 작용 : 척력/반발력(동종 전하끼리), 인력/흡인력(이종 전하끼리)
- 정전유도현상 : 매질(물질)이 전기장에 반응하는 현상
- 방전(放電) ↔ 대전(帶電)
  - 방전 : 대전체가 알짜전하를 잃어버리는 것
  - 대전 : 물질이 알짜전하를 갖게 되는 것
- 전격 : 대전 된 인체에서 도체로, 또는 대전물체에서 인체로 방전되는 현상에 의해 인체 내로 전류가 흘러 나타나는 현상

5) 정전기의 위험성

(1) 점화원(정전기 스파크로 화재·폭발 우려가 있는 장소)

① 컨베이어와 롤러, 벨트와 풀리 등 고체 사이의 마찰과 박리가 일어나는 경우
② 액체류의 취급공정, 저장하는 공정, 액체류 배관 내의 이동, 분사나 수송·혼합공정에서 액체류와 배관·탱크 내벽 등과의 마찰이 일어나는 경우
③ 수분, 먼지, 녹 등이 함유되어 있는 기체류가 이동 또는 분사될 때 수분 등의 입자가 벽면이나 근접 물체와의 충돌이나 마찰 등이 일어나는 경우
④ 분체류의 이송, 투입, 교반 등의 작업 시에 분체와 분체 또는 근접 물체와의 충돌이나 마찰이 일어나는 경우
⑤ 건조한 환경 하에서 인체 또는 의복에 대전 된 정전기가 스파크를 발생하는 경우

(2) 인체에 대한 위험

① 도어에 손을 댈 때 전격을 받은 것은 인체에 대전된 정전기가 방전하는 것으로 신발의 절연저항이 크고, 겨울철에 건조할 때 자주 일어나는 현상이다. 인체의 정전 용량을 120 pF이라고 한 경우 전격의 느낌은 다음 표와 같다.
② 정전기의 인체 대전으로 인한 불쾌감이나 상해 또는 생산에 장애 발생 우려
③ 실크나 인조섬유 등 양질의 절연재질로 된 의복을 건조한 환경에서 입거나 벗을 때에는 착화성 정전기 스파크가 발생할 수 있다.

표 1.21 정전기에 의한 인체의 전격

인체대전[kV]	정전에너지[mJ]	정격의 정도
1	0.06	거의 느끼지 않음
2	0.24	아픔을 느끼는 경우가 있고 방전음이 들림
3	0.54	아픔을 느끼고 충격을 받음
4	1.5	심한 아픔을 느낌
6	2.6	아픔을 느끼고 손끝이 마비됨

(4) 전하의 발생 및 축적으로 인한 위험요인

① 저도전율의 액체의 전하의 발생 및 축적 정도는 다음과 같다.
⇒ 파라핀, 톨루엔, 크실렌 > 휘발유, 석유 > 윤활유 > LNG > 중질유 > 원유 > 알코올 > 케톤 > 물

② 절연 격리된 도체(고체, 액체)는 접지 또는 bonding(본딩의 전기저항은 대체로 1,000 Ω 미만인 것이 요망)을 해야 한다.

③ 절연물질(고체, 분진)의 정전기 축적

- PE, 나이론, PVC 등은 정전기가 축적되나 나무, 종이, 대마로프는 정전기가 축적되지 않는다.
- 유리는 정전기 축적이 되지 않지만, 석영은 정전기 축적이 된다.
- 분진은 위험한 정도의 정전기가 축적될 수 있다.

④ 가스의 정전기 축적

저속으로 이동 시 정전기 축적에 의한 위험은 거의 없지만, 누출 등에 의한 고속으로 이동 시에는 부유 입자나 작은 방울이 충돌하여 위험한 전위에 도달할 수 있다.

6) 가연성물질의 착화 위험성

(1) 가스·증기의 최소발화에너지(최소착화에너지 : Minimum Ignition Energy)

가연성가스 및 공기와의 혼합가스에 착화원으로 점화 시에 발화하기 위하여 필요한 최저에너지를 말한다.

표 1.22 가연성가스의 최소발화에너지

물질명	폭발한계[VOL%]	인화점[℃]	최소착화 에너지[mJ]
에탄	3.0～15.5	-130	0.25
프로판	2.1～9.5	-104	0.25
부탄	1.5～8.5	-72	0.25
헥산	1.1～7.5	-26	0.24
벤젠	1.2～8.0	-11	0.20
메탄올	5.5～44	11	0.14
수소	4.0～75.6	-	0.019
아세틸렌	1.5～82	-	0.019
이황화탄소	1.0～60	< -30	0.009

$$E = \frac{1}{2}CV^2$$
$$= \frac{1}{2}QV$$

여기서, E : 전기불꽃에너지[Joule]

C : 콘덴서 용량[F]

Q : 전기량

V : 방전전압[Volt]

최소발화에너지는 매우 작아서 Joule의 $\frac{1}{1000}$ 인 [mJ]의 단위를 사용한다.

표 1.23 화재의 열에 의한 영향

HEAT FLUX[KW/m^2]	영향
1.75	1분 후부터 통증 느낌
2.00	PVC 케이블 손상
5.00	15초 후부터 통증느낌
6.40	20초 후에는 2도 화상
12.5	목재가 발화됨
16.0	5초 후에 연소함

※ KW=KJ/S 1cal=4.184J[kcal/m^2h]

 위험물을 탱크로리·탱크차 및 드럼 등에 주입하는 설비	 탱크로리·탱크차 및 드럼 등 위험물저장 설비	 인화성액체를 함유하는 도료 및 접착제 등을 제조·저장·취급 또는 도포하는 설비	 위험물 건조설비 또는 그 부속설비	 인화성고체를 저장하거나 취급하는 설비
 드라이클리닝 설비·염색 가공 설비 또는 모피류 등 인화성 유기용제를 사용하는 설비	 유압·압축공기 또는 고전위 정전기 등을 이용해 인화성액체난 인화성고체를 부무하거나 이송하는 설비	 고압가스를 이송하거나 저장·취급하는 설비	 화약류 제조 설비	 발파공에 장전된 화약류를 점화시키는 경우에 사용하는 발파기(발파공을 막는 재료로 물을 사용하거나 갱도발팔글 하는 경우는 제외한다)

그림 1.27 정전기로 인한 화재 위험 발생 장소

(2) 최소발화(착화)에너지에 영향을 주는 요소

① 최소 발화에너지[E]는 물질의 종류, 혼합기의 온도[T], 압력[P], 농도[혼합비 : C] 등에 따라 변화한다. 또한 공기 중의 산소가 많은 경우 또는 가압 하에서는 일반적으로 작은 값이 된다.

$$MIE = f(T,\ P,\ C,\ \text{전극의 형태})$$

② 최소발화에너지는 온도가 상승하면 분자의 운동이 활발하기 때문에 작아진다.

③ 최소발화에너지는 압력이 상승하면 분자 간의 거리가 가까워지므로 작아진다.

④ 가연성가스의 조성이 화학양론적 조성(완전연소 조성) 부근일 경우 MIE는 최저가 된다. 이것보다 상한계(UCL)나 하한계(LCL)로 향함에 따라 MIE는 증가한다.

⑤ 일반적으로 연소속도가 클수록 MIE 값은 적다.

⑥ 전기불꽃 : 전극의 형상은 구상보다 침상일 때 작아진다. 전극의 재료는 비점이 낮을수록 작아진다.

⑦ 방전지속시간 : 시간이 짧을수록 MIE가 감소되지만, 너무 짧으면 에너지 손실로 증대된다.

⑧ 전극 간 거리 : 전극 간 거리가 짧을수록 MIE가 감소 되지만, 어떤 거리 이하로 짧아지면 아무리 큰 에너지를 가하여도 인화되지 않는다(소염거리).

(3) 최소착화압력

① 매우 압력이 낮아서 어느 정도 착화원에 의해 점화하여도 점화할 수 없는 한계를 말한다.

② 최소착화에너지 특성

- 정전기 방전에너지 > 최소착화에너지일 때 화재·폭발이 가능하다.

표 1.24 조건에 따른 최소발화에너지의 특성

조건	최소착화 에너지	화재폭발 위험도
가연성가스 + 산소함량 ↑	↓	↑
온도 ↑	지수함수적으로↓	↑
압력 ↑	압력의 제곱에 반비례하여↓	↑
상대습도 ↑	↑	↓

(4) 분진의 최소착화에너지

폭발을 일으키는 분진 입자의 크기는 700 μm 이하의 것이 대상이 되고, 100 μm 이하는 특히 위험하다. 폭발한계는 입자의 크기와 점화원의 강도에 의해 다르지만 많은 경우 15~50 mg/m^3 이고, 최소발화에너지는 10~18 mJ이다. 입자 지름이 작을수록 작다. 분진의 발화온도는 350~600℃의 범위에 있고 층상으로 퇴적된 쪽이 낮다.

표 1.25 일상적으로 발생하는 정전기 전압

정전기의 발생행위	Volts/10%~20%RH	Volts/65%~90%RH
카펫 위를 걷는 동작	35,000	1,500
비닐로 포장한다.	20,000	1,250
작업대 위에서 작업한다.	18,000	1,500
폴리에틸렌 자루를 작업대에서 들어올린다.	12,000	250
비닐바닥 위를 걷는 동작	7,000	600
Polyurethane 의자에서 일어난다.	6,000	250

참고

RH(relative humidity)
상대습도를 나타내는 말로 각 온도별로 포화 흡수할 수 있는 수분 대비 현재의 수분을 백분율로 나타냄.

표 1.26 여러 분진에 따른 최소착화에너지

분진물질명	폭발 하한계[g/m^3]	최소착화에너지[mJ]
알루미늄	30	10
석탄	40	30
에폭시 수지	20	9
합성고무	30	30
폴리에틸렌	20	10
폴리프로필렌	20	25
PVC	250	1,500
목재	20	20

(5) 분진의 입경과 최소착화에너지와의 관계

가연성 고체가 미세하게 분쇄되어 공기 중에 부유하면 가연성분진-공기의 혼합기가 형성될 위험이 있다. 이러한 분체의 착화성 평가는 최소착화에너지에 의해 수행되며, 일반적으로 몇 mJ 이상으로서, 가연성가스·증기의 최소착화에너지보다 높다. 그러나 최소착화에너지는 입경 크기에 따라 달라지므로 반드시 측정을 통해서 확인하여야 한다.

표 1.27 분진의 입경과 최소착화에너지와의 관계

입경[μ m]	최소착화에너지[mJ]
710～1,680	> 5,000
355～709	250～500
180～354	50～250
105～179	< 10
53～104	< 10

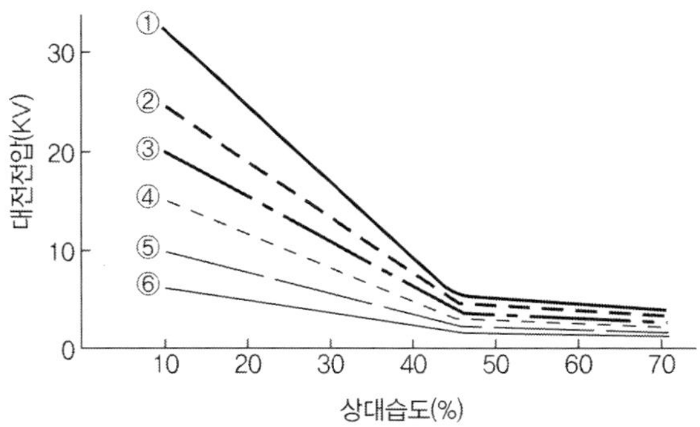

그림 1.28 정전기 발생원에 따른 정전압 측정 예

(6) 분체의 착화 위험성

분진의 가연성 분위기에 가연성가스 또는 증기가 혼합된 하이브리드 혼합기에서는 최소착화에너지가 현저하게 감소한다. 분진의 최소착화에너지가 1000 mJ을 초과하면 가연성가스나 증기가 함께 공존하지 않는 한 정전기 방전에 의해 착화될 위험성은 매우 낮아지므로 이러한 경우에는 착화 방지를 위한 정전기 대책은 불필요하게 된다.

분체는 액체보다 대전 위험성이 높다. 분체는 전하 분리(서로 다른 물체와의 접촉·분리)에 의해 대전되며 그 저항률이 증가하면 접지 도체와 접촉하여 전하 완화가 저하되므로 전하가 축적되어 대전이 증가한다. 분체의 정전기는 저항률에 의존하는데, 절연성 파이프, 호스, 용기, 포장지, 시트, 코트 등의 이용은 전하 누설이 없기 때문에 대전을 촉진시켜 정전기 위험성을 증가시킨다. 다음 표에서는 공정에서의 분체 취급 시의 발생 대전량을 나타냈다. 분체의 미립화, 공기 이송 시의 대전량의 발생이 가장 큰 것을 알 수 있다.

표 1.28 각종 공정에서의 분체의 대전량

공정 구분	대전량 [μ C/kg]
분급	$10^{-5} \sim 10^{-3}$
투입, 충전	$10^{-3} \sim 10^{-1}$
스크롤 이송	$10^{-2} \sim 1$
분쇄	$10^{-1} \sim 1$
미립화	$10^{-1} \sim 10^{2}$
공기 이송	$1 \sim 10^{2}$

참고

폭발한계(폭발범위)(range of explosion)

가연성가스나 증기가 아무리 밀폐된 공간에 충만해 있고, 또 점화원이 존재한다고 하더라도 공기(조연성가스)와의 조성(부피비율)이 폭발범위 내에 있지 않으면 폭발하지 않는다. 이와 같이 폭발(또는 연소)에 필요한 혼합가스의 농도범위를 폭발범위(연소범위)라 하며 낮은 쪽을 폭발하한계(LEL), 높은 쪽을 폭발상한계(UEL)라 한다.

- 폭발하한계(LEL)
  공기 또는 산소 속에서 증기 또는 기체가 발화원과 접했을 때 불꽃의 전파가 가능한 가연성물질의 최소 농도
- 폭발상한계(UEL)
  발화원과 접촉할 때 불꽃의 전파가 가능한 공기 중의 증기나 기체의 최대 농도
- 공기 중의 양론 농도(완전연소조성농도 : C_{st})와 폭발한계와의 관계
  양론 농도[C_{st}]는 가연성물질 1몰이 완전히 연소할 수 있는 공기와의 혼합기체 중 가연성 물질의부피[%]를 말한다. 즉, 가연성물질의 발열량이 최대이고 폭발파괴력이 가장 강한 농도를 말한다.

유기물$C_nH_xO_y$에 대한 양론농도는 다음과 같이 구한다.

탄화수소계열($C_nH_mO_\lambda Cl_f$)인 경우

$$C_{st} = \frac{100}{1+4.773\left(n+\frac{m-f-2\lambda}{4}\right)} \ [\%]$$

여기서, n : 탄소
m : 수소
λ : 산소의 원자 수
f : 할로겐 원소

[예제] 메탄(CH_4)가스의 완전연소 조성농도를 구하시오.

(풀이) $C_{st} = \dfrac{100(\%)}{1+4.773(n+\dfrac{m-f-2\lambda}{4})}$

$= \dfrac{100(\%)}{1+4.773(1+\dfrac{4}{4})}$

$\fallingdotseq 9.48[\%]$

C_{st}와 폭발한계와의 관계

① 유기화합물의 폭발하한값(LEL)은 양론 농도[C_{st}]의 약 55%로 추정한다.

② 폭발상한값은 양론 농도의 약 3.5배가 된다.

물질별 인화점과 발화점 비교

물질명	인화점[℃]	발화점[℃]	물질명	인화점[℃]	발화점 [℃]
1. 수소	Gas	579	11. 아세톤	-17.8	538
2. 메탄	-188	538	12. 벤젠	-11.1	562
3. 에탄	-141	515	16. M.E.K	-4.4	516
4 부탄	-60	405	13. 톨루엔	4.4	536
5. 프로필렌	-108	497	9. 메틸알콜	12.2	464
6. 산화에틸렌	-28.9	426.7	10. 에틸알콜	12.8	423
7. 펜탄	-49	260	14. 등유	40～60	260
8. 가솔린	-43	280	15. 경유	50～70	257

발화점 : 공기 중에서 점화원 없이 연소를 일으킬 수 있는 온도

위험물질의 연소(폭발)범위

물질명	연소범위 [공기 내의 부피%]	UFL-LFL	물질명	연소범위 [공기 내의 부피%]	UFL-LFL
1. 산화에틸렌	3.6～100	96.4	11. 에틸알콜	3.3～19	15.7
2. 디보란	1～99	98	12. 아세톤	2.5～13	10.5
3. 아세틸렌	2.5～80	77.5	13. 메탄	5.3～14	8.7
4. 수소	4.1～74	69.9	14. 에탄	3.2～12.5	9.3
5. 트리클로로에틸렌	12～40	28	15. 프로판	2.4～9.5	7.1
6. 일산화탄소	12.5～74	61.5	16. 부탄	1.8～8.4	6.6
7. 메틸클로로포름	6.8～10.5	3.7	17. 펜탄	1.4～7.8	6.4
8. 카본디설파이드	1.25～44	42.8	18. 벤젠	1.4～6.7	5.3
9. 황화수소	4.3～45.5	41.2	19. 톨루엔	1.3～6.7	5.4
10. 암모니아	15～28	13	20. 가솔린	1.4～6.2	4.8

7) 정전기 예방대책

① 정전기 억제 : 접촉 전위차를 적게 하여 정전기의 발생을 억제시킨다.

② 접지(earth)

일반적인 정전기 대책이며 중요하다. 인화성 물질을 취급하는 장치 또는 기기는 동으로 접지시키고 접지저항이 1~3Ω 이하가 되도록 하며 정기적으로 접지상태를 점검한다.

③ 전도체 물질 사용

전기저항이 큰 물질은 대전이 용이하게 일어나므로 반대로 전도체나 반도체 물질을 사용하거나 약품을 사용하여 전도성을 증가시키고, 또 작업장에서는 바닥을 전도성 물질로 하고 작업화는 고무보다 가죽이 효과가 있다.

④ 공기 중의 습도를 상대습도로 70% 이상이 되도록 높인다.

⑤ 공기를 이온화시킨다.

4. 석유화학 장치산업의 정전기 예방

1) 배관 내 유체의 대전현상

액체류가 파이프 등 내부에서 유동할 때 액체와 관 벽 사이에 정전기가 발생하는 현상으로 배관 바깥 부분의 유체는 마찰이 심해서 천천히 흐르고, 중앙 부분에는 상대적으로 빠르게 흐른다. 이러한 유체의 속도 차이가 정전기의 발생원으로 작용한다. 이렇게 발생한 정전기는 접지를 통해 일부 흘러나가지만, 바깥 부분에서 천천히 흐르고 있던 유체가 절연체 역할을 하여 정전기가 접지로 흐르지 못하게 막는 역할을 하고 이로 인해 정전기가 축적된다. 이러한 현상은 배관 구경이 클수록, 유체가 빠를수록 더 심해진다.

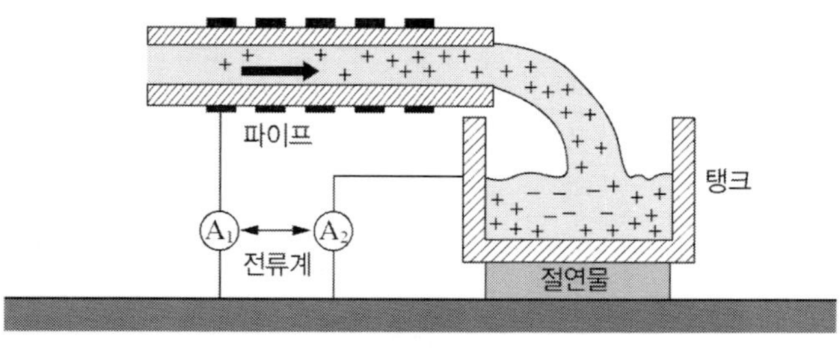

그림 1.29 배관 내의 유동대전

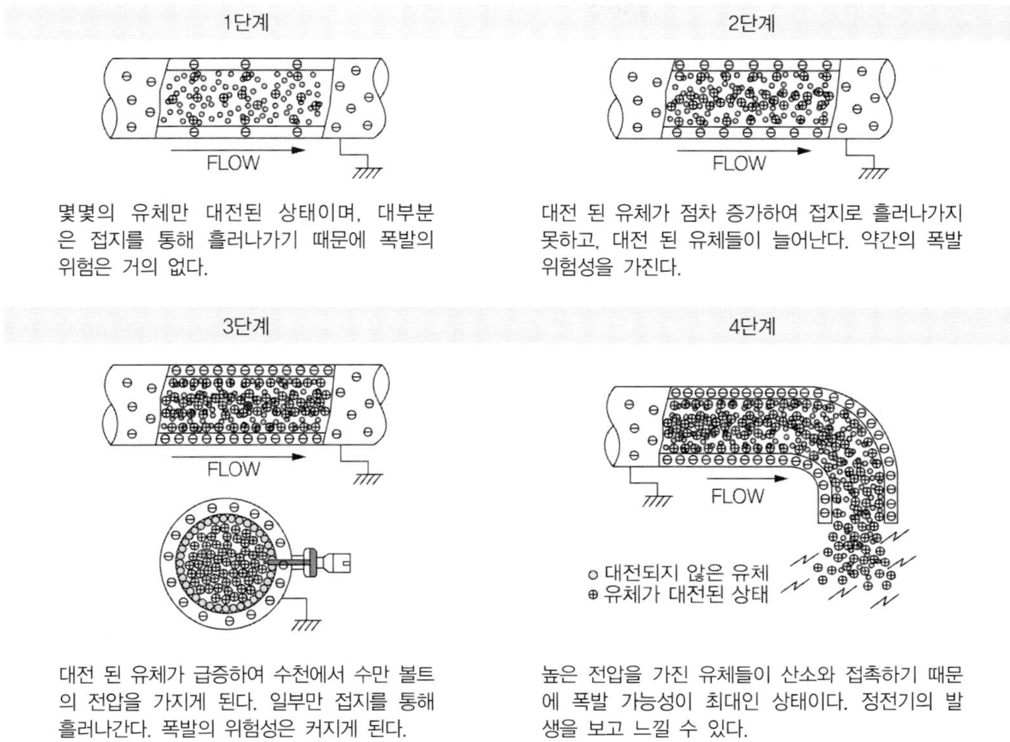

그림 1.30 배관 내 유동 대전의 위험단계

2) 화학공장에서 정전기에 의한 화재·폭발사고의 원인

① 프로세스 내부에서 유체의 이동에 의해 발생 된 정전기가 process 내부의 인화성, 폭발성 분위기에서 순간 방전에 의한 사고 : reactor(반응기), bag filter(집진기), saker screen 등

② 인체나 장치 설비에 축적된 정전기가 외부의 인화성, 폭발성 분위기에서 점화원 역할을 하여 사고 유발 : 포장기(packer), truck loading sysyem(화물적재시스템), discharge rod (방전봉), 주유소 등

3) 대책

① process 내부 정전기 : 내부 발생 정전기를 연속적으로 측정하여 그 데이터를 기초로 정전기 발생 원인 규명 및 제거(운전 조건 변경에 의한 근본적 발생 방지책 강구 필요 ⇒ 프로세스 조건 변경으로 정전기 발생을 막을 수 없다면 제거 장치가 필요하다.

② 인체 혹은 장치 설비에 축적된 정전기 : 상시 혹은 작업 전 정전기 제거가 필요 ⇒ 정전기 제거봉 혹은 접지(축적된 정전기의 제거 전후 수치의 시각적 확인 필요)

4) 프로세스 내부에서 유체 이동에 의해 발생된 정전기

(1) 반응기(Reactor)

정전기가 없을 때는 반응기 내부의 파우더가 순조롭게 제품으로 형성되지만, 정전기가 높아지면 청크(chunk) 현상으로 폴리머가 덩어리지게 된다.

- 적용 플랜트 : 선형 저밀도 폴리에틸렌(LLDPE), 고밀도 폴리에틸렌(HDPE)

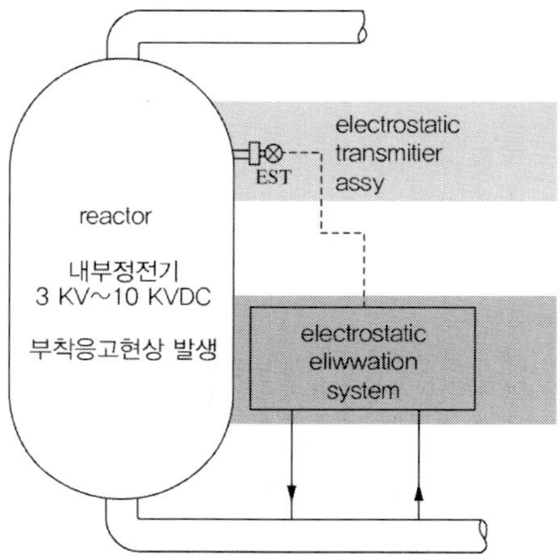

그림 1.31 적용 플랜트에서 정전기 감지장치

정전기로 인한 피해 중, 제품이 서로 뭉쳐지는 chunk 현상이 가장 문제가 되고 있다.

정전기 트랜스미터의 트랜드 관리를 통해 chunk 현상을 감지할 수 있다. 정전기 감지 제거장치는 정전기를 측정하고 측정된 정전기를 기록해 트랜스 관리, 컨트롤 제어 신호를 바꿔 변환된 제어 신호를 정전기 제거장치에 입력해 정전기량에 따라 정전기를 제거하는 장치이다.

(2) 백 필터(Bag Filter)

현재의 시스템이 폭발 시 소화(진화)를 하는 사후관리 시스템이라면, 이 장치는 점화의 원인인 정전기를 제거함으로써 폭발 자체를 일으키지 않는 장치이다. 백 필터는 도전성 섬유를 짜 넣은 대전 방지용을 설치한다.

아래 그림은 백 필터에서 정전기 트랜스미터를 전단과 후단에 각각 설치하고 중간 단에 제거 시스템을 설치하여 정전기의 생성과 소멸을 즉시 관리할 수 있게 한 적용사례이다.

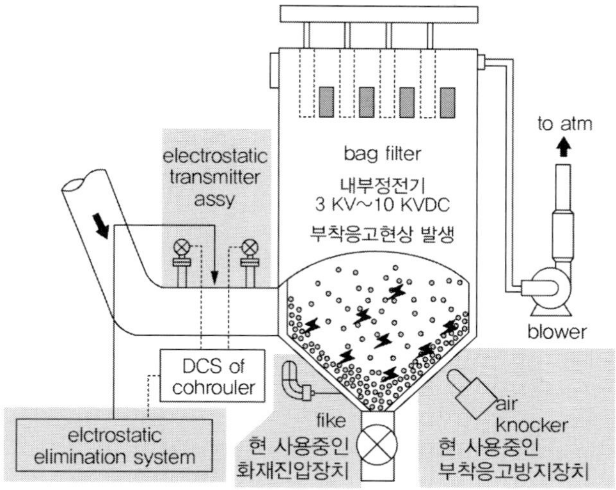

그림 1.32 백 필터

(3) Shaker Screen

shaker screen에서 정품 외 over size, 입자 결함 등의 불량품이 발생되는 것은 정전기 전압과 밀접한 관계가 있다. 따라서 적절한 정전기 트렌드 관리를 통해 생산량을 높일 수 있다.

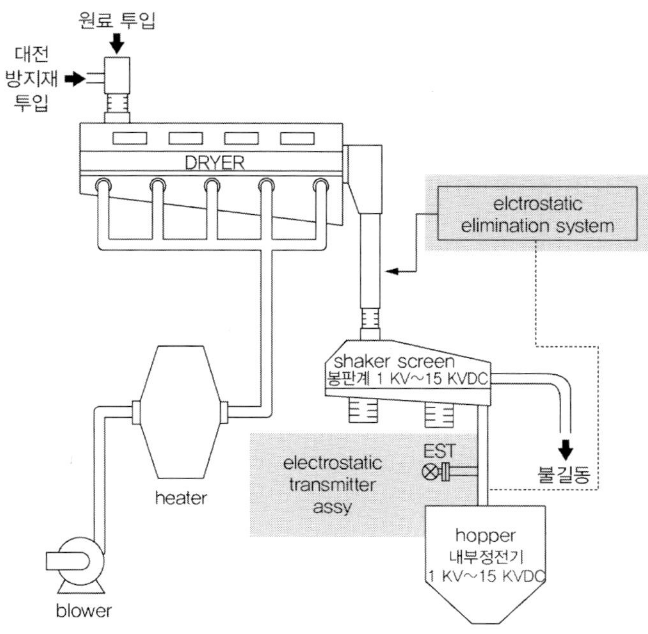

그림 1.33 shaker screen

5) 프로세스 외부의 인체나 장치 설비에 축적된 정전기

(1) 벌크백 포장기(Flecon Packer)

작업자의 감전 위험이 있으며 분진이 사방에 퍼져있어 분진폭발 위험이 있다. 제품 낙하 시 발생되는 정전기를 트렌드로 관리하여 감전 위험도나 분진폭발 위험성을 감지할 수 있다.

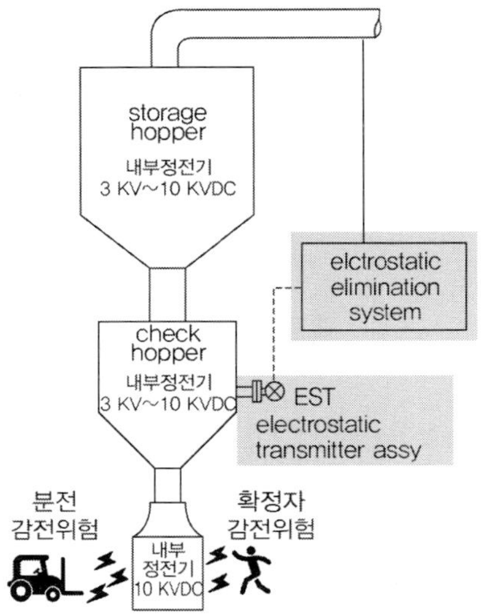

그림 1.34 벌크 백 포장기(flecon packer)

① 현상 : 이동 중 발생하는 정전기는 저장소의 절연으로 인해 수만 볼트가 활동하고 있는 상태
② 문제 : 출하 시 높은 고전압의 방출은 분진촉발의 위험성과 작업자 감전 사고를 유발
③ 개선 : 정전기의 발생을 미연에 방지하여 인적 사고를 예방

(2) Truck Loader

truck loading system은 이송 가스로 질소를 사용한다. 적재(loading)와 미적재(unloading) 전후에 산소와 결합하는 순간이 필연적으로 존재하기 때문에 폭발사고가 빈번하다. 이송 중인 제품에 정전기를 트렌드로 관리하여야만 안전조업이 가능하다.

① 현상 : 질소로 충전되어 있는 저장조는 절연으로 인해 높은 정전기가 발생하고 있는 상태
② 문제 : 충전이 끝나고 자바라를 걸어 올리는 순간 산소가 유입되어 폭발이 일어나게 된다.
③ 개선 : 제전 시스템을 설치하여 정전기의 발생을 미연에 방지하여 폭발의 위험을 감지한다.

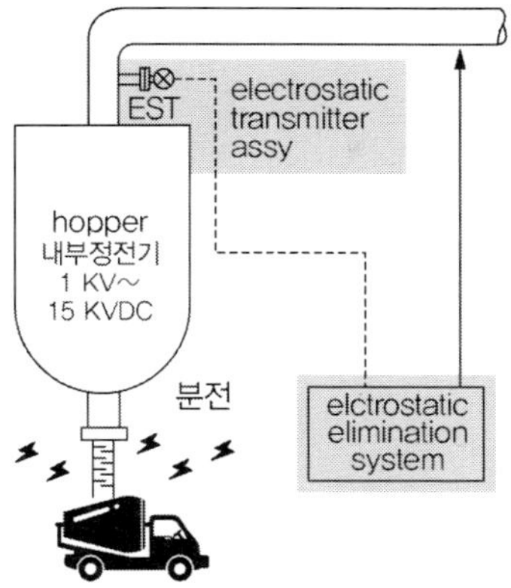

그림 1.35 Truck Rod시 정전기 예방

(3) 방전봉(Discharge Rod)

인체에서 발생한 정전기의 방전만으로도 화재·폭발이 일어날 수 있으므로 방폭지역, 위험지역 출입 시는 반드시 축적된 정전기를 확인해야 한다(인체에 축적된 정전기는 겨울철 7,000 V~15,00 V). 따라서 제전 시스템을 방전봉에 설치하여 방폭지역에 진입하기 전에 자신의 정전기 축적량을 반드시 확인한 후 진입해야 한다.

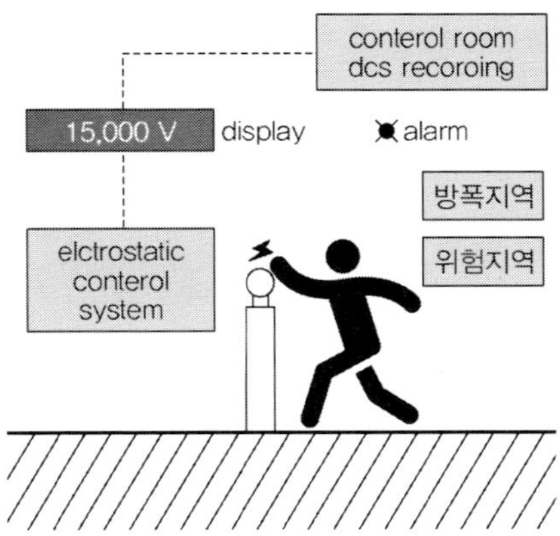

그림 1.36 방전봉(discharge rod) 사용으로 정전기 예방

① 추천 : 제전 안전화 착용

② 문제 : 벤젠과 수소 등이 방폭지역에 1,000~20,000 V의 정전기 보유자가 들어가는 것은 매우 위험성이 높다.

(4) 주유소(Filling Station)

주유소 화재는 미국의 경우 연 100건 전후로 발생하며 원인은 셀프급유로 주유자의 복장이 제전복일 수 없기 때문이다. 일본의 경우, 급유원이 제전 안전화 및 제전복을 착용한다.

그림 1.37 주유소 주유 시 정전기 예방

5. 정전기에 의한 화재·폭발의 방지

1) 정전기 발화조건

전하의 발생 자체는 잠재적인 화재 또는 폭발위험일 수 없다. 분리 상태인 양, 음 전하의 방전이나 급격한 재결합이 있어야 한다. 정전기의 축적은 접지, 본딩, 가습 또는 이온화 등 여러 가지 방법으로 방지할 수 있다. 공정상 정전기로 인한 위험을 피할 수 없는 경우 스파크가 발생하는 지점에 발화성 혼합기가 존재하지 않아야 한다. 정전기가 발화원이 되기 위한 4가지 조건은 다음과 같다.

① 정전기의 발생 수단이 있어야 한다.

② 분리된 전하를 축적하고, 전위차를 유지하는 수단이 있어야 한다.

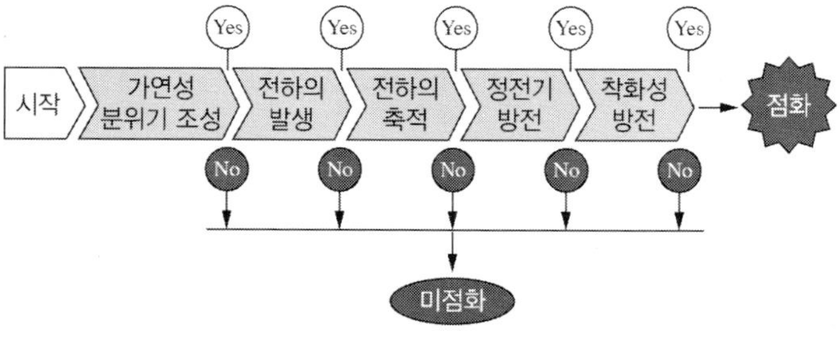

그림 1.38 정전기의 발화조건

③ 에너지의 스파크 방전이 있어야 한다.

④ 스파크는 발화성 혼합기 내에서 발생하여야 한다.

2) 정전기 방지 방법

① 설비와 물질 또는 물질상호 간의 접촉면적, 접촉압력을 작게 한다.

② 접촉회수를 줄이고, 접촉. 분리속도를 작게 한다.

③ 접촉상태에 있는 것은 급격히 박리시키지 말고, 가급적 서서히 분리시킨다.

④ 표면 상태는 청정, 윤활하게 유지하고, 불순물 등의 이물질의 혼입을 피한다.

⑤ 정전기 발생이 적은 재료(도전성 재료)를 선정한다.

⑥ 물질의 취급 속도나 양을 제한한다.

3) 정전기 방지 기본대책

정전기 방지대책의 기본개요는 다음 그림과 같다.

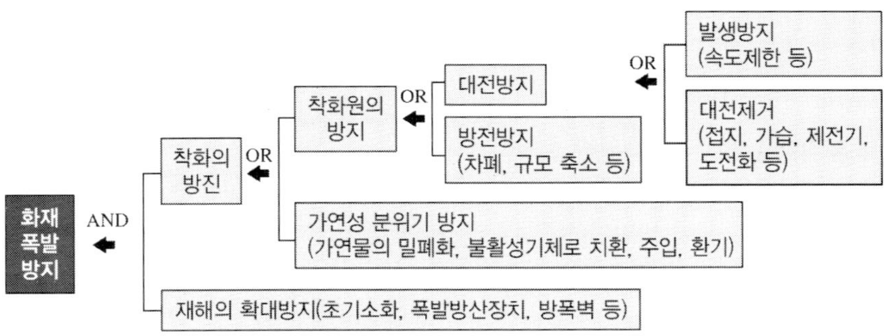

그림 1.39 정전기 방지대책의 기본개요

① 금속도체의 경우 : 접지 및 본딩 실시 : 접지저항 : $< 1\times10^{6}\ \Omega$, 본딩저항 : $< 1\times10^{3}\ \Omega$

② 부도체의 경우 : 많은 양의 대전 우려 장소의 사용금지 또는 도전성 향상(도전성 재료의 사용)

③ 대전 방지제 사용하여 대전물체를 차폐한다. 대전물체의 표면을 금속 또는 도전성 물질로 덮는 것을 차폐라 한다.

- 정전차폐 효과
  - 전기적 작용억제에 의한 대전 방지 효과
  - 대전물체의 전위상승 억제 효과

- 대전된 정전기에 의한 역학 현상 억제 및 방전 억제 효과
- 차폐재
  - 금속제 또는 도전성 테이프
  - 도전성 필름 또는 시트(sheet)
  - 금속선 또는 도전성 섬유가 들어있는 섬유제품

④ 가습

- 프라스틱 제품 등은 습도가 증가되면 표면저항이 저하되므로 대전 방지를 위하여 물의 분무, 가습기 사용, 증발법 등은 사용하여 부도체 근방 또는 환경 전체의 상대습도(공기의 습하고 건조한 정도를 백분율(%)로 나타낸 것)를 약 70% 이상 유지한다.

⑤ 정치시간을 유지한다.

참고

정치시간

- 정의 : 접지 상태에서 정전기 발생이 종료된 후 다시 발생이 개시될 때까지의 시간 또는 정전기 발생이 종료된 후 접지에 의해 대전 된 정전기가 빠져나갈 때까지의 시간
- 의미
  - 대전방지 효과와 밀접한 관계가 있다. 정치시간은 물질에 대전 되어 있는 정전기를 대지로 누설 시켜 대전량을 적게 하기 위해 설정
  - 대전물체가 인화성 물질이고 폭발위험분위기를 조성 또는 조성가능성이 있는 경우에는 가능한 정치시간을 두는 것이 바람직하다.
  - 정치시간은 용기가 큰 것일수록 길게 한다.

위험물 용기	정치시간
탱크로리	15분
탱크차	15분
500 kL 미만의 탱커	30분
500 kL 이상의 탱커	60분

표 1.29 정치시간

대전물체의 도전율 (picosiemens/meter)	대전물체의 용적[m^3]				비고 (유체의 도전율 예)
	10미만	10이상 50 미만	50 이상 5,000 미만	5,000 이상	
10^{-1} 이상	1분	1분	1분	1분	물 : 10^8 < 알코올 : $10^6 \sim 10^8$
10^{-2} 이상 10^{-4} 이하	2분	3분	10분	30분	석유 : $10^{-1} \sim 50$
10^{-5} 이상 10^{-13} 이하	4분	5분	60분	120분	파라핀, 톨루엔, 크실렌 : $10^{-1} \sim 10$
10^{-14} 이상	10분	15분	120분	240분	

⑥ 불활성화할 수 없는 탱크로리 등에 위험물 주입 시 배관 내 액체의 유속을 제한한다.

- 저항률 10^{10} Ωcm 미만의 도전성 위험물 : 7 m/s
- 에테르, 이황화탄소 등 유동대전이 심하고 폭발위험성이 높은 위험물 : < 1 m/s
- 저항률 10^{10} Ωcm 이상의 위험물의 경우

표 1.30 관 내경에 따른 유속제한

관 내경[inch]	유속제한값[m/s]	관 내경[inch]	유속제한값[m/s]
0.5	8	8	1.8
1	4.9	16	1.3
2	3.5	24	1.0
4	2.5		

⑦ 제전기에 의한 대전을 방지한다.

⑧ 작업자의 대전방지 : 도전성 작업복, 정전화를 착용한다.

⑨ 위험물 주입구는 다음의 기준을 따른다.

- 위쪽에서 위험물을 낙하시키는 구조로 하지 말 것
- 주입구는 밑쪽으로 하고, 수평방향으로 유입, 교반이 적도록 시설할 것
- 주입구 아래에 고이는 수분을 제거할 수 있도록 설계할 것
- 탱크, 탱크로리, 드럼통 등에서 위쪽으로 주입 배관을 넣어 주입하는 경우 용기의 바닥 쪽에 이르도록 할 것
- 위험물의 펌프는 가능한 한 탱크로부터 먼 곳에 설치할 것

- 배관은 난류가 일어나지 않도록 굴곡을 적게 할 것
- 스트레이너 위치는 가능한 한 탱크의 주입구로부터 떨어지게 하고, 단면적이 큰 버킷 타입을 사용할 것

⑩ 제전기에 의한 대전방지

⑪ 작업자의 대전방지 : 도전성 작업복, 정전화

4) 접지방법의 사례

(1) 드럼 Filling 접지

탱커, 탱크로리, 탱크차 및 드럼통 등에 위험물을 주입할 때는 송급 배관을 접속하기 전에 이를 접지선에 의해 접지하며, 필요에 따라 송출 측과 수입 측을 접속(본드)한 후에 송급 배관을 접속한다.

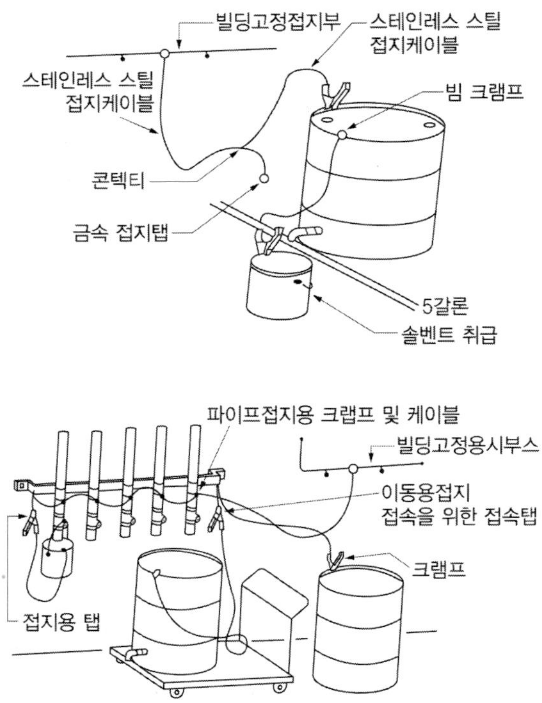

그림 1.40 드럼 filling 접지

(2) RTC(rail tank car) Loading Arm 접지

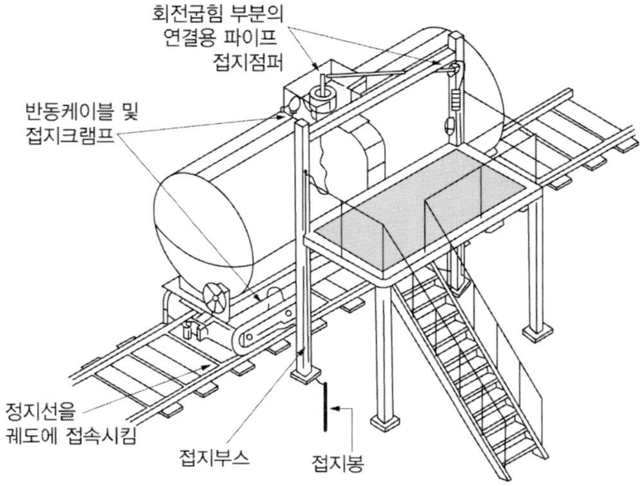

그림 1.41 RTC loading arm 접지

(3) 드럼 Unloadig 접지

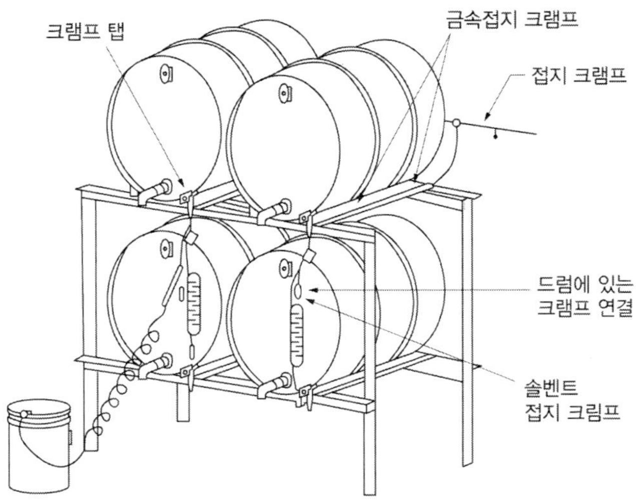

그림 1.42 드럼 unloadig 접지

(4) 드럼 Lapping 접지

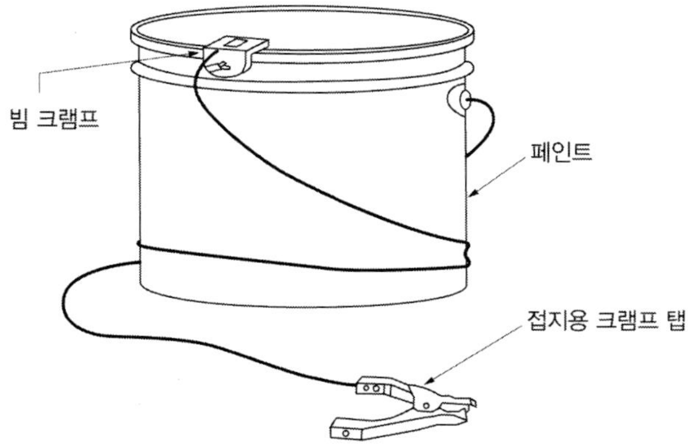

그림 1.43 드럼 lapping 접지

(5) 상부주입방식 탱크로리 접지

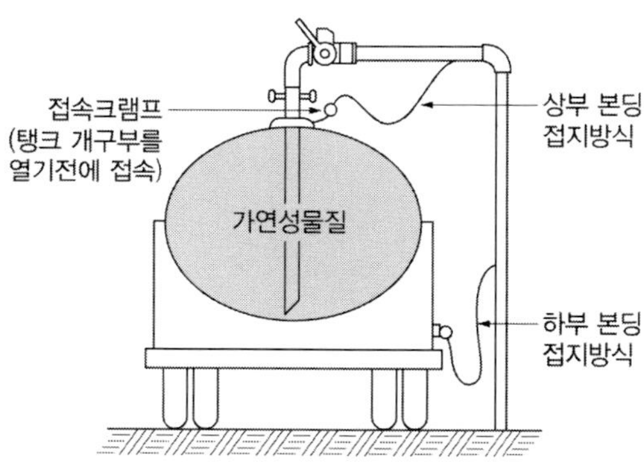

그림 1.44 lorry 상부 loading 접지

5) 석유화학설비 정전기 제어시스템

(1) 필요성

석유화학공장 내 정전기 제어시스템의 필요성은 트랜드 관리를 통한 정확한 정전기 데이터를 확보하고, 대전방지제의 사용 억제 및 조절, 입자결함, 덩어리(chunk), 고착, 감전 등의 정전기로 인한 생산량 감소 요소를 제어함으로써 생산성을 향상시키며 인체의 정전기 방전으로 인한 화재·폭발사고를 예방한다.

(2) 정전기 제어시스템 요소

① 정전기 트랜스미터(electrostatic transmitter)

공정 설비에 직접 고정 설치하여 설비 내에서 발생하는 정전기를 실시간으로 측정함으로써 원료에 따른 위험 정도를 파악할 수 있다.

제품사진	특징
 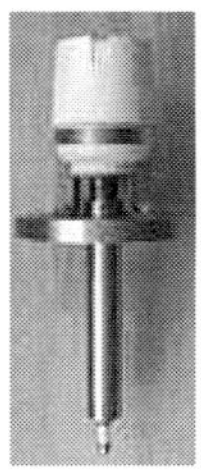	• 온라인 트랜스미터. • 정전기를 24시간 TREND 관리 및 폭발, 화재 등 각종 위험 요소 진단 • 방폭 Ex d IIC T6, 4~20 mA, 2 wire, hart protocol (fieldbus 적용 가능) • reactor, packer, bag filter 등 다양한 적용 • local digital display, part 별 repair 및 replace 가능 • 10,000 VDC까지 calibration 가능 : report 발행 • process 조건에 맞게 설계, 제작함

② 정전기 제거장치(electrostatic elimination system)

분말용, 액체용과 인체 정전기용이 있다. 트랜스미터로 정전기 발생량을 감지하고 원료의 최소 폭발 정전압을 상회하는 값이 나오면 자동으로 제거 시스템이 운영되어 정전기를 제거하는 원리이다

제품사진	특장점
 	• Moisturing 방식의 빠르고 효율적인 정전기 제거 효과 • 정전기 트랜스미터의 4~20 mA 신호에 의한 정전기 제거 시스템 • Reactor, Packer, Bag Filter 등 다양한 적용가능 • 고가의 대전방지제 대체 가능 • 대형 폴리머 이송라인에 적합(6"~36")

③ 정전기 제어시스템(electrostatic control system) 구성도

정전기로 인한 화재·폭발 등 사고를 예방하기 위하여 접지를 했음에도 불구하고 화재나 폭발이 발생하는 경우가 있다. 이러한 곳에서는 공정 내의 정전기를 가능한 연속적으로 계측·제어하거나 휴대용 측정기를 사용하여 지속적인 모니터링을 하는 것이 필요하다.

정전기를 계측하여 제어하는 방법에는 그림 1.45와 같이 공정 내에 이온 물질을 주입하여 전도성을 높이는 방법이 있다. 전도성을 증가시키기 위하여 주입하는 이온물질이 제품의 품질에 영향을 주지 않아야 한다.

6) 전기 방폭구조 및 위험장소의 등급

(1) 방폭 관련 용어 정의

① 방폭전기설비

위험지역, 폭발성 분위기 속에서 사용에 적합하도록 기술적 조치를 강구한 전기설비, 관련 배선, 전선관, 장치금구류를 총칭한다.

② 폭발성가스(explosive gas)

인화성, 가연성가스 및 폭발성, 가연성액체의 증기를 말한다.

③ 폭발성 분위기(flammable mixture)

폭발성가스와 공기가 혼합되어 폭발한계 내에 있는 상태의 분위기를 말하며 위험분위기라고도 한다.

④ 점화원(ignited source)

폭발성 분위기 속에서 폭발을 일으키는 에너지를 가진 전기불꽃(spark) 또는 통전에 의한 고온부를 말한다.

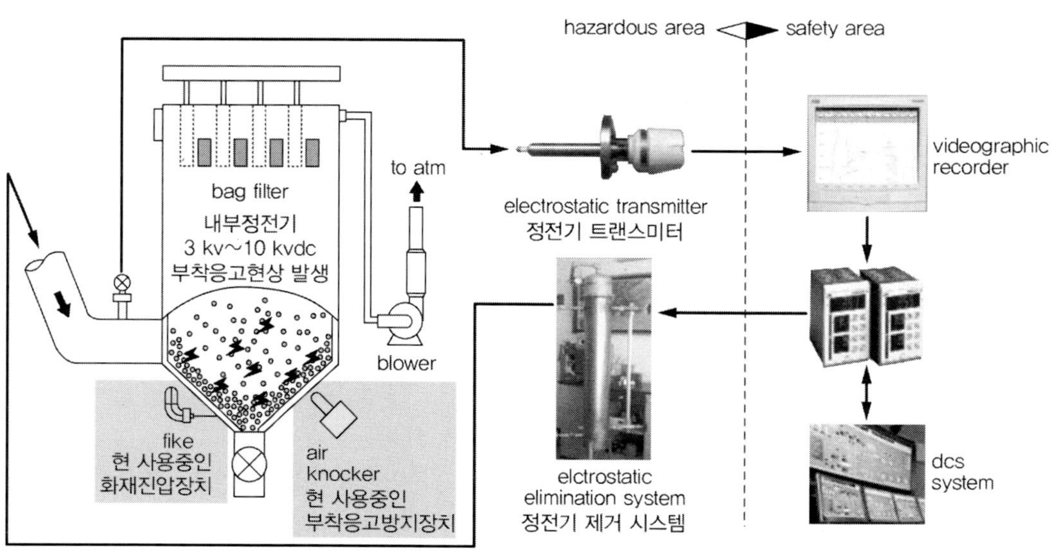

그림 1.45 정전기 제어시스템 구성도의 예

⑤ 방폭지역(hazardous area)

인화성 가스 및 증기가 화재·폭발을 일으킬 수 있는 농도로 대기 중에 존재하거나 존재할 우려가 있는 장소로서 가스의 존재 빈도, 체류시간, 환기 조건 등에 의하여 0종, 1종, 2종, 비방폭 지역의 장소로 구분된다.

⑥ 최대안전틈새

대상으로한 가스 또는 증기와 공기와의 혼합가스에 대하여 화염일주가 일어나지 않는 틈새의 최대치를 말한다.

⑦ 최고표면온도

방폭기기가 사양 범위 내의 최악의 조건에서 사용된 경우에 주의의 폭발성 분위기에 점화될 우려가 있는 해당 전기기기의 구성부품이 도달하는 표면온도 중 가장 높은 온도를 말한다.

⑧ 내부압력

용기 외부의 폭발성 분위기가 해당 용기 내부로 침입하는 것을 방지하기 위해 용기 내부에 보호가스를 넣어 봉입했을 때 내부와 외부와의 압력 차를 말한다.

⑨ 연면거리

서로 절연된 두 개의 도전성 부분 사이의 절연물의 표면에 따른 최단거리를 말한다.

⑩ 방폭전기기기

방폭지역에서 사용하기 위하여 방폭구조 중에서 1가지 이상을 구비한 전기기기를 말한다.

⑪ 압력중첩

용기 내부의 특정한 곳에서 일어난 폭발에 의해, 해당 용기 내부의 다른 곳의 폭발성 분위기가 예압되어, 그 후에 일어난 폭발로 당해 외의 개소의 압력이 통상의 폭발압력보다 이상적으로 상승하는 것을 말한다.

⑫ 보호가스

압력방폭구조 용기 내부를 소정의 압력으로 유지하기 위하여 사용하는 환기공이나 질소 등의 불연성 가스를 말한다.

⑬ 절연공간거리

서로 절연된 두 개의 도전성 부분 사이의 공간적 최단거리를 말한다.

⑭ 본질안전회로

정상상태 및 특정의 고정상태에서 발생하는 불꽃 또는 열이 규정된 시험조건으로 소정의 가스 또는 증기에 점화를 발생하지 않는 전기회로를 말한다.

(2) 폭발성가스와 폭발등급 분류

① 폭발성가스의 발화도와 폭발등급에 의한 분류

표 1.31 발화도 및 기기 표면온도

발화도 등급		설비의 표면 최고 허용온도[℃]		
KSC 0906	노동부 고시	발화점[℃]	KSC	노동부 고시
G1	T1	450 초과	360(320)	300 초과 450 이하
G2	T2	300～450	240(200)	200 초과 300 이하
G3	T3	200～300	160(120)	135 초과 200 이하
G4	T4	135～200	100(70)	100 초과 135 이하
G5	T5	100～135	80(40)	85 초과 100 이하
G6	T6	85～100	70(30)	85 이하

주) 1. ( ) 안의 값은 기준 주위온도를 40℃로 온도상승한도 값임
2. KS 규격은 2001년에 IEC 규격으로 개정되었음

② 가연성가스의 폭발등급과 발화도(위험등급) 분류 및 방폭전기기기의 등급 분류

㉠ 방폭전기기기는 일반사업장용의 가스, 증기를 대상으로한 그룹 II에 속하는 것으로 한다.

㉡ 방폭전기기기 중 내압방폭구조 또는 본질안전방폭구조의 전기기기에 있어서는 그것들을 대상으로 하는 가스 또는 증기의 분류(A, B, C)에 따라 각각 그룹 II A, II B, 또는 IIC로 분류한다.

㉢ 가연성가스의 폭발등급 및 이에 대응하는 방폭전기기기의 내압방폭구조의 폭발등급은 표 1.32와 같이 분류한다.

표 1.32 가연성가스의 폭발등급 및 이에 대응하는 내압방폭구조의 폭발등급

최대안전틈새 범위[mm]	0.9 이상	0.5 초과 0.9 미만	0.5 이하
가연성가스의 폭발등급	A	B	C
방폭전기기기의 폭발등급	II A	II B	II C

(비고) 최대안전틈새는 내용적이 8리터이고 틈새깊이가 25 mm인 표준용기 안에서 가스가 폭발할 때 발생한 화염이 용기 밖으로 전파하여 가연성가스에 점화되지 않는 최댓값

㉣ 가연성가스의 발화도 범위에 따른 방폭전기기기의 온도등급은 표 1.33과 같이 분류한다.

표 1.33 가연성가스의 폭발등급 및 이에 대응하는 본질안전방폭구조의 폭발등급

가스 또는 증기의 최소점화전류비의 범위	가연성가스의 폭발등급	방폭전기기기의 폭발등급
0.8 초과	A	II A
0.45 이상 0.8 이하	B	II B
0.45 미만	C	II C

(비고) 최소점화전류비는 메탄가스의 최소점화전류를 기준으로 나타낸다.

표 1.34 발화도와 폭발등급에 의한 분류

폭발등급 \ 발화도	T1	T2	T3	T4	T5	T6
II A	아세톤 암모니아 일산화탄소 에탄 초산 초산에틸 틀루엔 프로판 벤젠 메타놀 메탄	에타놀 초산인펜틸 1-부타놀 무수초산 부탄 클로로벤젠 에틸렌 초산비닐 프로필렌	가솔린 핵산 2-부타놀 이소프렌 헵탄 염화부틸 이소프렌	아세트알데히드 디에틸에틸르 옥탄		아질산에틸
II B	석탄가스 부타티엔	에틸렌 에틸렌옥시드	황화수소			
II C	수성가스, 수소	아세틸렌			이황화탄소	질산에틸

7) 방폭지역

(1) 방폭지역 구분의 안전 원칙

① 가스 등을 저장 또는 취급하는 곳에서의 설비는 정상운전 여부에 관계없이 항상 가스 등의 누출의 빈도·시간 및 양에 의하여 정하여지는 방폭지역의 범위가 최소화되도록 설계·운전 및 보수되어야 한다.

② 정상운전이 아닌 보수작업 등의 경우에 있어서의 방폭지역은 일시적으로 확대될 수 있으

며, 이러한 사항은 안전작업허가 지침에 명시되어야 한다.

③ 비상사태 하에서는 필요에 따라 적합하지 않은 전기설비의 격리, 공정운전의 정지, 용기의 격리, 유출물질의 저장 및 비상배출 설비의 구비 등의 보완조치를 추가적으로 적용할 수 있다.

④ 폭발성 가스분위기(위험분위기)의 생성이 우려되는 경우에는 다음의 단계적인 조치를 취하여야 한다.

㉠ 점화원 주위에서 일어날 수 있는 위험분위기 생성 확률 감소

㉡ 점화원의 제거

㉢ 위의 조치가 불가능할 경우에는 가스분위기 조성과 점화원의 동시 발생가능성을 아주 작게하기 위한 보호장치·공정설비·계통 및 절차 등을 수립해야 한다. 이러한 조치는 고도의 신뢰성을 갖고 있을 경우, 단독으로 선택할 수도 있고 같은 수준의 안전을 확보하기 위하여 조합할 수도 있다.

⑤ 가스 등이 사용되고 있는 지역에서는 언제든지 위험분위기가 조성되고 전기기기가 점화원이 될 수 있으므로, 다음 원칙을 따른다.

㉠ 위험분위기가 조성될 우려가 높은 곳에서는 점화원이 될 가능성이 적은 기기의 사용을 우선으로 하는 것이 바람직하다.

㉡ 위험분위기가 일어날 수 있는 가능성이 적은 곳에 기기를 설치할 때에는 덜 엄격한 지침을 적용할 수 있다.

⑥ 설계도면의 간단한 검토만으로 방폭지역을 구분한다는 것은 아주 위험하므로, 도면검토 이외에 위험분위기의 생성 가능성에 대한 자세한 분석이 이루어져야 한다.

㉠ 위험분위기의 현존 가능성을 평가한다.

- 누출원이 될 수 있는 가스 등을 취급하는 각 공정 설비의 목록을 자세히 검토한다.
- 지역의 형태 및 범위에 영향을 미치는 누출빈도와 기간(누출 등급)·누출속도·농도·환기 등 주변 지역의 위험분위기의 현존 가능성을 정하기 위한 기본 요소를 파악한다.

㉡ 최적설계 또는 적절한 운전 절차에 의해 가급적 0종 또는 1종장소를 최소화시킴으로써 공장과 설비는 주로 2종장소나 비방폭 지역으로 할 수 있도록 한다.

- 가스 등의 누출이 불가피한 공정설비는 2차 누출등급으로 제한하고, 이것이 곤란할 경우에는 누출량과 누출속도를 최대한 억제하여야 한다. 지역구분 시 이 원칙이 최우선적인 고려사항이다.

- 필요한 경우, 비정상적인 운전 시에도 대기 중으로 누출되는 가스 등의 양을 최소화하여 방폭지역의 범위를 줄이기 위해 반영된 공정설비의 설계·운전 및 배치에 대한 신뢰성을 확인하여야 한다.

㉢ 지역구분이 완료되고 필요한 모든 기록이 만들어지면 지역구분에 책임이 있는 자와의 사전 협의 없이 설비나 운전 절차의 어떠한 변경도 이루어져서는 안 된다.

- 승인 없이 임의로 지역을 변경할 경우 지역구분 효과를 저해할 수 있다.
- 지역구분에 영향을 미치는 모든 설비 중 유지보수가 필요한 설비들이 안전에 영향을 미칠 수 있는 경우, 주의 깊게 점검하여 정상운전하기 전에 재조립 전후의 당초 설계의 안전성을 보증할 수 있어야 한다.

(2) 방폭지역 범위 설정 시의 고려 사항

지역의 범위는 주로 화학적 및 물리적인 요소들, 즉 가스 등의 물질 고유 특성 및 공정특성에 의해 영향을 받으며 주로 검토하여야 할 사항은 다음과 같다.

① 가스 또는 증기의 누출속도

누출 속도가 클수록 지역은 확대되며, 다음 사항을 검토하여야 한다.

㉠ 누출원의 기하학적 구조

누출원의 물리적인 특성(예 : 개방된 표면, 누출이 발생할 수 있는 연결부 구조 등)

㉡ 누출속도 : 누출원이 주어지는 경우, 누출량은 누출 속도에 따라 증가

- 제품이 공정설비 내에 있는 경우의 누출 속도는 누출원의 공정압력과 기하학적 구조와 관련된다.
- 가스 등의 미스트 크기는 증기 누출 속도와 확산 속도에 의해 결정된다. 누출부에서 빠른 속도로 뿜어 나오는 가스와 증기는 공기와 혼합되어 희석되면서 원뿔 모양으로 분출된다.
- 위험분위기 범위는 풍속과는 거의 무관하다. 단, 누출 속도가 낮거나 또는 고형물질에 부딪쳐 누출 속도가 떨어질 경우 누출물은 바람에 의해 이동되고 누출의 희석과 범위의 정도는 풍속에 영향을 받을 수 있다.

㉢ 농도 : 누출된 액체 또는 가스의 농도가 높아질수록 누출 속도는 증가한다.

㉣ 인화성액체의 휘발성 : 이는 증기압과 기화열에 주로 관련된다. 다만, 당해 액체의 증기압이 알려져 있지 않을 경우, 비점과 인화점을 이용할 수 있다.

- 인화성액체의 인화점이 최고사용온도 위에 있을 경우에는 위험분위기가 생성되지 않지만 인화점이 낮을수록 지역의 범위는 넓어지게 된다.
- 인화성액체가 안개 형태로 누출될 경우(예 : 분사형태) 인화점 이하에서도 위험분위기는 형성될 수 있다.

㉤ 액체온도 : 증기압은 온도에 따라 증가되고 증기압의 증가는 증발량을 많게 하여 누출속도를 증가시키게 된다. 단, 누출 후의 액체온도는 고온 표면이나 높은 대기온도에 의해서 상승될 수 있다.

② 폭발하한계(LEL) : 주어진 누출량에서 폭발하한이 낮을수록 지역의 범위는 커진다.

③ 환기 : 환기가 증가됨에 따라 방폭지역의 범위는 감소되나, 환기를 방해하는 장애물(예 : 문·벽·천장)이 있을 경우 환기범위를 제한시켜 방폭지역 범위가 확대된다.

④ 가스 등의 비중

㉠ 가스 등의 비중이 공기보다 가벼울 경우 위로 상승하고, 반대로 공기보다 무겁다면 바닥으로 깔리게 된다.

㉡ 상대 비중이 증가함에 따라 지상에서의 수평적인 지역범위는 증가되고, 비중이 낮을 경우 누출원 상부의 수직범위를 증가시킨다.

※ 가스비중(공기 대비)

- 0.8 이하의 경우 : 누출원 상부의 수직범위 증가
- 1.2 이상의 경우 : 지상의 수평적인 범위 증가
- 0.8～1.2의 경우 : 양쪽 모두 고려

⑤ 암모니아는 경험상 인화가 어렵고 가스 누출 시 옥외에서 쉽게 확산되기 때문에 이 경우에 위험분위기는 무시할 수 있다.

(3) 방폭지역을 구분할 경우 가스 등의 물질에 대한 고려사항

① 방폭지역을 구분할 경우에는 다음 사항을 고려하여야 한다.

㉠ 가연성가스 : 가스가 누출되었을 때 위험분위기를 생성하는 범위는 가스의 비중에 따라 달라진다. 즉, 공기보다 가벼운 가스는 급속히 상부 방향으로 확산되고, 공기보다 무거운 가스는 지표면을 따라 서서히 확산되는 경향이 있으므로 방폭지역의 범위는 무거운 가스 쪽이 보다 더 넓게 된다.

㉡ 압축액화가스 : 압축되어 액체상태로 되어 있는 가스는 누출되는 즉시 기화, 팽창되어

공기보다 무거운 가스와 마찬가지로 지면을 따라 확산된다.

㉢ 초저온 액체 및 초저온 액화가스 : -101℃ 이하에서 취급되는 초저온 액체 및 초저온 액화가스들은 소량 누출 시에는 누출 즉시 기화·팽창되나, 다량 누출 시에는 인화성액체와 같이 액체상태를 유지하여 수평방향으로 이동하고 주위 열을 흡수함에 따라 수직으로 기화된다.

② 인화성액체는 인화점에 따라 다음과 같이 분류한다.

㉠ 인화점 40℃ 이하의 액체 : 인화점이 낮은 액체일수록 누설되면 더 신속하게 기화되어 공기와 혼합하여 쉽게 위험분위기를 생성하므로 이들 액체를 취급하는 설비 주위는 방폭지역으로 지정하여야 한다.

㉡ 인화점 40℃ 초과 65℃ 이하의 액체 : 이들 액체는 상온에서 누설될 경우에는 위험분위기를 생성하지 않으나, 인화점 이상인 상태에서 누설되면 위험분위기를 생성하게 되므로 인화점 이상으로 취급될 경우 또는 적합한 방법으로 항상 인화점 이하로 유지됨을 보장할 수 없는 경우에는 방폭지역으로 설정하여야 한다.

㉢ 인화점 65℃ 초과 100℃ 이하의 액체 : 이들 액체는 상온에서 누설되어도 위험분위기를 생성하지 않고 인화점 이상에서 누설된다고 하더라도 급속히 냉각되어 소량의 기화된 증기는 곧 응축되므로 위험분위기의 생성지역도 극히 제한된다. 이들 액체를 인화점 이상으로 취급하는 설비외부의 방폭지역은 표시된 수치의 1/3로 축소할 수 있다.

㉣ 인화점 100℃ 초과하는 액체 : 이들 액체는 인화점 이상으로 취급되더라도 설비 주위는 방폭지역으로 고려할 필요는 없으며, 설비 내부만 방폭지역으로 한다.

(4) 방폭지역 구분 대상

① 인화성액체의 증기 또는 가연성가스가 쉽게 존재할 가능성이 있는 지역

② 인화점이 40℃ 이하의 액체가 저장·취급되고 있는 지역

③ 인화점이 40℃를 넘는 액체가 인화점 이상으로 저장·취급될 수 있는 지역

(5) 위험장소에 의한 등급 분류

위험장소란 가연성가스가 폭발할 위험이 있는 농도에 도달할 우려가 있는 장소로 대기 중에 존재하거나 또는 존재할 우려가 있는 지역으로 방폭지역을 구분하는 목적은 가스의 종류 및 발화온도에 의한 온도등급 등의 환경을 분석하여 그 위험도에 따라 이에 상응하는 전기설비를

설치하고자 하는 데 있으며, 가연성가스 또는 증기에 의한 위험 분위기의 존재 여부, 빈도 및 시간을 고려하여 다음과 같이 0종, 1종 및 2종 장소, 비방폭 지역으로 분류한다.

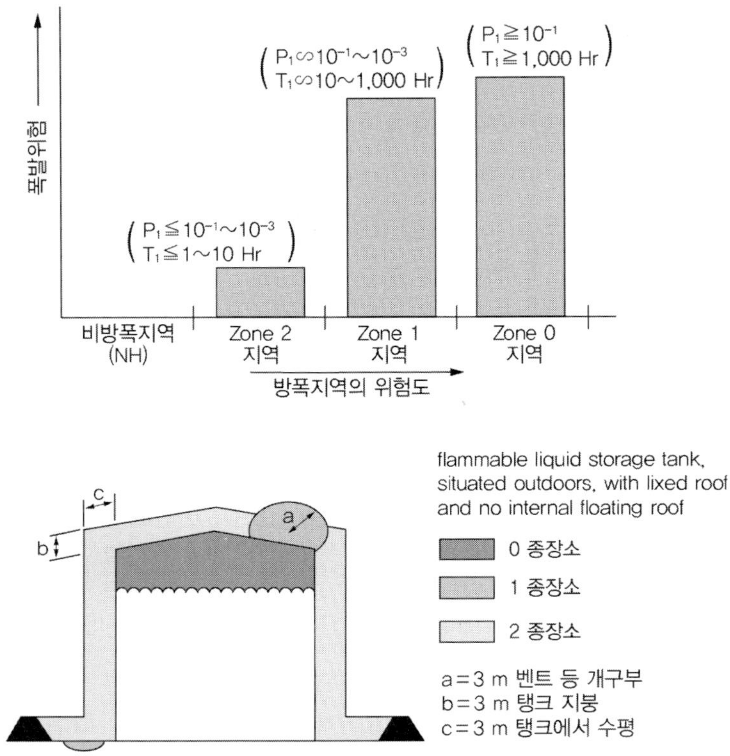

그림 1.46 방폭지역 구분

① 0종 장소(KS, JIS, IEC : Zone 0, NEC, NFPA : Division 1)

방폭구조의 종류로는 본질안전방폭구조(Exi)가 있고, 위험분위기가 지속적으로 또는 장기간 존재하는 장소로 그 예는 다음과 같다.

㉠ 대기와 통하는 개구부를 가지는 저장탱크 또는 용기(vessel) 내부

㉡ IFRT(internal floating roof tank)의 내·외부 지붕 사이

㉢ 개방된 용기, 저장탱크, 피트(Pit) 등

㉣ 배기 덕트의 내부

② 1종 장소(KS, JIS, IEC : Zone 1, NEC, NFPA : Division 1)

방폭구조는 본질안전방폭구조(Exi), 내압방폭구조(Exd), 압력방폭구조(Exp), 유입방폭구

조(Exo)의 종류가 있으며, 통상의 상태(정상운전)에서 위험분위기를 생성할 우려가 있는 장소로 다음의 예와 같다.

㉠ 운전, 보수 및 누설에 의하여 자주 위험분위기가 생성되는 곳

㉡ 설비의 일부 고장 시 가연성물질 방출과 전기계통 고장이 동시에 발생되기 쉬운 곳

㉢ 환기가 불충분한 장소에 설치된 배관 계통으로 배관이 쉽게 누설되는 구조의 곳

- 환기가 불충분한 공기압축기 또는 펌프실
- 주변지역보다 낮아 인화성 가스나 증기가 체류할 수 있는 곳
- 안전밸브 vent 주위
- 0종 장소의 근접주변, 송급통기구의 근접주변, 운전상 열게 되는 연결부의 근접주변, 배기관의 유출구 근접주변 등의 장소

③ 2종 장소(KS, JIS, IEC : Zone 2, NEC, NFPA : Division 2)

방폭구조는 본질안전방폭구조, 내압방폭구조, 압력방폭구조, 유입방폭구조, 안전증방폭구조(Exe), 비점화용 방폭구조(Exn)의 종류가 있으며, 이상 상태에서 위험 분위기가 생성할 우려가 있는 장소를 말한다.

㉠ 밀폐된 용기 또는 설비 내에 밀봉된 가연성가스가 그 용기 또는 설비의 사고로 인해 파손되거나 오조작의 경우에만 누출할 위험이 있는 장소

㉡ 확실한 기계적 환기조치에 의하여 가연성가스가 체류하지 않도록 되어 있으나 환기장치에 이상이나 사고가 발생한 경우에는 가연성가스가 체류하여 위험하게 될 우려가 있는 장소

㉢ 1종 장소의 주변 또는 인접한 실내에서 위험한 농도의 가연성가스가 종종 침입할 우려가 있는 장소

(6) 방폭구조의 종류

인화성 또는 가연성물질이 화재·폭발을 발생시킬 수 있는 농도로 대기 중에 존재하거나 존재할 우려가 있는 장소를 방폭지역이라고 하며, 이 방폭지역은 가스방폭 지역과 분진방폭지역으로 구분하여 위험분위기가 존재하는 시간과 빈도에 따라 그 종별을 결정하고, 이것은 방폭전기기계·기구 및 배선방법을 결정하는 데 중요한 사항이 된다.

1. 내압 방폭구조		내부폭발이 외부로 확산을 차단
2. 압력 방폭구조	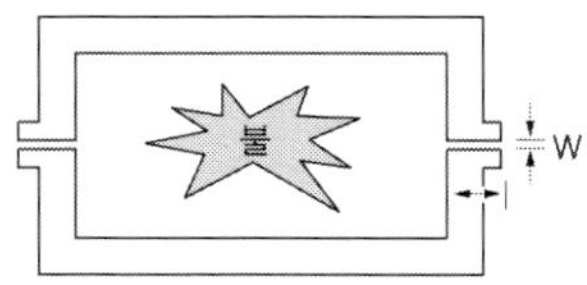	내부에 불활성가스를 봉입, 압력을 증가하여 틈새로 외부에서 가연성 침입을 차단
3. 안전증 방폭구조		내부에 안전을 증가하여 원천적으로 폭발을 방지
4. 유입 방폭구조	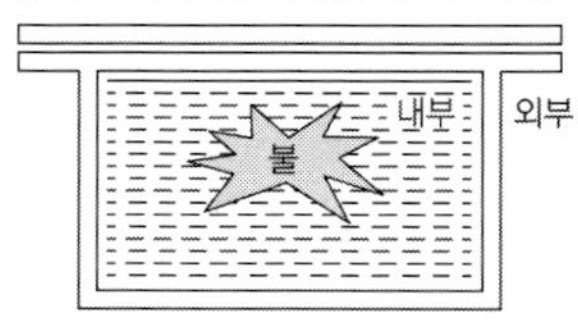	불활성 기름 내부에 기기를 넣어 폭발 방지 – 유입식 변압기
5. 본질안전 방폭구조	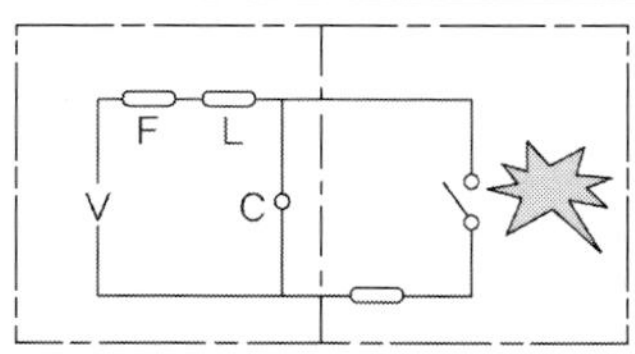	단락, 지락 등 전기불꽃 아크 등의 이상 상태에서도 폭발이 일어나지 않도로 스위치를 별도 구획에 설치 – 가장 신뢰성이 높다.

그림 1.47 방폭구조 종류

① 내압방폭구조(flameproof type, d)

기기 내부에 가연성가스의 폭발이 발생할 경우 그 용기가 폭발압력에 견디고 폭발화염이 외부로 전해지지 않는 구조이다. 내압방폭구조는 일반적으로 큰 전류를 사용하는 전기기기의 방폭구조에 적합하다. 내압방폭구조는 개별기기 보호방식으로써 전기기기의 성능조건을 유지하기에는 적합한 방폭구조지만 외부·전선의 보호는 불가능하므로 0종 장소에서는 사용할 수 없다. 내압방폭구조는 용기 내부에서의 가스 폭발 시 폭발압력에 견디고 틈새를 통해 외부에 점화되지 않도록 하는 것이다.

② 유입방폭구조(oil immersed type, o)

내부에 기름을 주입하여 불꽃, 아크 또는 고온발생 부분이 기름 속에 잠기게 함으로써 기름 면 위에 있는 가연성가스에 인화되지 아니하도록 한 구조이다. 변압기, 스위치, 개폐장치, 대형 전기기기에 주로 사용되는 유입방폭구조는 안전적인 측면도 있지만 운전작동

시 효과적인 성능이 유지되도록 한 방폭구조를 말한다.

③ 압력방폭구조(pressurezed type, p)

전기설비 용기 내부에 아르곤, 질소, 이산화탄소 등의 불활성가스를 압입하여 내부압력을 유지함으로써 가연성가스가 내부로 유입되지 아니하도록 한 구조를 말한다. 용기 내로 위험물질이 침입하지 못하도록 점화원을 격리하는 것으로 정상운전에 필요한 운전실과 같이 큰 용기와 기기에 사용된다. 용기 내의 압력은 50 pa(0.05 kg/cm^2) 이상 유지하고 위험원의 위치에 따라 외부는 봉입식과 순환식, 내부는 연속회전식으로 구분된다.

④ 안전증방폭구조(increased safety type, e)

정상운전 중에 가연성가스 또는 증기에 점화원이 될 전기불꽃, 아크 또는 고열 발생 등을 방지하여 기계적, 전기적인 구조상 또는 온도 상승에 대하여 특히 안전도를 증가시킨 구조를 말한다.

⑤ 본질안전방폭구조(intrinsic safety type, i)

방폭지역에서 전기(전기기기와 권선 등) 단선, 단락, 지락 등에 의한 스파크, 접점단락 등에서 발생되는 전기적 에너지를 제한하여 전기적 점화원 발생을 억제하고(30 V, 50 mA 이하) 만약 점화원이 발생하더라도 위험물질을 점화할 수 없다는 것이 시험을 통하여 확인할 수 있는 구조를 말한다. 형식은 Exia와 Exib가 있고 0종 장소에 설치할 수 있는 것은 Exia 형식만 가능하며 나머지 1종, 2종 장소는 어느 형식이든 사용이 가능하다.

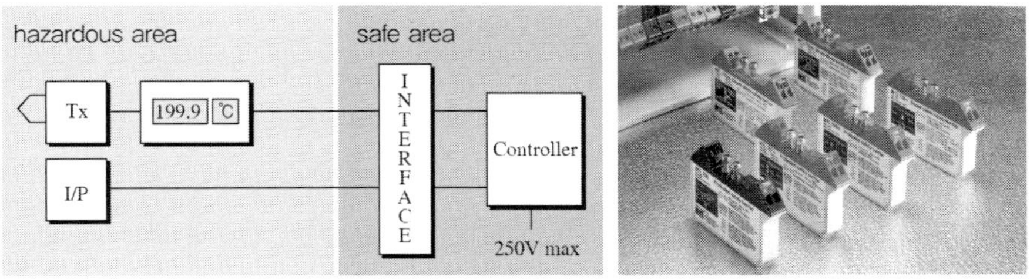

그림 1.48 본질안전방폭구조

⑥ 특수방폭구조(special type, s)

폭발성가스 또는 증기에 점화 또는 위험분위기로 인화를 방지할 수 있는 것이 시험, 기타에 의하여 확인된 구조로, 특수 사용조건 변경 시에는 보호방식에 대한 완벽한 보장이 불가능하므로, 0종, 및 1종 장소에서는 사용할 수 없다. 이들 방폭구조로는 용기 내부에 모래 등의 입자를 채우는 충전방폭구조, 또는 협극방폭구조 등이 있다.

⑦ 분진방폭구조(protection by enclosure, t)
전폐 구조로 접합면 깊이를 일정치 이상으로 하거나 혹은 접합면에 일정치 이상의 깊이를 갖는 패킹을 사용하여 분진이 침입하기 어렵게 한 방폭구조를 말한다. 종류로는 특수방진(SDP), 보통방진(DP), 방진 특수(XDP)가 있다.

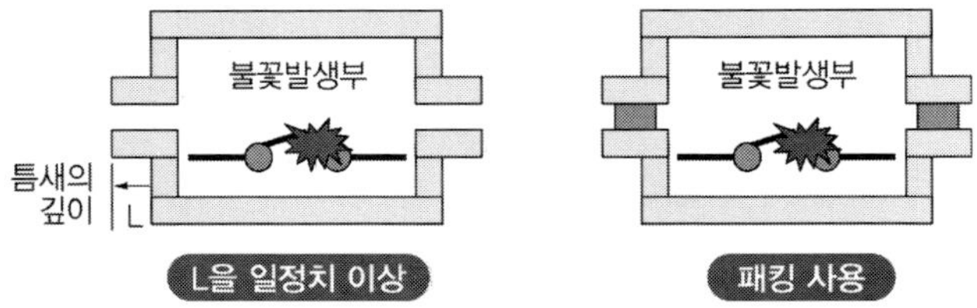

그림 1.49 분진방폭구조

8) 누출원

(1) 누출원의 분류와 누출 등급에 의한 방폭지역 결정

위험분위기는 가스 등이 공기 중에 있을 경우에만 존재하기 때문에 가스 등의 물질이 지역 내에 존재할 수 있는지 확인하여야 한다. 즉, 가스(이들 물질을 생성할 수 있는 고체 포함) 등이 공정설비(전폐 구조 여부와 관계 없이) 내에 저장되어 있을 경우, 설비 내부의 가스 등의 존재나 누출로 인하여 설비 외부에 위험분위기가 형성될 수 있는지를 검토하여야 한다.

공정설비의 모든 구성요소(예 : 탱크 · 펌프 · 파이프라인 · 용기 등)는 잠재적인 누출원으로 고려하여야 한다. 다만, 이들 구성요소가 가스 등을 저장하지 않거나 대기 중으로 방출할 가능성이 없는 경우에는 누출원으로 고려하지 않는다(예 : 용접된 파이프 등).

이들 요소가 공기 중으로 가스 등을 누출시킨다고 가정할 경우, 먼저 누출 빈도와 지속시간의 결정에 의해 누출 등급을 정하여야 한다. 밀폐된 공정설비의 개구부(예 : 필터 교환 또는 배치, 충전 등의 개구부)는 지역구분 시 누출원으로 고려해야 한다.

위의 절차에 의해 각각의 누출원을 각각 "연속", "1차", "2차" 누출원으로 구분하며, 이 누출 등급은 방폭지역의 형태와 범위에 영향을 미치는 누출 속도와 기타 요소를 결정하는 데 필요하다.

(2) 누출원의 예

① 공정 설비

㉠ 연속누출원 : 0종 장소

- 연속적으로 가스 등을 누출시키는 고정지붕형 저장조(fixed roof tank) 내부의 인화성 액체 표면
- 연속적 또는 장기간 대기 중에 개방되어 있는 가연성액체의 표면(예 : 유수분리기)

㉡ 1차 누출원 : 1종 장소

- 정상운전 중 가스 등의 물질 누출이 예상되는 곳(예 : 압축기·밸브·펌프 등의 기밀부(seal))
- 정상운전 중의 배출 시 공기 중으로 인화성액체를 누출시킬 수 있는 곳(예 : 인화성액체를 저장하고 있는 용기의 배출구)
- 정상운전 중 대기 중으로 가스 등의 물질 누출이 예상되는 시료채취 지점
- 정상운전 중 공기 중으로 가스 등의 물질 누출이 예상되는 곳(예 : 안전밸브·통기구(vent) 및 기타 개구부)

㉢ 2차 누출원 : 2종 장소

- 정상운전 중 가스 등의 물질의 예기치 않은 누출이 우려되는 설비(예 : 압축기·밸브·펌프의 기밀부)
- 정상운전 중 가스 등의 물질의 예기치 않은 누출이 우려되는 곳(예 : 플랜지·연결부분·파이프 피팅류(fitting)
- 정상운전 중 가스 등의 물질 누출이 예상되지 않는 시료채취 지점
- 정상운전 중 공기 중으로 가스 등의 물질 누출이 예상되지 않는 곳(예 : 안전밸브·통기구·기타 개구부)

② 개구부

㉠ 누출원이 될 수 있는 개구부 : 방폭지역 사이의 공간(opening)은 누출원으로 고려하여야 하며, 다음 사항을 고려하여 누출등급을 정한다.

- 인접 지역의 방폭등급 형태
- 개방 기간의 빈도 및 지속시간
- 밀봉 또는 접합의 유효성
- 관련된 장소들 사이의 압력 차이

㉡ 개구부의 분류 : 개구부는 다음 특성들에 따라 A, B, C, D로 분류한다.

- A형 : B, C, D형에 속하지 않는 개구부
  - 설비 또는 유지보수용 통로(예 : 벽·천장 및 마루 등을 통과하는 덕트 파이프 등)
  - 실·건물 및 B, C, D형과 유사한 기구(장기간 또는 빈번하게 열리는)의 고정된 환기 설비의 토출구
- B형 : 상시 닫혀있고 드물게 열리는 개구부(예 : 자동폐쇄문)
- C형 : B형과 같이 상시 닫혀있고 드물게 열리는 개구부(예 : 외곽 전체가 가스킷과 같은 밀봉장치로 고정되거나 독립적인 자동 폐쇄장치를 갖고 있는 2개의 직렬로 된 B형 개구부)
- D형 : 특수 장치 또는 비상시에만 열 수 있는 상시 닫힌 C형과 같은 개구부(예 : D형 개구부는 시설물 통로(예 : 덕트, 파이프 등) 등을 효과적으로 밀폐한 것 또는 방폭지역에 인접한 C형 개구부와 B형 개구부를 직렬로 조합한 것)

표 1.35 개구부 형태에 따른 누출등급

인근의 방폭지역	개구부형태	개구부의 누출등급(누출원)
0종 장소	A	연속
	B	(연속)/1차
	C	2차
	D	누출 없음
1종 장소	A	1차
	B	(1차)/2차
	C	(2차)/누출 없음
	D	누출 없음
2종 장소	A	1차
	B	(2차)/누출 없음
	C	누출 없음
	D	누출 없음

9) 환기

(1) 환기 일반사항

대기 중으로 누출된 가스 등은 농도가 폭발하한 이하로 내려갈 때까지 공기 중으로 확산되거

나 분산되어 희석된다.

환기는 누출원 주위의 위험분위기를 신선한 공기에 의해 대체하기 위한 공기 이동으로 희석을 촉진하게 되며, 적합한 환기는 방폭지역에 영향을 미치는 위험분위기의 지속을 억제하게 된다.

환기설비는 방호장치의 배출공기가 공기조화설비의 공기취입구로 유입되지 않는 위치에 설치해야 한다.

(2) 환기의 주요 형태

환기는 대기의 온도차나 송풍기와 같은 강제수단을 이용한 공기 이동에 의한 것으로 크게 자연환기와 강제환기의 두 종류로 나눈다.

① 자연환기

- 대기의 온도차(밀도차)나 바람에 의한 공기 이동에 의해 이루어지는 환기를 말한다.
- 자연환기는 개방된 곳에서는 어떠한 위험분위기도 해소시킬 수 있다.
- 자연환기는 임의의 옥내 장소에서도 효과적일 수 있다(예 : 벽 또는 천장에 개구부가 있는 건물).

  ※ 옥외지역에서의 환기는 최소 풍속이 0.5 m/s로 계속된다는 것을 전제로 한다.
- 자연환기의 예
  - 석유화학산업에서의 개방된 구조물, 파이프랙, 펌프지역 등과 유사한 전형적인 개방지역
  - 개방형 건물 안의 벽이나 천정에 가스 또는 증기들의 비중을 고려한 환기용 개구부가 있을 경우, 옥외 개방 분위기와 동등하게 간주할 수 있다.
  - 개방형 건물은 아니지만, 환기를 목적으로 한 영구적인 개구부에 의한 자연환기설비(일반적으로 개방형 건물의 개구부보다 작다)가 있는 건축물

    ※ 환기가 충분한 개방형 건물은 수직 또는 수평의 외부공기 흐름을 방해하지 않는 구조의 건축물 또는 지붕과 한 면의 벽만 있는 건축물을 말한다.

② 강제환기

- 인공적인 방법(예 : 팬 또는 배출기 등)에 의하여 공기를 이동시키는 환기형태를 말한다.
- 강제환기는 밀폐된 공간에 적용되며, 노출된 대기 상태에서 장해물로 인하여 자연환기가 제한되거나 방해되는 것을 보상하기 위해 사용된다.

- 강제환기는 전체, 국부적 또는 2가지 모두일 수 있으며, 공기의 이동 및 순환 정도는 적절하게 조절할 수 있다.
- 강제환기의 목적은 다음과 같다.
  - 방폭지역의 범위 축소
  - 위험분위기의 지속시간 단축
  - 위험분위기의 생성 억제
- 강제환기에 의해 옥내에서 효과적이고 신뢰할 수 있는 환기가 가능하며, 폭발방지를 위해 설계된 강제환기설비는 다음 요건에 의하여야 한다.
  - 환기 유효성의 상시 관리 및 감시
  - 배출설비의 토출구 외부의 방폭지역 구분 고려
  - 방폭지역의 환기용 공기는 비방폭지역에서 흡입
  - 환기설비의 용량과 설계를 하기 전에 설치위치·누출등급·누출속도를 먼저 결정
- 강제환기설비의 성능에 영향을 미치는 다음 요소들을 추가적으로 고려한다.
  - 가연성가스와 증기의 대부분은 공기보다 비중이 높으므로, 공기 이동이 거의 없는 밀폐된 지역의 바닥이나 천장 근처에서 축적되는 경향
  - 온도에 따른 가스 등의 비중 변화
  - 장해물(impediment)과 방해물(obstacle)에 의한 공기의 이동 감소 또는 소멸 영향, 즉, 지역 일부분에서는 환기가 일어나지 않을 수 있다.

(3) 강제환기의 종류

① 전체 강제환기

- 건물 내의 전체환기를 증진시키기 위해 벽 또는 천장에 환풍기가 구비된 건물
- 지역의 전체환기를 증진시키기 위해 적절한 위치에 환풍기를 설치한 개방된 지역

② 국소 강제환기

- 연속적 또는 주기적으로 가스 등이 누출되는 공정 설비에 적용되는 공기 또는 증기 배기 시스템
- 위험분위기가 다른 형태로 일어날 수 있을 것으로 예측되는 곳의 작은 국소환기설비에 적용되는 강제환기 또는 배기설비

(4) 환기 등급

① 환기 등급 및 이용

- 환기에서 가장 중요한 요소인 환기의 양과 정도는 누출원의 종류와 누출속도에 직접적으로 관련되며, 이는 환기 형태보다는 풍속이나 시간당 공기순환율과 관련된다.
- 방폭지역에서 최적의 환기조건을 얻을 경우, 관련 누출지점에서 환기가 증가될수록 지역의 범위는 작아지며, 경우에 따라서는 무시할 정도로 감소시켜 비방폭지역으로 할 수 있다.

② 환기 등급의 종류

환기 등급은 다음과 같이 3종류로 구분한다.

- 고환기(VH) : 가스 등의 실제 농도를 순간적으로 감소시킬 수 있어 결국 폭발하한 이하로 농도를 낮추어 방폭지역의 범위가 아주 작게 된다.
- 중환기(VM) : 누출이 진행되는 동안에도 지역 내의 농도를 폭발하한 이하의 안정된 상태로 제어 가능한 것, 즉 누출이 중단된 후에는 더 이상의 위험분위기가 지속되지 않는 곳
  방폭지역의 종류와 범위는 설계변수에 따라 제한된다.
- 저환기(VL) : 누출이 진행하는 동안의 농도는 제어 불가능
  누출이 중단된 후의 위험분위기의 지속적인 억제 가능

(5) 환기의 이용

① 환기의 이용은 위험분위기의 존재나 형성 및 방폭지역의 종류에 영향을 미친다.

※ 환기등급과 유효성 등급의 개념을 결합시키면 지역형태의 양적 평가방법을 알 수 있다.

② 위험분위기의 해소와 지속시간을 제어하는 데 있어서의 환기의 유효성은 환기의 정도와 유용성 그리고 설비설계에 따라 결정된다. 예를 들면, 환기는 위험분위기의 생성을 예방하기에 충분하지 않을 수 있지만 위험분위기가 지속되는 것을 억제할 수는 있다.

10) 방폭지역 구분도의 작성 및 유지

공장 내에 위험분위기가 생성될 우려가 있을 경우에는 방폭지역 구분도를 작성·유지하여야 하며, 설비의 변경 등으로 방폭지역을 변경하여야 할 사유가 발생 시에는 즉시 이를 반영하여 재작성하여야 한다.

(1) 방폭지역 구분도의 작성

① 방폭지역의 구분은 최종단계까지 여러 단계를 거쳐 수행되며 이것은 적절한 형태로 문서화되어야 한다.

- 사용된 모든 정보는 언급되기 쉬워야 하며 이러한 정보나 사용방법의 예는 다음과 같다.
- 적합한 코드와 지침에 의한 권고사항
- 가스와 증기의 확산 특성과 계산
- 환기 유효성평가를 위한 가연성물질의 누출변수에 관련된 환기 특성 검토

② 방폭지역 구분에 관한 검토 결과와 계속되는 변경사항은 기록되어야 한다.

③ 사용되는 모든 공정물질에 대한 방폭지역의 구분에 관계되는 특성은 목록화되어 있어야 한다. 여기에는, 인화점·비점·발화도·증기압·증기밀도·폭발한계·가스군 및 온도분류를 포함한다.

(2) 도면·자료 서식 및 표

① 지역 구분도에 표기하여야 할 사항은 다음과 같다.

- 방폭지역 구분에 관한 평면도와 입면도
- 방폭지역의 종류와 범위 및 가스 등의 발화도·온도등급과 가스군
- 가스 등의 최대 안전틈새가 서로 다른 분류에 속하는 물질을 동일 장소에서 취급하는 경우에는 최대안전틈새의 분류별 방폭지역의 범위가 명확히 구분될 수 있도록 작성한다.

② 지형이 지역 범위에 영향을 미칠 수 있다면 이를 문서화하여야 한다.

③ 방폭지역 구분에 관련된 문서에는 다음과 같은 적절한 정보가 포함되어 있어야 한다.

- 누출원의 위치와 표시
  복잡한 대형 공장 또는 공정지역의 경우, 지역의 구분자료와 도면이 상호 참조되도록 하기 위해 누출원을 목록화 또는 수량화하는 것이 바람직하다.
- 건물 내의 개구부 위치 등(예 : 환기용 문·창 및 출입구)

11) 분진폭발

(1) 분진폭발 위험장소

장비의 구조상 또는 사용상에서 분진과 공기의 폭발성 혼합물의 점화를 방지하기 위하여 특별한 조치를 취하여야 할 정도의 구름 형태의 가연성분진(분진운)이 존재하거나 존재할 수 있는

장소를 말한다.

※ 폭발위험장소는 분진과 공기의 폭발성 혼합물의 발생빈도와 지속시간을 기초로 하여 구분한다.

(2) 분진폭발의 용어 정리

① 분진(dust)

가연성 분진과 가연성 부유물을 포함하는 포괄적인 용어를 말한다.

② 분진폭발 분위기(explosive dust atmosphere)

대기 중에서 점화 후에 연소가 확산되는 분진, 섬유, 부유물 형태의 가연성물질과 공기가 혼합된 상태를 말한다.

③ 가연성 분진(combustible dust)

대기압 및 정상 온도에서 공기와 폭발성 혼합물을 형성하고 공기 중에서 연소 및 발염할 수 있는 공기 중 부유 및 자중에 의한 침적 가능한 직경 500 μm 이하의 미세 고체 입자를 말한다.

④ 가연성 부유물(combustible flyings)

대기압 및 정상 온도에서 공기와 폭발성 혼합물을 형성하고 공기 중에서 연소 및 발염할 수 있는 공기 중 부유 및 자중에 의한 침적 가능한 직경 500 μm 초과의 고상입자(섬유 포함)를 말한다.

⑤ 분진폭발 위험장소(hazardous area dust)

장비의 구조상 또는 사용상에서 분진과 공기의 폭발성 혼합물의 점화를 방지하기 위하여 특별한 조치를 취하여야 할 정도의 구름 형태의 가연성분진(분진운)이 존재하거나 존재할 수 있는 장소를 말한다.

⑥ 분진 누출원(source of dust release)

가연성 분진이 공기 중으로 누출될 수 있는 부위 또는 위치를 말하며, 누출원은 누출 정도에 따라 연속 누출등급 누출원, 1차 누출등급 누출원, 2차 누출등급 누출원으로 구분한다.

⑦ 정상 작동(normal operation)

전기적·기계적으로 설계 명세에 만족하며, 제조자 규정 제한범위 내에서 사용되는 장비의 운전을 말한다.

※ 분진운 또는 분진층에서의 가벼운 누출(예 : 필터로 부터의 누출)발생은 정상작동으로 간주될 수 있다.

- 분진층의 발화온도(ignition temperature of a dust layer)
  고온표면 위에 규정된 두께로 분진층이 쌓여 있을 때 점화될 수 있는 고온표면의 최저 온도를 말한다.
- 분진운의 발화온도(ignition temperature of a dust cloud)
  공기를 포함한 분진운에서 발화가 발생할 수 있는 고온 벽면부의 최저온도를 말한다.
- 분진 격납용기(dust containment)
  물질을 취급, 처리, 이송 또는 저장 시에 분진이 대기 중으로 누출되는 것을 방지하기 위한 공정설비 내부의 일부를 말한다.

(3) 분진폭발 위험장소의 종류

분진폭발 분위기의 장소 구분은 폭발성분진 위험장소와 가연성분진 위험장소로 분류되고 폭발성분진 위험장소의 방폭구조는 분진폭발 방폭구조, 방진특수 방폭구조가 있고, 가연성분진 위험장소의 방폭구조는 분진방폭구조와 보통방진방폭구조가 있다. 또한 공기 분위기의 발생빈도와 지속시간에 따라 구분하면 다음과 같다.

① 20종 장소 : 0종 장소

공기 중에 가연성 분진층이나 분진운의 형태가 연속적, 장기간 또는 단기간 자주 폭발분위기로 존재하는 장소로 그 구분의 예는 다음과 같다.

- 분진 격납용기 내부 지역
- 호퍼(hopper), 사일로, 집진장치 및 필터 등
- 분진 이송 설비(벨트 및 체인 컨베이어의 일부 제외) 등
- 배합기, 제분기, 건조기, 배깅(포장) 장비(bagging equipment) 등

② 21종 장소 : 1종 장소

공기 중에 가연성 분진운의 형태가 정상 작동 중 빈번하게 폭발분위기를 형성할 수 있는 장소로 그 장소(10～1,000 h/year)의 예는 다음과 같다.

- 분진 격납용기 외부, 내부에 분진폭발 혼합물이 존재할 때 조작을 위하여 빈번하게 제거 또는 개방하는 문 근접 장소
- 분진폭발 혼합물의 형성을 방지하기 위한 조치를 취하지 않은 충전 및 배출지점, 이송 벨트, 샘플링 지점, 트럭 덤프 지역, 벨트 덤프 인근의 분진 격납용기 외부 장소
- 분진층과 분진폭발 혼합물이 형성될 수 있는 공정 운전으로 인하여 분진이 축적될 수

있는 분진 격납용기의 외부 장소

- 폭발성 분진운이 발생할 수 있는(연속적, 장기간 또는 빈번하지 않은) 분진 격납용기, 즉 (빈번하게 채우고 비우는) 사일로 및 필터의 분진 쪽(만약 자체 청소 주기가 정해진 경우)

③ 22종 장소 : 2종 장소

공기 중에 가연성 분진운의 형태가 정상작동 중 폭발분위기를 거의 형성하지 않고, 만약 발생한다고 하더라도 단기간만 지속될 수 있는 장소(1 ~ 1,000 h/year)로 그 장소의 예는 다음과 같다.

- 백필터 배기구의 배출구 : 오작동 시 분진폭발 혼합물이 누출될 수 있다.
- 간헐적인 주기로 열리는 장비 인근 장소 또는 대기압보다 높은 압력 때문에 분진이 쉽게 누설될 수 있는 장비 인근, 분진 분출부(쉽게 손상될 수 있는 공기압 장비, 유연 접속부 등)
- 분진 제품을 담는 저장 백 : 백 취급 중에 손상될 경우 분진 분출
- 통상 21종 장소로 분류되나 분진폭발 혼합물의 형성을 방지하기 위하여 적절한 조치를 취하는 경우에는 22종으로 구분한다. 이러한 조치에는 배기설비를 포함하며, 배기설비를 (백) 충전 및 배출 지점 , 피드 벨트, 샘플링 지점, 트럭 덤프지역, 벨트 덤프 지역 등의 인근 장소에 설치한다.
- 분진층 또는 분진폭발 혼합물이 형성되는 것을 제어하는 장소. 만약 위험한 분진과 공기의 혼합물이 형성되기 전에 청소하여 분진층을 완전히 제거하면 비위험장소로 할 수 있다.

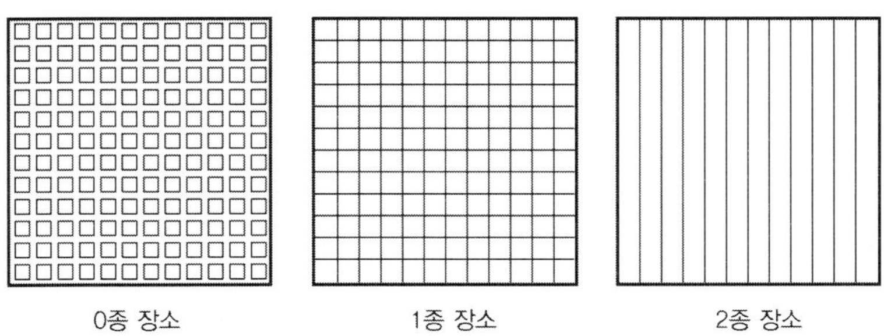

그림 1.50 분진폭발 위험장소의 표시

(4) 전기설비 방폭구조의 표기

① 방폭 지역별 구분 표시

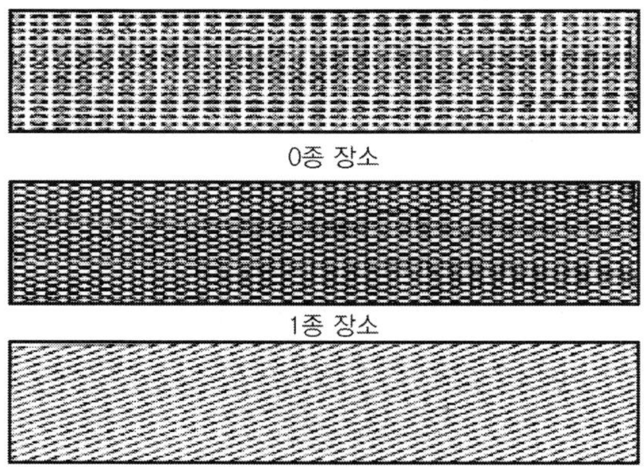

그림 1.51 방폭지역의 표시

② 전기설비의 방폭등급 기호 표기 예

표 1.36 전기설비 방폭등급의 기호 표기 〈 예 : Exd II B T4 IP54 〉

방폭구조	기호	방폭구조		기호	온도등급	방수등급
내압	d	산업용 (II)	가스, 증기	A	T1 T2 T3 T4 T5 T6	IP○○
압력	p					
안전증	e			B		
유입	o					
본질안전	Ia, id			C		
특수	s		분진	11		
특수방진	SDP					
보통방진	DP			12		
방진특수	XDP			13		

※ 사용장소가 분진, 탄진의 경우 = 숫자, 가스, 증기일 경우 = 알파벳으로 표기

③ 방폭형 전기기기 표시 예

Exe e Ⅱ T3

여기서, Ex : 방폭형 전기기기임을 의미

e : 안전증가 방폭구조를 표시(d : 내압방폭구조 , p : 압력방폭구조 등)

Ⅱ : 사용장소가 가스 분위기임을 의미(분진 및 탄진일 경우는 Ⅰ로 표기함)

T3 : 외피표면의 온도상승한도를 표시

※ 단, 내압(耐壓)방폭구조에서 사용되는 기호 중 II A, II B, II C는 가스의 종류에 따라 구분한다. 예) II A : 프로판, II B : 에틸렌, II C : 수소 또는 아세틸렌)

④ 방폭전기설비의 발화온도

표 1.37 방폭전기설비의 발화온도

전기설비의 온도등급	전기설비의 최대 표면온도[℃]	가스, 증기의 발화온도[℃]
T1	450	> 450
T2	300	> 300
T3	200	> 200
T4	135	> 135
T5	100	> 100
T6	85	> 85

⑤ 방폭전기설비의 폭발등급(설비등급)

표 1.38 방폭전기설비의 폭발 등급

가스/증기의 하위그룹	설비의 하위그룹
II A	II A, II B 또는 II C
II B	II B 또는 II C
II C	II C

(5) 주요 국가의 방폭지역 구분

주요 국가의 방폭지역 분류는 표 1.39에 나타내었다.

표 1.39 주요 국가의 방폭지역의 분류

국가별 위험분위기	지속적인 위험분위기	통상 상태에서의 간헐적 위험분위기	이상 상태에서의 위험분위기
IEC/CENLEC/유럽	Zone 0	Zone 1	Zone 2
북미	Division 1		Division 2
한국/일본	0종 장소	1종 장소	2종 장소

※ CENELEC(Committee European de Normalisation Electrotechnique : 유럽 전기 표준화위원회)
IEC(International Electrotechnical Commission : 국제전기기술위원회)

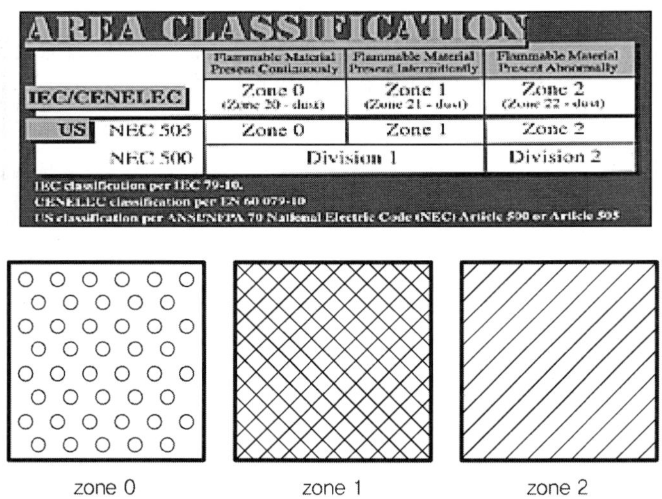

그림 1.52 주요국의 방폭지역 구분

(6) 전기방폭 기본 원칙

① 점화원의 방폭적 격리 : 압력, 내압, 유입, 충전

② 안전도 증가 : 안전증 : 본질안전

③ 점화능력의 본질적 억제 : 본질안전

④ 기타 : 비점화

(7) 방폭지역의 적용 제외

① 용기 내부에 불활성가스 주입 시 2종 장소

② 양압 설비 구비 시 비방폭 지역

(8) 방폭지역의 구분

설비별 방폭지역 구분 예

① 옥내 바닥에 설치된 산업용 펌프

㉠ 설비조건

<table>
<tr><th>구분</th><th colspan="3">조건</th></tr>
<tr><td>설비명 및 위치</td><td colspan="3">산업용 펌프(옥내지상 설치, 50 m³/h)</td></tr>
<tr><td rowspan="3">취급물질</td><td>종류</td><td colspan="2">인화성 물질(액체)</td></tr>
<tr><td>인화점</td><td colspan="2">운전 및 주위온도 이하</td></tr>
<tr><td>증기비중</td><td colspan="2">공기보다 무거움</td></tr>
<tr><td rowspan="2">누출원</td><td>누출부위</td><td colspan="2">펌프 기밀부(글랜드 패킹) 및 바닥 웅덩이</td></tr>
<tr><td>누출등급</td><td colspan="2">1차 및 2차</td></tr>
<tr><td rowspan="3">환기</td><td>구분</td><td>자연환기</td><td>강제환기</td></tr>
<tr><td>등급</td><td>-</td><td>중</td></tr>
<tr><td>유효성</td><td>-</td><td>양호</td></tr>
</table>

㉡ 방폭지역 구분도

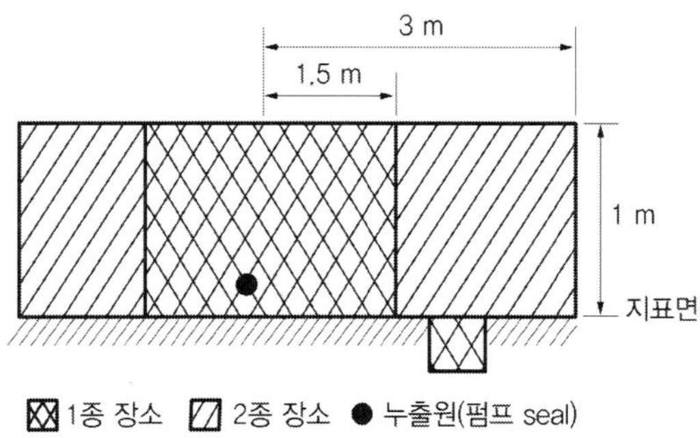

그림 1.53 옥내 바닥에 설치된 산업용 펌프의 방폭지역 예

② 옥외 지상에 설치된 산업용 펌프

㉠ 설비조건

구분	조건		
설비명 및 위치	산업용 펌프(옥외지상 설치, 50 m^3/h)		
취급물질	종류	인화성 물질(액체)	
	인화점	운전온도 및 대기 온도 이하	
	증기비중	공기보다 무거움	
누출원	누출부위	펌프 기밀부위	
	누출등급	1차 및 2차	
환기	구분	자연환기	강제환기
	등급	중	고
	유효성	미흡	양호

㉡ 방폭지역 구분도

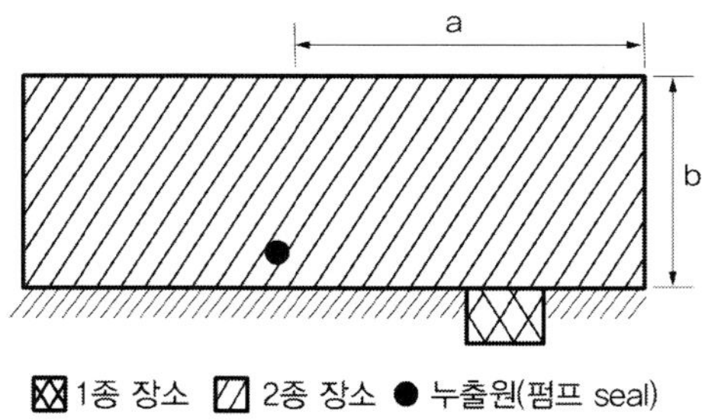

a : 3 m(누설원에서 수평), b : 1 m(지면 및 누설원 상부)
(주) 고환기로 인해 1종 장소는 무시

그림 1.54 옥외 지상에 설치된 산업용 펌프의 방폭지역 예

③ 압력방출밸브

㉠ 설비조건

구분	조건		
설비명 및 위치	압력방출밸브(출구 직경 25 mm, 개방압력 약 0.15 mPa)		
취급물질	종류	가솔린	
	인화점	운전온도 및 주위 온도 이하	
	증가비중	공기보다 무거움	
누출원	누출부위	펌프 기밀부위	
	누출등급	1차 및 2차	
환기	구분	자연환기	강제환기
	등급	중	-
	유효성	적정	-

㉡ 방폭지역 구분도

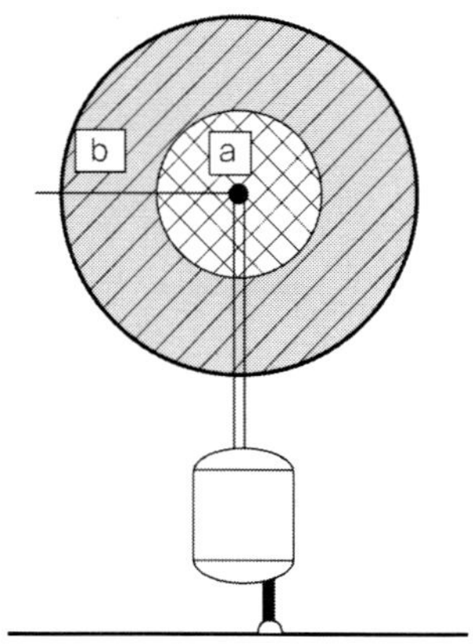

a = 3 m(누설원에서 모든 방향), b = 5 m(누설원에서 모든 방향)

그림 1.55 압력방출밸브 방폭지역 예

④ 상부 주입식 탱크로리 주입설비

㉠ 설비조건

구분	조건		
설비명 및 위치	상부 주입식 탱크로리 주입설비(옥외)		
취급물질	종류	가솔린	
	인화점	운전온도 및 주위 온도 이하	
	증가비중	공기보다 무거움	
누출원	누출부위	탱크 지붕의 개구부	바닥에 누출
	누출등급	1차	2차
환기	구분	자연환기	강제환기
	등급	중	-
	유효성	미흡	-

㉡ 방폭지역 구분도

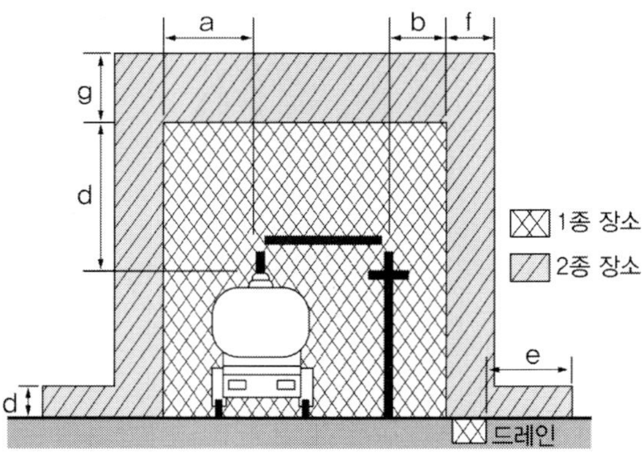

a = 1.5 m(누설원에서 수평), b = 격리된 경계에서 수평, c = 1.5 m(누설원 상부)
d = 1 m(지면 상부), f = (1종장소에서 수평), g = 1.0 m(1종장소 상부)

(주) 증기회수용 폐쇄계통의 경우, 1종 장소는 무시, 2종 장소는 크게 축소 가능

그림 1.56 상부 주입식 탱크로리 주입설비의 예

⑤ 옥내의 누출원 다수

㉠ 설비조건

- 1실에 페인트 혼합조 4대, 펌프 3대 설치
- 잘 용접된 파이프·플랜지·밸브 등에 의해 접속된 용기 및 이들 부품이 서로 인근에 위치
- 용기들이 서로 근접되어 있을 경우, 지역을 각각 작은 범위로 구분하지 않고, 통상 박스 형태로 확대
- 실내에 개방된 용기 등이 있을 수 있으나 고려하지 않음
- 실내가 좁을 경우, 2종 장소는 실내만을 고려

㉡ 방폭지역 구분도

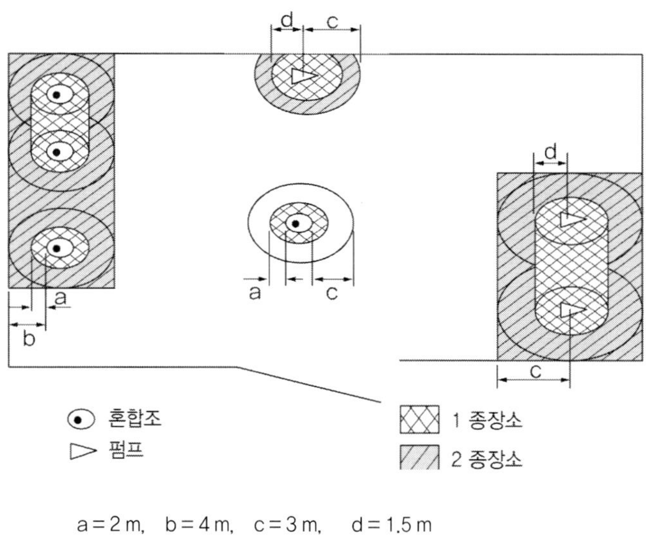

그림 1.57 옥내의 누출원 다수의 방폭지역 예

⑥ 인화성액체 저장탱크

㉠ 설비조건

구분	조건			
설비명 및 위치	인화성 물질 저장탱크(옥외 설치, 고정지붕형)			
취급물질	종류	인화성 물질(액체)		
	인화점	운전온도 및 주위 온도 이하		
	증기비중	공기보다 무거움		
누출원	누출부위	액체표면	지붕위 벤트 등 개구부	탱크의 넘침, 플랜지 등
	누출등급	연속	1차	2차
환기	구분	자연환기		강제환기
	등급	중		-
	유효성	미흡		-

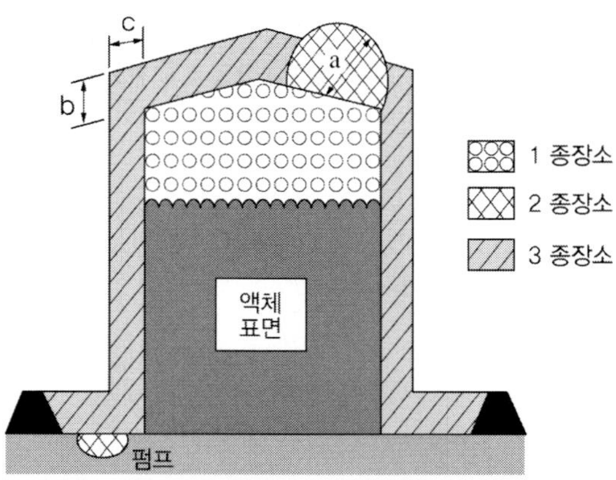

a = 3 m(벤트 개구부), b = 3 m(지붕 상부), c = 3 m(저장탱크 수평)

그림 1.58 인화성액체 저장탱크의 방폭지역 예

제2장 정유 · 석유화학 공정설비

2-1 정유 · 석유화학공장의 스마트 플랜트 구축

1. 개요

여수나 울산, 대산 등 대규모 석유화학공장의 주변이나 대규모의 공장 내를 가보면 공정설비 또는 펌프, 압축기 등에서 요란한 소음이 들리고, 설비나 배관 끝에서 하얀 증기가 나오는 것을 볼 수 있다. 또한 높은 굴뚝에서 배출되는 가스들을 연소하여 화염과 함께 대기 중으로 나오는 것도 볼 수 있다. 큰 규모의 공장 내에는 직원들은 보이지 않고 탱크로리 트럭만 주차해있거나 다니고 있다. 흔히 플랜트 산업이라고 불리는 정유·석유화학공장은 초기에 공장을 설계할 때부터 공정설비와 함께 공정상태를 계측하는 센서와 공정자동화시스템을 함께 도입한다.

따라서 배관이나 탱크 내부에 있는 원자재나 제품은 보이지 않고 센서를 통해 얻은 데이터를 상태 값을 기초로 소수의 인원이 제어실 내부에서 공정상태를 감시하고 제어시스템을 통해 원격 운전한다.

최근에는 정유나 석유화학업계에서 생산 효율성이나 공정 안전성을 높이기 위하여 정보통신기술을 접목한 스마트 플랜트(smart plant)로 전환되고 있다. 스마트 플랜트는 공정자동화 수준을 넘어서 빅 데이터, 사물인터넷, 인공지능(AI) 등 디지털 신기술을 활용하여 공정설비의 생산능력을 높이거나 제품의 품질 향상, 공정운영의 안전성, 신뢰도를 향상하는 미래형 플랜트를 말한다.

2. 디지털 신기술을 통한 공정관리 혁신

정유나 석유화학공장은 원재료 투입부터 제품 생산까지 모두 시스템적으로 연계되어 있어서 특정 공정에서의 변화가 다른 공정에 영향을 미치고 결국 제품의 품질까지도 영향을 미친다. 각 공정에서 공정상태 값들을 수집, 상호 연관관계를 파악하여 모델링하고 공정상태 값들을 예측할 수 있다면 최적의 시스템으로 공정 운전 조건을 찾을 것이다. 정유나 석유화학공장에서는 이미 설비 공정별로 많은 데이터가 축적되어 있어서 이 막대한 데이터들을 분석 결과를 얻는데 컴퓨터 지원과 알고리즘을 활용하여 빠른 속도로 공정운전을 최적화시킬 수 있다. 오랜 시간 동안 가동한 공정조건과 제품 품질을 빅 데이터로 분석해 평소와 다른 데이터 변동으로부터 불량품질을 예측하고 선제적으로 대응하는 것이다.

3. 지능형 설비 보전 예지

정유나 석유화학공장은 설비 가용성 관리와 안정적인 설비 운영이 필요하다. 대부분의 설비 운영이 시스템적으로 연계되어 있기 때문에 한 개 장치의 고장이나 오작동이 공장 전체의 가동을 멈추게 하거나, 폭발이나 화재 등 대형 사고를 일어나게 할 수 있다. 따라서 많은 공장에서는 현장작업자나 관리감독자가 핵심 장치나 설비상태를 점검하고 이상 발생시 조치하는 업무를 해왔는데 최근에는 빅 데이터와 사물인터넷을 활용하여 다양한 설비 상태 데이터를 수집하고 이를 분석, 미세한 설비 이상 징후를 감지하거나 예측하여 설비 신뢰도를 획기적으로 높이고 있다. 주로 회전기계 중심으로 설비를 감시해 오던 것이 최근에는 유량, 온도, 압력의 공정상태로 물리적인 상태의 변화를 인공지능으로 학습시켜 설비 운전 상태를 예측한다.

4. 원격공장 안전관리

정유나 석유화학공장의 현장에서는 다양한 고위험 작업의 공정이 많아서 화재·폭발 등 안전사고 예방을 위해 작업시작 전에 유관부서와 사전 협의를 하여 위험요인을 체크하고 안전조치들은 제대로 수행하였는지 확인하고 안전교육을 실시한다. 최근에는 보안성과 안정성을 갖춘 최신 무선 통신 인프라 위에 사물인터넷 기술을 적용하여 화학공장 내 안전관리도 크게 강화하고 있다. 기존의 석유화학공장에서도 중요 시설은 방재센터에서 CCTV를 통하여 모니터링을 하였지만 세세한 작업 및 장소까지 확인하기 어려웠다. 그러나 지금은 사물인터넷을 활용한 산업용 카메라의 도입으로 현장의 실시간 영상을 방재실로 자동 송출하여 현장에서 문제가 발생하면 신속한 종합대처가 가능하고 촬영된 영상은 데이터로 축적되어 원인분석과 사후조치에 적극적으로 활용된다.

2-2 조정실(Control Room)

1. 조정실의 위치

석유화학공장을 운영하는 심장이 조정실, 즉 중앙통제실(center cotrol room)이다. 지금까지의 고정관념은 공장, 특히 정유공장, 석유화학공장들의 주 조종실은 반드시 공장의 한 가운데인 프로세스 시설 가까이에 위치하여야 한다고 생각하고 있었다. 그러나 요즘은 디지털 및 통신 네트워크 기술 발전의 덕분으로 공장 컨트롤 룸을 설계할 때에 새로운 발상을 도입할 수 있게 되었다. 컨트롤 룸의 위치 선정 시 가장 우선적으로 고려하여야 할 요소는 바로 운전자들의 안전이며, 그들이 비상시에 최고의 역량을 발휘하여야만 회사와 지역사회의 피해를 줄이고 안전을 도모할 수 있다는 사실을 상기시켜 주고 있다. 따라서 회사 경영층은 컨트롤 시스템 및 컨트롤 룸을 설치할 때에는 최고의 장비, 시스템 그리고 최적의 환경을 운전자들에게 제공하여 주어야 한다.

조정실의 위치는 공정지역으로부터 가연성 증기가 침입할 위험이 적고 화재, 폭발 위험으로부터 안전한 장소에 위치해야 한다.

① 통상 단위공정과 최소 30 m 이상 이격
② 파이프 랙으로부터 15 m 이상 이격
③ 냉각탑, 탄화수소 증기원, 기타 황화수소, 염소 등 위험성, 독성 가스원은 바람이 불어오는 쪽에 설치하는 것을 피할 것
④ 공정지역 등의 소음원으로부터 떨어진 곳에 위치

참고

소음은 청각장애, 전화 무전기 등의 통신 방해를 야기할 수 있음

2. 조정실의 작업환경

작업환경 측면에서 볼 때 조정실은 현재 디지털 컨트롤 시스템 제작자들이 미학과 인간공학을 고려한 가구 타입의 일체형 컨트롤 제어반을 제안하고 있지만 시스템 생산자들은 공정과 기능적인 문제들을 충분히 알고 있지 못하므로 설계할 때에 공장의 운전, 조직상의 특성 등이 반영되도록 하여야 한다. 또한 조명과 소음 문제도 운전자들에게 최적의 좋은 근무환경을 제공하기 위하여 고려하여야 할 사항이다. 컨트롤 룸의 모든 조명은 운전자들의 눈에 피로를 주지 않도록 깜박이지 않는 전등을 사용하여야 한다. 소음을 감소시키기 위해서는 컴퓨터, 프린터, 팩스기 등 모든 사무기기는 별도의 방에 분리하여야 하며 공기조화용 기기 또는 덕트로부터의 소음 발생도 최소화하여야 한다.

조정실의 환기 측면에서 제어실은 외부로부터 가연성가스 등의 침입을 방지하기 위해 25 Pa 이상의 양압(+)을 유지하고 다음과 같이 관리해야 한다.

① 양압을 유지하기 위한 환기설비의 고장 등으로 양압이 유지되지 아니한 경우 경보를 할 수 있는 조치

② 환기설비가 정지된 후 재가동하는 경우 변전실 등에 가스 등이 있는지를 확인할 수 있는 가스검지기 등 장비의 비치

③ 환기설비에 의하여 변전실 등에 공급되는 공기는 가스폭발 위험장소 또는 분진폭발 위험장소가 아닌 곳으로부터 공급되도록 하는 조치

3. 조정실의 구조

1) 화재로부터 보호대책 중 조정실 구조 등

① 외부화재 발생 후 30분 동안에 내부온도가 최대로 10℃ 이상 상승되지 않도록 건물의 구조 및 내부온도 조절설비를 설치하여야 한다.

② 조정실의 환기를 위한 공기흡입구는 화재 시 발생하는 연기 흡입이 최소화 될 수 있는 곳에 설치하여야 한다.

③ 출입문은 갑종방화문을 설치하여야 한다.

④ 조정실과 공정설비 또는 공장동 사이의 전기계장용 케이블 등은 복사열에 의하여 손상되지 않도록 조치하여야 한다.

2) 폭발로부터 보호하기 위한 조정실 구조

① 조정실의 지붕은 30 ms(millisecond) 동안에 100 kPa(14.5 psi)의 폭발압력에 붕괴되지 않도록 설계·시공하여야 한다.

② 조정실 벽은 주위에서 화재·폭발이 발생하였을 경우 20 ms 동안에 70 kPa(10.2 psi) 및 100 ms 동안에 20 kPa(2.9 psi)의 폭발압력에 견딜 수 있는 방폭벽으로 설계·시공하여야 한다.

③ 조정실 건물에는 창문을 설치하여서는 아니 된다. 다만, 부득이한 경우 열 수 없는 구조로 최소화하여 설치하고 유리 파편이 튀지 않는 망입유리 등을 사용해야 한다.

참고

> 망입유리
> 두꺼운 판 유리에 구조물을 넣어 만든 유리. 주로 철 또는 알루미늄 망이 사용되며 충격으로 파손될 경우에도 파편이 흩어지지 않는 구조.

3) 독성물질로부터 보호하기 위한 조정실 구조

① 조정실 출입문은 자동으로 닫히는 이중문 구조로 하여 외부의 공기 또는 가스가 내부로 들어오지 못하도록 하여야 한다.

② 조정실에는 공정설비를 안전하게 정지시키는 데 필요한 시간 동안 신선한 공기를 공급할 수 있는 설비를 설치하여야 하며 시간당 8회 이상 공기를 치환할 수 있어야 한다.

③ 조정실에는 가스누출감지경보기가 설치되어야 한다.

④ 조정실에는 독성물질 누출 시에 대피하는 데 필요한 자급식 호흡기를 상시 근로자에게 1개씩 지급될 수 있도록 준비하여야 한다.

4) 외부로부터 가연성가스 등의 침입을 방지하기 위한 조정실 구조

조정실은 25 Pa 이상의 양압(+)을 유지하도록 다음과 같이 관리하여야 한다.

① 양압을 유지하기 위한 환기설비의 고장 등으로 양압이 유지되지 아니한 경우 경보를 할 수 있는 조치를 하여야 한다.

② 환기설비가 정지된 후 재가동하는 경우 변전실 등에 가스 등이 있는지를 확인할 수 있는 가스검지기 등 장비를 비치하여야 한다.

③ 환기설비에 의하여 변전실 등에 공급되는 공기는 가스폭발 위험장소 또는 분진폭발 위험장소가 아닌 곳으로부터 공급되도록 하는 조치를 하여야 한다.

5) 조정실에서 장비 비치 등 고려할 사항

① 제어실에는 플랜트와 전화, 무전기 등 비상통신 수단이 설치되어야 한다.

② 제어판 주위의 조명설비에는 정전을 대비한 비상조명설비가 설치되어 있어야 한다.

③ AC 전선은 DC 신호선 및 전력선과 분리된 전선관 또는 덕트에 설치해야 한다.

④ 제어 판넬은 판넬 뒤와 제어실 벽과의 사이에 보수, 조작의 용이성을 위해 1.2 m의 공간을 유지해야 한다.

⑤ 모든 제어장치와 중요한 기록계는 조작원이 가장 편리하고 쉽게 접근할 수 있는 위치에 배치해야 한다.

⑥ 제어실의 위험도, 중요성 등을 고려하여 적합한 보호설비를 설치해야 한다.

- 독성 가스검지기, 가연성가스검지기, 화재 또는 연기검지기 등의 설치(특히 케이블이 설치된 바닥 아래 공간에도 설치)
- 고가의 제어설비가 설치된 경우에는 청정소화설비 등 가스계 소화설비 설치

그림 2.1 조정실(cotrol room) 근무자

4. 조정실의 기능

① 공정제어용 각종 제어기기와 케이블 설치

② 공정의 핵심 시설로 공정제어

③ 비방폭형 구조로 이루어짐
④ 가연성가스, 증기가 유입 시 점화원으로 작용 → 폭발할 우려가 있음
⑤ 인화성, 유독성 물질의 유입방지

5. 코로나19 상황에서 조정실의 운영

전 세계적인 코로나19 감염의 확산으로 인하여 지구가 비상상황이다. 어떤 직종의 사업장도 마찬가지이겠지만 특히 석유화학공장의 조정실에서 운전원이 코로나 감염 환자가 발생한다면 질병관리청 매뉴얼 대로 지정병원에 후송되어 코로나19 확진 여부를 확인할 것이고 오염된 조정실은 확진 여부와 상관없이 소독을 실시할 것이다. 석유화학공장 특성상 조정실에 운전원이 없으면 공장을 셧 다운(shut down)해야 한다. 석유화학공장은 연속공정의 장치산업이기 때문에 기계공장처럼 기계만 세운다고 공장을 정지시킬 수 없다. 사이로, 탱크, 배관 등의 내용물을 완전히 비워서 플래어 스택(flare stack : 정유 공장이나 석유화학공장 따위에서, 안전을 위하여 가연성가스를 점화하여 연소시킬 목적으로 설치된 굴뚝)으로 가스나 압력을 배출해야 한다. 짧게는 1~2일, 길게는 일주일씩 소요되는 시간이 많이 걸리는 작업이다.

따라서 2020년 2월 산업자원부에서는 석유화학공장 및 화력, 원자력 발전소, 정유공장 등의 공장 내에서 감염이 발생하지 않도록 전 직원 및 출입자에 대한 사전예방조치를 철저하게 시행하는 한편 핵심 시설인 중앙제어실 인력에 대한 감염예방활동 강화와 비상인력운영 대책을 세워

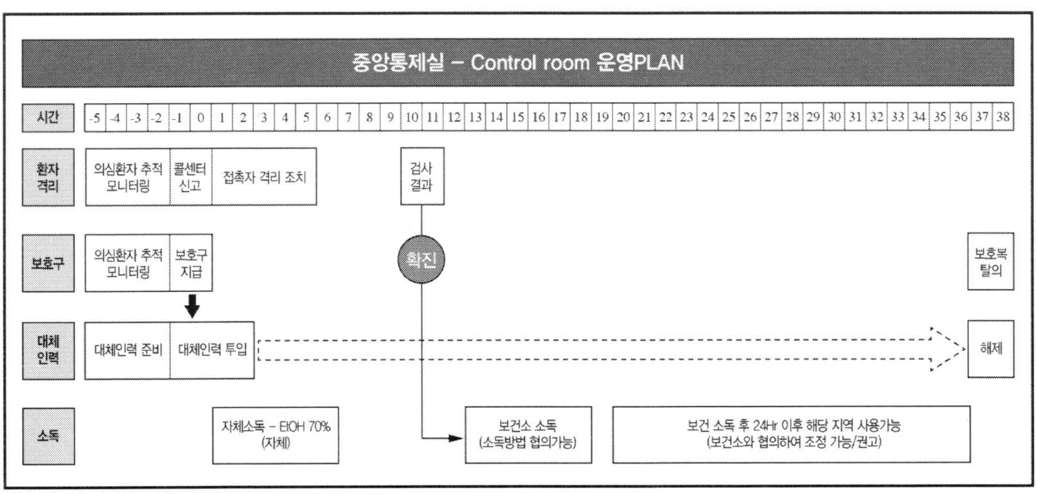

그림 2.2 코로나 비상상황 시 조정실(cotrol room) 운영계획

실시하고 있다. 특히, 핵심 기반시설인 이러한 장치산업 공장의 특수성을 감안하여 질병관리청과 협의하여 불특정 다수가 출입이 제한된 중앙제어실 내 확진자가 발생한 경우 24시간 운영 필요 시설인 경우 개인보호구(안전모, 마스크, 보안경, 전신보호복, 장갑, 덧신, 장화 등) 방제작업자 수준의 보호구 착용을 전제로 소독과 동시 운영 가능토록 허용하였다.

2-3 석유화학공장의 주요 설비

1. 반응기(Reaction)

1) 개요

반응기는 오일 및 가스, 석유화학은 물론 식음료와 제약/바이오 등 화학산업에서 다양한 원료의 화학반응을 담당하는 핵심 장치다. 반응장치는 반응하는 물질원료들이 그 안에서 목적하는 화합물로 전환하도록 제작된 용기로써 반응을 촉진·통제하여 반응조건을 유지할 수 있는 장치

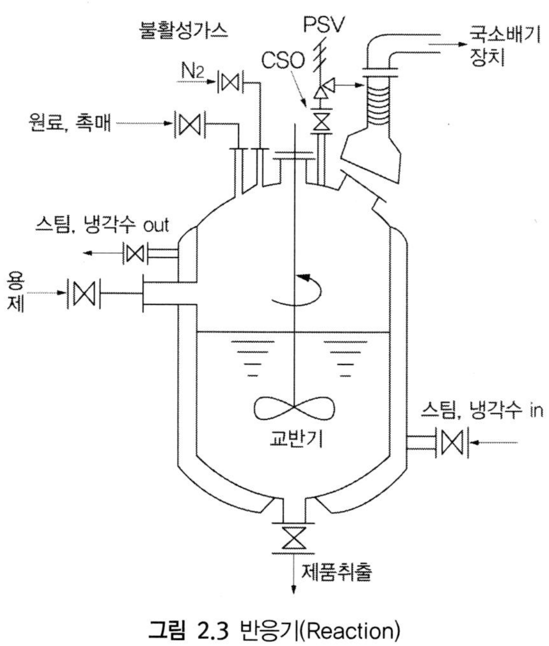

그림 2.3 반응기(Reaction)

와 여러 가지 계측장치가 부착된 장치이다.

반응장치는 반응에 관여하는 물질들을 목적하는 물질로 변환하도록 하는 장치이므로 화학공업에서는 중심적인 장치라고 할 수 있다. 반응장치는 반응하는 물질의 상(phase), 반응속도, 반응조건, 온도, 압력, 조성, 유량, 조작방법, 물질 및 열의 이동방법, 단위시간에 대한 생산량 등에 의하여 그 모양이나 크기가 결정되며, 소기의 성능은 물론이고 안정된 조업을 할 수 있도록 고려되어야 한다. 그 공정은 첨가물을 투입 → 원료를 주입 → 교반 반응 → 일정 시간 → 제품으로 회수하는 형태를 가진다. 반응기는 다양한 원료와 화학 반응에 대한 물리적 현상이 설계 시 고려되어야 한다. 또한 반응기에는 온도, 압력, 유량, 액위 등의 공정변수를 감시하는 장치를 설치하고 계측 결과를 자동 기록해야 한다.

2) 반응기 종류

(1) 조작 방법에 의한 분류

① 회분식 반응장치

원료를 반응장치에 넣고 반응을 개시한 후 반응을 진행시키고 반응이 완결되면 조작을 멈추고 반응생성물을 모두 수거하는 방법의 반응기이다. 반응 진행 중에 물질의 출입은 없고 장치 내의 조성이 시간적으로 변화하는 비정상(unsteady) 조작이다.

② 반회분식 반응장치

하나의 반응물질을 맨 처음 투입하고 반응의 진행과 함께 다른 물질을 첨가하는 조작 또는 원료를 넣은 후 반응의 진행과 함께 반응생성물을 연속적으로 배출하는 조작을 행하는 반응장치를 말한다.

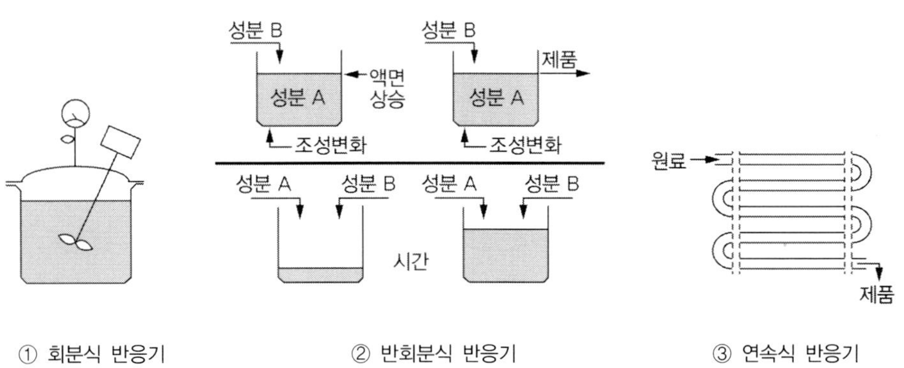

그림 2.4 반응기의 조작방법에 의한 분류

③ 연속식 반응장치

원료의 공급과 생성물의 배출을 연속적으로 행하는 것으로써 장치 내의 어떤 부분에서의 시간에 대한 조성의 변화는 없는 것으로 간주한다. 대부분의 정유 및 석유화학공업 프로세스는 연속적으로 이루어지고 있다.

(2) 구조에 의한 분류

① 교반조형 반응기

교반조형 반응장치는 액상 - 기액상, 액상 - 액상 또는 액상 - 고상 반응에 널리 사용되는 장치로 교반기가 부착된 반응기에서는 교반조 내의 완전혼합이 행해지게 된다.

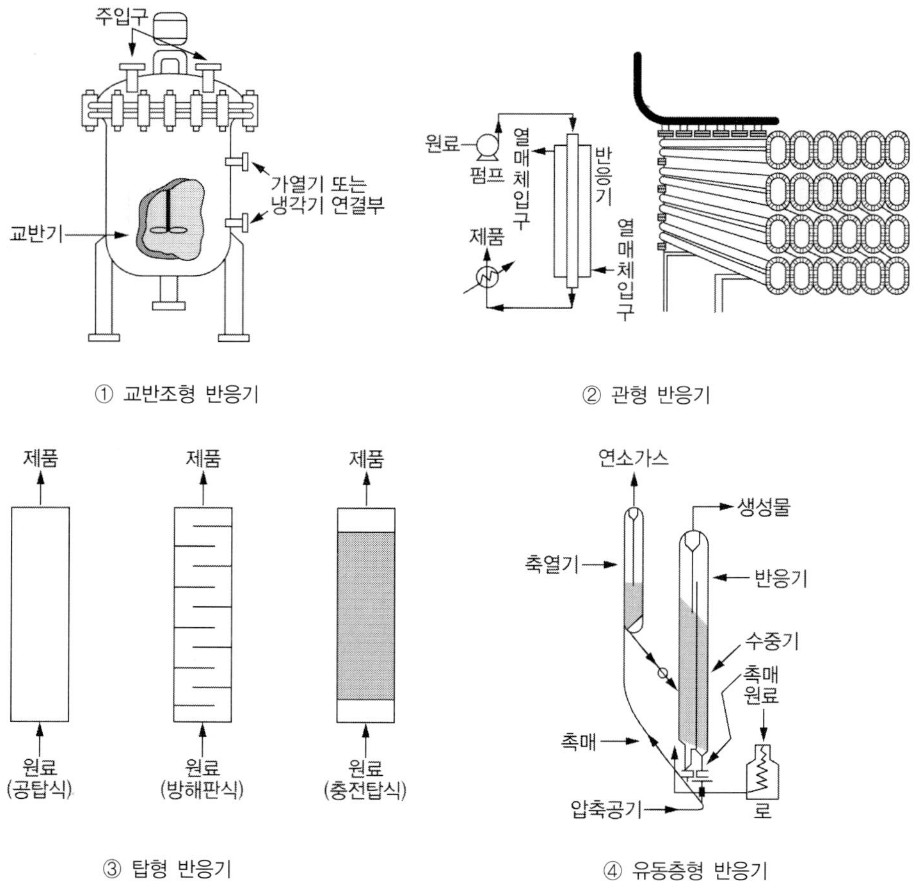

그림 2.5 반응기의 구조에 의한 분류

② 관형 반응기

반응기의 한 끝에 원료를 연속적으로 보내 관내에서 반응을 진행시키고 다른 끝에서 연속적으로 유출하는 형식의 반응기이다.

③ 탑형 반응기

원통형의 반응기로서 기포탑식, 충전탑 및 단탑식, 습식, 벽탑식, 고정층식, 유동층 반응장치 등이 있다.

④ 유동층형 반응기

고체입자를 충전한 탑의 하부에서 액 또는 가스를 통과시켜, 이들 유체의 속도를 일정 범위 내로 유지하면 고체입자는 유동화되어 고체와 유체가 혼재하는 상태에서 반응을 수행하는 반응기이다. 사용하는 유체의 종류에 따라 고체-액체계 유동층과 기체-고체계 유동층으로 나뉜다.

3) 반응기의 부속 설비

반응장치에는 반응형태 및 반응장치의 종류에 따라서 여러 가지 보조장치가 부착되어야 한다. 교반기 부착조형 반응장치에 필요한 부속 설비를 열거하면 다음과 같다.

① 교반장치(감속설비 포함)

② 계측제어장치(온도, 유량, 압력, 액위, 조성 측정)

③ 긴급차단장치

④ 원료 및 제품 등의 입·출구

⑤ 맨홀

⑥ 촉매 등 물질 투입구

⑦ 압력방출장치(안전밸브)

4) 반응기의 안전관리

① 발열반응인 경우 폭주반응 등의 이상 반응에 대해 원격조작 또는 자동제어가 가능하고, 다음과 같은 방법 중 최소한 2가지 이상이 제어되어야 한다.

- 원재료의 공급차단
- 냉각용수 또는 반응 억지제 공급
- 불활성가스 투입
- 내용물의 긴급방출

참고

> 이상반응 위험요인
> - 반응열 제어에 대한 능력 부족(냉각장치의 스케일이나 녹 생성, 냉각용수의 공급불량 등)
> - 촉매농도 부적합
> - 이물질의 혼합(화학반응에 의해 생긴 탄화물, 금속산화물 등의 부산물 혼입장치, 세정약액, 세정수 등)
> - 원재료의 주입량, 주입속도, 투입순서의 부적합 등

② 반응기의 교반이 정지되어 국소가열, 미반응 물질 집적, 원치 않는 부반응이 생성되는 것을 방지하기 위해 교반이 정지되면 경보를 발하고 원료공급을 자동 차단해야 한다.

③ 냉각장치(냉각수 펌프)에 고장이 발생한 경우 경보를 발하고 원료공급을 자동 차단해야 하며, 정전 시에도 냉각수 펌프가 작동되도록 비상전력을 투입할 수 있어야 한다.

④ 대형반응기, 특수반응설비, 탑, 탱크류 등이 파열, 누설 사고 시 타 설비로 피해가 확대될 우려가 있는 곳에는 충전 및 방출 배관 상에 긴급차단장치를 다음과 같이 설치해야 하며, 제어실에서도 수동 및 자동 제어되어야 한다.
- 긴급차단장치는 용기 주밸브 외측에 가능한 용기에 가깝게 위치(주밸브와 겸용 금지)해야 한다.
- 긴급차단밸브는 정전 시 비상전원에 의해 사용 가능해야 한다.
- 긴급차단장치 조작 스위치는 저장탱크로부터 10 m 이상 이격(방류둑 외측)해야 한다.
- 연 1회 이상 작동 및 기능 점검을 실시해야 한다.

⑤ 특수반응설비, 긴급차단장치가 설치된 설비에는 비상사태가 발생한 경우 설비 내의 내용물을 긴급 이송할 수 있는 설비를 설치해야 하며, 긴급이송설비로 가스를 방출 또는 이송하는 경우 압력강하로 인한 공기유입을 방지하는 조치를 취해야 한다.

참고

> 긴급 이송에 따른 내용물 처리 방법
> - 플레어 스택에서 연소
> - 안전 장소에 설치된 저장탱크 등으로 임시 이송
> - 벤트스택으로 방출
> - 독성가스는 제독 조치 후 폐기

⑥ 고체유동, 이물질, 부반응, 중합생성물 등에 의해 계측기, 노즐, 밸브 등이 막히지 않도록 주기적으로 점검하여 석출물의 부착이나 막힘 여부를 확인하고 세정해야 한다.

2. 저장탱크

소방법상 위험물 제조소 등에는 위험물 제조소, 위험물 저장소, 위험물 취급소로 나누어지며 석유화학공장의 탱크는 위험물 저장소이다. 이러한 위험물 탱크는 설치 허가를 받고 변경 시에도 시·도지사에게 탱크 성능검사를 받아야 하며 대상 탱크는 기초·지반검사, 충수·수압검사, 용접부 검사의 성능검사를 받아 완공검사 신청을 하여 시·도지사로부터 완공검사필증을 교부받아 사용하여야 한다.

1) 유종에 따른 탱크의 종류

(1) 원추형 탱크(Cone Roof Tank)

정유공장, 석유화학공장, 기타 화학공장 및 저유소에서 흔히 볼 수 있으며 일반적으로 가장 널리 사용되는 대부분의 옥외탱크라고 할 수 있다. 특징은 탱크 천장이 외벽(tank shell)에 고정되어 있고, 지붕은 이름처럼 1/5～1/6 정도의 원추형을 이룬다. 증발 손실이 비교적 적은 위험물(중유, 등유, 경유 등)을 저장하는 데 적합하며, 용량 4천만 리터 이하의 중형급 탱크에 널리 사용되고 있다. 저장물질은 휘발성이 적고 점도가 높은 중유, 벙커-C유, 아스팔트 등이며 점도가 높아 탱크의 벽에 보온재를 씌우고 내부에 히팅 코일을 설치하는 경우가 많다.

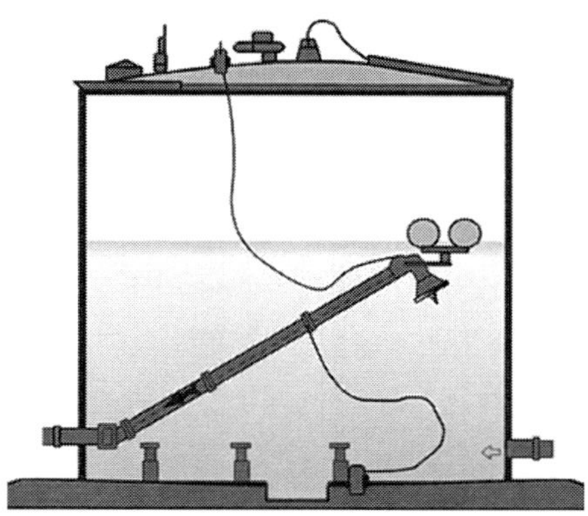

그림 2.6 원추형 지붕 탱크

그림 2.7 원추형 탱크의 감압에 의한 지붕의 찌그러짐

또한 탱크 지름이 커질수록 지붕의 무게가 증가하여 지지방법이 곤란하기 때문에 대형탱크의 적용에는 어렵다. 이 형식의 탱크는 내·외압에 약하며 수주 온도 -50～450 정도 내압이기 때문에 감압안전밸브(breathing valve)에 염분이 고착하게 되면 펌프로 기름을 이송할 때 탱크 내부가 감압되면서 외벽(tank shell)이 찌그러질 수 있고, 반대로 기름이 유입될 때 지붕(roof) 부분을 파손시킨 예를 흔히 볼 수 있다.

(2) 유동형 지붕 탱크(Floating Roof Tank)

저장물질 위에 띄운 지붕판이 탱크 측판부를 따라 상하로 움직이게 되어있는 원통탱크로서 휘발성이 많은 위험물을 저장하는 중·대형탱크에 널리 사용되고 있다. 저장물질은 원유 등 증발손실을 고려할 필요가 있는 석유류의 저장에 많이 이용되고 있으며, 빗물 등의 내부 유입을 막기 위해 측판과 지붕판 사이에 실링(sealing)장치를 설치한다. 또한 빗물 등 외부로부터의 이물질 침입 가능성이 상시 존재하기 때문에 저장물질의 품질보증이 요구되는 경우에는 사용하지 않는다.

그림 2.8 유동형 지붕탱크

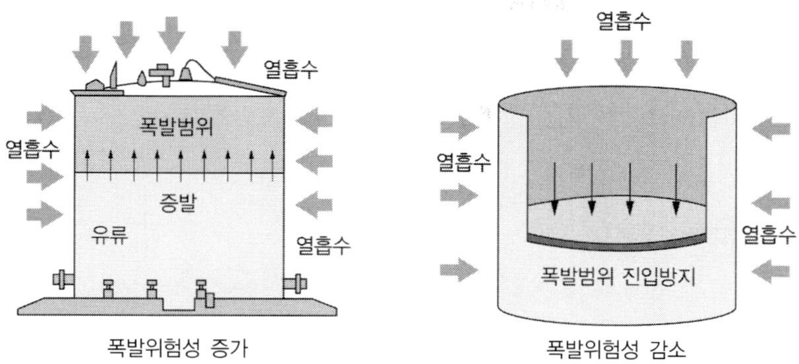

그림 2.9 CRT와 FRT의 비교

증기압이 높은 경질원유라든가, 가솔린 등을 통상 원추형 탱크(CRT)에 저장하면 탱크의 통기(breathing) 및 기름의 filling에 의하여 상당한 증발 손실이 생긴다. 그리고 탱크 상부 공간에 공기와 증기가 섞여서 그 혼합비가 폭발범위에 들어갈 위험이 있다. 이러한 증발 손실 및 폭발 위험성을 감소시키기 위하여 고안된 것이 유동형 탱크(FRT)이며 폭발 위험성 및 화재 위험성이 훨씬 줄어들기 때문에 화재방지 목적으로도 이용된다.

(3) 복합형 탱크(Internal Floating Roof Tank)

원추형 탱크(CRT)와 유동형 탱크(FRT)의 복합형이다. 즉 탱크 상단 외부는 원추형 지붕으로 되어 있고, 그 내부에 다시 유동형 지붕이 설치되어 있는 탱크이다. 그리고 이 탱크 외부는 원추형지붕으로 되어 있기 때문에 비가 올 때 수분이 제품에 들어가는 것을 방지해주고 유동형 지붕은 증기나 가스 성분의 증발 및 대기와 제품의 접촉을 막아준다.

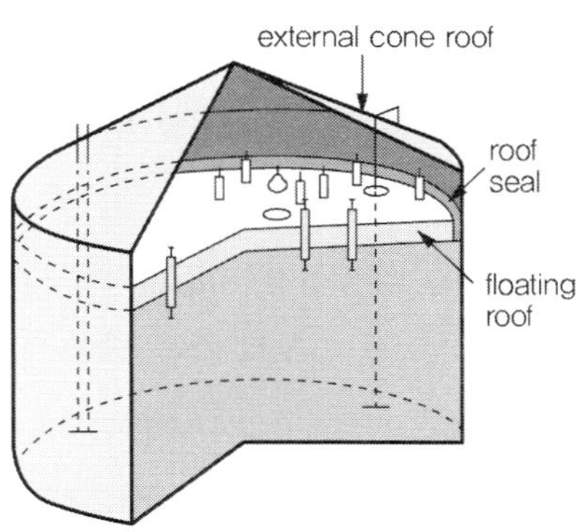

그림 2.10 복합형 탱크

저장 유종은 가솔린(gasoline), 벤젠(benzene), P-자이렌(P-xylene), 톨루엔(toluene), JP-4 등이다. 최종 제품을 저장하는 소·중형 탱크에 많이 사용된다. 최근에는 대기환경 규제로 VOC(휘발성유기화합물) 방지를 위해 기존 고정지붕탱크에 이 형식을 개조하여 설치하는 경우가 많다.

(4) 구형 탱크(Spherical Tank)

높은 압력에 견딜 수 있도록 두꺼운 철판을 이용하며 구형으로 만들어진다. 압축가스 혹은 액화가스 같은 압력을 필요로 하는 유체 저장에 많이 사용되고 주로 LPG를 저장한다. 그리고 이 탱크는 열을 받는 면적이 적어 고압가스 저장에 용이하다. 저장 유종은 프로판(propane), 부탄(butane) 등 고압가스다.

그림 2.11 구형탱크

2) 탱크 화재의 특성

(1) 중질유(中質油)의 재해 위험성

석유류 화재는 경질유와 중질유에 따라 연소 특성 및 대책이 다르다는 점에 주의해야 한다. 경질유는 인화점이 낮아 증기 발생이 용이하므로 작은 점화 에너지로도 인화가 쉽고, 중질유는 인화점이 높으므로 인화점까지 온도를 상승시켜야 인화가 가능하다.

경질유는 단일성분 액체로 액체 온도가 인화점보다 높아 예혼합형 전파로 연소 확대되고 VCE(vapor cloud explosion), BLEVE(boiling liquid expanding vapor explosion) 등의 폭발에 가까운 재해를 일으키기 때문에 폭발 방지대책이 필요하다. 또한 중질유는 다성분 액체로 액체 온도가 인화점보다 낮아 예열형 전파로 연소 확대되고 소방대에 치명상을 입히는 보일오버

(boil-over), 슬롭오버(slop-over) 등의 재해를 일으키므로 화재방지대책이 필요하다.

(2) 경질유 탱크 화재의 특성

① 일반적인 특성

- 경질유는 비점이 낮고 증기압이 100°F에서 4 psi 이상인 액체(휘발유, 등유 등)를 말한다. 좀 더 범위를 넓히면 100°F에서 2~4 psi인 액체(JP-4연료, 메탄올, 에탄올 등)까지 포함한다. 증기압이 2~4 psi인 경질유는 상온에서도 증기 공간이 연소범위가 되어 비정상적인 위험을 초래할 수 있다.
- 밀폐탱크의 경우, 연소범위 내 착화원 존재 시 폭발로 지붕이 날아갈 수 있다. 따라서 경질유 저장은 FRT(floating roof tank) 등을 사용하여 증기 공간을 없애 폭발 가능성을 저감시키거나 증기 공간을 없애기 위해 증기 공간에 불활성가스를 주입하여야 한다.

② 예혼합형 전파

- 액체 온도가 인화점보다 높은 경우에 발생하는 화염전파로, 액면상의 증기에는 연소범위가 포함되어 있는 농도영역이 존재하는데 화염은 그 증기층을 통해서 전파된다. 이것은 관속의 가연성 혼합기 화염전파와 유사한데 증기 공간에 농도구배가 있고 윗면이 대기에 개방된 것이 차이점이다.
- 전파속도는 액체 온도가 증가함에 따라 증가하는데 화학양론조성비로 갈수록 증가하다가 조성비를 넘으면 일정한 값을 유지한다. 최대속도는 층류 예혼합연소의 2~3배 정도로 이는 밀도차에 따라 달라진다.

3. 배관

정유, 석유화학공장에서 저온에서부터 고온까지의 유체를 저장하거나 이송하는 역할을 하는 것이 배관이다. 이러한 석유화학공장에서의 배관은 위험물이나 가스 등을 운반하는 경우가 대부분이다. 따라서 위험물을 취급하는 배관은 유체의 온도, 압력, 내식 조건 등에 적합한 재료를 선정하여 사용해야 한다.

1) 배관의 배치

일반적으로 배관의 배치는 경제성 및 안전성의 관점에서 배관 길이를 최소로 하는 것이 바람직하다. 운전 비용은 관의 열 손실이나 펌핑 비용에 의하여 증가된다. 관 그 자체만이 아니라 관 이음매 부분 등에 의하여 그만큼 위험이 증가된다. 여러 장소에 유체를 공급하는 배관시스템은 주배관을 환형으로 한다. 스팀, 냉각수, 공정수, 소화용수, 작업용 공기, 계장용 공기, 질소, 염소 등의 이용에 환형의 주 배관이 이용되고 있다.

배관에는 지중매설, 지상배관, 지상고공배관, 개방형 구내배관 등의 방식이 있다. 개방형의 배관구는 가연성가스, 저온물질, 유출물질 등이 고일 위험이 없는 경우에만 사용한다. 물의 주관은 동결을 피하기 위하여 지중 0.75 m 이하 또는 동결선 이하의 깊이로 매설한다.

스팀 주관은 지상의 침목(sleeper) 위에 설치한다. 스팀관은 팽창용 루프에 최대한의 폭을 취하고 루프를 유지할 수 있도록 배관로 외측에 배치한다.

전력선의 배관은 주위에 강한 주위에 강한 전계를 형성하고 주변의 중금속 부재를 가열하거나 정전기를 발생시키는 경우가 있으므로 주의해서 배치를 해야 한다.

고온 배관 또는 용제를 이송하는 배관은 가능한 전력케이블에서 떨어지게 배치한다. 배관을 배치할 때 공정상, 안전상의 이유로 배관 내의 액체를 배출할 수 있도록 기울기를 두는 경우도 있지만 기타의 경우는 구배를 두지 않는다.

미소한 누설 또는 적하에 의한 위험을 방지하기 위하여 관 이음매(pipe flange)의 위치를 고려하고 도로를 횡단시키는 배관교 위의 플랜지 이음은 피하는 것이 좋다. 도로상에 설치하는 경우는 자동차, 크레인, 지게차 등으로부터 손상을 입는 일이 없도록 대책을 수립해야 한다.

배관이 서로 접근하는 경우는 유체의 종류 등에 따른 배관이 적합한지 주의해서 설치해야 하며 위험물을 이송하는 관의 손상을 피하도록 배관을 한다. 예를 들면, 가연성, 독성의 고압가스 관의 윗부분에 부식성의 물질을 이송하는 관을 설치하는 것은 부적합하다.

가연성 액체의 유출을 방지하기 위해 긴급차단밸브를 설치하고 밸브는 수동 또는 동력으로 조작될 때는 원격조작이 가능하도록 해야 한다.

2) 배관의 재질에 따른 설치 장소

① 주철, 실리콘 스틸(실리콘이 첨가된 철로써 내부식성이 크다), 플라스틱, 유리, 알루미늄 배관
   - 충격, 압력, 열에 약하거나 융점이 낮기 때문에 사용 금지

② 구리, 황동 배관 : 스프링클러설비 설치지역에서 사용 가능

③ 스틸배관 : 유압설비에 사용

④ 스테인리스 스틸, 니켈합금, 내부코팅(유리, 고무, 납, 플라스틱 등) 스틸 배관

- 고순도를 유지해야 하는 공정이나 부식이 심한 공정에 사용

3) 배관의 접합방식

① 인화점이 37.8℃ 미만인 액체를 취급하는 배관 이음이 건물 내 은폐된 공간에 위치할 경우 용접 이음

② 고압가스 특정제조시설의 배관 및 독성가스 배관의 경우 용접 이음. 단, 용접이 적합하지 않은 경우에 한하여 플렌지 접합

③ 나사 이음은 일반적으로 100 mm 이상의 배관에는 사용하지 않음

④ 플랜지 접합에는 적정한 가스켓을 선정하여 사용해야 한다.

참고

가스켓의 종류

① 동의 금속 가스켓 : 인화성액체를 사용하는 배관에 적합, 융점이 650℃ 이상인 것 사용

- spiral-wound metallic gasket
- metal ring-joint gasket : 가장 적합하나 비용이 많이 듦

② 그라파이트 가스켓 : 인화성액체를 사용하는 배관에 적합

③ 압축 Asbestos-fiber-sheet

- 제조과정에서 사용된 바인더가 고온에 대한 내열성을 감소시키기 때문에 중요 시설에 대해서는 노출 위험이 적은 곳에만 사용

④ 섬유, 플라스틱, 코르크, 납, 고무, 테프론을 사용한 가스켓

- 위험이 적고 스프링클러설비로 보호된 곳에서만 사용(운전 게이지압력이 0.68 MPa 미만인 곳)

4) 배관의 위험과 예방

① 화학공정의 동일 설비 내에서 혼합 위험성이 있는 물질을 취급하는 경우에는 배관의 접속 불량, 밸브의 개폐 오조작, 배관 내 유체의 역류 등에 의하여 화재·폭발 사고가 많이 발생한다.

② 혼합 위험이 있는 물질을 직접 접속하지 않도록 배관을 별도의 계통으로 하고 구조를 단순화하도록 한다.

③ 혼합 위험이 있는 물질의 배관을 별도의 계통으로 하는 것이 어려운 경우에는 역류방지를

위한 차단밸브(shut-off valve)나 역지밸브(check valve)를 설치한다. 또한 밸브의 오조작을 방지하기 위하여 배관 계통을 나타내는 도표나 조작상의 주의사항을 기재한 주의 안내판을 설치한다.

④ 배관의 접속 오조작을 방지하기 위해서는 배관의 표시와 색상을 구분하고 접속구와 배관 구경, 그리고 접속방식을 종류별로 다르게 변경하도록 한다.

⑤ 배관 시스템에서의 폭주 및 이상 반응은 기기 오조작에 의한 혼합, 배관 내부의 부식과 균열에 의한 누출 혼합, 그리고 배관의 막힘에 의한 역류 혼합 등이 주된 원인이기 때문에 이에 대한 예방 관리가 필요하다.

⑥ 역류 혼합은 배관이 막혀서 생기는 원인 이외에도 필터류를 막히게 하거나 연화점(softening point)을 갖는 물질이 배관을 통하여 이송되는 경우에도 발생할 수 있으므로 주의가 필요하다.

⑦ 역지밸브(check valve)는 기밀성이 좋지 않기 때문에 미량의 역류물질이 문제가 되는 경우에는 차단밸브(shut-off valve)를 사용하도록 한다.

⑧ 중합물이 생성되는 배관에서는 역지밸브(check valve)의 스윙 및 리프트가 고착되기 쉬우므로 정기적인 개방 점검이 필요하다.

5) 배관의 안전관리

① 외부부식과 관련하여 지하, 지상배관은 페인팅, 전기방식 등의 방식조치를 취해야 하며, 지하 매설 배관은 토양부식과 표류전류에 의한 부식방지 조치도 취해야 한다.

② 배관은 차량 통행에 의한 물리적 손상, 유체 워터해머(관로 안의 물의 운동상태를 급격히 변화시킴으로써 일어나는 압력파로 진동이 일어나는 현상), 진동, 팽창 및 수축에 따른 과도한 응력에 대해 곡관, 용접 엘보우, 배관행거, 신축호스 등을 사용하여 지지하고 보호해야 한다.

③ 지상의 긴 오일배관에는 열팽창 안전밸브를 설치하고, 액방출 위치는 안전한 장소이어야 한다.

④ 지하, 지상배관은 다음과 같이 설치해야 한다.

- 배관 주위에 공지 확보
- 지상배관은 부식방지, 검사 및 보수를 위해 지면으로부터 30 cm 이상 이격

⑤ 안전상 중요한 제어밸브는 화재 시 쉽게 접근하여 폐쇄 또는 조정할 수 있어야 하며 개폐 표시, 개폐 방향, 조작 방법 등에 대한 표시를 해야 한다.

⑥ 위험물 취급 배관에는 취급물질 명칭, 흐름방향 등이 표시되어 있어야 한다.

⑦ 배관상의 플랜지, 밸브 등 누출위험이 있는 부분을 단열재로 보온할 경우, 비흡수성 단열재를 사용해야 한다.

4. 파이프 랙(Pipe Rack)

1) 의의

공장 주위 도로를 따라 전기 및 계기용 케이블, 공정물질 이송 배관 등을 위하여 설치된 설비이다.

그림 2.12 파이프 랙(pie rack)

2) 파이프 랙 설치 기준

① 파이프 랙은 파편과 화재의 영향을 적게 받고, 점검 및 정비가 용이하도록 낮은 위치에 있어야 한다.

② 파이프 랙은 도로횡단을 최소화해야 하며, 부득이 도로를 횡단해야 하는 경우, 대형 차량이 통과할 수 있는 충분한 공간을 확보해야 한다.

③ 파이프 랙은 인화성액체 배수로와 가까이 그리고 평행이 되지 않도록 해야 한다.

④ 화재나 폭발 등에 보호되도록 설치한다.

⑤ 유사시 피해를 최소화하고 검사가 용이하게 설치해야 한다.

⑥ 화재나 기타 열에 의한 붕괴위험에 대비 2시간 이상의 내화성능을 가져야 한다.

⑦ 특히 인화성 위험물 등이 체류하는 것을 고려하여 배수로와 병렬 설치하는 것은 피해야 한다.

5. 증류장치(Distillation)

1) 의의

증류는 비등점의 차이가 있는 균일상 액체혼합물을 가열·기화시켜서 각 성분 또는 몇 가지의 유분(溜分)으로 분리하는 조작이다. 원유를 가솔린, 등유, 연료유, 윤활유 등으로 분리하는 것은 증류의 대표적인 예이다. 원유를 상압 증류탑에서 가열하면 보다 휘발성이 큰 물질은 저온에서 기화하여 증기가 되며 이 증기를 모아서 응축하면 휘발성이 작은 물질과 분리된다.

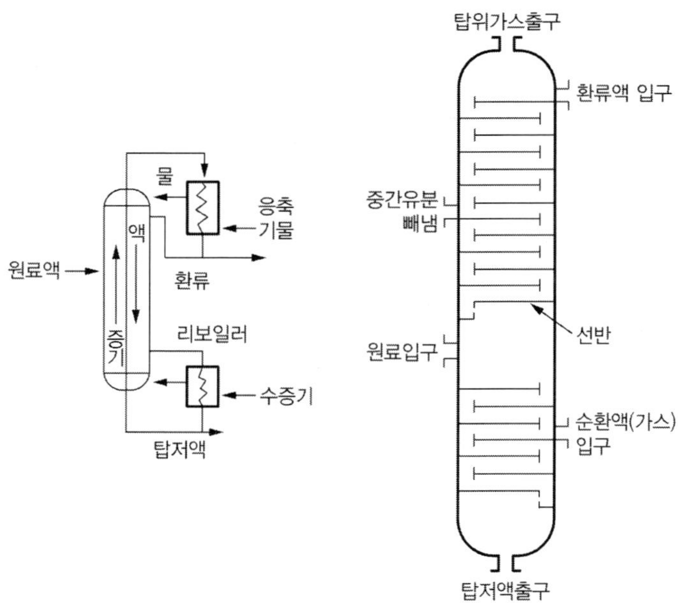

그림 2.13 증류탑의 개략도

2) 증류장치의 종류 및 구조

증류탑은 기액의 접촉과 혼합을 크게하고 분리 효율을 높이기 위하여 탑 내부에 여러 개의 다공판(perforated plate 또는 tray)을 장치하거나 충전물질을 채워 넣기도 한다. 전자의 형태를 단탑(plate tower(column))이라 하고, 후자의 경우를 충전탑(packed tower)이라 한다.

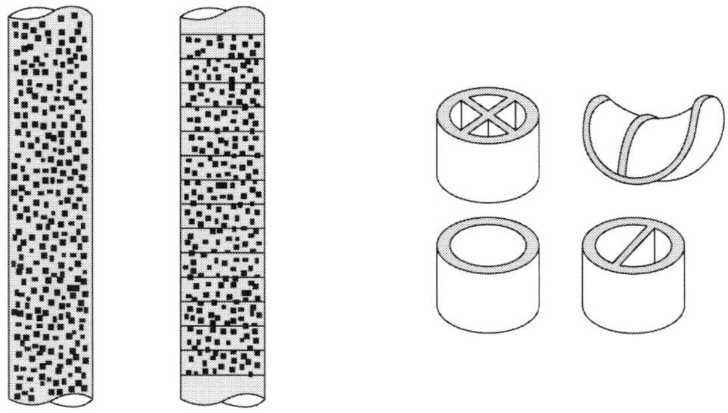

그림 2.14 충전탑의 충진 형태 및 충전물의 형태

3) 증류공정 구성 강화를 통한 열 결합형 신증류 기술

우리나라 산업 분야 에너지 총 소비량의 43%를 차지하고 있는 석유화학산업(정유, 석유화학, 정밀화학)에서 분리공정에 소요되는 에너지 비중은 50%에 이르고 있으며, 분리공정 에너지 중 85% 정도가 증류공정에 의하여 소비되고 있다. 대표적 분리기술로써의 증류기술의 위상은 앞으로도 계속될 것으로 전망되고 있다. 따라서 증류공정에서의 성능 향상과 에너지 저감을 위하여 최근 신증류 기술을 이용한 접근이 활발히 시도되고 있다.

이러한 신기술 열 결합형 증류공정의 종류에는 기술적으로 분리벽형 증류탑(DWC, divided wall column)과 내부열교환형 증류탑(HIDC, heat integrated distillation column)이 있다.

① 분리벽형 증류탑(DWC, divided wall column)

그림 2.15는 분리벽형 증류탑을 나타낸 것이다. 탑 내에 분리벽을 설치해 예비분류기를 주 분리기 내부에 통합시킨 구조를 가지고 있다. 이는 예비분류기와 주 분리기 간의 압력 균형을 맞추고 운전을 용이하게 할 뿐만 아니라 2기의 증류탑이 하나로 통합되어 비용을 줄일 수 있다는 장점이 있다. 일반적으로 30% 정도의 에너지 절감효과(최고 60%)와 20~30% 정도의 투자비용 절감효과가 있는 것으로 알려져 있다.

증류탑을 분리벽을 이용하여 하나의 증류탑 안으로 통합한 구조이며 일반 증류탑 두 개를 사용하였을 때 발생하게 되는 중간 비점 성분의 재혼합에 의한 에너지 효율성 저하 문제를 근본적으로 제거해 준다. 구조에 대한 아이디어는 1950년대부터 알려져 있었으나 이를 구현하는 기술적 한계와 운전상의 문제점 때문에 상용화가 지연되다가 최근에 와서 급속히 상용화되기 시작하였다. 차세대형 구조 중에서는 가장 앞서 구현된 기술이다.

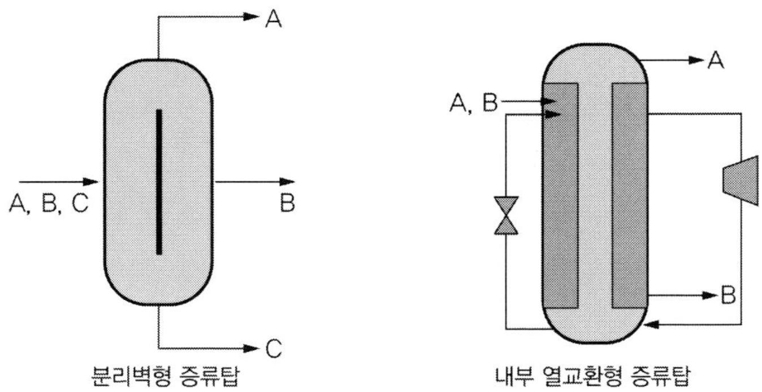

그림 2.15 두 가지 열결합형 증류공정의 개략도

② 내부 열교환형 증류탑(HIDC, heat integrated distillation column)

증류탑의 정류(rectifying)부와 탈거(stripping)부를 압축기와 드로틀 밸브(교축밸브)를 이용하여 분리하여 정류부를 탈거부보다 고온고압에서 운전하게 하는 이중탑(shell in shell) 형태의 구조이다. 정류부에서 탈거부로 연속적인 열교환이 일어나게 되므로 증류탑 전체가 열펌프의 역할을 하게 되어 최소의 에너지 소비를 구현하게 된다. 일반적으로 약 30~40% 정도의 에너지 절감효과(최고 60%)가 있는 것으로 알려져 있으며 저급 에너지로서 이용이 불가능했던 응축기 배열을 재이용이 가능한 고온수준으로 전환할 수 있어 이에 따른 부수적 배열 회수 효과도 크다.

4) 증류탑의 주변장치

증류탑에 사용되는 주변장치로는 리보일러(reboiler), 냉각기 스트레이너(strainer), 환류 분배기(reflux distributor), 데미스터(demister) 등이 있다. 이들 주변장치는 증류가 효율적으로 이루어지게 하는 데 기여하는 각각의 고유한 기능을 가진 장치로, 개략적인 구성은 그림 2.16과 같다.

참고

> 데미스터
> 섬유상태의 물체를 충전하고, 주로 관성력을 이용하여 분리하여 증기 중의 수분를 제거하는 장치

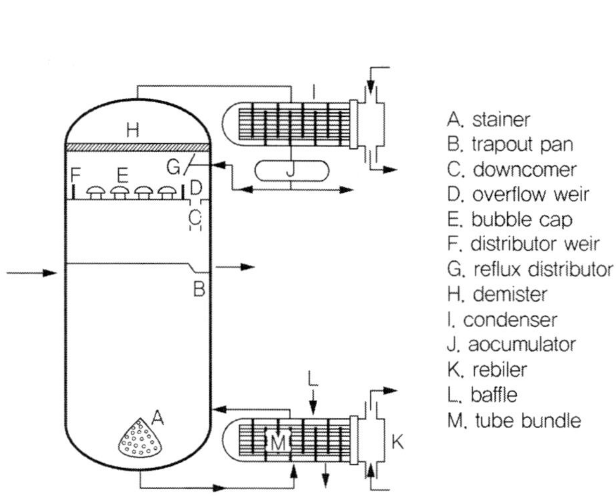

그림 2.16 증류탑 보조장치의 개략적 구성

5) 증류탑의 위험요인

① 인화성액체를 취급하므로 화재나 폭발을 예방하기 위하여 개방 시 질소로 정화하고 공기로 치환하여야 한다.

② 불활성가스를 사용하지 않으면 폭발범위가 조성된다.

③ 예상치 못한 공정사고로 증기가 액체로 과농축될 때 급격한 분해·폭발적 반응·중합 반응 등이 일어날 위험이 있다.

④ 증류탑이나 부속 설비에 결함이 발생하면 비점 이상의 액체나 증기가 대기 중으로 대량누출되어 증기운을 형성하여 대기 중에서 BLEVE 등 위험을 초래한다.

⑤ 진공공정인 경우 공기가 새어 들어가면 폭발범위를 조성하게 된다.

6) 증류탑의 설치기준

① 칼럼은 온도, 압력, 액위, 유량, 화학물질 조성 등의 이상 시 경보를 발하고, 공급을 차단하며, 가열장치를 정지시키도록 연동되어야 한다.

② 리보일러(reboiler)에는 내용물이 분해온도를 초과하지 않도록 안전장치를 설치해야 한다.

③ 공정 중에 있는 물질이 격렬하게 분해, 중합 또는 폭주반응을 일으키기 쉬운 경우, 질소가스나 스팀 등으로 불활성화해야 한다.

④ 대용량의 칼럼에서 배관 결함 등으로 인해 다량의 액체나 증기가 방출되어 증기운폭발이나 화재를 일으킬 우려가 있는 경우, 배관에 긴급차단장치를 설치해야 한다.

⑤ 진공장치에는 공기가 유입되어 폭발범위에 도달될 수 있으므로 산소검지기를 설치해야 한다.

⑥ 흡수탑에서 고온의 가스가 탑저부에서 송입되고 액체 흐름이 냉매역할을 하는 경우, 공정 온도가 과도하게 상승하면 가스 흐름을 자동 차단해야 한다.

참고

가스공정온도가 과도하게 상승하는 경우	
• 액체 흐름이 장애를 받을 경우	• 가스 흐름이 과도할 경우

⑦ 흡착층이 자연발화물질을 함유하고 있는 경우, 온도제어를 위해 유체 흐름을 연속적으로 유지해야 한다.

⑧ 플라스틱 충진제나 활성탄 흡착층과 같은 내부 화재가 가능한 곳에는 수동식의 내부 살수 설비를 설치해야 한다.

⑨ 드럼이나 탑을 점검 및 정비하기 위해 사람이 출입해야 하는 경우 또는 정비완료 후 재가동할 경우 적절한 절차를 준수해야 한다.

- 점검 및 정비 시 절차는 다음과 같다.
  - 탄화수소의 유입을 완전 차단하고 필요한 곳에 맹판을 설치해야 한다.
  - 내부에 존재하는 액체나 기체 유분을 방출해야 한다.
  - 잔존해 있는 기체 유분은 스팀이나 질소가스로 퍼지(purge)하여 제거해야 한다.
  - 운전 조건이 고온인 경우, 냉각수 살포로 내부온도를 낮추어야 한다.
  - 탄화수소, 독성가스, 산소함량 등을 점검 후 출입해야 한다.
- 정비 완료 후 재가동 절차는 다음과 같다.
  - 출입구 밀폐 및 모든 맹판을 제거해야 한다.

② 내부에 존재하는 공기를 스팀이나 질소가스 등의 불활성가스로 퍼지해야 한다.

③ 기체 유분으로 압력을 서서히 증가시키면서 가스누출 여부를 확인한 후 정상 운전해야 한다.

⑩ 반응장치, 탑, 칼럼 등을 가열하기 위해 열매체유를 사용하는 경우, 열매체 유출에 따른 발화, 단열재에 흡수되는 경우 자연발화 등의 위험을 최소화할 수 있는 다음의 조치를 취해야 한다.

- 밸브 스템의 재패킹, 새기 쉬운 가스켓 교체 등의 작업을 통해 누출원을 제거한다.

- 밸브에 스템을 수평으로 설치하여 누출물이 단열재에서 멀리 떨어지도록 한다.
- 밸브, 플랜지 등 누출 가능성이 있는 부분의 단열재는 내유성 시멘트로 피복한다.
- 다공성 유리 또는 알루미늄박 등의 비흡수형 단열재를 사용한다.
- 오일 흡수형의 단열재는 교체한다.

⑪ 고온의 내용물이 물과의 접촉으로 갑작스럽게 형성되는 스팀이 장치에 위험한 과압을 발생할 수 있기 때문에 용기 내부에는 물이 집적될 수 있는 포켓이 없도록 설계해야 한다.

6. 증발장치(Evaporation plants)

1) 의의

묽은 수용액을 가열하여 물을 증발·농축시키는 조작을 증발이라고 한다. 즉, 용질의 증기압이 대단히 적고 액이 끓는점에 달하여도 물만이 증발한다고 생각하는 것이므로 액에 증발잠열만 주고 발생한 수증기를 제거하면 목적은 달성된다. 따라서 원리적으로는 전열의 한 응용 예에 불과하다. 그러나 단순한 전열과는 달리 다량의 증발잠열을 주지 않으면 안 되므로 가열방식과 더불어 그에 따른 안전대책을 수립하는 것도 중요하다.

참고

증발잠열
어떤 물질이 기화할 때 외부로부터 흡수하는 열량. 증발잠열이 클수록 주변에서 더 많은 열을 빼앗으므로 주위의 온도를 낮추게 한다.

2) 증발장치의 종류 및 구조

① 자케트식 증발관

가장 간단한 장치로서 회분식이며 따라서 소규모로 액을 증발시킬 때만 사용한다. 용기 주위에 붙은 자케트 속에 수증기를 넣고 가열한다.

② 수평관 증발기

가열관이 수평으로 되어 있어 수증기가 관내를 통하게 되어 있다. 이 형식은 액의 순환이 좋지 않으므로 점도가 높은 액에는 부적당하다.

③ 수직관 증발기

종래부터 가장 많이 사용되는 장치가 수직관식 증발기이다. 관내를 액이 상승하면서 증발이 일어나고 액은 중앙의 관상의 다운 테이크(down take : 물, 증기 등을 상부로부터 하부로 운반하는 데 사용되는 수직관을 말한다)를 통하여 하강한다. 즉, 관내에서 발생하는 증기의 펌프작용에 의하여 액의 순환이 일어나는 것이다.

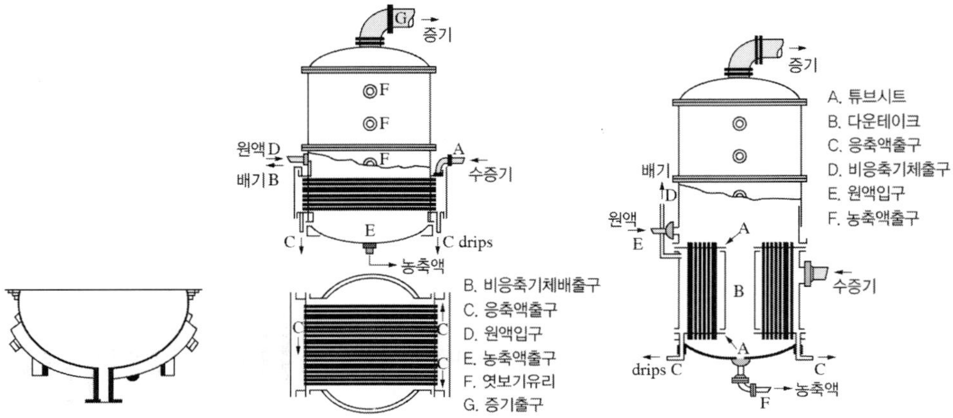

수증기 자케트 달린 증발기의 형태 수평관형 증발기 수직관형 증발기

그림 2.17 증발장치의 종류

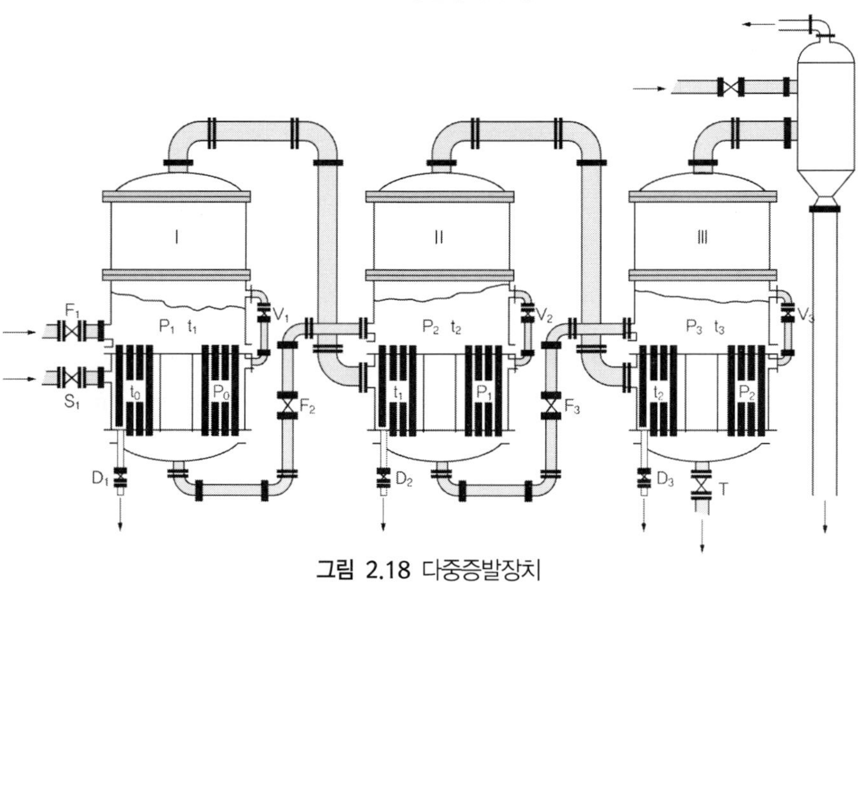

그림 2.18 다중증발장치

④ 다중효용 증발기

증발관을 1개만 사용할 때를 단일 효용관이라고 한다. 단일 효용관에 있어서는 증발한 수증기를 그대로 응축기로 보내므로 대부분의 잠열을 버리는 셈이 된다. 다중 효용관에서는 증발관에서 발생한 증기를 다시 이용하겠다는 것이 목적이며 증기관을 몇 개 직렬로 놓고 증발한 수증기를 다음 관의 가열용으로 사용하는 방법과 증발관을 1개만 놓고 증발한 수증기를 가압하여 온도를 다시 상승시킨 다음에 반복해서 자기의 가열용으로 사용하는 방법이 있다. 전자를 다중 효용관에 의한 증발이라 부르고 후자를 자기증기압축법 또는 열압축법에 의한 증발이라고 한다.

7. 열교환기(Heat Transfer)

1) 의의

모든 화학공장 공정에서 증류, 증발, 건조를 위해 필수적 모든 반응기에도 냉각이나 가열, 온도조절을 위해서 열교환기가 필요하다. 열교환기는 고온 유체의 열이 저온 유체로 전달되게 하는 장치로, 서로 구분된 구역(동체, 관 등)으로 각각의 유체를 흐르게 하여 고온 유체의 열이 저온 유체로 전달되게 하는 열교환 현상을 이용하여 만든 장치이다. 고온 유체와 저온 유체가 반대 방향으로 흐르는 경우를 향류흐름(역흐름), 같은 방향으로 흐르는 경우를 병류흐름(평행흐름)이라 한다. 열교환기에서 사용하고 있는 열전달매체로는 물, 스팀, 기열매체(오일), 용융염열매체($NaNO_2$) 등을 사용한다.

2) 열교환기 종류

① 다관통형(shell & tube) 열교환기

가장 널리 사용되는 형태로 바깥 원통을 동체(shell)라고 하며, 동체 안쪽의 작은 파이프들을 관(tube)이라고 한다. 보통 관 쪽으로는 압력이 높거나 온도가 높은 유체 또는 냉각수 등이 흐르게 하며, 동체 쪽으로는 응축되기 쉬운 증기 또는 온도변화가 큰 유체가 흐르게 한다.

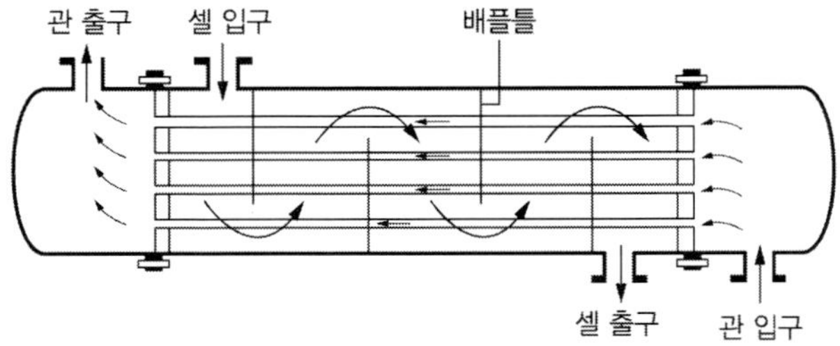

그림 2.19 다관통형 열교환기 중 고정관판 열교환기의 구조

② 케틀(kettle)형 열교환기

구조가 가장 간단하고 손쉽게 증기를 얻을 수 있어 가열기(reboiler)로써 널리 사용되며, 동체 쪽에 증발이 잘 일어나고 또한 액체와 기체의 분리가 잘 일어나도록 큰 용량의 증기실이 있다.

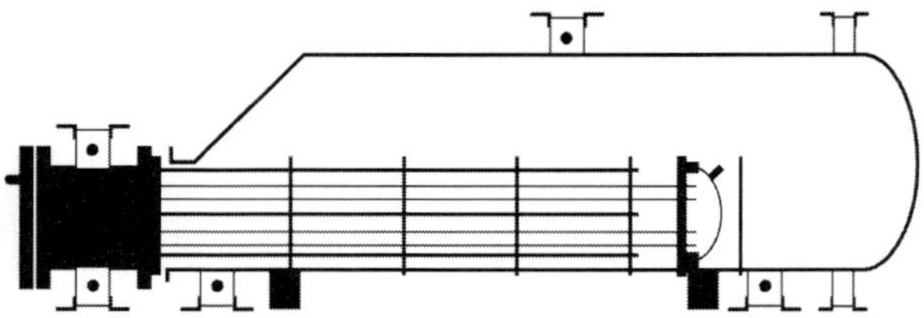

그림 2.20 캐틀형 열교환기

③ 판형 열교환기

2개의 사각 헤드 플레이트(head plate) 중 하나는 고정되어 있고, 다른 하나는 이동이 가능하도록 되어 있으며 중간에 얇고 주름진 여러 장의 전열판이 겹쳐져 있어 전열판과 전열판 사이로 뜨거운 유체와 찬 유체가 교대로 흘러 열교환이 이루어지도록 한다.

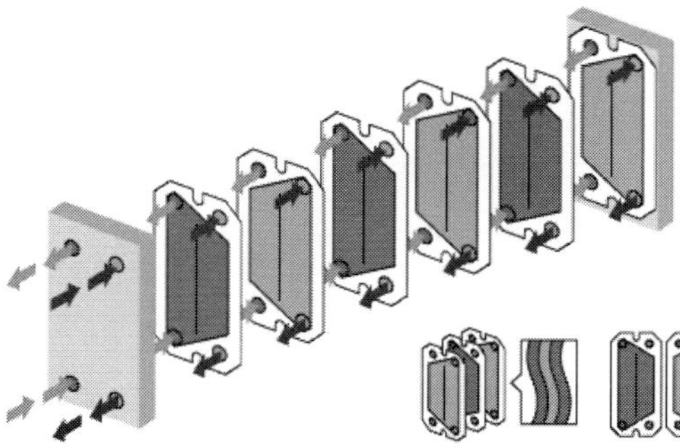

그림 2.21 판형 열교환기

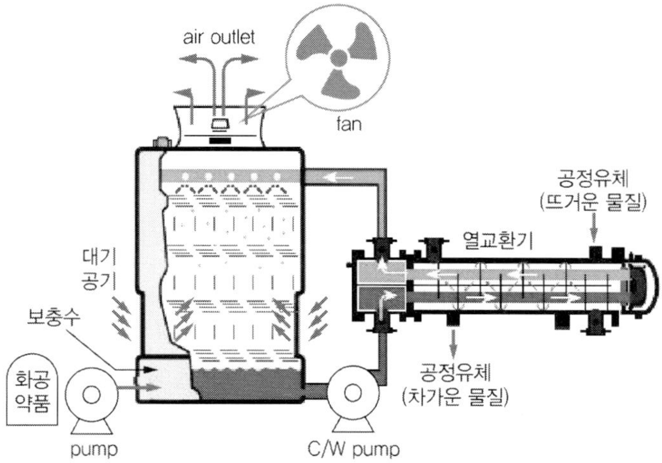

그림 2.22 공기냉각식 열교환기

④ 공기냉각식(air cooled) 열교환기

냉각수 대신에 공기를 냉각매체로 이용하여 강제 통풍시켜 내부 유체를 냉각시키는 형태의 열교환기이다. 관(tube)의 외부에 핀(fin)을 달아 전열면적을 확장시키고, 공기를 강제로 관과 관 사이로 통과시키는 열교환기이다. 화학공장에 설치된 냉각탑이 대표적인 공기냉각식 열교환기이다.

3) 열교환기 위험과 예방

열교환기 조작에 있어서 위험예방을 위한 주의사항과 화학물질 누설의 조기 발견 방법, 그리고 누설 시의 대응은 다음과 같다.

① 열교환기의 조작에 있어서 나타날 수 있는 위험은 배관의 손상, 열교환기 본체 및 부속 배관에서의 액체의 누출 등이 있다. 그중에서도 배관의 부식과 마모에 의한 균열, 진동에 의한 체결부의 헐거움은 화학물질의 누설로 이어지며 배관 내부 및 외부의 화학물질이 혼합하여 폭발성 혼합물을 형성하며, 또한 가연성가스가 누설하게 되면 공기와 혼합하여 폭발성 혼합기를 형성하여 폭발로 이어질 수 있다.

② 취급하는 물질의 반응성과 혼합위험에 대한 사전 조사를 실시한다.

③ 공기 및 물에 대한 미량 오염 위험성이 있는 공정에서는 정기적으로 미량 성분 분석을 실시한다.

④ 배관의 누설이 발생하여도 위험이 최소화되도록 배관과 열교환기 본체의 유체 압력의 균

형을 검토한다. 예를 들면 물(H_2O)과 황산(H_2SO_4)을 취급하는 열교환기라면, 황산 측의 압력을 물 측의 압력보다 크게 해야 한다. 또한 이 경우에는 물 측의 출구를 대기 중에 개방하고 배압을 작게 하도록 한다.

⑤ 화학물질의 누설 여부를 조기에 발견하기 위하여 열교환기의 배관 측과 본체 측의 압력, 온도, 유량을 가능한 한 상시 감시한다.

⑥ 열교환기 출구의 냉각 또는 가열 유체 분위기의 가스농도를 연속분석계를 사용하거나 정기적 분석을 통하여 확인한다. 또한 열교환기 출구의 냉각 또는 가열 유체 분위기의 가스농도에 대해서도 동일한 분석을 통하여 확인한다.

⑦ 열교환기의 개방 시에 비파괴 검사법을 사용하여 균열 등을 체크한다.

⑧ 누설 시의 대응방법으로써, 누설을 인지하였을 때에는 폭발성 혼합물의 생성에 주의하고 고온 물체, 강산화제와의 접촉이 되지 않도록 한다.

⑨ 누설이 발견되면 우선적으로 누설 지점에서 가장 가까운 밸브를 닫아 화학물질의 유출량을 적게 한다.

⑩ 열교환기를 개방하였을 때에는 충분한 퍼지를 통하여 잔유물이 없도록 한다.

⑪ 배관에 균열이 발생하면 고압 측의 유체가 저압 측 또는 다른 시스템으로 유입하게 되는데 이러한 과정에서 이상 반응이나 폭주반응 위험성이 없는지를 사전에 검토해 두어야 한다.

⑫ 냉매로서 해수(seawater)를 사용하는 경우에는 해수에 의한 부식성을 고려하여 열교환기의 재질을 특수합금 등을 사용해야 하며, 누전 등의 전기 흐름이 발생할 수 있는 상황을 고려하여 전기부식(electrolytic corrosion)에 대한 대책을 마련한다.

⑬ 응축기에서 응축이 갑자기 일어나는 경우에는 강한 진동이나 음향이 발생할 수 있으며 이로 인한 열교환기와 배관의 진동에 주의한다.

⑭ 열교환기 배관의 오염은 2가지 유체의 온도분포 및 유량에서 총괄전열계수(overall heat transfer coefficient)를 구하고 변동 관리를 통하여 판단한다.

8. 건조설비

1) 의의

건조설비는 원재료에 있는 물, 유기용제 등의 습기를 제거하기 위한 설비이다. 건조설비는 대상물의 성상, 함수율, 처리능력, 열원 등에 따라 그 형태와 크기가 매우 다양하다.

2) 건조설비의 형태에 따른 분류

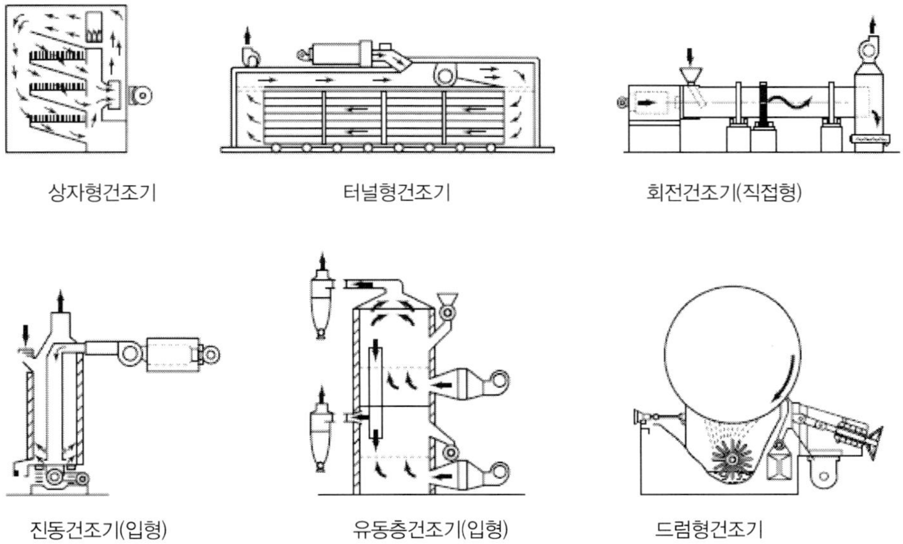

그림 2.23 건조설비의 형태에 따른 분류

3) 열원의 종류

열원	고체·액체·기체연료		수증기·온수·열매체	전기	폐가스
가열장치 방식	직접연소식 (직화식)	간접가열식 (간접식)	열교환	전열식	열교환
열원 이용방식	화염을 직접 이용	열교환을 통해 가열		적외선식	

4) 건조설비의 구성

구조부분	바닥 콘크리트, 철골, 보온판 등 기초 부분, 몸체, 내부구조물 등
가열장치	열원공급장치, 열 순환용 송풍기 등
부속설비	전기설비, 환기장치, 온도조절장치, 소화장치, 안전장치 등

9. 회전기계류

1) 펌프

펌프는 동력을 사용하여 물 또는 액체(비압축성 유체)의 압력을 변화시키는 동력기계로써 임펠러(impeller)의 회전에 의하여 액체를 이송하는 방식(역학적 방식/운동에너지식)과 기어나 피스톤의 수직 또는 수평 왕복운동에 의하여 액체를 이송하는 방식(용적형 방식)으로 크게 구분할 수 있다.

2) 펌프의 분류

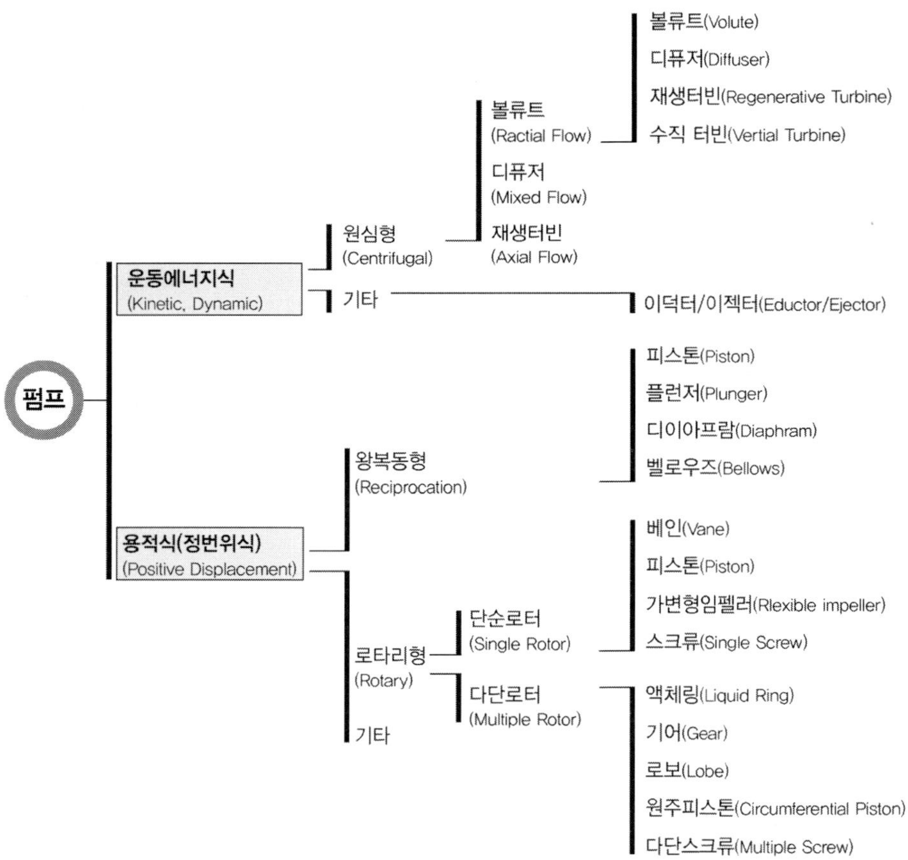

그림 2.24 펌프의 분류

3) 기체 이송설비

기체(압축성 유체)의 압력을 변화시키거나 이송하기 위한 장치는 압축기, 송풍기, 팬이 있으며 이송압력과 사용 용도에 따라 다음과 같이 분류한다.

구분	이송압력	사용용도
팬(fan)	1,000 mmH_2O 미만	내부의 공기를 외부로 환기시키기 위한 용도
송풍기(blower)	1,000 mmH_2O 이상, 1 kg/cm^2 미만	실내 또는 저장탱크 상부의 가스 또는 증기 성분을 처리시설로 이송하거나 고체 분말을 사일로(silo) 등에 이송 및 저장하는 목적의 용도
압축기(compressor)	1 kg/cm^2 이상	기체를 고압상태로 변화시키거나 고압 이송하기 위한 용도

4) 회전기계류 안전관리 공통사항

① 펌프, 압축기 등 누출위험이 있는 장치는 발화원으로부터 가능한 한 멀리 떨어져 위치해야 한다.
- 고압펌프, 압축기는 주요 공정장치 및 기타 펌프와 7.5 m 이상 이격 설치
- 펌프실은 나화 또는 기타 발화원과 30 m 이상 이격 설치
- 압축기는 가열로에서 바람이 부는 방향으로 30 m 이상 이격 설치

② 가연성물질을 취급하는 펌프, 압축기는 옥외 또는 환기가 잘되는 실내에 설치해야 한다.

③ 인화성 물질을 취급하는 펌프와 압축기는 단일 지역에 집단으로 설치해서는 안 된다.

④ 제품 생산 및 안전에 중요한 회전기계류(펌프, 팬, 압축기 등)는 예비용을 설치해야 한다.

⑤ 모든 회전기계류는 다음과 같이 진동을 감시해야 한다.
- 지속적인 진동감시장치를 설치하고, 진동 한계치를 초과하거나 정지하면 경보를 발하며, 고진동 자동차단장치를 설치해야 하는 경우
  - 중요한 모든 회전기계류
  - 10,000 Hp(7,460 KW) 이상의 회전기계류
- 지속적인 진동감시장치가 설치되지 않은 경우, 이동식 장비로 진동을 분석하고 최소 주 단위로 기록해야 하는 경우
  - 기계 고장 시 일일 생산 중단
  - 1,000 Hp(746 KW) 이상의 회전기계류

- 기계 고장 시 위험물질 또는 인화성 물질을 방출
- • 최소한 매년 진동을 감시하여 분석하고 진동신호를 분석해야 하는 경우
  - 500 Hp(373 KW) 이상의 회전기계류
- • 월 단위로 진동을 감시해야 하는 경우 : 100Hp(75 KW) 이상의 회전기계류
- • 분기별로 진동을 감시해야 하는 경우 : 기타 모든 회전기계류

⑥ 회전기계류는 다음과 같은 경우 운전을 정지시켜야 한다.

- • 진동속도가 16 mm/sec 이상인 경우
- • 진동속도가 안정된 보통 수준의 4배 이상인 경우

⑦ 터어빈, 펌프, 팬, 압축기, 교류모터 등 대형 회전기계는 다음과 같은 경우 부품손상에 대비하여 충분한 예비부품을 확보하고 있어야 하며, 예비부품은 연 1회 이상 검사를 실시해야 한다.

- • 사업 중단으로 인한 손실이 1일 생산량의 25% 이상
- • 부품을 교체하는데 30일을 초과
- • 중요한 부품 등

⑧ 대형 회전기계류에 사용되는 윤활유는 기계마모 및 오일 교환주기 예측 등을 위해 다음과 같은 주기로 분석해야 한다.

- • 정기적으로 사용되는 내연기관 엔진, 가스터어빈, 공기압축기, 냉동압축기 등
  : 매월 또는 500시간마다
- • 증기터어빈, 기어와 유압설비 : 2개월마다
- • 예비용 기계 : 분기마다

5) 펌프 안전관리

① 펌프는 파이프 랙, 케이블 트레이, 핀 팬 냉각기 등의 아래에 설치해서는 안 된다.

② 중요 펌프의 회전 부위나 밀봉 부위 결함으로 인화성액체가 누출될 수 있기 때문에 비상시 유체흐름을 제어하기 위해 원격제어 스위치와 펌프 흡입 측에 차단밸브 를 설치해야 한다.

③ 펌프 작동이 원격제어 되는 경우, 비상시 펌프 주위에서도 원격제어 스위치를 작동시킬 수 있어야 한다.

④ 중요 펌프는 배출온도, 유량, 압력 등의 이상 시 경보를 발하거나 자동 정지되어야 한다.

6) 압축기 안전관리

① 100 Hp(7 KW)를 초과하는 압축기에서 방출배관의 온도, 압력이 높을 경우 경보를 발하거나 자동 정지되어야 한다.

- 압력이 높을 경우 : 경보만 발함
- 온도가 높을 경우 : 경보를 발하고 자동정지

② 최대허용 운전압력의 110%를 초과할 수 있는 압축기는 과압보호를 위해 다음과 같은 곳에 압력방출장치를 설치해야 하며, 인화성 가스를 방출하는 경우 안전한 위치로 압력을 방출해야 한다.

- 압축기와 차단밸브 사이 방출배관
- 2단 이상의 압축기는 단 사이
- 공기압축기

③ 역류에 의한 위험을 초래하는 경우에는 다음과 같이 압축기 방출배관에 체크밸브를 설치해야 한다.

- 가연성가스를 압축하는 압축기와 충전용 배관 사이
- 아세틸렌을 압축하는 압축기의 유분리기와 고압건조기 사이 배관
- 암모니아 또는 메탄올 합성탑과 압축기 사이 배관

④ 비상시에 압축기를 정지시키고 공급배관을 차단시키기 위해 1개소 이상의 원격제어 스위치를 접근하기 쉬운 위치에 설치해야 한다.

⑤ 가스압축기에 액체가 유입될 경우 폭발위험을 초래할 수 있기 때문에 녹아웃드럼(knockout drum)을 설치해야 하고, 흡입 녹아웃 드럼이 고수위일 경우 경보를 발하고 자동정지 되어야 한다.

⑥ 윤활유가 사용되는 공기압축기에 설치된 필터는 기름찌꺼기의 오염으로 인한 자연발화 위험이 없는 것을 사용해야 하며, 필터는 주기적으로 청소해야 한다.

참고

필터

활성탄 필터나 일반 스틸필터는 자연발열 위험이 있으므로, 활성알루미나, 유리섬유, 스텐레스강이나 모넬메탈로 된 필터를 사용함

녹아웃 드럼

2가지 이상의 상(phase)을 가지고 있는 유동성 유체의 상을 각각 분리할 때 사용하는 장치로서 flare가스 공정이나 증기스트림공정에 사용한다.

⑦ 윤활유 및 밀봉액은 압축되는 유체와 위험한 반응이 일어나지 않도록 선정한다.

참고

1. 공기액화분리 압축기에서 압축가스(다량의 탄소 함유)와 탄화수소 오일의 접촉으로 폭발적 반응
2. 압축기의 윤활유
   - 고압공기 : 디젤 엔진유
   - 수소 : 광유(점도가 높은 것)
   - 아세틸렌 : 양질의 광유
   - 이산화유황 : 화이트유, 정제된 용제 터빈유
   - 산소 : 글리세린 10% 수용액, 물
   - 염소 : 진한 황산 등

⑧ 압축기는 밀봉 오일압력이 낮거나 오일탱크 액위가 낮은 경우, 경보를 발하고 자동 정지되어야 한다.

⑨ 압축기는 윤활유의 압력이 낮거나 온도가 높을 경우 및 윤활유 탱크의 액위가 낮을 경우에는 경보를 발하고 자동 정지되어야 한다.

⑩ 압축기의 윤활유용 펌프에는 비상전력이 공급되어야 하며, 원격제어 스위치를 안전한 위치에 설치해야 한다.

⑪ 인화성 가스압축기의 경우, 가스누출을 검지할 수 있는 가스검지기를 설치하여 연소하한계의 10%에서 경보를 발하고, 25%에서 자동 정지되어야 한다.

⑫ 다음의 조건으로 운전되는 압축기는 스프링클러설비로 보호한다.

- 설치된 실이나 건물이 가연성 구조인 경우
- 주위에 설치된 물품이 가연물인 경우
- 압축기에 용량이 378 L(100갤런) 이상이거나 유속이 95 L/min(25 gpm)을 넘는 외부 윤활 시스템을 갖추고 있는 경우(여러 대의 압축기가 있는 경우 용량은 25 ft(8 m) 이내의 모든 압축기의 합계로 적용)

[예외] 고온표면의 발화원이 없어 오일화재 가능성이 낮으면서 수동식 소화전이 설치되어 있거나 열감지기 동작 시 설비 셧다운이 연동된 인터록설비가 설치(연동기구)된 경우

10. 가열로

1) 의의

산업용 가열로(fired-heater)는 석유화학 플랜트의 핵심 설비 중 하나로 원유 등의 정제를 위한 설비이다. 내부에서 연료를 연소시켜 연소에 의한 직화 또는 연소가스의 열로 노(爐) 안쪽의 여러 관(tube)에 있는 유체를 가열하기 위한 장치이다. 가열로 내부에는 연소를 위한 버너와 유체가 흐르는 여러 개의 관이 있으며, 연소에 의한 복사와 대류에 의해 관내의 유체가 가열된다. 산업용 가열로는 크게 연소가스 방출을 위한 연돌과 대류부, 복사부, 열을 가하는 버너로 구성되며, 가열로에서 가열된 원유, 가스유, 나프타 등은 증류탑을 거쳐 정제된다. 드래프트(draft) 방식에 따라 자연 드래프트식, 강제 드래프트식 가열로로 구분한다.

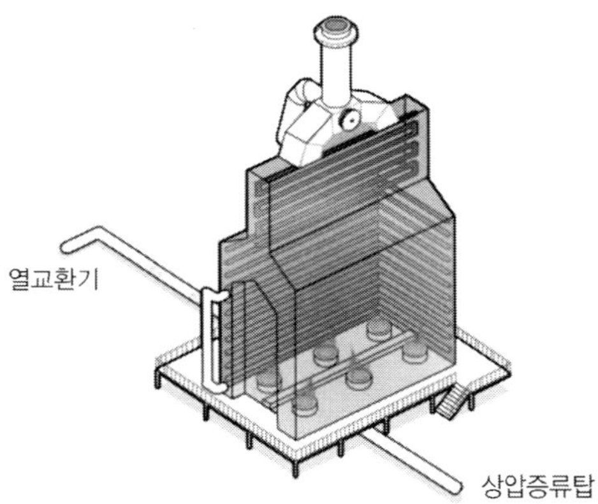

그림 2.25 가열로

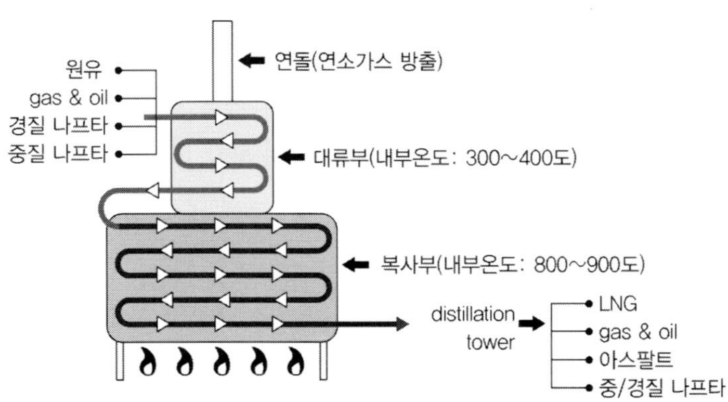

그림 2.26 산업용 가열로 구조

2) 가열로의 안전

① 가열로는 타 공정장치와 충분한 안전거리를 확보해야 하며, 안전거리 미확보 시에는 스팀 커튼 등을 설치하여 연소 확대를 방지해야 한다.

② 가열로를 점화하기 전에 미연소 유분이 존재하지 않도록 로(爐) 내부를 스팀 등으로 다음과 같이 퍼지해야 한다.

- 기계적 환기의 경우, 로(爐) 용적의 4배 이상 퍼지
- 자연통풍인 경우, 최소 4분 동안 퍼지

③ 버너의 점화 순서에 따라 파일럿 버너에 먼저 점화하여 화염을 확인한 후 주버너의 밸브를 열어야 한다.

④ 버너를 수동 점화할 경우, 토치를 버너 전면에 먼저 갖다 댄 후에 연료공급밸브를 열어 점화해야 한다.

⑤ 버너의 화염은 짧게 하여 가열관에 닿지 않도록 해야 한다.

⑥ 가열로의 온도상승 또는 하강 시 가열관 재질에 따라 시간당 변화시킬 수 있는 허용온도 범위(초기에는 시간당 약 50～70℃, 고온에서는 완만한 상승)를 준수해야 한다.

⑦ 가열로에는 다음과 같은 안전장치가 설치되어야 한다.

- 연료유의 압력조정장치, 소화, 정전 및 화염검출장치와 연료공급장치의 연동
- 연소공기 송풍기 및 연소생성물 환기팬에 이상이 발생할 경우, 연료 안전 차단밸브가 자동으로 닫히고 점화설비 작동 중지
- 로(爐) 내부 온도가 로를 파괴시킬 정도로 높을 경우 연료공급 자동 차단
- 연료차단밸브는 주버너 연료배관, 파일럿 버너 연료 배관에 설치

⑧ 불완전연소로 인한 위험을 방지하기 위해 연료-공기 혼합기에는 완전연소에 필요한 공기의 85% 이상을 공급해야 한다.

⑨ 가열관 내부에 코크 등의 부착물이 있는 경우, 국부 고온가열로 인해 배관이 파열될 위험 있으므로, 모든 가열관은 최소 연 1회 이상 정기검사를 실시해야 한다.

11. 분쇄기

크기가 큰 고체 덩어리를 잘게 부수어 분체를 만드는 과정을 분쇄(size reduction)라 하며 일정한 크기(곡물, 시멘트), 결합 성분의 분리(광석 등의 분쇄), 균일한 혼합물(도자기 원료, 도료 등의 분쇄) 등의 목적으로 수행되며 분쇄되는 크기에 따라 조쇄기, 중간 분쇄기, 미분쇄기로

분류한다.

12. 정류탑(Purification Tower)

① 각 반제품의 성분을 불순물을 제거, 개질, 배합 등의 과정을 거쳐 순도를 높여 제품을 만드는 공정이다. 제품별 특성을 충족시키기 위하여 2차 처리공정을 거치게 함으로써 품질 성상을 향상시킨다(예 : 메록스 공정, 접촉개질 공정, 수첨탈황 공정 등).

② 액체를 스팀이나 다른 열매체를 이용하여 기화하는 증발 공정과 여러 종류의 가스 혼합물 중 특수용액에 흡수되는 가스를 흡수 용해시켜 제거하는 흡수공정 및 혼합 액체나 가스를 고형입자의 흡착제에 접촉시켜 불순물을 제거하는 흡착공정으로 이루어진다.

참고

메록스 공정
상압 증류공정에서 생성된 경질유분에 함유된 황화수소(H_2S)를 제거하고 악취가 심한 머캡탄(mercaptan) 성분을 악취가 덜 나는 이황화물(disulfide)로 전환 또는 제거하는 공정이다.

접촉개질 공정
옥탄가가 낮은 경질유분의 탄화수소 구조를 바꾸어 옥탄가가 높은 유분으로 변환시키는 방법을 리포오밍(reforming)이라고 한다. 리포오밍의 대표적인 방식이 접촉개질법이다. 접촉개질 공정은 저옥탄가의 나프타를 백금계 촉매 하에서 수소를 첨가, 반응시킴으로써 휘발유의 주성분인 고옥탄가의 접촉개질유(Reformate)를 생산하는 공정이다.

수첨탈황 공정
상압증류공정에서 생성된 조나프타(raw naphtha), 조등유(raw kerosene), 경질가스유(LGO) 등을 촉매하에서 수소를 첨가, 반응시킴으로써 유황분을 비롯한 질소 및 금속유기화합물 등 각종 불순물을 제거하고 품질을 개선시키는 공정이다.

술포란(sulfolane) 공정
톨루엔 전환공정에서 유입되는 벤젠, 톨루엔, 비방향족 등의 혼합물 등 중 방향족 물질만 추출하는 공정이다.

2-4 석유화학공정

석유화학공정의 분류

석유화학공정은 크게 정유공정, 석유화학공정, 합성수지공정으로 나눈다.

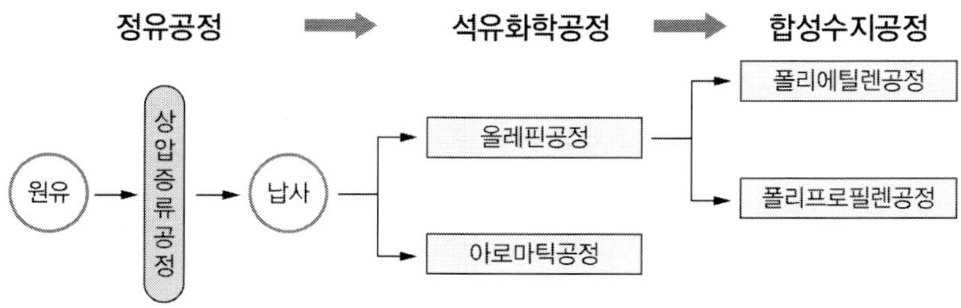

그림 2.27 석유화학공정 분류

1. 정유공정

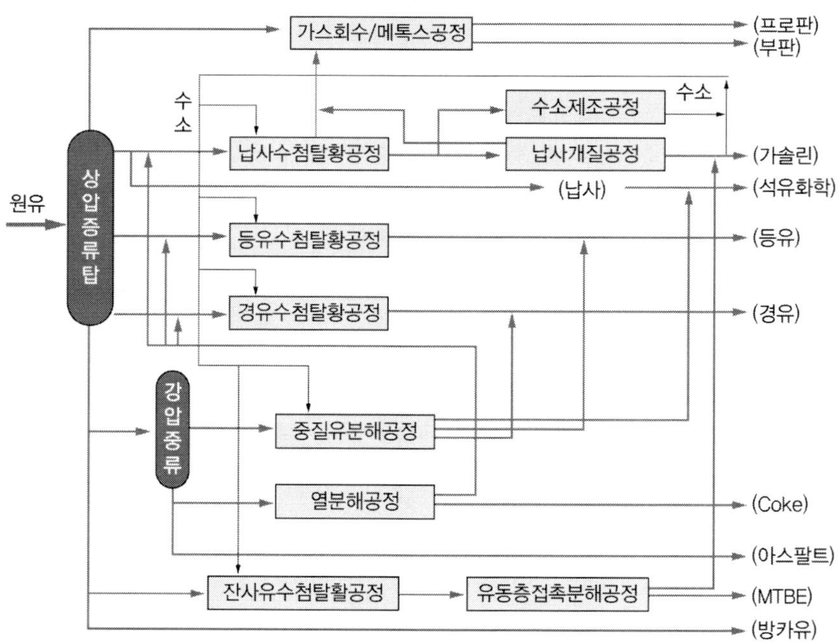

그림 2.28 원유정제공정 흐름도

원유 자체는 여러 종류의 탄화수소 화합물들로 구성된 가연성 액체이다. 이러한 원유를 가공하여 제품화하는 첫 과정이 바로 정유공정인데, 넓은 의미의 정유공정은 원유선에서 하역된 원유를 증류, 정제 등을 거쳐 각종 석유제품 및 반제품을 제조하여 각종 출하시설을 통해 출하시키는 단계까지를 말한다. 좁은 의미의 정유공정은 제품 제조공정만을 대상으로 하고 증류, 정제, 배합의 3단계로 구분할 수 있다.

(1) 증류(Distillation)

염분이 제거된 원유를 가열한 후 상압증류탑에 투입하여 원유를 구성하고 있는 각종 탄화수소의 비등점 차이를 이용하여 탑의 상부에서부터 가벼운 탄화수소 성분의 순서 즉, LPG, LSR, 납사, 등유, 경유, 잔사유 순으로 성분을 분리하는 과정이다.

(2) 정제(Purification)

증류 과정을 통해 분리, 유출된 성분에는 분순물이 많이 함유되어 있으므로 이러한 불순물을 제거하고 제품의 품질을 향상시키는 과정이다. 정제공정의 예는 메록스 공정, 접촉개질 공정, 수첨탈황 공정 등이 있다.

(3) 배합공정(Blending)

증류나 정제과정을 거친 각종 성분을 적합한 비율로 혼합하거나 첨가제를 주입하여 요구되는 규격에 맞는 제품을 만드는 과정이다. 예를 들면, 유황분 배합, 옥탄가 배합, 증기압 배합, 동점도 배합 등이다.

이와 같은 과정을 거친 제품 중에는 휘발유, 경유 등과 같이 소비자에게 직접 공급되는 제품도 있지만, 일부 납사와 같이 반제품으로서 석유화학공정의 원료로 사용되는 것도 있다. 따라서 석유화학공정과의 관계에서 보면, 정유 공정은 석유화학공정의 상류 부분(upstream)이 되며, 원유가 가공되어 제품화되는 첫 번째 과정이라 할 수 있다.

2. 석유화학공정

석유화학공정에는 올레핀 공정과 아로마틱 공정이 있다. 그림 2.29는 석유화학공정을 나타낸 개략도이다.

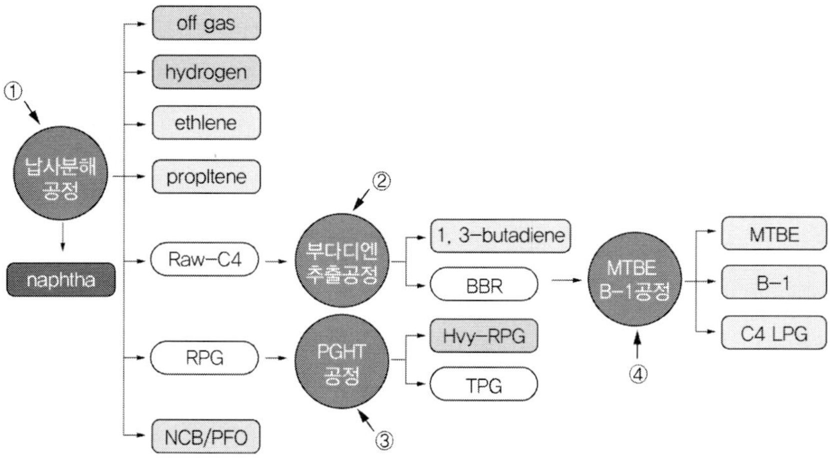

그림 2.29 올레핀 공정

1) 올레핀 공정

파라핀계 탄화수소가 많이 함유되어 있는 경질납사를 열분해하여 에틸렌, 프로필렌, 부타디엔 등 분자 내에 2중 결합을 1개 이상 가지고 있는 사슬형 불포화탄화수소를 생산하는 공정을 말한다.

(1) 나프타 분해 공정

나프타 분해 공정은 원유를 상압증류탑에서 증류할 때 35～130℃ 정도의 범위에서 추출되는 경질납사를 분해로(furnace)라 불리는 가열장치 안에서 크래킹(열분해)시키는 공정이다. 즉, 탄소의 수가 6～9개(C6～C9)로 구성된 납사의 탄화수소 성분을 고온에서 분해하여 탄소수가 2, 3개인 에틸렌(C2=)과 프로필렌(C3=)으로 만드는 공정이다.

특히 에틸렌은 석유화학공업의 가장 기본적인 물질로, 합성 유기화학공업에서 극히 중요한 물질이며, 그 생산량과 사용량은 그 나라 화학공업의 규모를 나타내는 척도가 되기도 한다.

참고

> **올레핀**
> 이중결합이 있는 알켄 화합물로 적어도 하나 이상의 탄소-탄소 이중결합(C=C)을 가지는 유기화합물로 단일 알켄의 일반식은 C_nH_{2n}이다. 가장 단순한 알켄은 에틸렌이다.

크래킹(cracking)
일반적으로 가열에 의해 일어나는 열분해를 지칭한다.

탄화수소의 분류

분류	파라핀계 탄화수소	나프텐계 탄화수소	아로마틱계 탄화수소	올레핀계 탄화수소
특징	탄소가 사슬모양의 단일결합으로 이루어짐	탄소가 고리모양의 단일결합으로 이루어짐	분자 내 벤젠고리가 있는 탄화수소	사슬모양의 탄소결합 내에 이중결합이 존재
구조식(예)	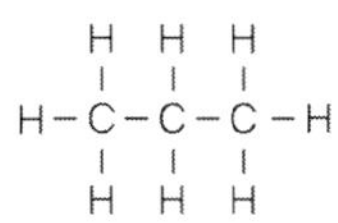	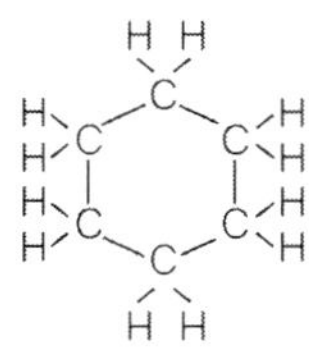	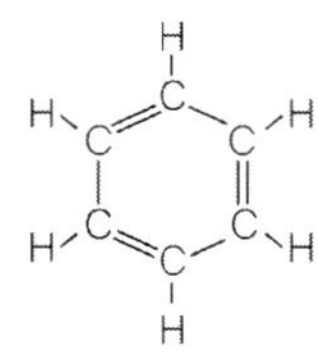	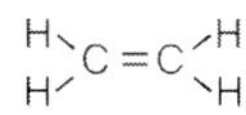
	프로판	사이클로 헥산	벤젠	에틸렌
비고	원유 속에 다량 함유		원유 속에 함유된 양은 적으나 납사를 2차 가공시에 다량 생성됨	

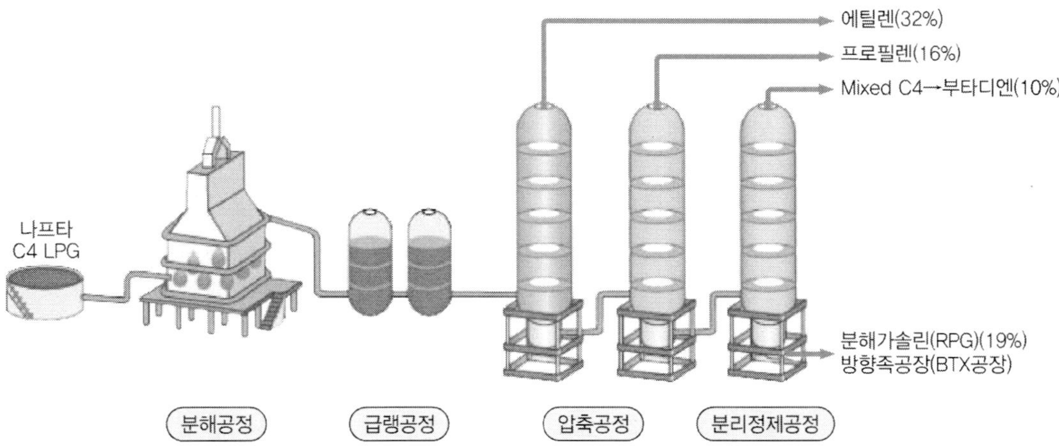

그림 2.30 크래킹 공정

(2) 부타디엔 추출공정(Butadien Extraction Unit)

납사 분해공정의 디부타나이저 탑정에서 나오는 Raw C4로부터 1, 3-부타디엔만을 추출·분류하는 공정으로 여기에서 나오는 순도 99.0% 이상의 부타디엔 제품은 합성고무 제조원료로 사용된다. 부타디엔 추출은 Raw C4 성분의 휘발도가 비슷하기 때문에 용제를 넣어 줌으로써, 서로 간의 휘발도 변화를 주어 추출·증류한다.

(3) PGHT 공정(Pyrolysis Gasoline Hydrotreating Unit)

납사 분해공정의 부산물인 RPG(raw pyrolysis gasoline)를 촉매 존재하에 수소를 첨가하고 불포화기를 포화시켜 술포란(sulfolane) 공정의 원료로 사용되는 트리프로필렌글리콜(TPG)을 생산하는 공정이다. RPG의 중질유분은 별도로 분류하여 heavy RPG라 하고, 석유수지 제조원료로 사용된다.

(4) MTBE/B-1 공정(Methyl Tertiary Buthyl Ether)

MTBE는 휘발유의 옥탄가를 탁월하게 향상시킬 뿐만 아니라, 산소를 함유하고 있어 자동차 엔진 내에서 휘발유의 완전연소를 도와 엔진을 청결하게 유지해주고, 공해물질의 대기 방출을 감소시켜 주는 물질이다. 이러한 MTBE는 부타디엔 추출공정의 부산물인 BBR(butane butene raffinate)를 이용하여 만들어진다. 즉, BBR에 포함되어 있는 이소부틸렌 성분을 이온교환수지 촉매 존재 하에서 메탄올과 선택적으로 반응시켜 만든다. 한편, B-1 즉, Butene-1은 합성수지 공정의 copolymer로 사용되는데, 이것은 MTBE 공정의 부산물인 C4 raffinate(BBR-2)라는 성분으로부터 분리, 회수된다. B-1제품은 순도 99%로 생산된다.

참고

부타디엔

물질명은 1,3-부타디엔이고 다른 이름은 비닐 에틸렌(vinyl ethylene)이다. 화학식은 C_4H_6으로 불포화탄화수소이다. 프로필렌과 함께 석유화학의 대표적인 기초원료이다. 무색무취의 가연성 기체로서, 분자량 54.09, 비중 0.621, 녹는점 - 108.9℃, 끓는점 - 4.4℃이다. 압력을 가하면 쉽게 액화하고, 또 인화하기 쉽다. 인화점 -76℃, 발화점 420℃이다. 뷰타다이엔, 부타다이엔이라고도 한다.

열분해 가솔린(pyrolysis gasoline)

석유 또는 천연가스 등 탄화수소(나프타, 에탄, LPG, gas oil 등)를 열분해하여 에틸렌, 프로필렌, 프로판 등과 비점차에 의해 분리·정제하여 열분해 가솔린을 제조한다. 탄소수가 C5~C10인 탄화수소 혼합물로 탄화수소 냄새가 나는 액체이다. 나프타 분해공장에서 나오는 저가 부산물로 이를 이용하여 벤젠, 톨루엔, 자일렌을 생산한다.

MTBE(methyl tertiary buthyl ether)

C4 유분에서 부타디엔을 추출하고 남은 혼합물(C4 RAFFINATE-1) 중 이소부텐을 메탄올과 에스테르화 반응시켜 엠티비이(MTBE)를 제조한다. 상온·상압에서 냄새가 있는 무색의 액체로 휘발유 첨가제, 이소부텐 제조원료로 사용된다.

2) 아로마틱 공정

올레핀 공정에서는 파라핀계 탄화수소가 많이 함유된 경질납사를 원료로 하는 데 비해, 이 공정에서는 나프텐계 및 아로마틱계가 많이 함유된 중질납사를 원료로 하며, 이 중질납사를 접촉 개질시켜 벤젠, 톨루엔, 자일렌 등 방향족 탄화수소를 생산하는 공정이다. 아로마틱 성분도 올레핀 성분과 같이 원유에 포함된 양은 많지 않지만, 납사를 접촉 개질시킴으로써 많이 얻을 수 있다.

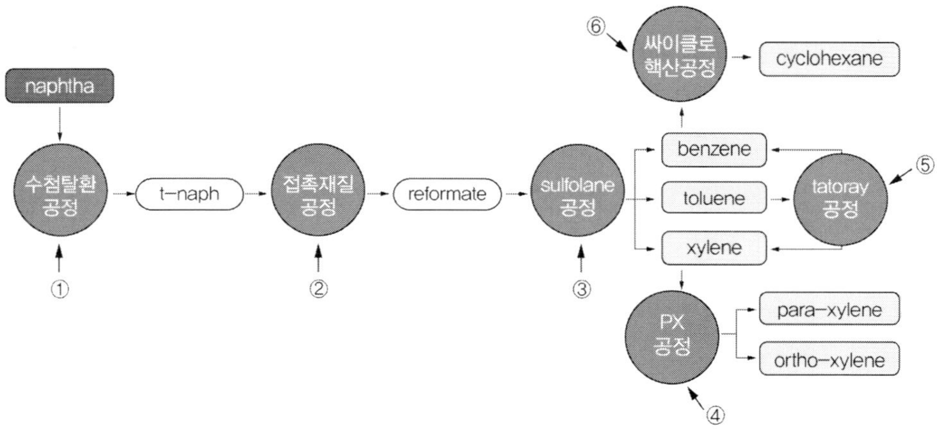

그림 2.31 아로마틱 공정

참고

방향족 화합물(aromatic compound) : BTX 화합물

섬유, 양품, 각종 수지의 원료가 되는 벤젠(benzene), 톨루엔(tolune), 자일렌(xylene) 등과 같은 유기화합물을 말하며 특히 상업적으로 가장 많이 사용되는 벤젠, 톨루엔, 자일렌의 머라글자를 따서 BTX라고 말한다. 현대에는 아래 그림과 같이 분자 내에 벤젠고리가 있는 유기화합물을 총칭하여 방향족 화합물이라고 부른다.

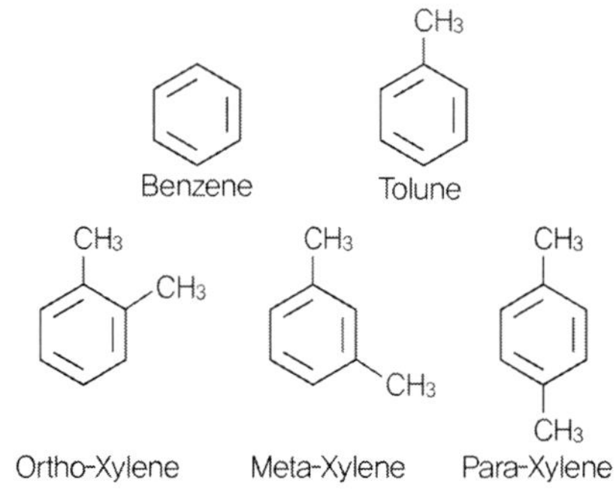

(1) 수첨탈황 공정(Unifining Unit)

상압증류 공정에서 생산된 납사를 촉매 존재하에서 수소를 첨가 반응시켜 납사 중의 불포화 탄화수소인 올레핀계 탄화수소를 포화시키고, 다음 공정인 접촉개질 공정의 촉매 독이 되는 불순물 즉, 유황화합물, 질소화합물, 산소화합물 등을 제거하는 전처리공정이다

(2) 접촉개질 공정(Plat Forming Unit)

수첨탈황 공정에서 생산된 수첨저황물질나프타(treated naphtha)를 백금 촉매하에 수소를 첨가 반응시켜 고옥탄가를 가진 휘발유 원료유(reformate)로 전환시키는 공정이다. 또한 이 원료유 중에는 방향족 성분(BTX)이 풍부하므로, 석유화학공정의 술포란(sulfolane) 공정의 원료로도 사용된다

(3) 술포란(Sulfolane) 공정

술포란 공정은 Shell 회사가 개발하고 U.O.P 회사가 특허권을 가지고 있는 공정으로, 원료(Reformate와 TPG) 중의 방향족 성분만을 먼저 추출공정에서 추출한 다음, 추출물을 분류공정에서 증류하여 고순도의 벤젠, 톨루엔, 자일렌(ortho-xylene, meta-xylene, para-xylene 및 ethyl benzene 혼합물인 mixed xylene)을 생산하는 공정이다. 높은 회수율로 고순도 방향족 제품을 얻을 수 있는 이유는 용제 술포란이 가지고 있는 여러 종류의 탄화수소에 대한 특성 즉, 뛰어난 선택성과 용해성에 의한 것이며, 액-액 추출로 방향족을 추출해 내고 이를 분리함으로써, 원하는 제품을 얻을 수 있다.

(4) P-X 공정

술포란 공정(BTX)에서 생산되는 mixed xylene(ortho-xylene, meta-xylene, para-xylene 및 ethyl benzene 혼합물)을 원료로 하여 PX(para-xylene)만을 선택적으로 흡착하여 연속 분리하는 공정이다.

(5) Tatory 공정

벤젠 또는 자일렌의 수요가 많아서 이를 더 많이 생산하여야 할 경우, BTX 수급 조정을 원활히 하기 위해서 톨루엔을 촉매 상에서 반응시켜 벤젠과 자일렌으로 전환시키는 공정이다.

(6) 사이클로 헥산 공정(Cyclohexane Unit)

고순도의 벤젠에 수소를 첨가시켜 사이클로 헥산을 생산하는 공정으로, 사이클로 헥산은 카프로락탐 제조원료로 공급된다.

3. 합성수지 공정

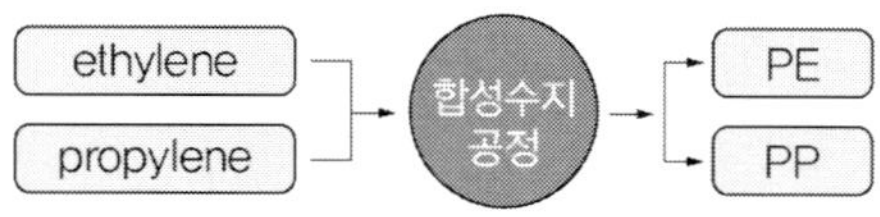

그림 2.32 합성수지공정

1) 폴리에틸렌 공정(PE, Poly Ethylene)

폴리에틸렌은 에틸렌을 중합시킨 것으로, 주로 납사를 열분해하여 얻은 에틸렌을 중합시키는 공정이다. 중합법에는 중합 시의 압력 범위에 따라 저압법, 중압법, 고압법의 세종류가 있는데, 사이클로 헥산을 용매로 하는 용융 중압법(LAPE)과 노말헥산을 사용하는 슬러리 저압법(HDPE)을 사용하고 있다. PE는 유백색· 반투명의 열가소성수지로, 그 특성에 의해 부드러운 저밀도 폴리에틸렌(LDPE)과 단단하고 강인한 고밀도 폴리에틸렌(HDPE)으로 분류된다. 폴리에틸렌의 분자량은 대부분 5만~100만 정도이고 각종 용기, 포장용 필름, 섬유, 파이프, 패킹, 도료 등에 사용된다.

2) 폴리프로필렌 공정(PP, Poly Propylene)

프로필렌을 주원료, 에틸렌, 부텐-1, 수소 등을 부원료로 하여 용융 중합법을 이용하여 폴리프로필렌을 생산하는 공정이다. 폴리프로필렌은 폴리에틸렌, 폴리염화비닐, 폴리스티렌과 함께 4대 플라스틱의 하나로 비중 0.9 정도의 가장 가벼운 플라스틱이며 가성, 내충격성, 전기적 특성이 뛰어나고 값이 저렴하여 이용범위가 넓다. 주요 용도로는 포장용 필름, 섬유, 파이프, 일용잡화, 완구, 공업용 부품, 테이프, 컨테이너 등이다.

4. 석유화학공장 각 공정에서 위험성 및 대책

1) 반응기 공정에서 위험성

① 다품종의 제품을 제조하는 공정 → 생산계획, 취급물질 및 작업내용 변경

② 위험성을 미파악한 상태에서 화학물질을 취급하는 경우가 많다.

③ 반응기 내부생성물의 종류 등이 시시각각으로 변화한다.

④ 생산량 및 납기 등의 제한사항을 수반한 운전을 할 경우가 많다.

⑤ 가열되는 설비 내에 장시간 체류하는 경우가 많다.

⑥ 수작업의 빈도가 높으므로 오조작의 가능성이 크다.

⑦ 반응온도나 생성물질의 조성 변동 시 이상 상태가 생기기 쉽다.

⑧ 취급물질의 양이 소량일 경우 과소평가하기 쉽다.

⑨ 반응공정은 통상적으로 높은 온도와 압력에서 운전한다.

※ 중소형 석유화학 설비의 경우, 대부분의 회분식 공정은 운전원이 원료투입 작업과 같이 작업종료 시마다 작업완료 여부를 확인한 후 다음 공정으로 진행하는 수동 또는 반자동 방식의 공정제어를 채택하여 작업자의 계기 오조작 또는 온도, 압력 상승 등 비정상상태를 조기 발견하는 기능을 갖추지 못함

2) 반응공정에서 대책

① 취급 물질안전자료(MSDS)를 확보하여 가연성, 독성, 반응성 등의 성상을 이해한다.

② 반응물질의 점도, 부식성, 반응 특성을 고려하여 안전밸브, 파열판 등 압력방출장치를 선정 설치를 확인한다.

③ 압력방출장치의 전 · 후단에서는 원칙적으로 차단밸브를 설치하여서는 안 된다.

④ 실험실 운전은 충분한 안전성 검증한 후 현장 작업에 임한다.

⑤ 압력방출장치, 과압경보장치 등은 해당 안전장치를 임의로 해제하거나 변경을 사용 금지 한다.

⑥ 운전범위를 벗어날 경우, 이상반응의 경우 자동제어설비를 동작한다.

⑦ 인화성이 강한 유해, 위험물질을 취급 시에는 가스누출감지경보기를 설치한다.

⑧ 인화성액체, 가연성가스를 취급하는 장소에서는 방폭형 전기·기계기구를 사용한다.

⑨ 제전복으로 정전기가 위험전위 이하로 상시 방전되도록 한다.

⑩ 위험물을 취급하는 공정에서 사용 공구는 비점화성(non-sparking) 재질의 공구를 사용한다.

⑪ 스팀 배관 등의 고온 표면의 노출이 없도록 한다.
⑫ 물질의 증기 등이 고온의 표면과 직접 접촉되지 않도록 한다.
⑬ 현장 주요 밸브에는 잠금장치를 하고 그 열쇠를 별도 관리한다.
⑭ 열교환기의 경우 정기적으로 스케일을 제거하고 과열점(hot spot)에 의한 tube 파열을 예방한다.

3) 충전 및 저장공정에서 안전대책

① 가연성가스, 인화성액체 등 위험물을 호스 또는 배관을 통하여 저장한다.
② 액위계를 사용하여 내용물을 규정 수량(탱크용량 90% 미만) 이내로 충전한다.
③ 탱크에 원료를 입·출하 시에는 탱크로리의 엔진 가동을 금지한다.
④ 탱크로리를 경사면에 주·정차하여서는 안 된다.
⑤ 위험물 누출 시 즉시 탱크로리에 설치된 긴급차단장치를 작동하고 펌프 가동을 중지한다.
⑥ 규격(구경)이 서로 맞지 않는 접속구를 사용하여서는 안 된다.
⑦ 위험물 이송 시 호스 풀림 등을 방지하기 위해 연결 조인트 잠금장치 등을 사용한다.
⑧ 플렉시블 호스 등의 연결부에 대해서는 점검 주기를 단축, 기밀시험을 실시한다.
⑨ 위험물의 누출을 방지하기 위항 탱크 주입연결구에는 내용물 정보를 표기한다.
⑩ 위험물 탱크 주입 및 배출구는 고정형으로 설치한다.
⑪ 취급물질에 대한 위험성 및 안전작업요령을 숙지하고 안전보건교육을 실시한다.
⑫ 인화성액체 및 가연성가스를 취급할 때는 점화원이 접근하지 않도록 하고 공기 작동식 또는 방폭형 전기 기계, 기구를 사용한다.
⑬ 가연성가스 및 인화성액체의 취급설비는 정전기 방지 조치를 한다.
⑭ 철골 구조물, 용기 지지대 등은 1시간 이상을 견디는 내화구조로 설치한다.
⑮ 위험물질의 증기 비중을 고려하여 가스감지기를 설치한다.
⑯ 플렉시블 호스의 설치 시 엘보우(elbow)를 설치하고 호스가 직선이 되도록 설치한다.

4) 가열공정에서 안전대책

① 가열로 tube는 과압방지장치를 설치한다.
② 밸브 조작순서 변경으로 인한 잠재위험이 큰 작업은 안전작업절차를 작성토록 하고 작업 관련자에게는 사전에 내용을 숙지한다.

→ 관리감독자는 작업단계별 작업순서 및 작업방법의 적정 유무를 수시 확인한다.

③ H_2S 함유량이 극히 적은 경우에도 스테인리스강 등으로 고온 황화 부식(sulfidic corrosion)에 견디는 재질로 변경이 필요하다.

5) 포장공정에서 안전대책

① 제품 저장실과 포장 작업은 별도의 구분된 장소에서 하도록 한다.

② 정전기 발생 가능성이 있는 장소에는 모든 전기·기계기구 및 사용 용기에는 접지 등 정전기 방지조치를 한다.

③ 작업장 바닥은 접지를 하고 도전성 재질을 사용한다.

④ 가연성가스, 인화성액체 또는 가연성 분진을 취급하는 장소에서는 방폭형 전기·기계 기구를 사용한다.

2-5 석유화학공장의 안전장치

1. 안전장치 종류

1) 안전밸브

(1) 의의

안전밸브는 압력에 관한 안전장치로써 설비나 용기 등에서 내부압력이 이상 상승하는 경우 설비 등에 있어서는 그 압력을 허용압력 이하로 떨어뜨리고, 용기 등에서는 내부의 가스를 밖으로 방출시킴으로써 설비나 용기 등의 파손을 방지하는 안전장치를 말한다. 종류로는 스프링식 안전밸브, 파열판식 안전밸브, 릴리프밸브 및 자동압력제어장치 등이 있다. 이 중 특정설비로서 검사를 받는 제품은 스프링식 안전밸브이다. 릴리프밸브라고도 하며 증기 보일러, 액화석유가스 트럭 또는 액화석유가스 유조선, 유정, 고압 바이패스의 증기발전장비, 압력 파이프라인, 압력용기에 널리 사용된다.

(2) 종류

스프링식(화학설비에서 가장 많이 사용), 파열판식, 가용전식(가용합금식), 릴리이프밸브, 지렛대식 등이 있다.

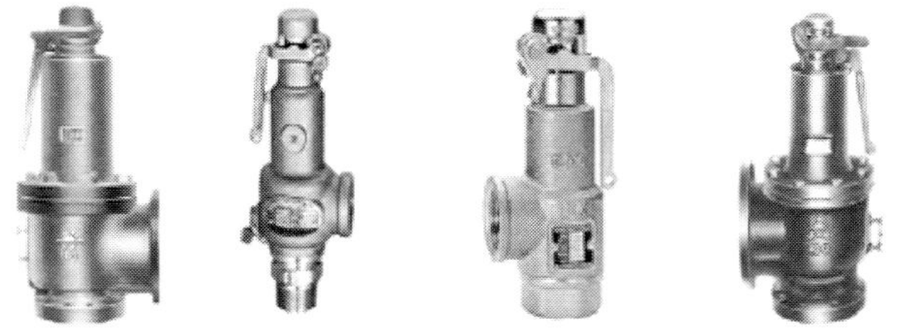

그림 2.33 형상에 따른 안전밸브 종류

① 스프링식 안전밸브

스프링식 안전밸브는 설비 내의 압력이 스프링의 설정 압력을 초과하는 경우에 밸브가 열리고 내부의 가스를 방출하는 구조 즉, 밸브본체에 걸리는 내압에 의하여 순간적으로 작동하는 기능을 가진 자동압력방출장치로 밸브가 직접 스프링에 의하여 부하가 걸리는 장치이다.

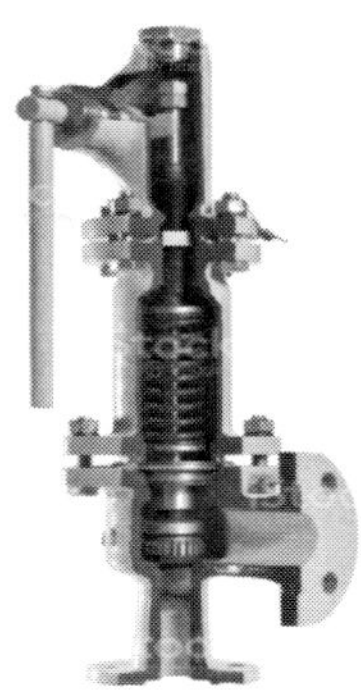

그림 2.34 스프링식 안전밸브 구조

② 파열판식 안전밸브

파열판식 안전밸브는 압력용기, 배관계 및 회전기계 등의 밀폐된 장치가 이상압력 상승 또는 부압에 의하여 파손되는 것을 방지하기 위하여 설치하는 극히 얇은 금속판을 사용한 압력방출장치로써 기계적 장치가 전혀 없고 파열판과 홀더로 구성된 가장 간단한 구조로서 스프링식 안전밸브와 함께 설치하거나 단독으로 설치하여 사용한다. 종류로는 파열판의 작동 방법에 따라 인장형과 반전형으로 나눈다.

그림 2.35 파열판식 안전밸브

③ 가용전식 안전밸브(가용합금 안전밸브)

용전(가용합금 안전밸브)이란 일반적으로 200℃ 이하의 낮은 융점을 갖는 합금(비스무트, 카드뮴, 납, 주석 등)을 가용합금(fusible plug)이라고 하는데, 이 금속은 비교적 낮은 온도에서 유동하는 성질을 이용하여 용기가 화재 등으로 인하여 이상적으로 온도가 상승할 때, 용기 내의 가스를 방출시켜 용기가 이상 승압되는 것을 방지하기 위해 설치하는 용기용 안전장치이다.

그림 2.36 가용전식 안전밸브

④ 릴리프밸브(relief valve)

릴리프밸브란 주로 펌프나 배관 내에 있는 액체의 압력 상승을 방지하기 위하여 설치하는 안전장치로서 자동압력제어장치와 같은 위치에 설치하고, 이 밸브를 통하여 배출되는 액화가스는 저장탱크 또는 펌프 흡입 측으로 되돌려져 직접 밖으로 배출하지 않도록 하는 것이 특징이다.

⑤ 자동압력제어장치

자동압력제어장치란 당해 설비로 들어가는 가스량을 자동적으로 제어함으로써 압력의 이상 상승을 방지하는 안전장치로 압축기의 토출가스를 그 흡입 측으로 되돌릴 수 있는 용량 이상이어야 한다.

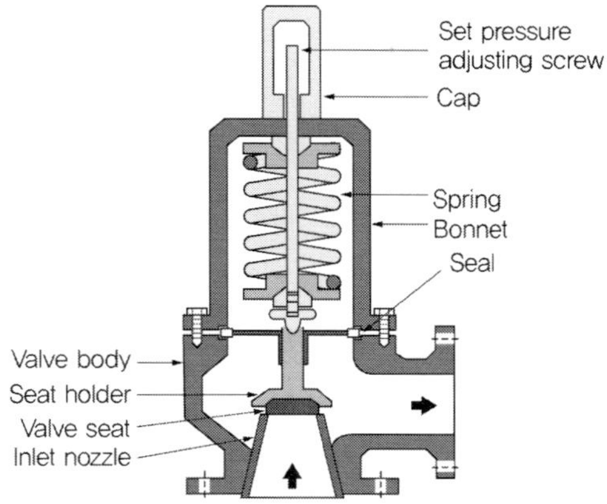

그림 2.37 릴리프밸브의 구조

(3) 안전밸브 설치

① 안전밸브 설치 기준

- 압력 상승의 우려가 있는 경우
- 반응생성물에 따라 안전밸브 설치가 적절한 경우
- 열팽창 우려가 있을 때 압력 상승을 방지할 경우

② 안전밸브 등의 설치

다음에 해당하는 화학설비 및 그 부속설비에는 과압에 따른 폭발을 방지하기 위하여 안전밸브 또는 파열판을 설치하여야 한다.

- 압력용기(안지름이 150 mm 이하인 압력용기는 제외하며 관형 열교환기는 관의 파열로 인한 압력 상승이 동체의 최고사용압력을 초과할 우려가 있는 경우에 한정한다)
- 정변위 압축기
- 정변위 펌프(토출 측에 차단밸브가 설치된 것에 한정한다)
- 배관(2개 이상의 밸브에 의하여 차단되어 대기 온도에서 액체의 열팽창에 의한 파열이 우려되는 것에 한정한다)
- 그 밖에 화학설비 및 부속설비(이상 화학반응, 밸브의 막힘 등 이상 상태로 인한 압력 상승으로 해당 설비의 최고사용압력을 초과할 우려가 있는 것에 한정한다.

③ 안전밸브의 작동압력

- 설비의 설계압력 또는 최고허용압력 이하. 다만, 안전밸브 등이 2개 이상 설치된 경우에 1개는 최고사용압력(설계압력) 또는 최고허용압력의 1.05배(외부화재를 대비한 경우에

는 1.1배) 이하에서 작동되도록 설치할 수 있다.

- 내압시험 압력의 8/10 이하(액화산소 탱크는 상용압력의 1.5배 이하)

④ 안전밸브의 입구 배관 길이와 구경

- 장치와 안전밸브의 입구 플랜지 사이의 배관은 총압력 손실이 밸브 설정 압력의 3%를 초과하지 않도록 설치해야 한다.
- 압력손실을 줄이기 위해 입구 배관 구경은 입구 플랜지 규격 이상이어야 한다.
- 안전밸브의 입구 배관에 타 장치로부터 측면 연결하여 사용하지 않아야 한다.

⑤ 안전밸브 설치 및 정비 시 유의점

- 안전밸브를 시험하거나 정비해야 할 경우, 장치의 운전을 정지시켜야 하므로 중요 장치의 안전밸브는 복수방식으로 설치해야 한다.
- 안전밸브를 압력용기가 아닌 연결된 배관상에 설치한 경우 용기와 안전밸브 사이의 배관에 자동조절밸브 설치하여 안전밸브 작동에 지장을 주어서는 아니 된다.
- 안전밸브에 설치된 방출관의 직경은 안전밸브 출구 플랜지 규격 이상이어야 하며, 가능한 굴곡을 적게 해야 하고, 방출관이 긴 경우 파열판은 압력손실을 줄이기 위해 배관 직경을 더욱 크게 해야 한다.
- 안전밸브 방출관이 플레어 스택과 연결된 경우, 방출관 내에 액체가 고이는 것을 방지하기 위해 플레어 스택의 녹아웃 드럼 쪽으로 방출관이 기울어져 있거나 드레인설비(배출설비)를 설치해야 한다.
- 안전밸브 전후에는 가능한 차단밸브를 설치하지 않는 것이 바람직하나 차단밸브를 설치할 경우에는 다음과 같은 조치를 취해야 한다.
  - 차단밸브 입구 면적이 안전밸브 입구 크기 이상이어야 한다.
  - 차단밸브 핸들을 떼어내든가 봉인조치를 취해야 한다.

참고

가연성, 독성가스 방출

화학설비는 정전 등 긴급사태 시, 시동 또는 운전정지 시, 정상운전 시 등의 방출 폐가스, 안전밸브로부터 방출되는 가연성 또는 독성가스를 안전한 위치에 안전한 방법으로 처리.

방출방법

- 벤트 스텍 : 독성이 없고 공기보다 가벼운 가스를 대기로 직접 방출
- 예비 탱크
- 플레어 스택 : 가연성가스, 독성가스(연소에 의해 무해화되는 것)를 연소하여 대기로 방출(폐가스

처리설비)
- 녹아웃 드럼 : 액체 유분이 플레어 스택으로 투입되면 불꽃이 주위로 튀게 되어 위험하므로 증기 중의 액체 유분을 분리
- 스크루버 : 독성물질이나 연소생성물이 유해한 경우 세정(흡수, 흡착) 처리

차단밸브를 설치할 수 있는 경우
- 인접한 화학설비 및 그 부속설비에 안전밸브 등이 각각 설치되어 있고, 해당 화학설비 및 그 부속설비의 연결 배관에 차단밸브가 없는 경우
- 안전밸브 등의 배출용량의 2분의 1 이상에 해당하는 용량의 자동압력조절밸브(구동용 동력원의 공급을 차단하는 경우 열리는 구조인 것으로 한정한다)와 안전밸브 등이 병렬로 연결된 경우
- 화학설비 및 그 부속설비에 안전밸브 등이 복수방식으로 설치되어 있는 경우
- 예비용 설비를 설치하고 각각의 설비에 안전밸브 등이 설치되어 있는 경우
- 열팽창에 의하여 상승된 압력을 낮추기 위한 목적으로 안전밸브가 설치된 경우
- 하나의 플레어 스택(flare stack)에 둘 이상의 단위공정의 플레어 헤더(flare header)를 연결하여 사용하는 경우로서 각각의 단위공정의 플레어 헤더에 설치된 차단밸브의 열림·닫힘 상태를 중앙제어실에서 알 수 있도록 조치한 경우

⑥ 안전밸브 종류에 따른 용도
- 기체의 압력 상승을 방지하는 경우
  - 스프링식 안전밸브
  - 자동압력제어장치
- 급격한 압력상승 또는 스프링 안전밸브를 부착하기 곤란한 경우
  - 파열판식 안전밸브
  - 자동압력제어장치
- 펌프나 배관에서 액체의 압력 상승을 방지하는 경우
  - 릴리프밸브
  - 스프링식 안전밸브
  - 자동압력제어장치
- 용기에 설치한 경우
  - LPG 자동차에 부착하는 용기 경우 : 스프링식 안전밸브
  - 일반가스 용기 경우 : 파열판식, 스프링식, 가용전식 등
  - LPG 용기 경우 : 스프링식 안전밸브

⑦ 안전밸브 점검 및 시험주기

설비		구분	점검 및 시험주기
보일러		• 1.12 MPa 또는 121℃ 이하의 저압 고온 온수보일러 • 0.1 MPa이하의 저압스팀보일러	• 매월 점검 및 수동시험 실시 • 매년 정밀점검 및 압력시험 실시
		• 안전밸브 설정치가 2.73 MPa이하인 고압 보일러	• 매월 점검 및 연 2회 이상 수동시험 실시
		• 안전밸브 설정치가 2.73 MPa 초과하는 고압보일러	• 매월 점검 및 가동 시마다 수동시험 실시
압력용기	안전밸브 릴리프밸브 안전릴리프밸브	• 내부 또는 외부가 부식이나 오염되기 쉬운 것	• 분기별 점검 및 수동시험 실시(가혹한 조건으로 운전되는 설비는 점검 빈도 상향) • 매년 신품으로 교체 또는 재설치
		• 내부 또는 외부가 부식이나 오염될 가능성이 없는 것	• 분기별 점검 및 수동시험 실시 • 정비기간에 제거하여 벤치시험
		• 수동시험을 할 수 없도록 설계된 것(레버 미설치)	• 매월 점검 • 정비기간에 제거하여 벤치시험
	파열판	• 내부 또는 외부가 부식이나 오염되기 쉬운 곳에 설치된 경우	• 홀더를 포함하여 분기별 점검(가혹한 조건하에 운전되는 시설은 매월 점검) • 설비정비기간에 교체(최소 5년 1회) • 매 작업 당 세척이 필요한 회분식 중합반응기나 기타 설비는 매 작업 당 검사
		• 운전조건 또는 환경에 영향을 받기 어려운 곳에 설치한 경우	• 홀더를 포함하여 매년 점검 • 적합하다면 10년에 1회 교체

2) 파열판(Rupture Disc)

(1) 의의

안전밸브에 대체할 수 있는 과압방지장치로써 밀폐된 압력용기나 화학설비 등이 설정압력 이상으로 급격하게 압력이 상승하면 파단되면서 압력을 토출하는 장치이다. 짧은 시간 내에 급격하게 압력이 변하는 경우 적합하다.

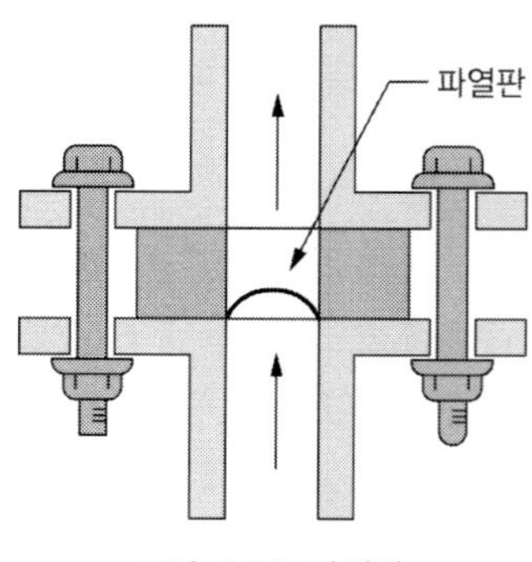

그림 2.38 파열판

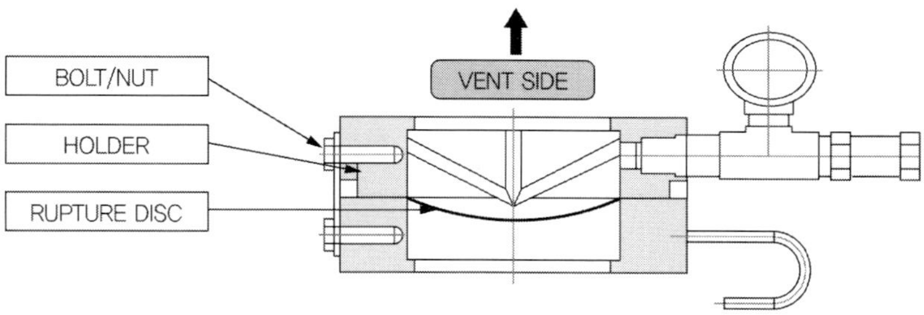

그림 2.39 파열판의 구조

(2) 파열판의 설치기준

① 반응 폭주 등 급격한 압력 상승의 우려가 있는 경우

② 급성 독성물질의 누출로 인하여 주위의 작업환경을 오염시킬 우려가 있는 경우

③ 운전 중 안전밸브에 이상물질이 누적되어 안전밸브가 작동이 안 될 우려가 있는 경우

④ 유체의 부식성이 강하여 안전밸브 재질의 선정에 문제가 있는 경우

⑤ 반응기 저장탱크 등과 같이 대량의 독성물질이 지속적으로 외부로 유출할 수 있는 구조로 된 경우에는 파열판과 안전밸브를 직렬로 설치하고, 파열판과 안전밸브 사이에는 경보장치를 설치하여야 한다.

⑥ 안전밸브 전단에 파열판을 조합하여 설치한 경우, 파열판의 작동 여부를 확인할 수 있는 압력계 또는 자동경보장치 등이 설치되어야 하며, 파열판의 작동압력은 안전밸브 설정압력보다 10% 이하의 낮은 압력에서 작동되도록 해야 한다.

⑦ 파열판을 안전밸브 전단에 설치하는 경우에는 파열판과 안전밸브 사이에 필요하지 않는 압력이 형성되지 않는 구조로 한다.

⑧ 파열판을 안전밸브 밑에 설치할 경우, 파열판은 파편이 생기지 않는 재질이어야 한다.

⑨ 파열판을 안전밸브의 후단에 설치하는 경우에는 다음과 같이 설치한다.

- 파열판과 토출배관은 안전밸브 성능에 영향을 주지 않도록 설치한다.
- 안전밸브와 파열판 사이에는 필요하지 않는 압력이 형성되지 않는 구조로 설치한다.
- 파열 시의 온도에서 파열판의 파열압력의 최대 허용치와 토출측에 걸리는 압력의 합은 다음 수치를 초과하지 않도록 설치한다.
  - 안전밸브의 배압 제한치
  - 안전밸브와 파열판 사이 배관의 설계압력
  - 관련기준에서 허용되는 압력

- 파열판을 직렬로 설치하는 경우에는 다음과 같이 설치한다.
  - 두 파열판 사이는 파열판의 기능을 발휘할 수 있도록 충분한 간격을 유지한다.
  - 파열판과 파열판 사이에는 필요하지 않은 압력이 형성되지 않는 구조로 설치한다.
- 파열판과 안전밸브를 직렬로 설치한 경우 파열판의 누출, 파열 여부를 확인하기 위한 압력계를 설치한다. 설치이유는 다음과 같다.
  - 일반적으로 파열판이 파열되었는지 인지하지 못하고 방치하다가 사고가 발생할 수 있다.
  - 관련 관청의 점검 시 지적 처분을 자주 받는 항목이다.
  - 압력계에 압력이 있다는 것은 파열판이 누출되거나 파열된 것이다.

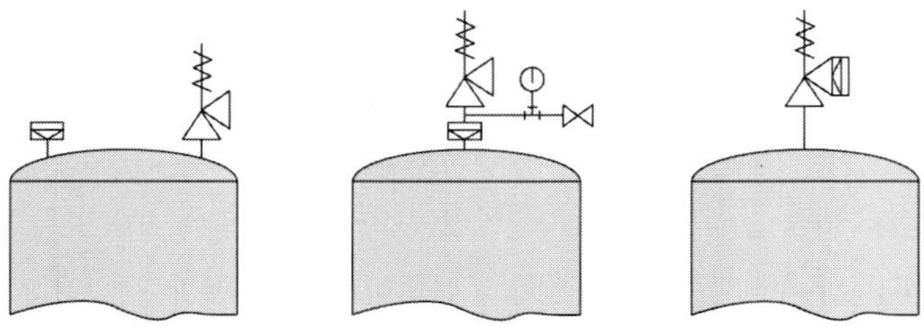

그림 2.40 안전밸브와 파열판의 연결에 따른 압력계 설치

(3) 파열판의 설계 기준식

파열판의 설계 기준식은 다음과 같다

$$P = 3.5\sigma_u \times \left(\frac{t}{d}\right) \times 100$$

여기서, P : 파열압력[kg/cm^2]
d : 직경
σ_u : 재료의 인장강도[kg/mm^2]
t : 두께[mm]

(4) 파열판의 특징

① 압력 방출 속도가 빠르며, 분출량이 많다.

② 높은 점성의 슬러지나 부식성 유체에 적용할 수 있다.

③ 설정 파열압력 이하에서 파열될 수 있다.

④ 한번 작동하면 파열되므로 교체해야 한다,

3) 통기설비

(1) 의의

인화성액체를 저장·취급하는 대기압 탱크에는 통기관(vent) 또는 통기밸브(breather valve)를 설치하여 정상운전 시에 탱크 내부가 진공 또는 가압되지 않도록 외기를 흡입 또는 증기를 방출할 수 있는 충분한 용량의 통기설비를 사용하여야 한다.

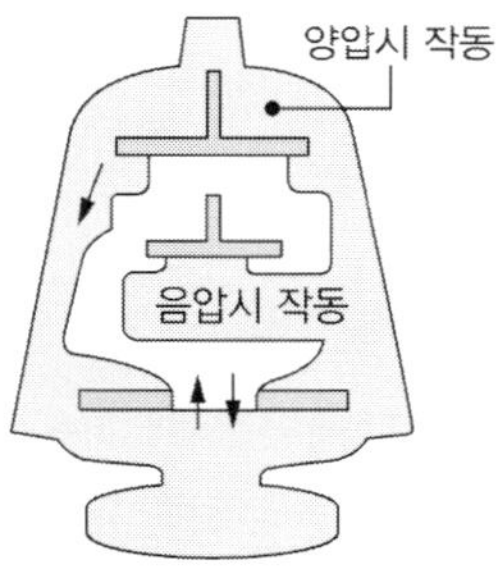

그림 2.41 통기관 개요도

그림 2.42 통기밸브

① 통기관

통기관이란 탱크가 진공 또는 가압 상태가 되지 않도록 대기로 개방된 배관을 말한다. 설치대상은 인화성 물질을 저장·취급하는 대기압 탱크 및 인화점이 65℃를 초과하는 물질을 인화점 이상에서 저장·취급하는 대기압 탱크에 설치한다.

② 통기밸브

위험물질을 저장·취급하고 있는 탱크의 통기관에는 통기밸브를 설치하여야 한다. 다만, 저장·취급하는 물질이 응축, 부식, 결정, 중합 또는 결빙되는 성질이 있는 경우에는 통기밸브의 설치를 생략할 수 있다.

- 인화점 38℃ 미만인 물질
- 인화점 이상으로 운전되는 물질

③ 긴급통기설비

정상운전 시의 통기설비로서는 외부화재로 인해 탱크에서 발생되는 긴급배기량을 방출시킬 수 없는 경우에는 긴급통기설비를 설치하여야 한다. 설치대상 설비는 납사 저장탱크 등 모든 상압 저장탱크이다.

(2) 통기설비의 설치기준

① 인화성액체를 저장하는 용기의 통기관 및 통기밸브에는 외부의 화염이 탱크로 유입하지 못하도록 끝단에 화염방지기를 설치하여야 한다.

② 휘발성이 높아 증발 손실이 많고 위험성이 높은 인화성액체 저장탱크에는 통기밸브(breather valve)를 설치한다.

4) 긴급방출설비(Emergency Vent)

(1) 의의

정상운전 시에는 닫혀 있다가 저장탱크 주위에서 화재가 발생한 경우 탱크 내부의 증기 발생량이 급격하게 증가되어 탱크 내부압력이 설정 압력에 도달되었을 때 자동으로 개방되면서 많은 양의 가스·증기 등을 일시에 탱크 외부로 방출시켜 탱크를 보호하는 맨홀 또는 기계 뚜껑 등을 말한다.

저장탱크에 긴급방출밸브(emergency vent)와 통기밸브가 함께 설치된 경우에는 긴급방출밸브의 작동압력을 통기밸브의 설정압력 보다 약간 높게 설정하여 평상시에는 통기밸브를 통해 증기를 방출시키고, 외부화재 등 이상 시에 긴급방출밸브가 작동되도록 해야 한다.

(2) 긴급압력방출 맨홀(Emergency Vent Manhole Cover)의 원리

탱크 주위 환경의 급격한 변화나 화재 등으로 인해 탱크 내 열팽창 압력이 급격히 증가되었을 때, 탱크의 폭발·파열을 방지하기 위해 사용되어지는 장치이다. 즉, 저장탱크 보호를 위한 안전장치로 탱크에 압력조절장치(pressure & vacuum relief valve)등이 설치되지만, 이 압력조절장치가 작동하지 않을 경우 또는 화재 발생 등 다양한 원인에 의해서 탱크의 압력이 과도하게 증가될 경우 매우 위험하므로, 이 경우에는 긴급압력방출 맨홀이 작동하여 탱크를 보호하는 이중안전장치의 역할을 하도록 설계되어 있다.

긴급압력방출 맨홀은 위와 같은 비상사태 시 열리게 되며, 탱크 압력이 설정 압력 이하일

경우에는 항상 닫혀 있으며, 정비·보수 시 등에는 이 맨홀을 통하여 사람이 탱크에 출입을 할 수도 있다.

5) 폭압방산공

(1) 의의

폭압방산공은 건물, 건조로 또는 분체의 저장설비 등에 부속된 설계강도가 가장 낮은 덕트류 등의 일부에 설치하는 일종의 압력방출장치로서 폭발로부터 건물, 설비 등을 보호하는 기능을 갖는다. 다른 압력방출장치에 비해 구조가 간단하고 방출면적이 넓어 방출량이 많고, 방출에 따른 2차적인 피해를 예방하기 위해 방출 방향을 안전한 장소로 향하게 하는 것이 중요하다.

(2) 폭압방산공의 특징

① 용이하게 개구가 생기는 구조이다.

② 구조가 비교적 간단하고 보호할 장치 등이 고가가 아닌 경우에도 이용할 수 있는 이점이 있다.

③ 기밀유지에 어려움이 있다. 가압하에서 조업하는 장치 등에는 파열판식 안전장치를 사용하는 것이 보통이다.

④ 방산공은 다른 압력방출장치에 비해서 방출량이 크므로 폭발에 대한 방호가 적당하다. 그러나 폭굉에 대해서는 압력 방출효과는 기대할 수 없다.

⑤ 개구부가 생긴 후 복원성이 없다.

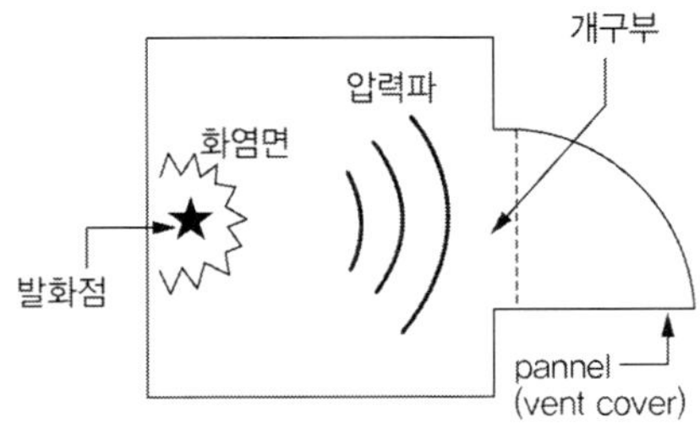

그림 2.43 폭압방산공

(3) 적용

개구부가 생긴 후 복원성이 없어서 회분식 장치(반응기에 원료 및 촉매 등을 순서적으로 투입하여 일정시간 반응 후 생성물을 배출하는 방식으로 조작되는 반응기) 등에 응용이 권장되고 연속처리 공정에 응용하는 경우는 가연물의 유출을 차단하는 기구를 함께 설치하여야 한다.

(4) 방산공의 구조

방산공 개구부의 크기, 모양, 위치 등의 기준

① 방산공을 설계한 장치 등의 내부에서 폭발에 의하여 발생하는 최대압력은 개구면적이 클수록 작다.

② 개구부의 형상은 개구부의 단면이 기체가 유출하기 쉬운 모양으로 하는 것이 효과적이다.

③ 개구부의 설치는 발화원 가까이 설치한다. 그러나 발화원의 위치를 특별히 정할 수 없는 경우에는 개구부의 위치를 방산공을 설치하는 면의 중앙에 설치토록 한다.

6) 화염방지기(인화방지기)

(1) 의의

비교적 저압 또는 상압에서 가연성 증기를 발생하는 인화성 물질 등을 저장하는 탱크에서 외부로 그 증기를 방출하거나 탱크 내로 외기를 흡입하는 부분에 설치하는 안전장치를 말한다. 이것은 화학장치 등에서 배관 도중에 연결되어 있어 한 설비에서 폭발 발생 시에 다른 설비에 폭발이 전파 확대되면 큰 피해가 발생하므로 이를 차단하기 위한 설비이다.

(2) 특성(기능)

① 폭발화염을 저지하는 열역학적 특성(소염 능력)

② 폭발압력에 견디는 기계적 특성

(3) 화염의 전파형태

① 단순한 가스의 화염 : 확산연소, 불꽃연소

② 미리 공기와 연료가 혼합된 고온의 화염 : 예혼합연소의 전파

③ 폭연에 의한 전파

④ 폭굉 : 화염의 전파형태는 폭굉으로 갈 위험성을 고려하여, 화염방지기 설계 선정 시 열역학적 특성(소염 능력)과 기계적 특성을 고려해야 한다.

(4) 화염방지기의 원리 및 구조

① 원리

가연성가스나 증기가 충만된 배관 등의 내부에서 연소가 개시될 때 연소가스의 유통 부분에 금속망(또는 연소차단 금속) 등의 작은 미세한 막(소염소자)을 사용하여 고온의 화염이 얇은 막 벽면에 접촉하여 열전도에 의하여 급속히 열을 제거하는 구조로서 착화원의 온도가 저온으로 되어 연소가 중지되고, 반응에 필요한 분자의 생성 속도가 손실 속도보다 낮음으로써 화염이 소멸되는 원리이다.

② 구조

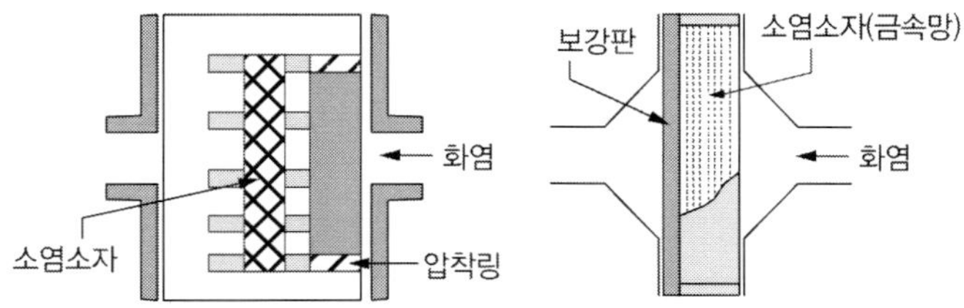

(소염소자 : 소염용 미세한 막의 집합체)

그림 2.44 화염방지기의 구조

(5) 화염방지기의 종류

① 금속망형 : 열흡수율이 좋고, 공기흐름에 대한 저항을 최대한 줄일 수 있다는 장점이 있으며, 산업시설에 많이 사용된다.

② 평판형 : 튼튼하고 분해 및 청소가 쉽다. 공기저항이 큰 게 단점이다.

③ 수냉형 : 통기관을 순환하는 물속을 통과하게 함으로써 가연성 증기를 액화시켜 다시 탱크로 되돌려 보내는 장치로서, 인화 방지와 내용물의 증발 손실을 막는 효과도 있다.

(6) 재질

① 보통 알루미늄, 주철(cast iron), 모넬(Ni + Cu, 내산성), 스테인리스강 등이 쓰인다.

② 산이나 염기가 있는 공기는 화염방지기에 손상을 입히기 쉬우므로 내부식성이 있는 금속을 사용해야 한다.

(7) 소염 성능에 미치는 요인

① 화염속도와 전파 방향 : 상방, 수평, 하방 순으로 성능이 점차 나빠진다(∵금속망 부분에

정체 현상).

② 가연성가스와 증기의 종류 및 혼합비율

③ 화염방지기 성능 : md(mesh 수 × 직경) > 0.4의 경우(금속망) 가장 우수

(8) 설치장소

① 인화성액체가 저장된 탱크의 방출관

② 폐가스를 처리하는 flare stack

③ 회수 장치로 솔벤트 증기를 이송하는 덕트 설비

④ 버너 또는 노(爐) 등에 가스를 이용하는 배관설비

⑤ 위험물 저장소(소방법상) ⇒ 4류 위험물 탱크 설치기준

저장소	통기관 종류
옥외탱크 저장소	무변 통기관, 대기밸브 부착 통기관
옥내 탱크 저장소	무변 통기관
지하 탱크 저장소	무변 통기관
간이 탱크 저장소	무변 통기관

7) 스팀트랩(Steam Trap)

(1) 의의

증기배관 내에 생성되는 응축수는 송기상 지장이 되어 제거할 필요가 있는데, 이때 수증기는 누설되지 않도록 하고, 생성된 응축수만 자동적으로 배출하기 위한 장치이다. 즉, 증기와 응축수를 공학적 원리 및 내부구조에 의하여 구별하여 응축수만을 자동적으로 배출하는 일종의 자동밸브이다.

(2) 응축수를 배출하지 못할 경우 피해

① 열전달 효율이 저하되어 가열시간이 길어지고 생산성이 저하된다.

② 워터해머(수격작용)를 일으켜 설비와 배관을 부식시킨다.

③ 가열온도의 불균형으로 인하여 제품의 불량을 초래한다.

④ 증기관과 사용설비의 부식 또는 재질의 노화를 촉진하게 된다.

참고

> 워터해머(수격작용)
> 물 또는 유동적 물체의 움직임을 갑자기 멈추게 하거나 방향이 바뀌게 될 때 순간적인 압력이 발생하는 현상이다. 흔히 파이프 끝의 밸브를 갑자기 닫거나 파이프 끝에 압력이 갑자기 증가할 때 발생한다. 이러한 압력은 소음과 진동을 발생시켜 배관에 큰 문제를 야기시킨다.

(3) 스팀트랩을 이용한 자동배출의 작동원리

① 온도 차를 이용하는 방법

② 응축수와 증기의 비중 차를 이용하는 방법

③ 온도변화에 따른 압력의 변화와 운동에너지를 이용하는 방법

(4) 스팀트랩의 종류

① 기계적으로 작동하는 트랩 : 플로트식 스팀 트랩

증기와 트레인의 비중차를 감지하여 작동하는 타입으로, 부자의 부력으로 밸브를 개폐하여 드레인한다.

② 온도적으로 작동하는 트랩 : 바이메탈식 스팀 트랩

증기와 드레인의 온도차를 감지하여 작동하는 타입으로 증기는 어떤 압력에서 일정한 온도밖에 없지만, 드레인은 열을 빼앗기면 온도가 내려가기 때문에 그것을 이용해 개폐하여 드레인한다.

플로트식 스팀 트랩 바이메탈식 스팀 트랩 디스크식 스팀 트랩

그림 2.45 스팀트랩의 종류

③ 열역학적으로 작동하는 트랩 : 디스크식 스팀 트랩

증기와 드레인이 갖고 있는 열역학상의 운동에너지의 차이를 감지하여 디스크 밸브를 개폐함으로써 작동하여 드레인한다.

2. 배관 및 피팅류

1) 관이음

(1) 관이음

고압관에서는 누설 방지를 위해 용접 이음이 좋고, 보수를 위해 분리하여야 할 필요가 있을 경우에는 플랜지 등 일시적 접합을 사용한다. 또한, 관이 길고 온도변화가 클 때에는 신축을 고려하여 신축 이음을 사용한다.

① 관 부속품

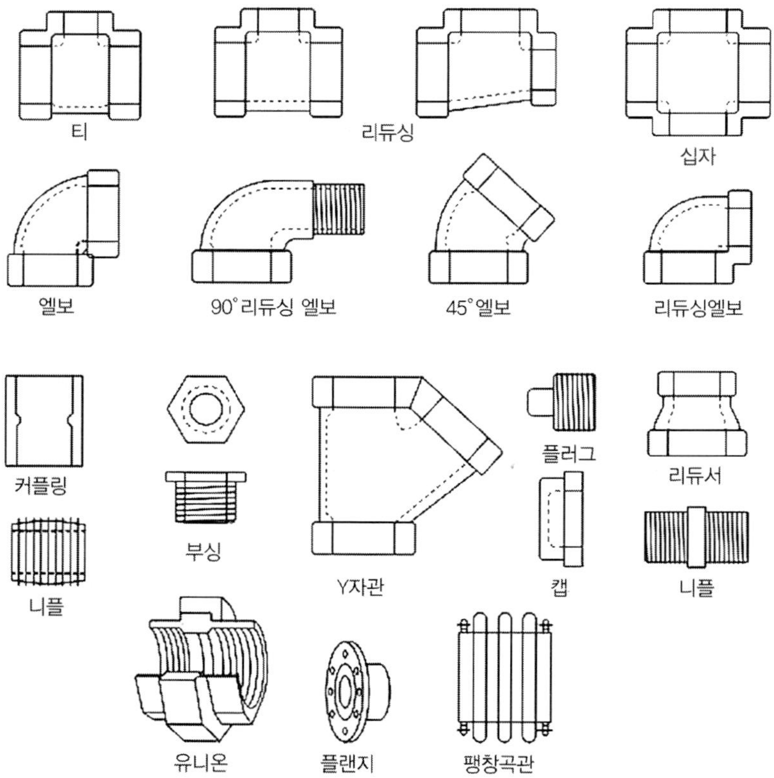

그림 2.46 관 부속품

② 용도에 따른 관 부속품의 사용

용도	관 부속품
관로를 연결할 때	플랜지(flange), 유니온(union), 커플링(coupling), 니플(nipple), 소켓(socket)
관로의 방향을 변경할 때	엘보(elbow), y자관(y－branch), 티(tee), 십자관(cross)
관의 지름을 변경할 때	리듀서(reducer), 부싱(bushing)
가지관을 설치할 때	티(tee), y자관(y－branch), 십자관(cross)
유로를 차단할 때	플러그(plug), 캡(cap), 밸브(valve)
유량을 조절할 때	밸브(valve)

③ 배관설계 시 배관특성을 결정하는 요소 : 압력, 온도, 유량

2) 개스킷(gasket)

① 역할

관 플랜지 고정 접합 면에 끼워 볼트 및 기타 방법으로 죄어 유체의 누설을 방지하는 부속품으로 냉각수의 누수를 방지하여 생산성을 향상시키고, 유체가 약품일 경우 인명사고 및 환경오염을 예방한다.

② 개스킷 종류

- 모넬(Ni 52~67%와 Cu로 구성된 Ni 합금), 동의 금속 가스켓 : 인화성액체를 사용하는 배관에 적합하며 융점이 650℃ 이상인 것을 사용한다.
  - spiral-wound metallic gasket
  - metal ring-joint gasket : 가장 적합하나 비용이 많이 듦
- 그라파이트 가스켓 : 인화성액체를 사용하는 배관에 적합하며 첨가물을 사용하지 않은 정제된 천연인상 흑연제품으로 내열성, 내약품성, 유연성, 압축복원력이 뛰어나다.
- 압축 석면섬유판(asbestos-fiber-sheet) : 제조과정에서 사용된 바인더가 고온에 대한 내열성을 감소시키기 때문에 중요 시설에 대해서는 노출 위험이 적은 곳에만 사용한다.
- 섬유, 플라스틱, 코르크, 납, 고무, 테프론(PTFE : 내열, 내약품성이 뛰어나며 마찰계수가 극히 낮은 플라스틱 소재)을 사용한 가스켓으로 위험이 적고 스프링클러설비로 보호된

곳에서만 사용(운전 게이지압력이 0.68 MPa)

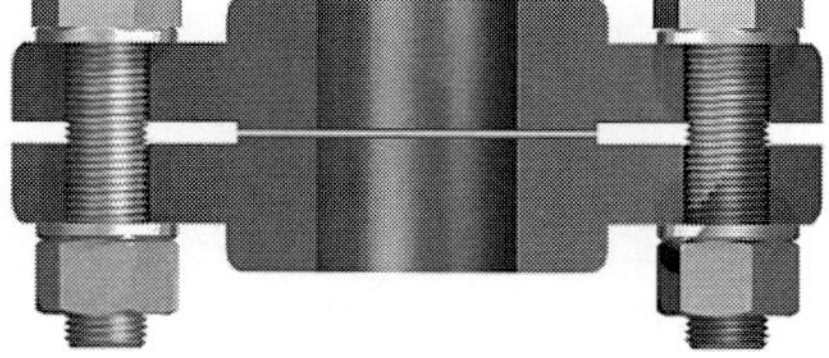

그림 2.47 플랜지-Flat Ring 개스킷

③ 개스킷 선정 시 유의사항

- 설계온도에 견딜 수 있어야 한다.
- 설계압력에 견딜 수 있어야 한다.
- 유체의 특성에 따른 부식성을 가지고 있어야 한다.
- 2가지 이상의 유체가 공급되는 경우 공급되는 모든 유체에 대하여 적합해야 한다.
- 설치 및 제거가 용이한 가용성이 있어야 한다.
- 복원성, 유연성이 좋아야 하며, 금속 사이에 밀착되어야 하며, 기계적 강도가 강하고 가공성이 좋아야 한다.

3) 밸브(Valve)

① 역할

배관이나 장비에 설치되어 유체의 유량·압력 등의 흐름을 차단하거나 조절하는 역할을 한다

② 종류

밸브는 크게 스톱밸브와 게이트밸브, 특수용도의 개폐 밸브로 나눌 수 있다.

㉠ 스톱밸브 : 배관이나 장비의 주위에 설치되어 유체의 공급이나 흐름을 차단하는 용도로 사용한다.

- 볼밸브

게이트밸브에서 시트와 밸브 몸체 사이에 패킹을 넣어 기밀성이 좋고 조작이 편리하게 만든 밸브이다. 다만, 패킹이 고온이나 고압에서는 변형되어 누설의 우려가 있기 때문에 사용상에 주의가 필요하다.

• 버터플라이밸브

볼밸브와 비슷한 원리의 밸브이며 구경이 큰 배관이나 기계에 사용된다. 볼밸브와 동일하게 고온, 고압에서는 사용상에 주의가 필요하다.

(a) 볼밸브 (b) 버터플라이 밸브

그림 2.48 스톱밸브

ⓑ 게이트밸브

• 유체 흐름을 가감하거나 차단하는 용도로 쓰이는 가장 기본적인 밸브이다.

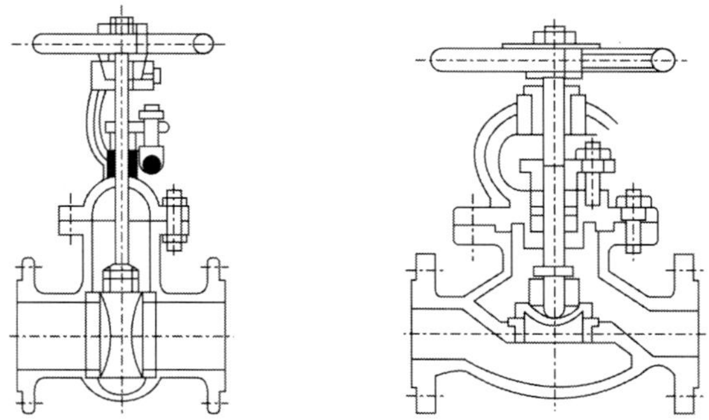

(a) 게이트밸브 (b) 스톱밸브

그림 2.49 게이트밸브와 스톱밸브의 개략적인 구조

ⓒ 특수용도의 개폐 밸브

• OS/Y 밸브(개폐표시형 밸브)

바깥나사식 게이트밸브 또는 개폐 표시형 게이트밸브라고도 부르며 개폐 여부를 육안으로 쉽게 구별할 수 있도록 하기 위해 디스크와 연결된 밸브의 나사축이 핸들 조작 시 상하부로 움직이는 구조로 되어 있다. 주로 소방용으로 많이 사용되나 일반 용도로도 사용할 수 있다.

- 나이프 게이트밸브
  시트의 마모가 극심한 분체와 광물, 제지, 하수, 음식물(폐기물) 등 불순물이 포함된 악성 유체를 이송하는 계통이나, 플랜트나 발전소 등 높은 기밀성이 요구되는 곳에서 많이 사용되는 밸브다. 밸브 몸체와 디스크의 접촉면이 넓고 한쪽 면에 패킹이 있어 기밀성이 일반 게이트밸브와 볼밸브의 중간 정도이다.
- 제수밸브 : 직접구동방식의 일종의 게이트밸브
  배관과 밸브가 지표면이나 구조체의 하부에 매설될 경우 사용하는 밸브로, 밸브 축의 사각볼트를 긴 막대기 형태의 조작 핸들을 이용하여 지상에서 조작이 가능하게 한다. 지중에 매설되어야 하므로 부식을 방지하기 위해 에폭시로 도색이 되어 있다.
- 앵글밸브
  배관이 90도로 굴곡되는 부분에 밸브가 설치되어야 할 때 사용한다. 위생기구의 급수 차단용이나 소화전의 방수구 등에 사용된다.
- 단조밸브
  높은 압력이나 고온의 유체가 이송되는 계통에서 주로 사용되며, 밸브의 주요 부품이 단조강으로 제작되어져 일반 주철 재질의 밸브에 비해 내구성이나 기계적 성질이 우수하다. 그리고 용접식으로도 제작이 가능하여 플랜지에서의 누설을 예방하고자 배관에 직접 용접하여 설치할 수 있다.

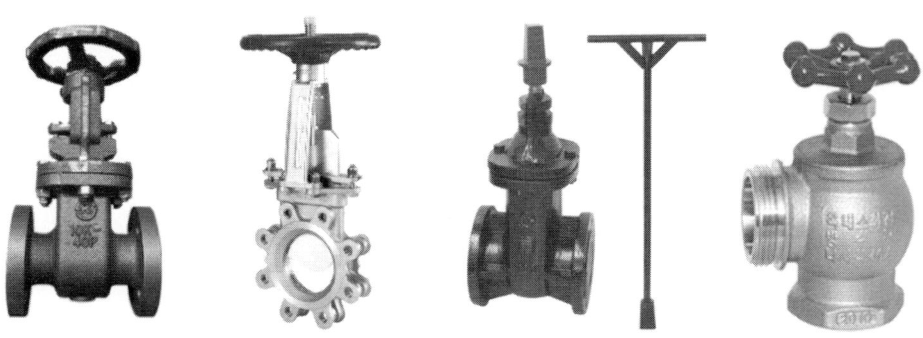

(a) OS&Y 밸브　(b) 나이프 게이트밸브　(c) 제수밸브　(d) 앵글밸브

그림 2.50 특수용도의 개폐 밸브

㉣ 체크밸브(check valve)

- 유체가 한 방향으로만 흐르도록 제작된 밸브이다. 별도의 외부 조작 없이 다이어프램에 의해 정방향의 흐름은 허용하고 역방향의 흐름(역압, 역류)을 방지하는 밸브이다.

역류를 막는 이유는 역류에 의한 기계 및 기기의 손상을 방지하고 주관에서 가지관으로 프로세스 유체가 흐르는 것을 방지하는 역할을 한다.

- 체크밸브는 스윙 체크밸브, 볼체크밸브, 디스크 체크밸브, 리프트 체크밸브, 스모렌스키 체크밸브 등이 있다.

(a) 스윙 체크밸브

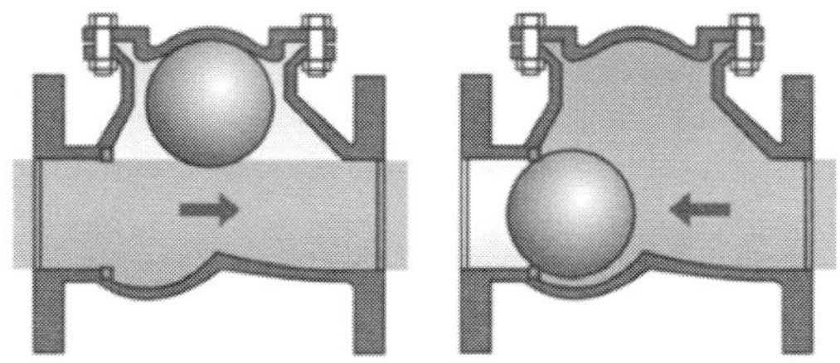

(b) 볼체크밸브

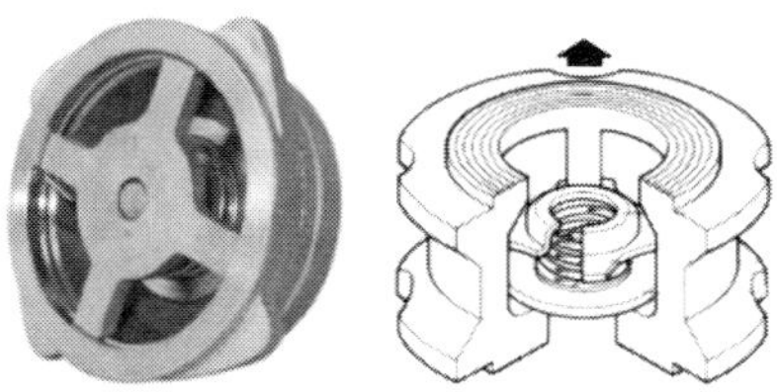

(c) 디스크 체크밸브

(d) 스모렌스키 체크밸브

그림 2.51 체크밸브 종류

3. 계측장치

1) 압력계

① 1차 압력계

압력과 힘의 물리적 관계로부터 압력을 직접 측정하는 압력

자유피스톤형 압력계 (분동식 또는 피스톤식)	주로 압력계 눈금교정, 실험목적 등으로 사용
액주식 압력계(manometer)	U자관 압력계, 단관식 압력계, 경사관식 압력계

② 2차 압력계

탄성, 전기적 변화, 물질 변화 등을 이용하여 압력을 측정하는 압력

부르동관식(bourdon) 압력계	탄성체의 탄성변형을 이용한 압력계
벨로우즈식(bellows) 압력계	압력에 의한 벨로우즈의 탄성변형을 이용한 압력계
다이어프램식(diaphragm) 압력계	얇은 금속의 격막을 이용하여 미세한 압력 측정에 사용
전기저항 압력계	금속 전기저항 변화를 이용한 압력계
피에조(piezo) 전기 압력계	급격히 변화하는 압력 측정에 사용

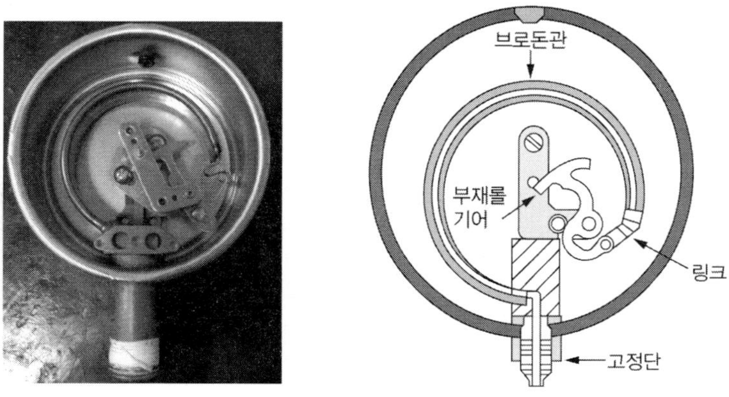

그림 2.52 부르돈관식 압력계

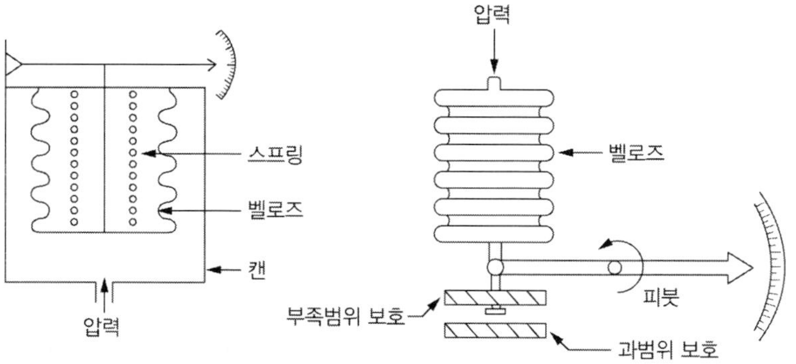

그림 2.53 벨로우즈 압력계 및 측정소자

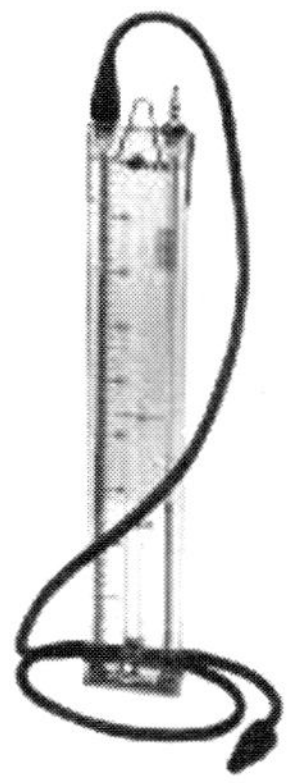

그림 2.54 U자형 마노미터

2) 유량계

① 직접식 유량계

유체의 부피나 질량을 직접 측정하는 유량계

② 간접식(가변식) 유량계

유량과 관계있는 다른 양을 측정하여 유량을 구하는 유량계

차압식	유체가 흘러가는 배관에 장해물을 설치하고 그 전후 압력차를 측정하여 유량을 구하는 유량계	피토관, 오리피스미터, 벤투리미터 등
면적식	유체의 면적과 시간의 함수를 이용하여 유량을 구하는 유량계. 피스톤형과 플로트형으로 구분한다.	로타미터(rota meter) 등

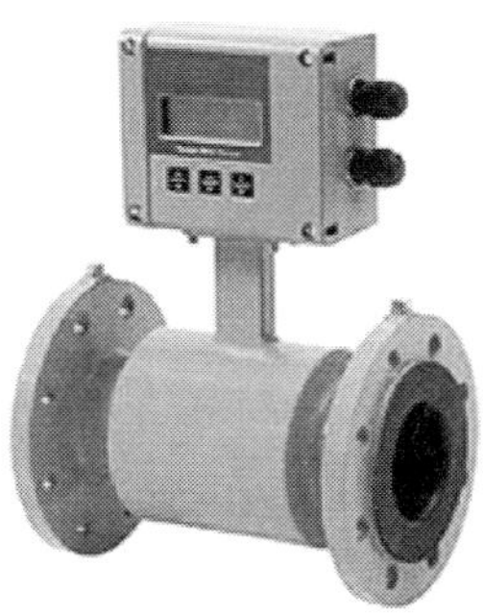

그림 2.55 디지털 유량계

4. 가스누출 감지경보기

1) 개요

가연성 또는 독성물질의 가스를 감지하여 그 농도를 지시하고, 미리 설정해 놓은 가스 농도에서 자동적으로 경보가 울리도록 하는 장치를 말하며, 감지부와 수신경보부로 구성된 것을 말한다.

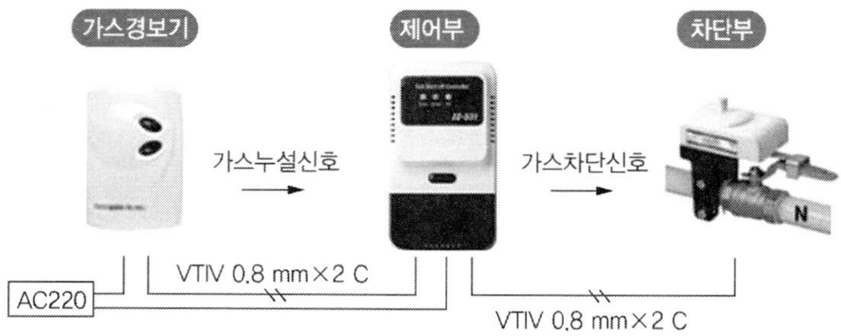

그림 2.56 가스누출 경보기

2) 선정기준

① 감지대상 가스의 특성을 충분히 고려하여 가장 적절한 것을 선정
② 감지대상 가스가 가연성이면서 독성인 경우에는 독성을 기준하여 가스누출감지 경보기를 선정

3) 설치대상 물질

① 가연성물질 : 인화성 물질 중 인화점이 35℃ 이하인 인화성액체
② 독성물질 : 독성물질로써 35℃, 0.1 MPa(1 bar)로 기체 상태인 것

4) 설치장소

① 건축물 내·외에 설치되어 있는 가연성물질 또는 독성물질을 취급하는 압축기, 밸브, 반응기 및 배관 연결부위 등 가스 누출이 우려되는 화학설비 및 그 부속설비 주변
② 가열로 등 점화원이 있는 제조설비 주위에 가스가 체류하기 쉬운 장소
③ 가연성물질 또는 독성물질의 충전용 설비의 접속 부위 주위
④ 폭발위험장소 내에 위치한 변전실, 배전반실 및 제어실 내부 등
⑤ 기타 특별히 가스가 체류하기 쉬운 장소

5) 설치 위치

① 감지부는 가능한 한 가스의 누출이 우려되는 누출 부위 가까이에 설치

② 직접적인 가스누출은 예상되지 않으나 주변에서 누출된 가스가 체류하기 쉬운 곳에 설치하되, 공기보다 가벼운 가스(LNG 등)는 급속히 상부 방향으로 확산되고, 공기보다 무거운 가스(LPG 등)는 지표면을 따라 서서히 확산되는 경향을 고려하여야 한다.

6) 경보설정 및 성능

① 가연성 가스누출감지 경보기 감지 대상 가스의 폭발하한계 25% 이하(다경보 설정형인 경우 1차 경보는 폭발하한계의 20% 이하에서 2차 경보는 폭발하한계의 25% 이하에서 경보를 설정), 독성 가스누출감지 경보기는 당해 독성물질의 허용농도 이하에서 경보가 발하여지도록 설정된다. 다만, 독성 가스누출감지경보기로서 당해 독성물질의 허용농도 이하에서 감지부가 감지할 수 없는 경우에는 그러하지 아니하다.

② 가스누출감지 경보기의 감지부 정밀도는 경보 설정점에 대하여 가연성 가스누출감지 경보기는 ±25% 이하, 독성 가스누출감지경보기는 ±30% 이하이어야 한다.

③ 가연성 가스누출감지 경보기는 경보 설정점에서 램프의 점등 또는 점멸과 동시에 경보를 발하여야 하고 정상 및 오동작 상태가 식별될 수 있는 구조여야 한다.

④ 가연성 가스누출감지 경보기는 담배연기 등, 독성 가스누출감지경보기는 담배연기, 세척유 증기, 석유류 증기 및 배기가스 등에는 경보를 발하여서는 아니 된다.

⑤ 수신 경보부의 지시계 눈금범위는 가연성 가스누출감지 경보기의 경우에는 0에서 폭발하한계 값, 독성 가스누출감지경보기의 경우에는 0에서 허용농도의 3배 값(암모니아를 실내에서 사용하는 경우에는 150 ppm)이어야 한다.

5. 플레어 시스템(Flare System)

1) 개요

안전밸브 등에서 배출되는 물질을 모아 플레어 스택에서 소각시켜 대기 중으로 방출하는 데 필요한 일체의 설비를 말하며 플레어 헤더, 녹아웃 드럼, 밀봉 드럼, 플레어 스택 등과 같은 설비를 포함한다.

2) 용어 정의

① 플레어 스택

플레어 시스템 중 스택 형식의 소각탑으로써 스택 지지대, 주버너 팁, 파일럿 버너, 점화장치 등으로 구성된 설비 일체를 말한다.

② 플레어 헤더

안전밸브 등에서 방출된 가스 및 액체를 그룹별로 모아서 플래어 스택으로 보내는 주배관을 말한다.

③ 녹아웃 드럼(knock-out drum)

안전밸브 등의 방출물에 포함되어 있는 액체가 플레어 스택으로 가스와 함께 흘러 들어가지 않도록 액체를 분리 포집하는 설비를 말한다.

④ 밀봉 드럼(seal drum)

플래어 스택의 화염이 플레어 시스템으로 전파되는 것을 방지하거나 또는 플레어 헤더에 약간의 진공이 형성되는 경우 플레어 스택으로부터 공기가 빨려 들어가는 것을 방지하기 위하여 설치된 설비를 말한다.

⑤ 스크러버

독성물질이나 연소생성물이 유해한 경우 세정(흡수, 흡착) 처리하는 설비를 말한다.

⑥ 벤트 스택

독성이 없고 공기보다 가벼운 가스를 대기로 직접 방출하는 설비를 말한다.

그림 2.57 플레어 스택

3) 플레어 시스템의 구성

(1) 상호 연결 포집 배관 시스템(Interconnecting Collection Network)

① 각각의 안전밸브 및 기타 배출원으로부터의 토출 배관

② 각각의 토출 배관을 연결한 지선

③ 각각의 지선을 연결한 플래어 헤더

(2) 액체 제거 관련 설비

① 녹아웃 드럼

② 이송펌프 및 부대설비

(3) 플레어 스택

① 본체

② 플레어 팁 또는 버너

③ 플레어 스택 지지대

④ 파일럿 버너

⑤ 자동 점화장치

⑥ 유틸리티 배관(수증기, 연료가스, 계장용 공기 등)

(4) 플레어 시스템의 부대장치

① 화염감지기 및 모니터

② 역화방지기

③ 연기 억제 조절장치

④ 격리 장치

⑤ 경보기를 포함한 계장

4) 플레어 시스템의 안전관리

(1) 플레어 스택

① 플레어 스택은 복사열 또는 연소 액체의 비산에 의한 발화 등의 위험이 없도록 안전한 위치에 설치해야 한다.

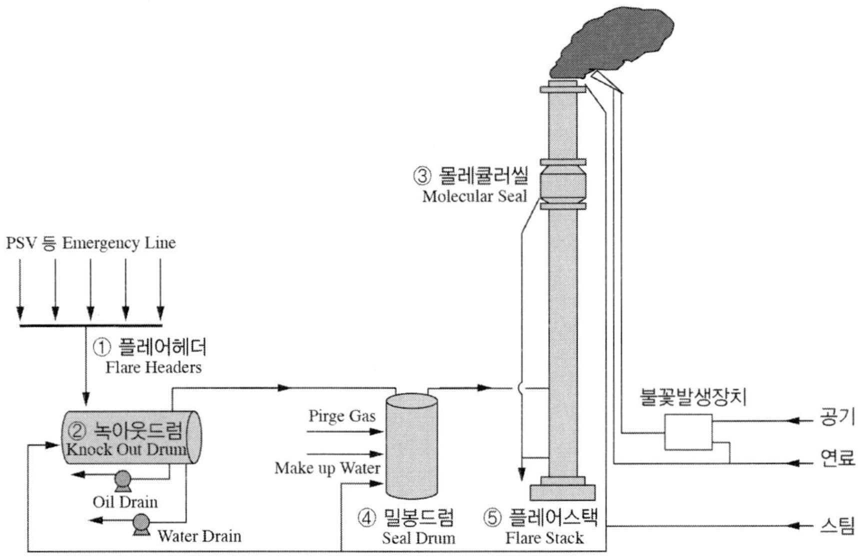

그림 2.58 플레어 시스템

- 플레어 스택은 주요시설과 90 m 이상 이격하여 설치
- 플레어 스택은 지표면 복사열이 4,000 kcal/m^{2}hr 이하가 되도록 설치

② 플레어 스택에는 파일럿 버너 또는 항상 작동할 수 있는 자동점화장치를 설치하고, 파일럿 버너가 꺼지지 않도록 하거나 자동점화장치의 기능이 완전하게 유지되어야 한다.

③ 역화 및 공기와의 혼합 폭발을 방지할 수 있도록 다음과 같은 조치를 취해야 한다.

- 액봉설비 설치
- 화염방지기 설치
- 증기밀봉설비 설치
- 퍼지가스의 지속적 주입
- 연료가스의 연속적 주입

(2) 벤트 스택

① 방출구

벤트 스택의 방출구는 다음과 같이 안전한 장소에 위치해야 한다.

- 인접 장치보다 높은 위치에 설치
- 인화성액체 증기 방출 시 발화원이나 중요건물의 개구부로부터 수평거리 45 m 이상(인

화점 -7℃ 이상일 경우 23 m) 떨어진 위치에 설치

• 탱크의 경우 탱크 상부로부터 2 m 이상, 지면으로부터 5 m 이상 중 더 높은 위치

② 벤트 스택 또는 연결 배관에는 응축액의 고임을 제거하기 위해 드레인 설비를 설치해야 한다.

③ 독성 가스는 제독 조치 후 벤트 스택으로 방출해야 한다.

(3) 녹아웃 드럼

① 비상벤트의 작동 등 예상되는 모든 조건을 고려하여 액체 유분이 플레어 스택에 유입되지 않도록 충분한 크기로 설치해야 하며, 적정한 증기 공간 확보를 위해 액위 경보장치 등을 설치해야 한다.

② 간단한 설비에서는 수동조작 드레인 설비와 액면계만 설치가 가능하나, 일반적으로 액체 이송펌프, 고액위 경보장치, 펌프 자동차단스위치를 설치함(액체이송펌프에 증기가 유입되는 것을 방지하기 위해 저액위 경보장치 설치 권장)

제3장 석유화학공장 사고현황 분석

3-1 석유화학공장 사고현황 분석

1. 화학사고 관련 산업재해 분석

그림 3.1은 우리나라 전체산업에서 화재폭발 및 화학물질 누출·접촉에 의한 화학사고 재해자 수를 나타낸 것이다. 재해자 수는 2008년 1,447명에서 2017년 688명으로 50% 이상 감소하였다. 화재·폭발 사고는 큰 감소폭을 나타냈으나 화학물질 누출·접촉에 의한 재해자 수는 상대적으로 그 감소폭이 적었다. 재해자 수 비율에서는 2008년에 화학물질 누출·접촉에 의한 재해자 비율이 전체 화학사고의 25.2%를 차지했으나 2017년에는 36.2%로 증가하여 화학사고에서 화학물질 누출·접촉 사고에 의한 재해자 수가 차지하는 비율이 증가하는 경향을 나타내고 있다

그림 3.2는 우리나라 전체산업에서 화재·폭발 및 화학물질 누출·접촉에 의한 화학사고 사망자 수를 나타낸 것이다. 우리나라 전체산업에서 화재·폭발 및 화학물질 누출·접촉에 의한 화학사고 사망자 수도 감소하는 경향을 보이고 있다. 2008년 111명에서 2017년 49명으로 50% 이상 감소하였으며, 최근 10년간 746명이 화학사고로 사망한 것으로 보고되었다. 사망자 비율로는 화재·폭발에 의한 사망자가 화학물질 누출·접촉에 의한 사망자보다 3.6배 정도 많은 것으로 나타났다.

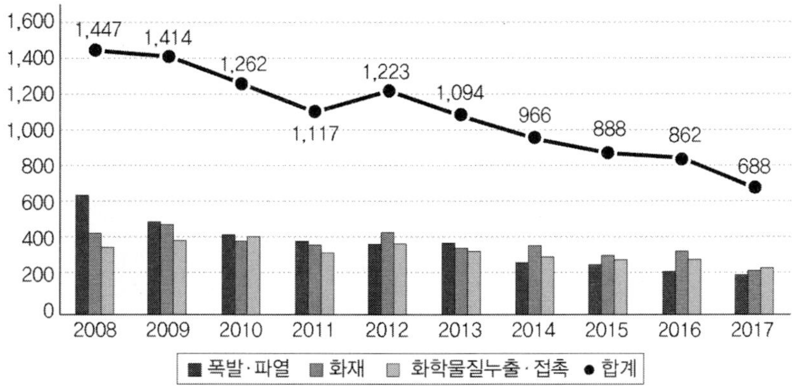

그림 3.1 최근 10년간 화학사고 재해자 수(2008~2017)
(자료 : 통계청 국가통계포털 및 안전보건공단 산업재해 통계)

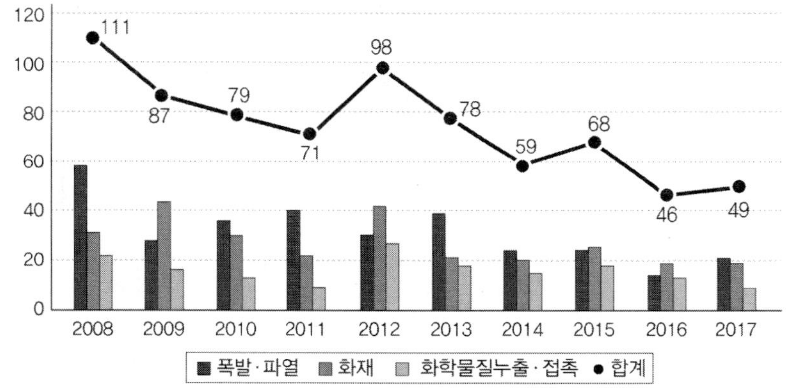

그림 3.2 최근 10년간 화학사고 사망자 수(2008~2017)
(자료 : 통계청 국가통계포털 및 안전보건공단 산업재해 통계)

2. 제조업에서 일상 작업 및 비일상 작업 구분에 따른 화학사고 분석

그림 3.3은 2008년부터 2017년까지 10년 동안 제조업에서 일상 및 비일상작업 중에 발생한 화학사고 분포를 나타내었다. 화재·폭발은 사고는 일상 작업 중에 52.4%(141건), 비일상 작업 중에 34.9%(94건)가 발생해서 전체 화학사고 비율과 비슷한 수준을 보였다. 화학물질 누출·접촉 사고는 일상작업 중 사고가 41.7%(25건), 비일상 작업 중의 사고가 38.3%(23건)를 차지해 화재·폭발 사고에 비해 상대적으로 비일상 작업 중에 사망사고가 많이 발생하는 것으로 나타났다.

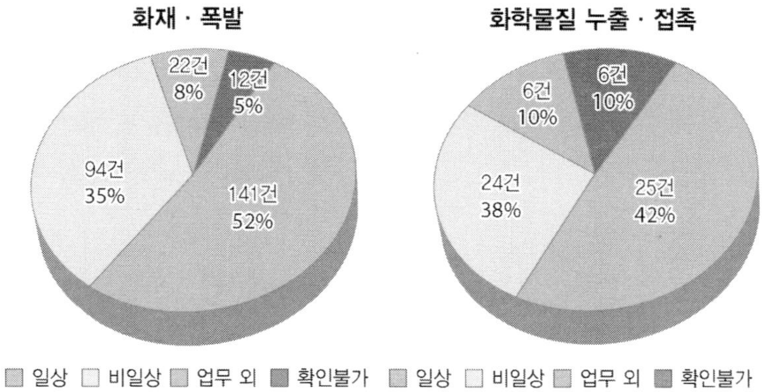

그림 3.3 일상 및 비일상 작업 중에 발생한 화학사고 분포(제조업, 2008~2017)

표 3.1에서는 사망자가 발생한 전체 329건의 화재·폭발 및 화학물질 누출·접촉에 의한 사고 중 일상 작업 중에 발생한 사망사고가 166건(50.5%), 비일상 작업 중에 발생한 사망사고가 117건(35.6%)인 것으로 나타났다. 일상 작업과 비일상 작업 중에 발생한 사고 건수만을 비교하면 약 60 : 40(%)로 일상 작업의 비율이 높게 나타났다. 그러나 일상 작업보다 상대적으로 짧은 시간이 소요되는 비일상 작업 중에 많은 재해가 발생하고 있는 것으로 판단되었다. 숙소에서의 휴식 및 수면 등이 포함된 업무 외의 사고는 화재·폭발 사고가 상대적으로 많은 것으로 나타났다. 사망자 수는 전체 사망자 수 392명 중 일상 작업이 202명(51.5%), 비일상 작업이 134명(34.2%)로 일상 작업 시 사망자 수가 17.3(%) 더 많았다.

표 3.1 제조업에서 일상 및 비일상 작업 구분에 따른 화학 사고 건수 및 사망자 수

(제조업, 2008~2017)

발생형태	사망구분	일상	비일상	업무 외	확인불가	합계
화재·폭발 (건, 명)	사고건수	141	94	22	12	269
	사망자 수	172	110	32	12	326
화학물질 누출·접촉 (건, 명)	사고건수	25	23	6	6	60
	사망자 수	30	24	6	6	66
합계 (건, 명)	사고건수	166	117	28	18	329
	사망자 수	202	134	38	18	392

화재·폭발 사고와 화학물질 누출·접촉에 의한 사망사고 건수를 연도별로 보면 일상 작업과 비일상 작업 중에서의 화재·폭발 사고는 어느 정도 감소추세를 보이고 있으나 화학물질 누출·접촉에 의한 사고는 연도별 사고 수가 많지 않아서 그 경향을 말하기가 쉽지 않았다.

[안전보건공단 산업안전연구원 연구보고서]

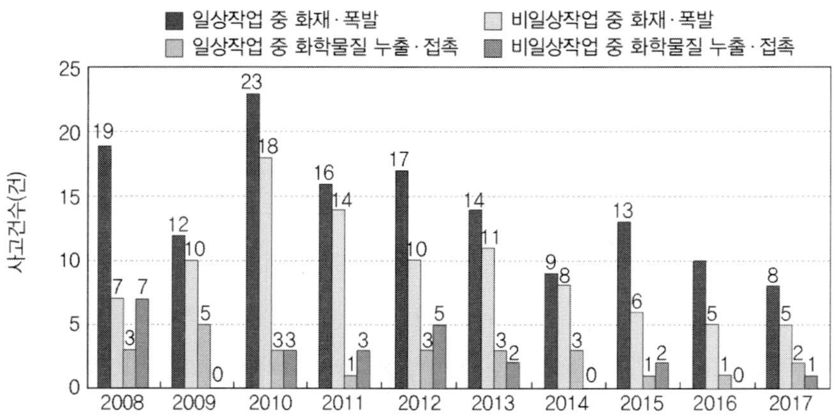

그림 3.4 연도별 작업 종류에 따른 화학사고 분포(제조업, 2008~2017)

3. 제조업에서 일상 작업과 비일상 작업에 따른 업종별 화학사고 분석

그림 3.5에서는 사업 종류별 제조업에서 일상 작업과 비일상 작업에서 발생한 화재·폭발 사고를 보여주었다. 업종별로 구분하면 화학제품제조업에서 59건으로 가장 많이 발생한 것으로 나타났는데, 이는 제조업 전체 화재·폭발 사고 269건의 21.9%를 차지했다. 화학제품제조업에서는 일상 작업과 비일상 작업 중의 화재·폭발 사고 건수가 각각 26건과 24건으로 비슷한 수준을 보였다. 이는 화재·폭발 위험이 있는 용접·용단, 연삭, 절단 등과 같은 일상적인 작업이 생산 및 제조 현장에서 이루어지는 업종 특성이 반영된 것이라고 판단되었다. 그리고 기타제조업에서는 일상 작업 중의 화재·폭발 사고(2건)보다 비일상 작업 중의 사고(12건)가 6배 높게 나타나 정비나 청소와 같은 비일상 작업 중의 사고를 예방하기 위한 대책 마련이 필요한 것으로 판단되었다.

화재·폭발 사고 1건당 사망자는 화학제품제조업이 1.33명, 선박건조 및 수리업 1.56명, 기계·기구제조업이 1.1명으로 선박 건조 및 수리업에서 화재·폭발 사고 발생 시 위험 강도가 더 높은 것으로 나타났다. 이는 선박과 그 부분품을 제조할 때 제한된 공간에서 많은 근로자가

동시에 작업하기 때문인 것으로 추정되었다.

그림 3.6에서는 업종별 화학물질 누출·접촉사고 분포를 보여주고 있다. 화학물질 누출·접촉에 의한 사고 또한 화학제품제조업에서 가장 많이 발생하였는데 일상 작업(3건)보다는 비일상 작업(9건) 중에 사고가 많이 발생하였다. 이는 비일상 작업은 대부분 청소, 세정, 보수 등의 사고 빈도수가 높은 작업이기 때문이다.

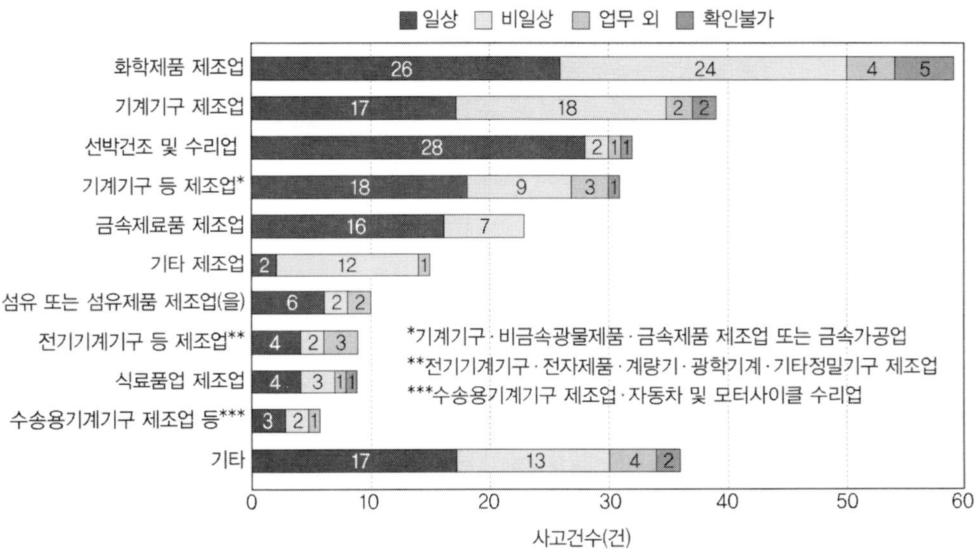

그림 3.5 업종별 화재·폭발사고 분석(제조업, 2008~2017)

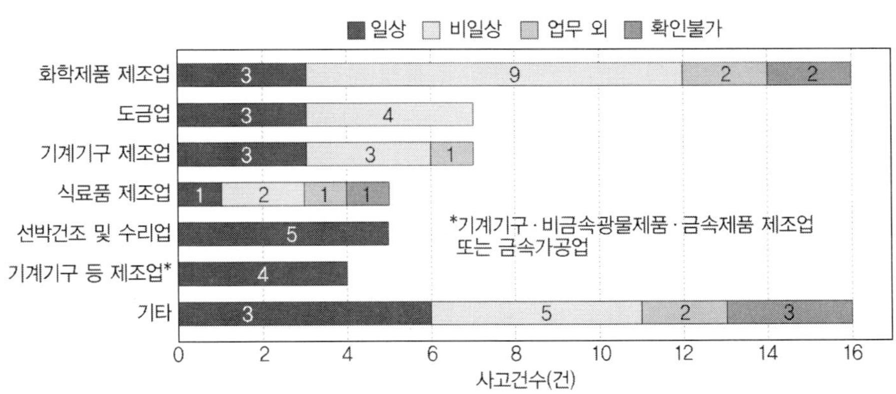

그림 3.6 업종별 화학물질 누출·접촉사고 분포(제조업 2008~2017)

4. 화합물제조 및 취급설비의 화학공정 관련 사고특성

그림 3.7에서는 화학공정 관련 화재·폭발 및 화학물질 누출·접촉에 의한 화합물 제조 및 취급 설비별 사고 건수를 나타내었다. 산업재해 통계의 기인물 분류 기준에 화합물 제조 및 취급설비에는 반응기, 공정 용기, 탑조류 분리장치, 열교환기, 분체 분리장치, 배관 및 부속설비, 저장탱크 등이 포함되어 있다.

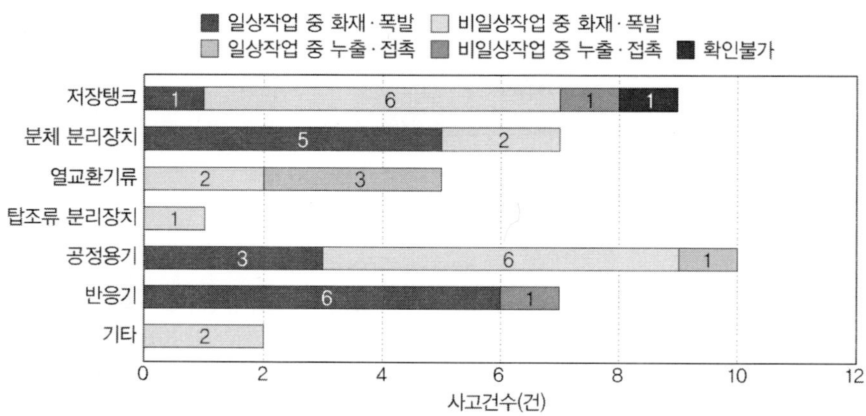

그림 3.7 화합물 제조 및 취급 설비별 사고 분포(제조업 2008~2017)

화합물 제조 및 취급설비에서의 화재·폭발 사고는 일상 작업 중에 15건, 비일상적인 작업 중에 19건이 발생하여 일상적인 작업보다는 비일상적인 작업에서 사고가 더 자주 발생한 것으로 나타났다. 저장탱크에서의 화재·폭발사고는 비일상적인 작업 중 6건이 발생했는데 대부분은 수리를 위한 용접이나 연삭기 작업 중 발생했다. 분체 분리장치에서의 사고는 일상적인 생산작업 또는 세척 작업 중에 발생했고, 수리 작업 중에 2건의 사고가 발생한 것으로 나타났다.

반응기와 관련한 화재·폭발 사고는 일상적인 반응 공정에서 6건, 비일상적인 반응 공정에서 1건이 발생했다. 공정 용기에서는 화합물 제조 및 취급설비 중 가장 많은 화학사고가 발생했는데 일상 작업보다는 비일상 작업에서 사고가 더 자주 발생한 것으로 분석되었다. 비일상 작업 중 사고의 대부분은 설비의 수리 또는 청소·세척 작업에서 발생했다.

화합물 제조 및 취급설비에서의 화학물질 누출·접촉 사고는 7건 중 3건이 청소, 세척 작업 중에 발생하였다. 열교환기 관련 사고는 열교환기 제작 후 기밀 테스트 중에 발생한 폭발사고가 2건, 열교환기 제작을 위한 용접작업 중 아르곤 가스에 의한 질식사고가 3건 발생하여 화학공정과는 직접적으로 관련이 없었다.

화합물 제조 및 취급설비에서 발생한 화재·폭발 사고를 작업내용별로 그림 3.8에 나타내었다. 일상적인 작업 중에는 분쇄, 혼합, 반응 등의 작업에서 많이 발생하고 비일상적인 작업 중에는 설비 수리 및 점검·보전 작업 중에 많이 발생한 것으로 나타났다. 따라서 분쇄, 혼합, 반응 작업 관련 안전대책과 수리 및 청소·세척 작업 관련 안전대책이 필요한 것으로 판단되었다.

[안전보건공단 산업안전연구원 연구보고서]

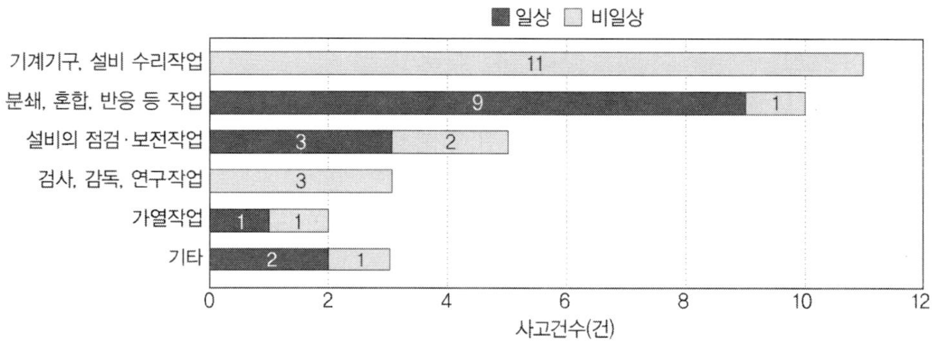

그림 3.8 화합물 제조 및 취급설비 관련 작업내용별 화재·폭발 사고 분포(제조업 2008~2017)

5. 화학공정 관련 가열, 에너지 등 부대 지원 설비 사고 분포 현황

그림 3.9에서는 화학공정 관련 가열, 에너지 등 부대 지원 설비의 종류별 화학사고 분포 현황을 나타내었다. 이러한 설비 중에서는 로와 건조설비의 일상 작업 중에 사고가 자주 발생했다. 로에서는 일상 작업 중 13건 중 수증기 폭발(9건)에 의한 사고가 많았고, 건조설비에서는 일상적인 건조작업 중 페인트 등의 가연성(또는 인화성) 유증기 또는 열원으로 사용하는 가스가 점화되어 화재·폭발 사고가 발생한 것으로 나타났다.

로와 관련한 비일상 작업 중의 사고는 5건이 수리 중에 발생했으며, 가열작업 중 누수된 물에 의한 수증기 폭발사고가 1건 있었다. 건조설비의 비일상적인 작업 중 화재·폭발 사고는 시운전 1건과 이상 상황 점검 중 열원으로 사용하는 가스가 누출되어 폭발한 사고가 2건이었다. 저장탱크 및 용기에서의 비일상 작업 중 발생하였으며, 화재·폭발사고는 설비의 수리 및 점검 작업 중 5건, 수압 및 기밀시험 중 2건이 발생한 것으로 나타났다. 보일러에서는 일상적인 운전 중 보일러가 폭발한 사고가 4건, 수리 중 1건의 사고가 발생한 것으로 나타났다. 가열, 에너지 등 부대·지원 설비에서의 화학물질 누출·접촉사고는 수리 및 점검 중에 2건, 작업자가 일상적인 휴식시간에 건조실에서 휴식을 하던 중 1건, 작업자의 배관 연결 실수로 발생한 사고가 1건이 발생했다.

또한 그림 3.10에서는 가열, 에너지 등 부대·지원설비 관련 화재·폭발사고를 작업내용별로 분류하면 로를 가열하는 일상 작업에서 13건, 건조설비 가열작업 중 7건, 보일러를 가열하는 작업 중 4건의 사고가 발생하였다. 그리고 보일러, 로, 저장탱크 등에 대한 수리와 점검 등의 비일상 작업 중 13건의 재해가 발생한 것으로 분석되었다.

[안전보건공단 산업안전연구원 연구보고서]

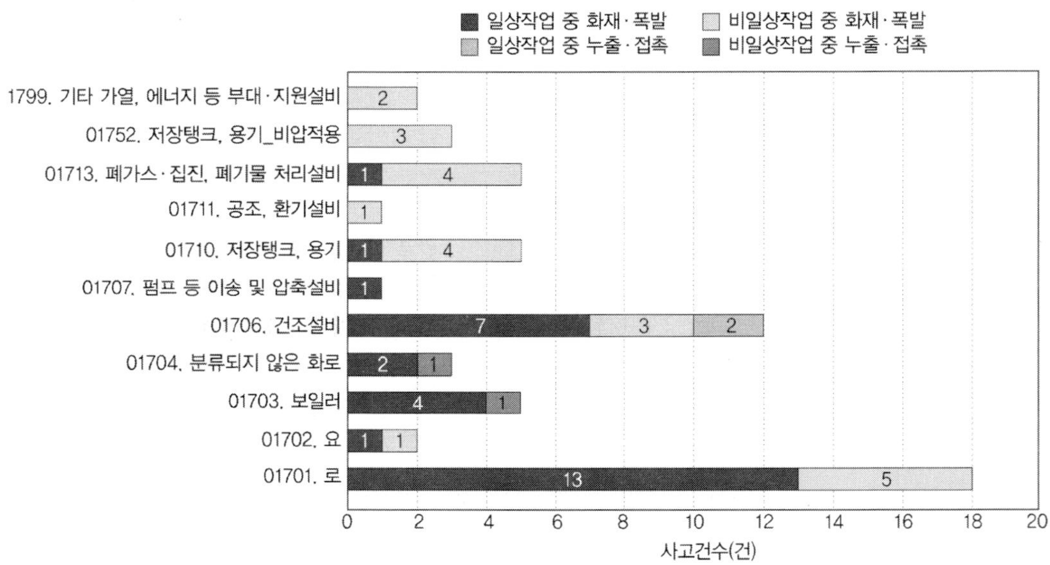

그림 3.9 가열, 에너지 등 부대 지원 설비 종류별 화학사고 분포(제조업, 2008~2017)

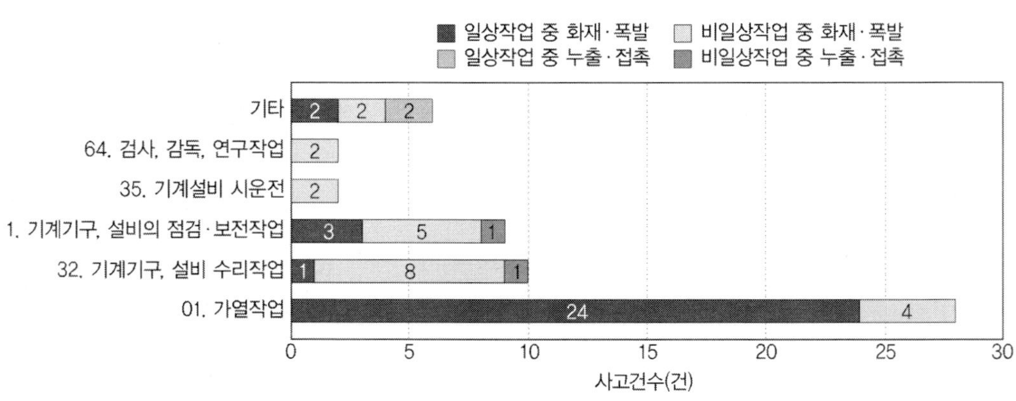

그림 3.10 가열, 에너지 등 부대 지원 설비의 작업내용별 화학사고 분포(제조업, 2008~2017)

6. 화학공장의 화학물질 사고 현황

1) 지역별 사고 현황

그림 3.11에서는 2014년 1월 8일부터 2021년 3월 23일까지 석유화학공장 지역별 사고 현황을 보여주고 있다. 21건 이상의 발생지역이 10곳이며 그중에서도 서울지역이 167건으로 가장 자주 발생하고 있으며 그다음이 경북, 울산 지역으로 68건, 51건이고 대산 및 여수석유화학단지가 있는 충남과 전남도 47, 42건으로 주로 석유화학공장이 많은 지역에서 사고 건수가 많은 것을 볼 수 있다.

그림 3.11 지역별 석유화학물질의 사고 현황
(화학물질안전원, 2014.01.08.~2021.03.23까지 사고 현황)

2) 화학물질의 사고원인 및 형태별 현황

그림 3.12에서는 석유화학공장의 사고원인 및 형태별 현황을 나타내었다. 사고원인으로는 설비 미비 및 결함의 시설결함이 238건으로 가장 높고 안전기준 미준수가 230건으로 그 다음을 차지하고 있다. 그 밖에도 운송 차량과 자연재해에 의한 사고, 부식, 설비노후, 물질특성 등이 사고원인을 차지하였다. 이 밖에도 사고원인의 특성은 신제품 개발의 영향으로 위험한 화학물질을 사용하거나 위험성이 확인되지 않은 화학물질을 사용함에 기인하였다. 사고 형태별 현황을 보면 누출이 473건, 폭발이 48건, 화재 40건, 기타 38건으로 누출사고가 가장 많이 발생하였다.

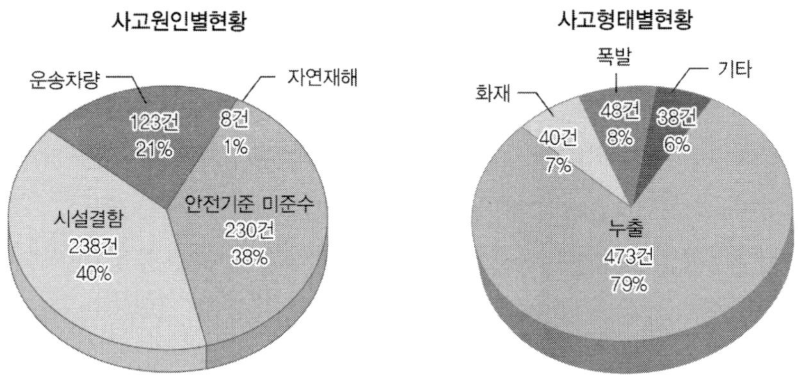

그림 3.12 화학물질의 사고원인 및 형태별 현황
(화학물질안전원, 2014.01.08.~2021.03.23까지 사고 현황)

3) 장치별 사고발생 분포

그림 3.13에서는 장치별 화재·폭발사고 발생을 나타내었다. 사고 기인물은 드럼, 저장탱크, 반응기, 배관에서 발생하였다. 그림에서 살펴보면 저장탱크, 배관 및 반응기가 전체 사고 설비의 55%를 차지하고 있는 점으로 볼 때 상기 설비에 대한 안전관리가 강화되어야 할 것으로 나타났다. 석유화학공장에서 화재·폭발사고의 점화원으로 가장 많이 차지하고 있는 것은 정전기 발생이었고 주로 밀폐공간에서의 정비보수 시 화재·폭발사고가 자주 발생하였다.

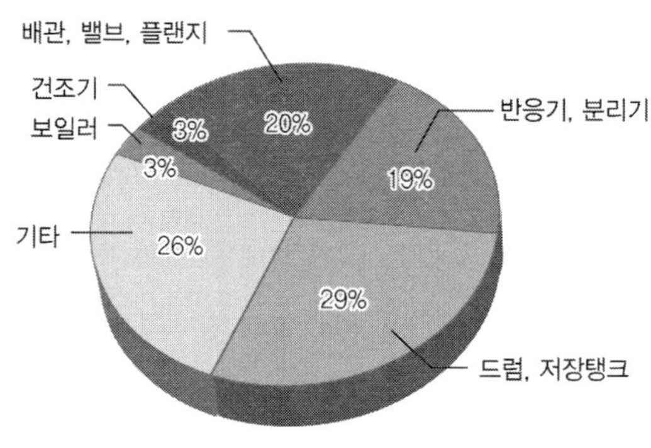

그림 3.13 장치별 화재·폭발사고 발생현황(안전보건공단 경인지역본부)

4) 사고 물질별 발생 분포

그림 3.14에서는 사고 물질에 따른 발생 본포를 보여주고 있다. 그 특성은 인화성액체, 증기가 71%로 주를 이루었고 인화성 가스가 25%를 차지했다. 가연성 분진에 의한 폭발사고도 4%를

차지하였다.

정유, 석유화학, 정밀화학 등 화학공장은 대부분 인화성액체를 원료로 사용하고 제품 또한 액상의 모노머 제품이며 부원료도 액상의 인화성 물질을 주로 사용하고 있다. 이러한 인화성액체를 고온 또는 저온, 고압 운전조건에서 사용하기 때문에 증기 형태로 외부로 누출되거나 정비작업 시 배출되어 화재·폭발 조건을 형성시키는 것으로 사료된다. 인화성 가스인 수소, 메탄, 프로판, 부탄, 아세틸렌, 에틸렌의 경우 분자량이 적고 외부로 누출 시 고온, 정전기, 마찰, 충격 등 매우 작은 점화 에너지에 의해서도 화재·폭발이 발생할 수 있어 그 위험성이 매우 크다.

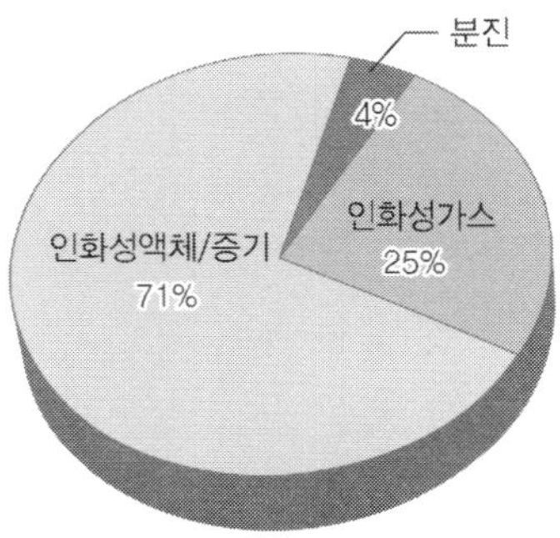

그림 3.14 화학공장의 사고 물질별 분포

제4장
석유화학공장의 화재·폭발사고의 원인 및 대책

4-1 석유화학공장의 화재·폭발사고의 특성

1. 석유화학공장 화재·폭발사고 특성

석유화학공장에서의 사고는 주로 화재, 폭발, 누출의 형태로 나타나며 인명과 공정 설비 및 인근 지역에까지 심각한 피해를 줄 수 있다. 인화성 물질의 누출에 의한 화재와 폭발, 설비 내부에서 체적의 급격한 팽창에 의한 물리적 폭발·유해성 물질 및 독성물질의 누출의 형태로 주로 사고가 발생한다.

1) 석유화학공장 화재사고 특성

석유화학공장 화재는 인화성 물질이 공기 중 산소와 결합하여 점화에너지에 의해 산화반응을 일으키면서 화염과 연소생성물을 생성시킨다. 화학물질에 의한 화재는 인화성 물질의 종류에 따라 산화반응에 의한 열의 생성은 물론 새로운 유해가스를 발생시키기도 한다.

화학물질의 연소 현상에서 물질별 연소가 가능한 최소, 최고 농도의 범위를 말하는 연소상하한계(UFL, LFL), 연소에 필요한 산소의 최소농도인 최소산소농도(MOC), 공기 중 액체의 증기가 발화할 수 있는 온도인 인화점(flash point)의 개념이 매우 중요하고 이를 정확히 이해해야

한다.(소방기술사회, 2006)

대형 석유화학공장은 장치산업이기 때문에 개방된 공간에서 탄화수소 계열의 인화성 물질에 의한 화재는 그 확산 속도가 매우 빠르다. 화재의 발생과 전개 양상에 대한 이해가 필요하며 화재는 밀폐된 공정으로부터 인화성 물질의 누출에 의해 발생한다. 저장탱크, 압력용기, 배관, 펌프 등에 의한 누출사고는 대규모 사고 형태로 발생할 수 있고 플랜지 가스켓, 배관 핀홀, 드레인 배관에서는 소규모 형태로 발생한다.

대부분의 화학공정은 대기보다 높은 온도와 압력으로 운전되므로 내부 물질의 누출 시에는 압력의 분출로 쉽게 점화되어 화재로 이어진다. 그리하여 화학공장의 화재를 예방하기 위해서는 최우선으로 인화성 물질의 누출을 방지하고 점화원 발생을 억제하는 것이다.(소방기술사회, 2006) 인화성 물질 누출에 따른 화학공정 화재의 형태는 다음과 같이 정의할 수 있다.

첫째, 고압 분출화재(jet fire)는 배관, 압력용기 등에서 고압의 인화성 물질이 연속적으로 누출되어 주변 점화원에 의하여 점화되어 복사열의 발생이 지속되는 화재를 말한다.

둘째, 증기운 화재(flash fire)는 누출된 인화성 물질이 대기 중에 확산되다가 연소하한계 이하로 희석되기 전에 점화원에 의해 화재가 발생하면서 과압이 형성되는 것을 말한다.

셋째, 액면 화재(pool fire)는 인화성액체 또는 액화가스가 누출되어 고여 있는 상태에서 액체의 기화로 발생된 증기가 점화원에 의해 화재가 발생하는 것을 말한다.

넷째, 화구(fire ball)는 대형 화재나 폭발 발생으로 구형의 화염이 대기 중에서 상승하는 현상을 말한다.

2) 석유화학공장 폭발사고 특성

화학공장의 폭발은 급격한 압력의 발생 또는 인화성 물질이 공기와 혼합되어 폭발범위 내에 있을 때 점화원에 의해 설비의 파괴나 화재로 이어지는 현상을 말한다. 폭발 발생원에 따라 기계적인 이유로 압력이 상승되거나 설비 내부 물질의 과열 또는 외부의 열에 의해 발생하는 물리적 폭발과 화학 반응에 의해 생성된 물질에 의해 부피가 팽창하거나 반응열에 의해 발생하는 화학적 폭발로 분류할 수 있다. 물질의 상태에 따라서는 주로 밀폐된 공간에서 인화성 가스와 공기 혼합으로 발생하는 가스폭발, 고체 상태의 가연성 분진에 의한 분진폭발, 인화성액체의 증기가 미세한 분무(mist) 형태로 공기와 희석되어 있을 때 발생하는 분무폭발, 액체가 기체 상태로 급격히 상변화하면서 체적 팽창에 따른 과압이 발생하는 증기폭발 등으로 분류할 수 있다.

화학공정은 대부분 연속공정으로 폭발 발생 시 주변 설비들의 연쇄적 폭발로 이어질 수 있으며 화재가 동반될 경우 그 피해는 공장 내부뿐만 아니라 인근지역에까지 피해를 발생시킬 수 있다. 화학공정에서 발생할 수 있는 폭발사고의 형태 및 특성은 다음과 같이 크게 3가지 정도로 정의할 수 있다. 첫째, 증기운폭발(Vaper Cloud Explosion)은 용기, 건물 등 밀폐된 환경에서 발생하는 밀폐계 증기운폭발(CVCE, Confined Vapor Cloud Explosion)과 개방된 공간에서 인화성 물질에 누출에 의해 발생하는 개방계 증기운폭발(UVCE, Unconfined Vapor Cloud Explosion)로 구분된다.(소방기술사회, 2006)

2. 화학공장 화재·폭발사고 원인

행정안전부·환경부·고용노동부·가스안전공사 등 관계 기관과 민간 전문가 총 20명으로 꾸려진 '원인조사반'은 2016년 1월부터 2018년 6월까지 2년 6개월간 발생한 화학사고 157건에 대한 서면조사와 유형별 대표 사고 3건(울산 황산 누출, 여수 포스겐 누출, 안산 염화수소가스 누출)에 대한 현장 조사를 진행했다. 이에 따르면 화학 사고의 주된 직접 원인은 작업자 부주의(53건)가 가장 많은 것으로 나타났다. 이어서 교육·훈련 미흡(37건), 관리·감독 미흡(35건), 시설 노후화(22건) 등의 순으로 집계됐다. 화학공장의 사고 직접 원인을 불안전 행동과 불안전 상태로 분류할 수 있다.

1) 불안전 행동에 의한 원인

그림 4.1에서는 화학공장에 있어서 불안전 행동에 의한 직접 사고원인을 나타내었다. 안전운전 절차 및 안전 수칙 미준수가 24%, 작업 방법 및 절차 부적절 22%, 운전 실수가 22%, 유해위험물질 취급 부주의가 20%, 안전장치 기능 제거와 기계·기구의 잘못 사용이 6% 정도로 분석되었다.

대부분의 화학공장은 고온, 고압조건에서 인화성 물질을 사용하므로 정해진 운전 절차와 작업 방법의 미준수는 사고와 직결될 수 있다. 또한 드럼, 소형용기 등에 담긴 위험물질을 취급하거나 공정에서 위험물질을 drain, purge, vent 하는 작업 시 부주의로 인한 화재·폭발 분위기 형성 및 점화원 발생으로 대형 사고가 발생하고 있다.

화학공장의 경우 대부분 조정실에서 자동 운전으로 운영되고 있고 현장에서 화학물질 주입, 밸브 조작 및 필터류 청소 등의 작업을 수행하는데 운전원의 오판단, 오조작에 의한 실수가 중요한 사고 원인이 된다. 또한 공정의 안전장치인 안전밸브, 인터록, 접지시스템 등의 기능이 제거되어 과도한 압력 발생, 점화원 억제 실패로 이어져 사고가 발생되고 있고 인화성 물질이

상시 체류할 수 있는 방폭구역에서 작업 시 사용하는 공구, 전등 등이 비방폭 기기를 사용함으로써 스파크 발생으로 사고의 직접 원인이 되는 경우도 그 원인이 된다.(연세대학교 공학대학원 이정구, 화학공장 화재·폭발 사고 원인 분석 및 사고 예방대책, 2013)

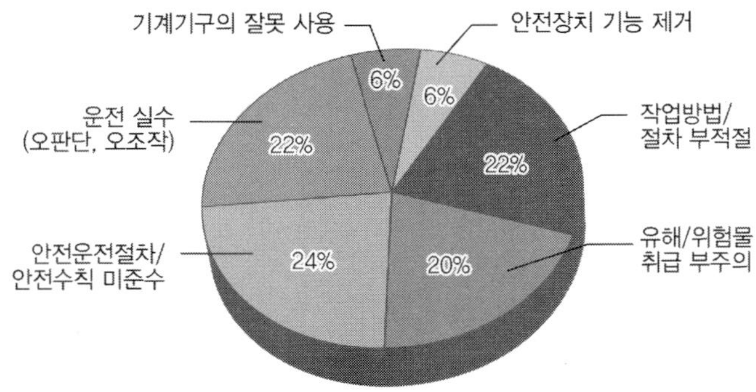

그림 4.1 불안전 행동에 의한 직접 사고 원인

2) 불안전 상태에 의한 요인

그림 4.2에서는 불안전한 상태에 의한 직접 사고 원인을 나타내었다. 인화성 물질이 제거되지 않은 상태의 작업 장소 및 환경 불량이 43%로 가장 큰 요인이었으며 생산공정 및 설비 결함이 34%, 안전장치의 미설치, 부적절한 설치 및 결함이 21%, 경보 및 경계 시스템 부재, 결함이 2%로 분석되었다. 화학공장의 정비, 보수작업은 대부분 장치 설비로 용접, 용단 등의 작업이 필수적이다. 이러한 작업수행을 위해서는 사전 인화성 물질의 제거 절차가 이루어져야 하는데 인화성 물질의 완벽한 제거는 화학공장에서 정말 어려운 일 중에 하나다. 하지만 충분한 제거 절차를 수행하여 최소한 인화성 물질의 폭발 하한계 이하로 떨어뜨린 후 점화원이 발생하는 화기작업을 수행해야 할 것이다. 또한 인화성 물질을 퍼지, 치환, 환기, 세척 등의 방법으로 제거하고 작업 전 인화성 물질의 농도를 측정하여 작업수행 여부를 결정한다. 이러한 사전 준비 작업 절차의 생략이나 시간 단축으로 화재·폭발 사고로 이어지고 있다. 생산공정 및 설비의 결함이 불안전한 상태를 만드는 요인인데 장치, 배관의 부식 및 침식, 가스켓 이상, 냉각수 등 제어 계통의 이상 발생, 위험물질 이송을 위한 임시 호스 사용, 비방폭 설비의 양압 실패, 펌프 씰 누설 등 설비 유지관리 미흡으로 인한 요인도 큰 사고 원인으로 분석되었다. 그리고 화학공장 운영에서 중요한 부분 중의 하나로 공정 이상상황 발생 시 안전밸브 및 파열판, 인터록 장치, 접지시스템, 가스감지시스템, 경보시스템 등 안전장치의 성능이 유지되지 못해 사고 발생으로 이어지고 있다. 안전밸브를 미설치하거나 용량이 적게 설치되거나 작동이 되지 않는 경우가 가장 많고 인터록

장치의 미작동, 접지 미설치, 가스감지기 미설치 및 미작동, 경보시스템 부재 등 안전장치의 설치, 성능 유지 불량으로 불안전한 상태를 만들고 화재·폭발 사고로 발생되는 것으로 분석되었다.(연세대학교 공학대학원 이정구, 화학공장 화재·폭발 사고 원인 분석 및 사고 예방대책, 2013)

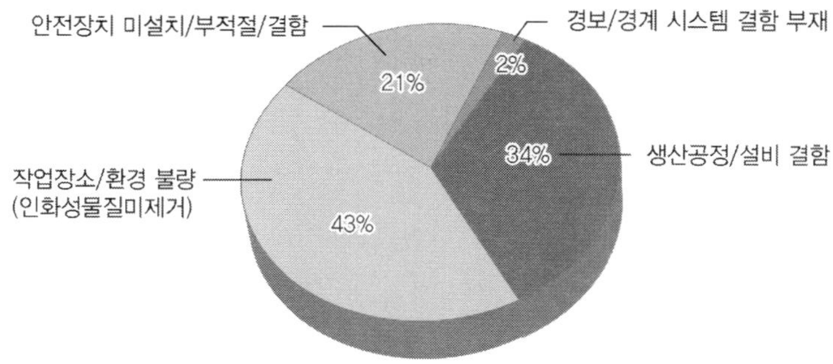

그림 4.2 불안전 상태에 의한 직접 사고 원인

3. 석유화학공장 화재·폭발사고 유형

석유화학공장에서 원·부재료나 제품으로 속하는 인화성액체, 가연성가스 및 인화성액체 가스의 화재는 ① 높은 연소열, ② 빠른 열방출 속도, ③ 유동성의 3가지 특성으로 인해 다른 일반화재에 비해 그 위험성이 매우 커져서 많은 인명 및 직·간접의 경제적인 피해가 수반되는 특성을 가지고 있다. 또한 화재 또는 폭발 중에 한 가지 또는 두 가지 이상이 복합되어 일어날 수 있다. 석유화학공장에서 화재·폭발사고의 유형은 다음과 같은 형태를 가진다.

1) 개방용기의 액체 화재(Pool Fire)

① 대기상에 액면이 노출된 개방 탱크 또는 방유제 내의 액체에 착화되었을 때의 화재
② 열방출 속도는 노출된 액체 표면적에 의하여 좌우된다.
③ 액 표면적 1 m^2당 27,000 kcal/min 정도의 열이(완전연소 가정 시) 방출된다.
④ 매분 액체 표면적 1 m^2당 3.78 L의 액체가 소진되고, 또한 매 7분마다 약 1" 정도 높이로 감소되며(시간당 22 cm) 소진된다.

2) 자유공간 유출 화재(Unconfined Spill Fire)

① 개방공간 지표면 상에 방출된 액체는 지표면에 두루 퍼져서 엷은 막을 형성

② 화재는 방출된 액체량과 방출된 지표면 형태에 좌우된다.

③ 방출이 수반된 화재도 액체 표면적 1 m^2당 27,000 kcal/min의 열을 방출할 수 있으며, 화재 지속시간은 유출 양에 달려 있다.

3) 가압의 가스 또는 액체 분출 화재(Jet Fire & Spray Fire)

① 가압상태의 가스 또는 액체가 분출될 때 착화된 화재 유형을 jet fire라 한다.

② 특히 유압유 배관 또는 액체 이송 배관과 같이 인화성액체가 가압된 상태에서 연무상태로 누출될 때 착화된 화재를 spray fire라 하며, 스프레이 상태(작은 방울의 액체연무)에서는 인화점 미만의 온도에서도 쉽게 점화된다.

③ 스프레이 된 액체는 그것이 방출되어 pool fire 또는 spill fire가 일어났을 때보다 훨씬 큰 열방출 속도로 신속하게 연소한다.

④ 스프레이 화재는 액체 1 L당 약 8,000 kcal의 열을 발생한다.

⑤ 화재의 지속시간은 공급되는 연료량과 얼마나 빨리 연료를 차단하는가에 달려 있다.

4) 밀폐공간 폭발(Confined Explosion)

① 제한된 밀폐공간에서 급격한 화학적 반응 등으로 인한 폭발을 말한다.

② 이것의 주된 원인은 연소반응, 열분해, 또는 폭주반응이다.

③ 만약 vent 되지 않는다면, 이로 인한 위험성은 폭발로 인한 충격파와 파편이다.

④ 증폭된 압력은 초기 절대 압력의 6～9배가 된다.

⑤ 비등액 팽창 증기 폭발(BLEVE)도 밀폐공간 폭발의 한 유형이다.

5) 비등액 팽창 증기 폭발(BLEVE : Boiling Liquid Expanding Vapor Explosion)

① 밀폐공간 내에서 대기압 하에서의 비점보다 과열된 상태에 있는 액체가 그 수용 용기의 파열로 갑자기 가압상태에서 풀어질 때 일어나는 급속한 기화로 인한 물리적 폭발로 볼 수 있다.

② 고압 상태인 액화가스용기가 가열되어 물리적 폭발이 순간적으로 화학적 폭발로 이어지는 현상이다. 탱크의 증기폭발과 이것에 계속하여 발생하는 가스폭발을 총칭한다.

③ 에너지는 팽창 증기와 비등액에 의해 생성되며, 증기가 인화성이 있고 점화되는 경우 화구(fire ball)가 생겨난다.

④ 증기는 공기와 미리 혼합되어 있지 않기 때문에 점화가 즉각 이루어지는 경우 연소의 주된 효과는 폭발력(과압 효과)이라기보다는 화재와 복사열의 조합이다.

⑤ BLEVE는 불연성 액체에서도 발생할 수 있다.

6) 자유공간 증기운폭발(Unconfined Vapor Cloud Explosion)

① 증발이 용이한 가연성 물질이 다량으로 급격하게 대기 중에 유출되면 증기운을 형성하여 확산되며, 물질의 연소하한계 이상의 상태에서 착화원과 접촉 시 발생하는 폭발 사고를 자유공간 증기운폭발(UVCE : unconfined vapor cloud explosion) 또는 증기운폭발(VCE : vapor cloud explosion) 이라 한다.

② 증기운폭발(VCE)에 의한 피해는 충격파에 의한 것이며 최대과압(peak overpressure)은 15 PSI이다.

③ 석유화학공장에서 일어날 수 있는 최악의 사고로 74년 영국 Flixborough Nypro 사에 서 발생한 폭발사고는 반응기 가설 바이패스 배관 파열로 cyclohexane 유출 후 증기운이 폭발하여 28명이 사망하고 76명이 부상한 사고가 이러한 유형의 대표적인 사고이다.

그림 4.3 영국 Flixborough Nypro 사 증기운폭발 사고

④ 30년간 세계 100대 석유화학공장의 사고통계(M&M Protection 컨설턴트사)에 의하면 증기운폭발 사고 사고 발생 빈도가 36%로 화재(31%)나 다른 폭발(29%)사고보다 높고 한 사고당 피해액도 1억 1,090만 달러로 화재나 다른 폭발사고에 비하여 약 2배 정도 많다.(제일화재해상보험 주관 위험관리세미나 자료, 2016.3)

4. 석유화학공장 화재·폭발사고 위험성

1) 석유화학공장의 화재·폭발 위험성

석유화학공장은 화재 및 폭발의 위험성이 공장 전반에 걸쳐서 잠재적 에너지 위험 요소가 분산되어 있다. 석유화학공장의 화재나 폭발사고의 발생에 직접 기여하는 1차적 위험요소(동기적 위험요소)와 1차 위험에 의해 나타나는 2차적 위험요소(결과적 재해)로 구분된다. 1차적 위험요소는 가연성 또는 인화성 위험물의 존재, 열, 열에 의한 부피팽창, 1～6류 등의 위험물, 각종 에너지원 및 발화원, 각 공정에서의 화학 반응, 시설물의 기계적 손상, 인간실수설비·기기장비의 이동, 외부 환경적 요건(광선, 바람, 진동, 지진 등) 화학공장에 원천적으로 존재하는 요소들이다.

2차적 위험요소에는 화재확산, 폭발성, 가연성 및 인화성 위험물의 대량방출, 붕괴, 충격, 전도, 낙하, 유해성 물질의 대량방출 등 많은 요소가 있다. 특히 2차적 위험요소 중에서 폭발은 모든 석유화학공장에서 가장 경계해야 할 상황으로 사고 시 인적·물적 그 피해가 엄청나다. 표 4.1은 석유화학공장에서 1, 2차적 위험요소를 정리한 것이다.

표 4.1 석유화학공장의 화재·폭발 위험요소

에너지원	• 공정 화학약품, 연료, 발전기, 밧데리, 발화원, 회전기계류 등에 의한 압착, 원동기, 분쇄기, 컨베이어벨트, 크레인 등 운반용기계, 압력용기, 낙화물 등
방출물	• 누설물, 누수, 통풍물질, 노출효과, 독성, 화상, 타박상, 생리적영향, 인화성, 반응성, 화학약품의 부식성 및 화재촉진 특성, 젖은 표면, 추락물, 소음, 손실, 연기형성, 연막형성, 분무, 열매 및 고온의 폐수에 의한 화상, 위험물질 및 환경유해물질 누출사고, 폭발성물질의 취급부주의에 의한 폭발, 회전기기에 의한 소음 노출 및 소음성 질환
화재위험	• 연소, 화재전파 및 확산, 복사열, 화구(fire ball), mcc room 등 전기시설에 의한 short & 감전, 폭발, 연쇄적 2차폭발, 독성가스누출, 붕괴, 낙하물, 위험물질 누출시 정전기에 의한 화재
공정상태	• 고·저 가연성온도 및 압력, 응력집중, 진동, 소음, 구조물 파괴 또는 손실, 낙하물, 붕괴, 전기 충격 및 열영향, 전원공급차단, 복사열, 과열용기파열, 설비·부대시설·화염·부품의고장 가동 및 정지, 부주의한 행동, 유지관리 미준수, 검사조건, 용기출입 작업 중 질식
환경영향	• 환경에 미치는 플랜트 영향 - 분출물, 오염, 수송, 바람 및 햇빛변화 - 발화원·진동원·소음원·화재전파원·폭발원 • 환경이 플랜트에 미치는 영향 -기후, 태양, 바람, 비, 눈, 홍수, 태풍, 오염원, 습도, 주위환경 조건, 천재지변, 지진, 기타 - 입지조건, 인적구성, 수송방법, 공간한계, 지질, 지형

2) 국내 석유화학공장의 노후화에 따른 위험성

화학공장의 많은 사고사례를 분석해 보면, 화학공장에 존재하는 주된 위험요인은 화학물질의 위험성, 설비, 사람(노동자)의 3가지로 분류된다. 화학공장에는 화학물질이 필수 불가결하게 사용되고 있는데 화학물질의 위험성을 정확히 알지 못해 안전대책이 생략되어 사고로 이어진 사례가 매우 많다. 또한 장치의 고장이 발생하거나 불충분 또는 미설치된 안전설비에 의해 사고가 나는 경우도 있다. 그중에서도 화학설비의 노후화에 따른 관리가 부족하여 화재 및 폭발사고, 화학물질의 누출사고 등이 많이 발생하고 있다.

국내 산업단지로서는 1960년대에 세워진 울산석유화학단지, 1970년대에 건설된 여수석유화학단지와 인천남동공단과 반월시화단지, 그리고 1980년대에는 대산석유화학단지 등의 대규모 화학공장 단지가 있다. 가장 최근에 세워진 대산석유화학단지를 제외하면 대부분 건설된 지 30년 이상이 넘어 시설과 설비의 노후화가 심각하게 진행되고 있어 화학물질의 누출과 착화에 의한 화재폭발사고 위험성이 증가하고 있다.

설비 노후화에 따른 대표적 예로서 화재 폭발성 물질과 독성 화학물질 수송을 위한 배관에 대한 관리가 미흡해 위험물 이송 과정에서 배관 부식에 따른 균열이 발생해 누출 및 화재폭발 등의 대형 사고로 이어질 가능성이 있다는 점을 들 수 있다. 또한 석유화학공단은 폭발 위험성이 높은 화학물질과 이러한 폭발성 물질을 저장하고 있는 탱크가 많기 때문에 사고 발생 위험이 큰 반면에 기업들은 비용 절감을 위해 안전관리를 소홀히 하거나 안전업무를 협력사에 위탁하는 위험의 외주화의 관행도 사고 위험성을 높이는 원인으로 지적되고 있다.

4-2 화학공장의 화재·폭발사고 안전대책

대부분의 화학공장에서 화재·폭발사고 예방대책으로 1996년도부터 산업안전보건법에 의거하여 공정안전관리(process safety management, PSM) 제도가 실행되고 있으며 그 밖에 안전보건경영시스템 구축, 설비 및 시스템의 안전점검, 진단 등이 실행되고 있다. 우리나라 화재·폭발사고 예방을 위한 주요 법률적 규제로 「산업안전보건법」, 「고압가스안전관리법」에서 시스템적인 규제를 실시하고 하고 있다. 산업안전보건법에서 공정안전보고서, 고압가스안전관리법에서 안전성향상계획서(SMS)의 제출, 심사, 확인, 점검 및 평가의 절차로 설계, 시공, 운영 과정에 걸쳐 규제하고 있으며 그 구성은 유사한 요소들로 이루어져 있다.

석유화학단지의 화재·폭발 재해 예방대책은 우선 유류화재·폭발 특성을 이해하고, 법규를 철저하게 준수함은 물론이며, 공장에서는 위험성평가 등 법규의 기준을 초과하는 공장 기준을 제정하고 적용토록 하여야 한다. 그리고 실행가능하고 현실적인 매뉴얼 및 절차서를 철저하게 준수하고 이행하여야 한다. 무엇보다도 화재 및 폭발재해 예방을 위하여 위험성평가, 안전감사, 안전진단 등 전문가의 활용을 적극 권장함과 아울러 사고 시나리오에 적합한 비상조치 대응능력을 확충하여야 하다. 또한 전문교육 및 교육훈련을 강화하여 플랜트의 공정 및 기기의 위험성을 이해하고 유사시 재해확산 방지에 대처하여야 할 것이다.

1. 화학공장의 혼합공정에서 안전대책

1) 혼합공정의 안전관련 용어정리

① 폭주반응(Runaway reaction)

일정한 반응 조건하에서 제어가 불가능할 정도로 반응속도가 지수함수적으로 증가하여 화재 및 폭발로 이어지는 반응을 말한다.

② 이상반응(abnormal reaction)

정상적인 반응조건에서 벗어나서 본래 목적 이외의 예기치 못한 반응이 일어나거나 설계단계에서 예측하지 못한 물질이 생성하거나, 축적 또는 혼입하여 일어나는 원인불명의 반응을 말한다.

③ 혼합위험성(mixing hazard)

2 종류 이상의 물질이 혼합하거나 접촉에 의하여 발화나 폭발을 일으키기도 하고, 급격한 분해가스를 발생하기도 하며 열 및 충격에 대해서 불안정한 물질을 생성하는 위험성을 말한다.

④ 연속식 반응기(continuous reactor)

농도, 온도, 압력 등이 시간적인 변화가 없이 반응물질을 일정한 속도로 계속 투입하고 배출하는 반응기로서 원료의 투입과 반응 그리고 생성물의 회수를 동시에 실시하여 조작하는 방식을 말한다.

⑤ 회분식 반응기(batch reactor)

반응기에서 반응생성물을 얻는 경우에 반응기에 원료의 일정량을 투입하고 교반하면서 가열, 냉각 등을 실시하여 반응을 진행시켜 일정량의 생성물을 제조하고 회수하여 1회의 조작을 끝낸 뒤 이를 반복적으로 실시하여 조작하는 방식을 말한다.

⑥ 측온도료(heat sensitive paint)

일정한 온도가 되면 색이 변하는 안료를 사용하여 만든 것으로서 도막 중에 안료를 포함시켜 일정한 온도에서 변색에 의해 온도를 측정할 수 있기 때문에 각종 기기의 과열표시 신호용으로 이용되고 있는 특수도료를 말한다.

⑦ 분산제어 시스템(distributed control system)

교환기 제어부를 분산된 개개의 독립된 회로로 구성하는 것으로써 공정 시스템을 제어하거나 모니터링 하는 것에 의해 공정 자동화를 실현시키고자 하는 방식을 말한다.

2) 혼합공정에서 일반 안전대책

① 화학물질은 물성을 확인하고, 혼합위험이 있는 물질과 같은 장소에 보관하지 않는다.

② 화학물질의 사용은 적정량으로 제한하고 불필요한 양은 보관하지 않는다.

③ 원재료 등이 입하했을 때에는 조성, 품질, 입하량 등이 발주한 것과 차이가 없는지를 확인한다.

④ 사용 화학물질의 물성은 MSDS 등으로 확인한다.

⑤ 보관기간이 지난 화학물질은 적절하게 폐기하거나 다시 그 물질의 성상을 확인하고, 보관기간 연장이 가능한지를 검토한다.

⑥ 부식성 물질의 보관에는 내식성 용기를 사용한다.

⑦ 화학물질의 보관 용기가 개방되어 있지 않은지 또는 파손되지 않았는지 정기적으로 체크한다.

⑧ 화학물질을 옥외에 보관하는 경우는 시트 등을 사용하여 우천 대비를 확실하게 하고, 팔레트 등을 사용하여 지면과 접촉되지 않도록 한다.

⑨ 저장된 화학물질이 누출된 경우에는 누출물질을 충분히 희석하여 배출할 수 있는 조건을 갖추도록 한다.

⑩ 혼합공정설비의 안전밸브의 분출구는 퍼지 밸브의 전단으로부터 갑자기 내부 유체가 분출할 수 있으므로 방출방향을 주의하여 설치한다.

⑪ 공정이 이상시에는 어느 정도까지 승온과 승압을 하는지를 고려하고, 그 처리방법을 결정하여 둔다.

⑫ 배관의 막힘 가능성을 고려하여 예방대책을 검토한다.

⑬ 안전밸브는 내부 유체에 적합한 재질로 된 것을 사용하고, 1년에 1회 이상 분출 압력의 검사를 실시한다.

⑭ 안전밸브의 분출구가 통로로 향하지 않도록 하고, 사람의 키 높이 이상으로 설치한다.

⑮ 혼합공정에서 다음의 위험이 예상되는 장치에는 안전밸브를 반드시 설치해야 한다.

- 화재 등의 열로 인하여 압력용기나 열교환기가 가열되고, 반응 내용물이 팽창하여 압력이 증가하는 경우
- 고온 영역에서 높은 휘발성 물질이 혼입하여 다량의 증기 발생으로 압력 상승의 우려가 있는 경우
- 용기나 장치 등의 출구가 어떠한 원인으로 폐쇄되어 유체의 흐름이 멈추어서 압력이 증가하는 경우
- 자동제어계의 트러블 발생으로 유량, 압력, 온도 등이 제어되지 않아서 압력 상승의 가능성이 있는 경우
- 폭발성 물질이 용기 내에서 폭발을 일으켜 압력 상승이 일어날 수 있는 경우
- 냉각수가 정지하여 응축이 멈추면서 압력이 상승할 수 있는 열교환기
- 비응축성 가스가 축적하여 냉각이 불충분하게 되어 응축 불량이 일어난 결과 시스템 내 온도상승이 우려되는 열교환기
- 튜브의 파손이나 누출로 인해 온도가 서로 다른 유체가 혼합되면서 휘발성이 높은 물질이 증발하여 압력 상승이 일어날 수 있는 열교환기

⑯ 파열판은 안전밸브와 병용하여 설치하는데, 내부 유체의 성상, 유량, 공정 전체의 영향 등을 고려하여 결정한다.

⑰ 통기밸브(breather valve)는 비교적 저압 또는 대기압에서 사용하는 타워나 탱크류에 설치하여 본체 내부 압력이 대기압 이하가 되게 함으로써 파괴되는 것을 방지하기 위하여 사용하며, 액화 또는 냉각 용기에 사용하는 경우에는 부압에 대해서도 고려해야 한다.

⑱ 점검작업 시에는 투입과 배출을 중지하고, 질소 퍼지를 완전히 정지하지 않고 미량을 공급한다.

⑲ 점검 시에는 비스파크형 공구를 사용한다.

⑳ 시스템 다운 시에 온도, 압력 등의 안전하게 정지하는 데에 필요한 정보는 분산제어 시스템(DCS)으로부터 독립적으로 얻을 수 있게 한다.

㉑ 회분식(batch) 공정은 데이터 입력의 변경 등이 자주 이루어지고 있기 때문에 이중 체크

시스템에 대해서도 검토한다.

㉒ 배치 순서의 운전, 정지의 확인, 비상 정지, 안전장치의 스위치류 등은 명확하게 구분하여 둔다.

㉓ 정전이 발생 시에는 자동제어장치에 의한 계측, 통제 불능, 냉각 장치 및 교반기 등의 정지에 의한 온도상승이 이상 반응의 원인이 되기 때문에 정전 발생 시의 대응으로 자동제어장치에 예비전원 등을 설치한다.

㉔ 질소, 계장용 공기, 냉각수, 전기 등이 정지하였을 때의 대책으로서 플랜트 설계 시에 사고 방지에 필요한 기기에 대한 백업 전원의 확보를 검토한다.

㉕ 예비전원은 정전 발생 시에 기능이 확실하게 발휘되어야 하므로 이를 위해서는 무정전형 배터리 등의 정기적인 점검과 예비전원의 정기적인 시운전 등을 실하고, 기능을 유지 관리 하는 것이 중요하다.

㉖ 예비 동력원의 유지·관리를 위해 소화용 디젤펌프 등의 예비전원은 정기적인 시운전을 실시하고, 전환 조작은 훈련을 통하여 학습해 둔다.

㉗ 정전발생 시의 대응으로써 교반기나 방재시설의 순환펌프 등에는 비상용 발전기를 설치하도록 한다.

㉘ 비상용 발전기의 사양은 전원을 정지한 후에 1분간 최대 운전하여 비상시에 필요한 전력에 여유가 있는 정도로 한다.

㉙ 분산제어 시스템(DCS), 경보 등의 백업 전원은 무정전형 배터리를 사용한다.

㉚ 정전이 발생 시의 조치로, 정전 시에는 예비전원에 인한 운전정지작업을 실시하고, 예비 동력원을 사용하여 운전을 계속하지 않는다.

㉛ 정전 발생 시에는 반응기는 물론이고, 반응 전후의 원료 공급탱크 및 긴급 배출용기에서 이상반응 등에 의한 발열 위험성에 대해서도 검토한다.

㉜ 정전이 해소된 후에 운전 재개는 미리 정해진 절차에 따라 실시하며, 특히 교반기의 재가동에 대해서는 급격한 반응개시 등의 위험이 있기 때문에 작업절차를 준수한다.

㉝ 교반기 등은 기동 전류가 높기 때문에 현장 스위치에 의해 한대씩 기동한다.

㉞ 가연성가스 등의 불활성가스 퍼지에 대량으로 질소를 사용하는 공정에서는 압력과 사용량의 확보를 위해 질소 전용 홀더를 설치한다.

㉟ 공기 배관에 질소를 투입할 수 있는 경우도 있지만 계측실 등에 계장용 공기를 공급하고 있는 경우에는 산소 결핍에 주의해야 한다.

㊱ 교반기, 자동제어장치, 긴급차단장치, 긴급배출장치, 냉각수 공급 펌프, 외부 냉각 순환펌

프, 가스누설검지경보설비, 경보설비, 비상용 조명설비 등에는 반드시 예비전원을 설치해야 한다.

㊲ 공정장치의 운전자는 온도, 압력, 유량, 액면 등의 운전관리 범위를 정확히 파악하고, 계측기의 지시 상태가 정상인지 여부와 공정 현장에 있는 장치의 지시 값과 계측실의 지시 값이 일치하는지를 정기적으로 확인하여야 한다.

㊳ 공정 현장에 있는 계기류에는 통상적인 값 이외에 최댓값 또는 최솟값을 표시하여 지시 값이 정상인지의 여부를 알기 쉽게 확인할 수 있도록 한다.

㊴ 액면계의 경우에는 액면계 취출 노즐의 막힘에 의해 지시 값이 정상적으로 기능하지 않을 가능성이 있으므로, 주기적인 확인이 필요하다.

㊵ 지시 값의 단위 표기가 서로 다른 압력계를 혼재하여 사용하는 것을 금지하고, SI단위 표기가 되는 압력계를 사용하도록 한다.

㊶ 공정제어에 필요한 중요한 현장의 계측기는 매일 점검한다.

㊷ 운전자가 계기류의 지시 오류를 발견하였을 때에는 단독으로 문제를 처리해서는 안 되며, 정비 또는 교체 업무를 전담하는 담당자에게 의뢰하여야 한다.

㊸ 계기류의 수치를 기록하는 경우에는 반드시 단위를 함께 기록하도록 해야 한다.

㊹ 현장 공정의 압력계 교환은 운전자가 교환하는 것은 가능하지만 계기류의 교체는 계장 전문 담당자가 작업하도록 해야 한다.

㊺ 계기류의 분리 작업은 운전자가 계장 작업 담당자와 연락을 긴밀히 취하면서 함께 실시해야 한다.

㊻ 공정 계기 배관의 내용물을 퍼지하는 경우에는 주위 상황이나 정전기 발생에 주의해야 한다.

3) 원료 투입 공정에서 안전대책

① 화학물질 원료를 반응탱크에 잘못 투입했을 때에는 그 직후의 대응 및 혼합물의 2차 대응 조치가 부족한 경우에는 예상치 못한 화재 및 폭발 위험이 있으므로 주의하여야 한다.

② 혼합액 등의 2차 처리가 필요한 폐액을 받아서 탱크에 저장하는 경우에는 저장물질에 따라 탱크의 재질을 고려하여야 한다.

③ 탱크의 내용물을 변경하거나 이를 위해 배관 개조를 할 때에는 혼합 위험물질이 유입되지 않도록 배관 분리를 실시하여야 한다.

④ 탱크 내에 수분이 있는 경우에는 저장 전에 물빼기를 충분히 실시하여야 한다.

⑤ 작업내용, 입출하 전표, 분석표 등을 참조하여 작업 예정인 화학물질인가를 확인하여야 한다.

⑥ 작업 항목별로 작업 책임 분담을 명확히 하고, 작업을 구체적으로 구분하여야 한다.

⑦ 저장탱크까지의 라인업을 명확히 하고, 밸브 조작 등에 의해 다른 라인에서의 혼입을 피하여야 한다.

⑧ 탱크에 화학물질 투입 시에는 탱크 내용물과 가능한 한 온도 차이가 나지 않은 상태에서 작업을 실시하고, 위험물을 취급하는 경우에는 접지 및 질소 퍼지 등의 안전대책을 실시하여야 한다.

⑨ 저장탱크 간의 혼합방지를 위해 다른 물질이 들어 있는 탱크 사이의 배관은 원칙적으로 분리해 두어야 하며, 분리가 불가능한 경우에는 조작금지의 경고 표지를 붙인 2중 밸브를 탱크 사이에 설치하고, 격리판(stoppage plate)을 삽입·설치하여야 한다.

⑩ 혼합액이 발생한 경우에는 혼합액의 물성을 파악·평가하고, 그 물성에 따른 재질의 탱크를 준비하여야 하고, 가연성 액체는 정전기 대책과 롤리와 펌프를 사용하여 혼합액을 탱크로 이송한다. 만일 혼합에 의해 발열 반응이 일어날 시에는 탱크에 물을 뿌리는 등의 냉각처리를 신속하게 실시하여야 한다.

⑪ 사전에 각종 혼합액의 발생에 따른 이상반응의 상태를 가정하여 대응 방법을 표준화함으로써 신속한 안전대책의 실시가 가능하도록 하여야 한다.

⑫ 물빼기가 불충분한 탱크에 100℃ 이상의 열매유를 탱크에 넣으면 보일 오버 현상으로 인하여 탱크로부터 물질이 분출되거나 착화원이 존재하는 경우에는 화재 및 폭발로 이어질 수 있으므로 주의하여야 한다.

⑬ 장치의 운전정지 시에 시스템 내의 잔류 오일을 고온인 상태에서 경질 성분이 많은 폐유가 저장되어 있던 폐유 탱크에 회수할 때에는 고온 폐유에 노출된 경질유가 탱크에서 증발하여 정전기 등의 착화원이 존재하는 경우에 발화하여 폭발 위험에 주의하여야 한다.

4) 혼합 반응 공정에서 안전대책

① 화학공정의 혼합위험을 방지하고 안전을 확보하기 위해서는 우선적으로 다음의 사항을 확인하고, 필요한 대책을 강구하는 것이 중요하다.

- 화학물질의 혼합이 고려되고 있지 않지만 혼합될 위험성은 없는지?
- 혼합 위험성을 인지하고 있어서 관리를 통해 안전하게 조업을 하고 있지만 안전범위를

벗어날 위험은 없는지?

- 기타 미량 성분의 화학물질의 축적이나 농축 등에 의한 위험이 없는지?

② 사용하고 있는 사업장 내의 모든 화학물질을 열거하고, 그 혼합 위험성을 확인하며, 예상치 못한 오염의 경우도 포함하여 검토하여야 한다.

③ 취급 화학물질의 수에 따라 매트릭스의 크기가 다르므로 물질 개수에 맞게 혼합 위험 매트릭스를 작성하여야 한다. 이때 가로 및 세로 방향으로 취급물질명을 기입하고, 취급물질은 외부로부터의 오염도 고려해야 하기 때문에 산화철, 금속 이온, 기계유, 열매유, 냉매 등을 포함시킨다.

④ 혼합위험 매트릭스에서 위험 가능성이 있는 유형을 "O 위험성 없음", "△ 제3성분이 더 해지면 위험", "× 위험성 있음", "? 자료가 없어 불명" 등과 같이 분류·기입하고, 기존의 물성 데이터에서 누락 된 부분은 MSDS 및 기타 문헌을 조사하여 보완하여야 한다.

⑤ 취급물질의 혼합위험 매트릭스에서 "△ 제3성분이 더 해지면 위험, × 위험성 있음"으로 분류된 물질은 1시트에 1물질로 하여야 한다.

⑥ 혼합위험 사고사례에서 동종사고를 예방하고, 안전대책을 강구하기 위해 필요한 해당 공정의 사고사례를 수집하여야 한다.

⑦ 폭발방지 대책을 세우기 위해 화학공정 내의 어느 공정에 위험성이 있으며 현재 어떠한 대책이 강구되어 있는지, 그리고 안전대책에 부족한 점이 없는지를 확인하여야 한다.

⑧ 혼합위험 사고를 방지하기 위해 먼저 다음의 사항을 검토하고, 현재의 미비점이 있으면 조기에 검토하여 안전대책을 강구하여야 한다.

- 탱크 야드(tank yard), 반응공정, 정제공정, 저장공정, 폐수처리공정, 배기가스 처리 공정, 폐기물 처리공정, 출하 공정 등의 각 공정에 대하여 검토하여야 한다.
- 공정 내 각 설비와 장치마다 목록에 따라 체크하여야 한다.

⑨ 사용 화학물질 중에서 다음의 사항에 해당되는 경우에는 혼합위험 대책을 반드시 실시하여야 한다.

- 분해, 혼촉, 흡수, 산화, 흡착 등과 같이 혼합에 의해 실온에서 급격한 반응이 일어나는 물질
- 니트로화, 산화, 할로겐화, 중합, 분해 등과 같이 혼합하면 폭발성 물질이나 분해물질을 생성하는 물질
- 재활용 용매에 포함된 불순물이나 축적성 물질과 같이 혼합에 의해 반응개시 온도 및 분해개시 온도가 감소하는 물질

- 폭발범위의 가연성가스나 유증기를 형성하여 착화원이 존재하면 폭발할 위험이 있는 물질
- 관리범위와 위험영역과의 관계를 정량적으로 고려하여 사용 중에 폭발범위 밖으로 제어되어 있는 물질이지만 제어 실패에 의해 폭발성 가스나 유증기를 형성할 수 있는 물질
- 기타 재활용 시스템, 폐수, 배기가스, 폐기물 등에 대해서는 축적성과 혼촉 위험 측면에서 조사·검토하여야 한다.

⑩ 과산화소다와 유기물, 금속분 및 비금속분과의 혼합물은 자연발화 또는 폭발위험성이 있으며, 과산화소다는 산화성이 강하고, 금속을 부식시키므로 용기 재질을 고려하여야 한다.

⑪ 물과 반응하여 열과 산소를 발생하기 때문에 수분의 침입에 따른 혼합위험을 방지하기 위하여 보관 방법에 주의하여야 한다.

5) 연속식 반응기 공정에서 안전대책

① 연속식 반응기에 원료 및 용매와 촉매의 공급량, 공급 속도 및 농도에 대한 안전작업표준 지침은 반응 메커니즘, 반응속도 등의 각종 데이터에 근거하여 작성하여야 한다.

② 사용 화학물질의 반응 메커니즘 등은 운전자가 시간이 지나면 기억하기 쉽지 않기 때문에 작업 표준에 명기하는 수치에 대해서는 결정한 근거에 대해서 함께 기록하여야 하며, 운전자에게는 반응에 대한 위험성과 대응책 등에 대해 교육하여야 한다.

③ 작업표준의 작성 시에는 반응기구, 반응속도 등의 각종 데이터의 조사 결과를 반영하고 숫자 등의 정해진 근거에 대해서도 명기하여야 한다.

④ 온도상승 등의 이상 상태가 발생했을 때에 실시하는 위험 회피를 위한 조치는 사전에 작업표준에 규정하여야 한다.

⑤ 원료, 용매 및 촉매의 공급작업은 작업표준에 규정된 원료 등의 조성농도, 공급량, 공급 속도 등을 확인한 후에 실시하여야 한다.

⑥ 운전 중에는 원료 등의 공급량을 모니터링하고, 일정 운전조건의 유지가 되도록 하여야 하며, 원료와 촉매의 공급량 등에 대해서는 가능한 한 자동에 의한 비율제어방식을 사용하여야 한다.

⑦ 원료 및 촉매 등의 공급 펌프, 압축기 등을 운전 중에 예비장치로 전환하는 경우에는 최대한 공급량 등을 변화시키지 않도록 주의하여야 한다.

⑧ 촉매 유량계 등 중요한 측정기기는 정기적으로 테스트하여 정확도 확인을 실시하고, 촉매 계량조의 레벨 등과의 상호 체크를 수시로 실시하여야 한다.

⑨ 공급 조작 실수를 한 경우에는 즉시 보고하고, 필요한 대책을 검토하여야 한다.

⑩ 촉매 농도 등의 운전조건을 변경하는 경우에는 운전조건의 변경요령 등에 따라 운전, 안전, 설비면 등에 관해 검토를 실시하고, 필요한 대책을 강구하여야 한다.

⑪ 원료 및 촉매 등을 변경하는 등 운전조건을 크게 변경하는 경우에는 사전에 안전환경 및 연구 부서 등의 확인을 거친 후에 실시하여야 한다.

6) 회분식 반응기 공정에서 안전대책

① 회분식 반응기에 원료 등의 투입량, 적하량, 투입순서 등이 정상적으로 이루어지지 않으면 폭주반응 위험에 주의하여야 한다.

② 반응기에 원료 등의 투입순서 등에 관한 제조지시서 등은 반응 메커니즘과 안전기술정보 등의 데이터에 근거하여 작성하는 것이 필요하다.

③ 원료 등의 투입 실수에 의한 온도상승 등의 이상 상태가 발생했을 경우의 위험 회피 조작 작업은 가능한 한 인터록 장치에 의한 자동화가 되도록 하여야 한다.

④ 회분식 반응기에서 사용하는 화학물질의 규정량이 지켜지지 않아서 사고로 이어지는 경우가 있으므로, 반응 원료 등의 투입량은 제조지시서 등에 규정된 투입량을 반드시 지켜야 한다.

⑤ 원료 투입 등의 일상 조작은 가능한 한 순차적 제어를 실시하여야 한다.

⑥ 원료의 투입 시에 연결 호스 등을 사용하는 경우는 접속 실수를 피하기 위해서 호스를 색상별 또는 호스 접속구의 형상 변경을 실시하여야 한다.

⑦ 고체 촉매를 투입할 경우는 최대한 용해시켜 농도가 균일하게 되도록 하여야 한다.

⑧ 회분식 반응기의 원료 투입 조작은 각 공정의 종료 시마다 운전자가 원료 투입량을 결정한 다음에 공정이 진행되는 반자동형 시퀀스 제어를 사용함으로써 반응기의 이상 상태의 조기 발견과 계기류의 오작동에 의한 투입 조작 실수를 방지하도록 하여야 한다.

⑨ 원료나 촉매 등을 용기로부터 투입하는 경우는 용기 용량을 필요 이상으로 크게 하지 않도록 하여 만일의 과량 투입에도 안전한 용량으로 하여야 한다.

⑩ 안전점검 체크리스트에 의하여 작업 전 안전점검을 하여야 한다.

7) 반응물질 온도에 따른 안전대책

① 반응물질의 분해 온도를 조사하여 운전 중의 관리 한계온도를 사전에 결정하여야 하며,

또한 이상 반응의 조기 발견을 위해 운전온도를 지속적으로 모니터링하여야 한다.

② 반응기에는 국부 가열, 온도분포의 불균일 등을 고려하여 적정한 위치에 필요한 개수의 온도계를 설치하여야 하고, 온도계에는 경계 단계마다 알람 기능을 갖추게 한다.

③ 관리 한계온도인 분해온도 이상에 도달한 반응기에는 반응물질을 공급하지 않도록 하여야 한다.

④ 반응기의 초기 가동 시의 승온작업은 미리 작업표준에 정해진 승온곡선에 따라 실시하여야 한다.

⑤ 운전 중의 원료의 성분 조성의 변동에 대하여 모니터링하여야 한다.

⑥ 운전 중의 관리 한계온도를 결정하고, 운전온도가 관리 한계온도에 접근하거나 도달했을 때에 실시하는 다음의 위험회피 조작을 작업표준으로 규정하여야 한다.

- 반응물질의 공급온도 감소
- 반응물질 공급 정지
- 반응물질 등의 긴급 탈압

⑦ 위험회피 조작 중에 긴급을 요하는 사항에 대해서는 가능한 한 인터록 기구에 의해 자동화를 사용하여야 한다.

⑧ 유체의 흐름이 정지한 경우에는 온도계 설치 개소의 국부적인 온도만이 검출되어 전반적인 온도 분석을 파악할 수 없기 때문에 온도계는 적정한 위치에 필요한 개수를 설치하여야 한다.

⑨ 반응기 본체 외부에 보온 시공하지 않고 내부에 알루미나 시멘트 등과 같은 내화물을 시공하는 경우에는 내화물의 파손이나 이상 온도상승 등에 의한 열점(hotspot)의 조기 발견을 위해 반응기 외부 전체에 측온도료(thermocolor)를 시공하는 방법을 사용할 수 있다.

⑩ 에틸렌 제조장치의 긴급 정지 후의 재가동 준비 중에 아세틸렌 - 수소첨가반응 용기 내에 체류하고 있던 에틸렌이 밸브에서 누출 유입된 과잉 수소와 접촉하는 경우에는 발열 반응에 의한 발화 위험성 대책을 강구하여야 한다.

⑪ 아세틸렌-수소첨가반응 공정은 팔라듐 촉매를 사용하는 고정상 반응으로서 반응기에 수소가 과잉 공급되거나 촉매 온도가 400℃ 이상인 경우에는 발열 반응이 급격히 진행하여 화재 및 폭발 위험성이 있기 때문에 주의하여야 한다.

8) 불순물 혼입에 따른 안전대책

① 반응물의 온도가 정상이라 하더라도 오조작 등에 의해 예상치 못한 물질이 혼입하게 되면

급격한 발열 반응을 일으킬 위험이 있으므로, 이러한 원인이 되는 물질을 사전에 조사하여 혼입 방지를 강구하는 것이 필요하다.

② 반응기에 혼입될 우려가 있는 불순물의 종류와 불순물에 의한 위험을 사용 전에 조사하여야 한다.

③ 원료나 용제 중의 미량 성분의 종류와 양을 확인하기 위해 정기적으로 분석을 실시하여야 한다.

④ 회분식 반응기에서는 이전 배치의 잔여물이나 세정 시의 수분 및 세정제의 혼입을 방지하기 위해 반응개시 전에 반응기의 내부검사를 실시하여야 한다.

⑤ 장치의 재료로부터 산화철, 열매유, 냉각수 등의 혼입을 방지하기 위해 정기적으로 반응기 내부나 냉각용 열교환기 등의 검사를 실시하여야 한다.

⑥ 연구단계에서는 순수한 시약을 사용하므로, 불순물의 존재는 문제가 되지 않지만 생산설비는 순도가 낮은 산업 제품을 사용하거나 미반응 모노머와 용제 등을 재활용하여 여러 종류의 불순물의 혼입 가능성이 있기 때문에 연구설비에서 생산설비로의 확장을 계획할 때에는 불순물의 존재, 반응성 등을 충분히 검토하여야 한다.

9) 교반기 정지에 따른 안전대책

① 교반기가 정지한 경우에는 국부가열이나 이상 발열의 위험성이 있으므로, 용기 내 온도 및 압력을 관찰 및 확인한 다음에 공정 작업 운전을 재개하여야 한다.

② 이상 상태에 대한 긴급 대응 방법은 계획적인 교육을 통하여 훈련을 하여야 한다.

③ 정전 시에 대비한 비상용 발전기를 설치하고, 교반 정지 시에는 경보장치가 울리도록 하여야 한다.

④ 교반기 정지 시에는 가열이나 원료 공급이 자동적으로 정지하도록 인터록 장치를 설치하여야 한다.

⑤ 반응기나 저장조 내에 불활성가스를 넣어 폭발범위에 들어가지 않도록 안전조치를 취해야 한다.

⑥ 사고예방을 위하여 블로우 다운 탱크의 설치도 고려하여야 한다.

⑦ 교반기 정지 후의 운전 재개 매뉴얼을 작성하여야 한다.

⑧ 교반기가 정지 중에 있더라도 온도와 압력을 항시 감시할 수 있는 설비를 갖추어야 하며, 조기에 정지 원인을 조사하여 운전이 복귀되도록 하여야 한다.

⑨ 교반기를 재운전할 때에는 용기 및 반응 상황을 확인하고, 2~3회의 단시간 운전 후에 통상적인 운전으로 재개하여야 한다.

⑩ 교반기의 선정은 점도나 비중과 같은 취급물질의 성질과 반응조건을 고려하여야 한다.

⑪ 교반기가 정지하고 있는데도 불구하고, 반응물이나 촉매를 지속적으로 첨가하다가 화재 및 폭발사고로 이어지는 경우가 많으므로 주의가 필요하며, 특히 니트로화, 슬폰화 및 중화 반응에서 사고빈도가 높다.

⑫ 반응과정 중에 넣은 첨가제와 반응 중간체가 교반기의 정지에 의해 부분적으로 쌓이면서 급격한 분해반응을 일으키고, 반응계의 열 이동속도가 감소하면서 축열이 일어날 가능성이 커지므로, 이러한 위험에 주의하여야 한다.

⑬ 이상 반응에 의한 사고 예방을 위하여 교반기의 기동 시스템에 주파수 제어와 같은 인버터 제어기가 설치되어 있는 경우에는 최초의 운전 시에 저속으로 기동하고, 점차로 정상 회전수로 속도를 올려야 한다.

10) 미반응 물질의 축적에 따른 안전대책

① 미반응 물질 성분이 혼합장치 내에서 축적이 일어나면 확인되지 않은 위험이 발생하거나 물질과 반응하여 위험한 물질을 생성하고, 이것이 국소적으로 축적하므로 미반응 물질 성분을 분석하고, 그 결과에 따라 안전조치를 강구하여야 한다.

② 화학반응에 따른 부반응의 발생량은 운전조건에 따라 달라지므로, 미반응 물질 성분은 정상적으로 생성되거나 일시적으로 생성되는지를 확인하여야 한다.

③ 미반응 물질은 공정 내에서 제거되는지, 공정 내의 일정 공간에 농축되는지, 아니면 다른 물질과의 혼합 위험이 없는지 등을 검토하여야 한다.

④ 미반응 물질을 포함하고 있는 펌프 및 흡입 배관 등은 취급물질의 전용으로 사용하여야 한다.

⑤ 부득이하게 여러 물질을 동일한 장치에서 사용하는 경우에는 작업자에게 세정방법과 기준치 등을 활용한 세정 확인 방법 등을 철저히 교육시켜야 한다.

⑥ 작업에 이상을 발견하거나 검출된 경우에는 연락처 및 처리에 관한 사항을 현장에 게시하여야 한다.(KOSHA GUIDE, P-132-2013, 안전보건공단)

참고

공정안전관리(PSM)

1. 정의

① 유해화학 위험물질의 누출, 화재, 폭발 등으로 인한 중대산업사고 예방을 목적으로 한 제도.

② 사고가 발생할 경우 그 피해를 최소화하기 위하여 일상적인 관리와 함께 비상대응 사항 등도 제도 내에 포괄되어 있음

③ 중대산업사고 예방 및 피해 최소화를 위한 체계적이고 구체적인 활동이 공정안관리 제도의 취지임

2. 도입 배경

산업화 이후 세계적으로 유해화학물질의 누출이나 화재, 폭발 등으로 해당 생산현장의 노동자뿐만 아니라 인근 주민들이 집단적으로 사망 또는 건강영향을 입는 사건이 지속적으로 발생하여 산업안전보건법상 1996.1.1일부터 공정안전관리제도를 도입하여 시행 중인 제도.

3. 공정안전관리 요소

가. 공정안전정보(PSI, process safety information)

- 유해위험물질의 종류 및 취급량
- 각 물질의 물질안전보건자료(공정 시 열반응 물질 등 신규 화학물질 포함)
- 공정 개요 및 공정도면
- 건물/설비 배치도, 내화구조사양, 소화설비/가스 누출 경보기 설치 현황 및 배치도
- 세척·세안 및 안전보호장구 설치현황 및 배치도
- 방폭 지역 구분도 및 전기 단선도, 접지 배치도 등

나. 공정위험성평가(PHA, process hazard analysis)

- 신규 공정 및 기존공정의 잠재적인 위험성 및 운전/가동 중의 문제점 예측 및 발견
- 위험요소 제거 및 감소하기 위한 개선대책 마련
- 대책안 수립 및 이행을 통하여 공정 안전성 확보
- 위험성평가 전담 팀 구성 및 정기적인 평가, 정성적 평가 후 위험 우선순위 요소에 대해서 정량적 평가 진행, 평가 결과 공정안전자료 및 공정 운전 절차서(표준 작업서 등)에 반영 및 보완

다. 운전 절차(OP, operation procedure)

- 운전단계별 운전 방법
- 운전 가능 한계 및 범위 설정 / 지침화
- 운전범위 이탈 시 조치 방법
- 공정 운전 유의사항
- 유해위험물질 노출 시 조치 요령 및 대응 방법
- 공정의 안전장치의 기능과 작동방법

라. 교육훈련(TRN, training)

- 공정운전, 설계, 정비, 검사, 비상상황 시 대응 등 각 분야별 업무를 안전하게 수행하기 위해서

필요한 제반 교육 및 훈련 실시
- 교육 필요 인원 및 명단 확보
- 공정 및 노출 유해화학물질에 따른 교육 과목 및 내용
- 교육시기, 횟수, 시기, 반복주기 설정
- 교육 방법
- 교육 성과 측정 및 평가

마. 협력회사 안전보건관리
- 협력업체 관리자 및 종사자에 대한 안전보건교육 실시
- 협력업체 자체적인 공정별 안전보건교육 실시
- 협력업체 원-하청 합동안전점검 및 순회
- 원-하청 안전보건협의체 구성 및 운영

바. 가동 전 안전점검(PSSR, pre-startup safety review)
- 공정 개선이나 신/증설 설비에 대한 가동 전 잠재 위험요소 확인 및 제거
- 설계 사양에 따라 공정설비 제작 여부 확인
- 공정안전자료, 공정안전보고서, 공정운전절차, 유지보수절차, 비상조치계획서 제/개정 여부
- 위험성평가 개선 권고사항 및 이행도 및 사고예방 대책방안 이행 여부
- 운전원에 대한 교육/ 훈련 실시 여부

사. 설비 유지보수(MI, mechanical integrity)
- 유해위험물질을 취급하는 설비의 체계적/ 효율적 관리 및 유지를 통해 안전성 유지 및 신뢰성 확보
- 설비의 결함으로 인한 사고 예방

아. 안전작업허가(SWP, safe work permit)
- 유해위험 작업 목록 확보
- 유해위험 작업에 대한 작업 시작 전 허가 절차 확립
- 인터록 등 잠금장치 해제 절차 확립

자. 변경 관리(MOC, management of change)
- 변경관리 수행 절차 확립
- 운전원 교육 및 가동 전 안전 점검
- 긴급 작업시 변경관리 절차 확립 및 수행
- 변경관리 내용 이행 정도 점검

차. 사고조사(II, incident investigation)
- 사고 발생 시 사고 발생의 근본 원인을 규명하여 동종사고 및 유사 사고 예방
- 사고발생 시 신속한 보고 체계 확립, 사고조사 시 전담팀 및 전문가 조사, 유사사고 재발 방지대책 수립, 사상 없는 앗차사고에 대해서도 점검 및 관리/ 개선, 사고 및 사고결과 기록 유지, 사고 원인 등에 대한 교육 실시

카. 비상조치 계획(EAP, emergency action plan)
- 유해위험물질 누출, 화재, 폭발 등 비상상황 발생 시 해당 피해를 최소화하기 위한 조치

타. 공정안전 검사(CA, compliance audit)
- PSM 12개 요소가 규정대로 실행되고 있는지 지속적으로 점검 및 확인
- 공정안전관리 수준 향상

4. 국내 공정안전관리 제도

구분	제도	내용
화학물질 관리법	장외영향평가	유해화학물질 취급 사업장의 사고 발생시 영향 범위 및 위험도 평가, 사업장 주변 사람뿐만 아니라 환경/생태에 대한 영향도 평가
	유해관리계획서	사고대비물질을 지정 수량 이상 취급하는 사업장의 경우 장외영향평가 및 사고예방, 비상대응 프로그램을 포함한 계획서 5년마다 제출
	화학물질 배출량/이동량 조사	사업장의 화학물질 취급량/ 배출량을 1년에 1회 조사 및 정보제공
산업안전 보건법	공정안전보고서	일정량 이상의 유해화학물질을 취급하여 중대산업사고를 야기할 가능성이 있는 사업장으로 하여금 공정안전보고서 제출 의무 부여
	유해위험방지계획서	전기계약용량이 300 kw 이상인 사업장 중 기계, 기구, 설비를 신설/증설/이전하거나 주요 구조를 변경할 경우 유해위험 내용 및 방지에 대한 계획서 제출 의무 부여
	위험성평가	유해 요인 및 발생 가능성 등을 종합적으로 평가하여 위험 우선순위를 정하고 제거하기 위해 시행

5. 공정안전보고서 제출대상 업종/ 제출 시기

가. 제출대상 업종

업종	업종분류코드
원유정제처리업	19210
기타 석유정제물 재처리업	19229
석유화학계 기초화학물질 제조업	20111
합성수지 및 기타 플라시틱물질 제조업	20202
질소화합물, 질소, 인산 및 칼리질 화학비료 제조업	20311
복합비료 및 기타 화학물질 제조업	20312
화학 살균 살충제 및 농업용 약제 제조업	20321
호약 및 불꽃 제품 제조업	20494

나. 제출 시기
- 설치 / 이전 : 착공일 30일 전
- 주요 구조 부분의 변경 : 착공일 30일 전

다. PSM 심사

산업안전보건법 시행규칙 제130조의 제3항~제6항

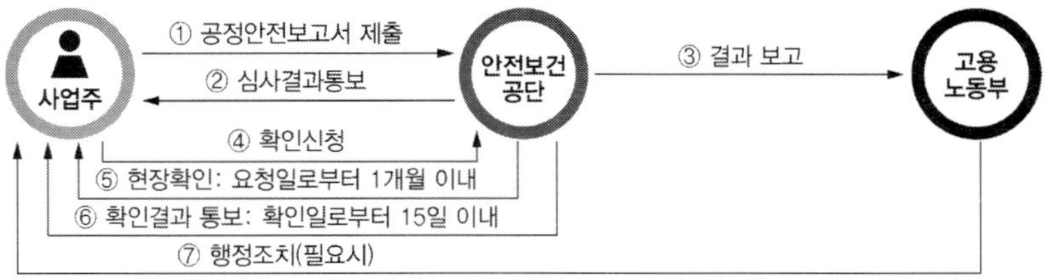

- 심사 기간 : 접수 후 1개월 내(가스안전공사 : 15일, 안전보건공단 : 15일)

산업안전보건법 시행규칙 제130조의2(공정안전보고서의 세부 내용 등)

1. 공정안전자료
   - 유해·위험물질의 종류 및 취급량
   - 유해·위험물질에 대한 물질안전보건자료(MSDS)
   - 유해·위험설비의 목록 및 사양
   - 운전방법을 알 수 있는 공정도면
   - 각종 건물·설비의 배치도
   - 폭발위험장소 구분도 및 전기단선도
   - 위험설비 안전설계·제작 및 설치 관련 지침서

2. 공정위험성평가서
   - 공정의 특성 등을 고려한 위험성평가 기법 선정
   - 위험성평가서
   - 피해범위 산정 및 영향 평가
   - 사고 예방·피해 최소화 대책 작성

3. 안전운전계획
   - 안전운전지침서
   - 설비점검·검사 및 보수계획, 유지계획 및 지침서
   - 안전작업허가
   - 도급업체 안전관리계획
   - 근로자 등 교육계획
   - 가동 전 점검지침
   - 변경 요소 관리계획
   - 자체감사 및 사고조사계획
   - 그 밖에 안전운전에 필요한 사항

4. 비상조치계획
   - 비상조치를 위한 장비·인력보유현황
   - 사고발생 시 각 부서·관련 기관과의 비상연락 체계
   - 사고발생 시 비상조치를 위한 조직의 임무 및 수행 절차
   - 비상조치계획에 따른 교육계획
   - 주민홍보계획
   - 그 밖에 비상조치 관련 사항

2. 화재예방 대책

1) 국한대책

화재가 발생하였을 때 그 화재가 확대되지 않도록 하는 조치이다.

① 가연물 저장의 최소화

발화위험이 있는 작업장에는 가능한 한 최소한의 양만 저장하고 필요 이상의 원료, 제품 및 상품 등은 안전한 창고 또는 집적장에 보관하여야 한다.

② 건물, 설비의 불연화

- 건축구조물은 내화구조로 하고, 건물 내부의 설비는 불연성의 재료를 사용하여야 한다.
- 내화기준은 건축물의 기둥 및 보는 지상 1층(지상 1층의 높이가 6 m를 초과하는 경우에는 6 m)까지, 위험물 저장·취급용기의 지지대(높이가 30 m 이하인 것을 제외)는 지상으로부터 지지대의 끝부분까지, 배관·전선관 등의 지지대는 지상으로부터 1단(1단의 높이가 6 m를 초과할 경우에는 6 m)까지 내화구조로 한다.

③ 인화성액체 및 가연성 액화가스 탱크 주변에는 방유제를 설치하여, 내용물이 누출된 때에는 외부로 확대되지 않도록 한다.

④ 설비 간 안전거리 확보

위험물질을 저장 또는 취급하는 작업장의 주변에는 일정한 공지를 확보하고, 거리를 유지하여 화재로 인한 영향이 다른 설비에 미치지 않도록 한다.

2) 소화 대책

① 소화기

- 최초의 발화 직후에 불을 끄는 것이 가장 효과적인 응급조치이다.

- 소화기의 종류에는 분말, 이산화탄소, 포, 산알카리 및 할론소화기 등이 있으며, 소화기의 사용방법, 비치장소 등의 표지판을 설치하여야 한다.

② 소화설비

- 소화설비는 스프링클러, 물분무설비, 포소화설비 등의 자동식 소화설비와 소화전 등과 같은 수동식 소화설비가 있다.
- 소화설비는 동절기에 얼지 않도록 조치하고, 수시로 작동 여부를 점검 및 확인해야 한다.

③ 소화

- 일정 규모 이상으로 화재가 확대되면 사업장 내의 자체소방대를 동원하거나 인근지역 공설소방대에 지원을 요청하여야 한다.
- 대형 탱크의 화재와 같이 현재의 소방력을 이용하여 소화할 수 없을 경우 연소되는 가연물이 소실되어 자연 진화될 때까지 기다린다.
- 소화활동 시에는 인명의 구조를 최우선으로 하고 화재가 다른 곳으로 연소되는 것을 방지하고 가연물을 빨리 다른 장소로 옮겨야 한다.

3) 피난 대책

① 화재 발생에 대비하여 미리 피난계획을 수립하고, 발화했을 때 당황하지 않도록 교육훈련을 실시한다.

② 화재가 발생하면 즉시 경보를 발하고 인근지역에 통보한다.

③ 위험구역에서 안전한 지역으로 대피한 때에는 안내자의 지시에 따라야 하며, 이를 위해 평소에 피난기구의 사용법, 유도표지 및 유도등, 피난통로 및 대피장소 등을 확인하여 두어야 한다.

④ 피난 후에는 각자에게 부여된 임무를 수행하고 보고체계를 확립한다.

⑤ 부상자 치료 등 인명피해 최소화를 위한 응급조치를 우선적으로 한다.

3. 폭발예방 대책

1) 폭발분위기 형성 방지

폭발은 가연성가스 또는 인화성액체의 증기가 공기와 혼합되어 폭발범위 내의혼합물을 형성함으로써 발생되므로 폭발범위의 밖에서 모든 작업이 이루어지도록 한다. 그 대책은 다음과 같다.

① 공기 중의 누설, 누출 방지
② 밀폐용기 내에 공기혼입 방지
③ 환기를 실시하여 폭발하한계(LEL) 이하로 희석

2) 불활성 물질 주입

① 가연성가스가 존재하는 분위기 중의 산소농도를 불활성가스를 주입하여 감소시킨다.
② 불활성가스는 질소가스, 수증기, 이산화탄소 및 그 이외에도 소화액제로 이용되고 있는 할로겐화 탄화수소 등이 있다.
③ 연소가스도 사용할 수 있으나 연소가스는 각종 불순물을 수반하고 있어 세정 등에 의하여 사전에 사용 조건에 적합토록 하여야 한다.

3) 착화원 관리

① 화기 관리
- 성냥, 라이터, 용접기 및 토치 등의 화염은 위험이 발생할 수 있는 장소에서 사용을 금하고, 사용 시에는 위험작업허가지침에 규정한 원칙에 따라 철저히 관리하여야 한다.

② 고열 및 고온 표면관리
- 전기 또는 가스히터와 같이 적열이 되고 있는 물체, 그 외 고온상태에 있는 물체도 착화원으로 직화와 같이 철저히 관리한다.
- 고온의 배관 또는 열교환기의 금속표면은 고온이 아니어도 저온의 발화온도를 갖는 물질이 접촉하는 때에는 착화되므로 철저히 관리한다.
- 보온재 등에 가연성 액체의 물질이 스며들어 자기산화 등에 의하여 열이 축적되어 착화되는 경우가 있으므로 철저히 관리한다.

③ 충격·마찰 및 단열압축에 의한 착화 방지
- 동력기계장치의 동력전달부, 원심기 등의 작동 시 파손, 변형, 이물질에 의해 마찰·충격이 발생하여 고온, 화염이 발생된다.
- 공기와 혼합된 인화성 증기가 발화온도 이상으로 단열압축 될 경우에도 착화원이 발생한다.

④ 방폭전기설비 사용
- 인화성 물질 등을 취급하는 장소에 전기설비를 설치하는 경우에는 방폭지역으로 지정하고 이에 적합한 방폭전기설비를 설치하여야 한다.

⑤ 정전기 제거

- 액체, 고체(분진) 또는 기체 등의 이동으로 인하여 정전기의 발생 우려가 있는 장소에는 접지, 유속제한, 가습, 제전 등의 정전기 제거조치를 한다.

4) 가스농도 감지 및 측정

① 가연성가스, 증기가 누설되고 체류할 수 있는 장소는 폭발의 위험성이 매우 크므로 이와 같은 장소에는 위험 정도를 상시 파악하도록 하고, 조그마한 고장과 사고의 위험성이 파악되는 경우, 즉시 필요한 조치를 취한다.

② 가스농도의 감지방법

- 배관이나 접속부 등에 비눗물을 도포하여 기포의 발생 유무를 눈으로 확인한다.
- 가스누설 감지기 및 경보기를 설치한다.

③ 탱크 내 청소 시 폭발방지를 위하여 반드시 가스농도를 측정하여야 하며, 정식 사고 예방을 위하여 산소농도가 18% 이상 유지되도록 환기시키면서 공기호흡기를 착용하고 작업에 임하여야 한다.

4. 폭발 및 피해확산 방지대책

1) 입지 조건과 설비배치

① 지형, 지반, 자연현상 및 주변의 환경을 고려하여 입지를 선정한다.

② 지진에 있어서 위험물의 유출과 착화원 발생을 고려하여 이에 대한 대책을 반드시 고려한다.

③ 안전거리와 공지 확보, 소화, 피난 등의 활동에 대비한 통로 확보, 기타 비상사태에 대비하여 장치 및 설비를 배치하여야 한다.

2) 내압설계 적용

고압기체를 발생 또는 저장하는 용기 및 보일러 등은 내압 설계를 적용하여야 한다.

3) 위험공정설비 자동화

① 위험한 작업공정과 설비에는 자동화와 원격조정방식을 적용한다.

② 안전성이 확인되지는 위험설비와 현장에는 작업원이 접근하지 않도록 연동설비를 설치한다.

③ 폭발반응 등 이상 반응이 우려되는 반응기 등에는 이상 반응 제어장치 또는 폭발제어장치를 설치하어야 한다.

4) 내부압력의 방출 및 경감

압력용기, 장치류 및 배관 등이 이상 과압에 의하여 파괴되는 것을 방지하기 위하여 안전밸브, 파열판 또는 폭발방산구 등을 설치한다.

5) 긴급배출설비 설치

① 긴급 시에 용기 및 그 외 밀폐장소에 있는 위험한 가스와 안전밸브로부터 방출되는 가스를 안전한 장소에서 처리할 수 있는 긴급배출설비를 설치하도록 한다.
② 수소와 같이 독성이 없고 가벼운 가스는 높은 장소에서 대기 중으로 벤트시킬 수 있다.

6) 기타 설치 안전장치

긴급차단밸브, 격리밸브, 화염방지기, 폭굉방지기 등이 있다.

5. 과압에 의한 폭발장지 대책

1) 안전밸브 등의 설치

안전밸브는 기기나 배관의 압력이 설계압력을 초과할 때 자동적으로 작동하여 압력에 의한 파괴를 방지하기 위해 설치하며, 안전밸브의 전·후단에는 차단밸브 설치를 금하고 있다. 과압에 따른 폭발을 방지하기 위하여 폭발방지 성능과 규격을 갖춘 안전밸브를 설치해야 한다.

① 다단형 압축기 또는 직렬로 접속된 공기압축기에 대해서 각 공기압축기별로 안전밸브 등을 설치한다.
② 검사 주기에는 안전밸브가 잘 작동하는지 검사하고, 납으로 봉인하여 사용한다.
③ 공기나 질소 취급용기 등에 설치된 안전밸브 중 안전밸브 자체에 부착된 레버 또는 고리를 통해 안전밸브 적정하게 작동하는지 수시로 확인한다.
④ 납으로 봉인된 안전밸브를 해체하거나 조정할 수 없도록 조치한다.

표 4.2 과압에 의한 손상

폭발압[psig]	손상	폭발압[psig]	손상
0.03	창유리 일부 파손	2~3	비강화콘크리트벽 부서짐
0.15	유리파열 압력	3~4	유류저장탱크 파열
0.5~1	창 부서짐	5~7	가옥전파
1.0	가옥 부분파괴	10	빌딩전파
1.3	클래드 빌딩 강철 Frame 휨		

표 4.3 안전밸브 검사

검사항목	검사방법	판정기준
• 설정 압력 적정 여부 • 밸브 닫히미 누출 여부 • 밸브 몸체, 스프링, 시이트, 벨로즈 등 각부의 상태조사	• 열림압력측정(안전밸브의 터짐 압력을 측정한다) • 기밀시험(닫혀진 상태에서 기밀시험을 실시한다) • 육안검사	• 측정압력이 설정 압력의 ±5% 범위 내일 것 • 밸브 닫힘 시 누출이 없을 것 • 현저한 손상, 부식, 마모가 없을 것

2) 파열판(Rupture Disc)의 설치

① 파열판 설치

반응폭주 등 급격한 압력 상승의 우려가 있는 경우 과압에 의한 설비 폭발방지를 위하여 설치하는 일종의 안전밸브 기능을 가진 것으로 특히 다음의 경우에 설치한다.

- 반응폭주로 급격한 압력상승의 우려가 있는 경우
- 독성물질의 누출로 인하여 주위 작업환경을 오염시킬 우려가 있는 경우
- 운전 중 안전밸브에 이상 물질이 누적되어 안전밸브의 작동이 안될 우려가 있는 경우

② 파열판 및 안전밸브의 직렬 설치

급성 독성물질이 지속적으로 유출될 수 있는 화학설비나 그 부속설비에는 파열판과 안전밸브를 직렬로 설치하고 그 사이에 압력지시계 또는 자동경보장치를 설치해야 한다.

그림 4.4 파열판과 안전밸브 직열 설치

③ 차단밸브의 설치 금지

안전밸브 등의 전단과 후단에 차단밸브의 설치를 금지한다. 단 설치해야 하는 예외에 해당한다면 자물쇠형 또는 이에 준하는 형식의 차단밸브를 설치할 수 있다.

④ 안전밸브 등의 작동요건/배출용량

안전밸브 등이 보호하려는 설비의 최고사용압력 이하에서 작동되도록 설치한다. 단 안전밸브 등이 2개 이상 설치된 경우, 1개는 최고사용압력의 1.05배(외부화재 대비는 1.1배)이하에서 작동되도록 설치한다. 안전밸브 등의 배출용량은 소요분출량을 계산해 가장 큰 수치를 적용해야 한다.

6. 산소농도 감소를 위한 퍼지(Purge) 작업의 활용

1) 퍼지의 의의

연소되지 않은 가연성가스 혹은 유독성 가스가 탱크, 사이로, 배관 등 공정 안에 차 있는 경우 근로자들이 안전하게 작업할 수 있도록 가스를 공정 밖으로 배출하기 위하여 환기시키거나 불활성 가스를 주입하여 가연성 분위기를 유지되지 않게 만드는 방법을 말한다.

2) 퍼지 작업의 시기

① 폭발한계가 정해져 있는 가연성가스 혹은 독성가스 취급 용기 및 탱크는 내부 수리를 위한 점검, 정비 등의 작업 이전에 안전을 위해 반드시 산소의 잔량을 줄이거나 독성가스를 제거하기 위해서 퍼지 작업이 선행되어야 한다.

② 신규제작 또는 수리 후의 용기나 탱크 내부에는 공기가 침입되어 있어서, 이를 제거하지 않으면 제품 충전 시에 오염 또는 폭발한계가 넓어져 위험하기 때문에 이때 탱크 내부의 공기를 빼기 위해서 퍼지 작업을 해야 한다.

3) 한계산소농도

가연성가스 - 공기 - 불활성가스 3성분계 또는 가연성가스 - 산소 - 불활성가스 3성분계에서 화염이 전파하는 데 필요한 최소산소농도(MOC, minimum oxidation concentration)를 한계산소농도라 한다. 이 농도 이하에서는 연소가 일어나지 않으므로 불활성가스 퍼지 시 산소농도를 측정하여 이 값 이하로 유지해야 한다. 대부분의 공업용 용매는 연소하기 위하여 10～15%의 산소를 필요로 하며, 분진은 대략 8% 이상의 산소를 필요로 한다.

표 4.4 각종 가연성가스 또는 증기의 한계산소농도(1기압, 상온) 보정값

가연성가스	한계산소농도[Vol %]		가연성가스	한계산소농도[Vol %]	
	CO_2 첨가	N_2 첨가		CO_2 첨가	N_2 첨가
메탄	13.1	12.1	아세톤	12.5	10.0
부탄	11.9	9.5	이황화탄소	6.4	4.3
프로판	12.8	10.7	일산화탄소	5.1	5.1
n-부탄	13.0	10.6	에탄올	11.5	9.0
n-펜탄	12.9	10.6	수소	4.6	4.6
n-헵탄	13.0	10.0	황화수소	6.4	4.3
에틸렌	10.2	8.5	메탄올	10.5	8.5
프로필렌	12.6	10.0	프로필렌 옥사이드	-	6.6
부타디엔	11.6	8.9	메틸에틸케톤	12.0	9.5
벤젠	12.4	11.4	염화비닐	-	13.4
톨루엔	-	9.5	스틸렌	-	9.0

참고

불활성가스의 응용

- 인화성액체 저장탱크 내용물의 압력에 의한 이송
- 건조로에서 폭발성 혼합기의 형성 방지
- 저장탱크 또는 반응장치에서 인화성 제품의 공기 접촉 방지
- 분쇄기, 믹서, 컨베이어 설비, 집진기와 같은 장치에서의 가연성 분진 폭발 방지
- 산소가 존재할 경우, 연속적인 폭발위험이 있는 화학공정에서의 사용
- 물질의 발화온도 이상에서 취급되는 작업의 보호
- 저장 시 제품의 자연발화 방지
- 폭발억제를 위한 수단

4) 퍼지의 종류

방호구역 내를 불활성화를 하는 방법에는 회분식(batch)방법과 연속식(continuous)방법이 있

다. 회분식 퍼지법에는 진공 퍼지, 압력 퍼지, 스위프 퍼지, 사이폰 퍼지 방법이 있고, 연속식 퍼지법에는 고정비율 퍼지(fixed rate purging)와 변동비율 퍼지(variable rate or demand purging) 방법이 있다.

(1) 진공 퍼지(Vacuum Purging)

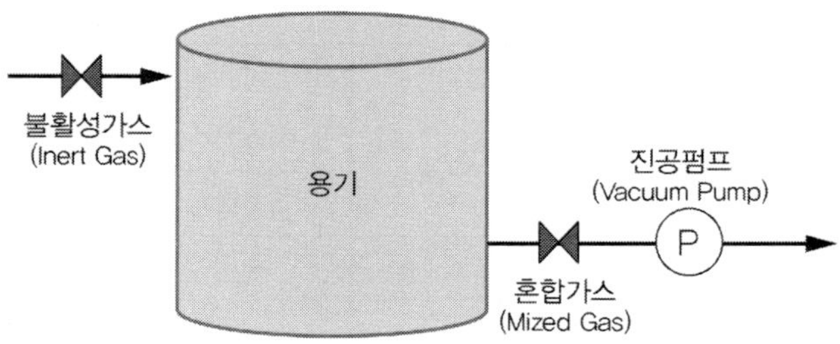

그림 4.5 진공퍼지(vacuum purging)

먼저 탱크를 진공상태로 만들어 불순물 농도를 낮추고, 다음에 불활성기체 같은 퍼지용 가스를 주입하여 압력을 올린다. 그리고 다시 진공시키는 과정을 되풀이하여 불활성화가 될 때까지 반복하는 방법이다. 보통 큰 용기는 진공에 견디도록 설계되지 않으므로 진공에 견디지 못하는 용기에 진공 퍼지를 실시할 경우 음압에 의해 용기가 찌그러질 수 있기 때문에 대부분 대형 탱크 등의 저장용기에는 잘 사용하지 않는다.

반면에 반응기는 보통 0 mmHg의 절대진공까지 버틸 수 있기 때문에 주로 반응기에 사용되며, 용기에 압력을 가압할 경우 위험이 있는 설비에 사용된다. 진공 퍼지는 진공펌프를 사용하기 때문에 상대적으로 비용이 높다. 진공 퍼지 절차는 다음과 같다.

① 원하는 진공도에 이를 때까지 진공펌프를 사용하여 진공으로 유지한다.

② 질소나 이산화탄소 같은 불활성가스를 사용하여 대기압과 같게 한다.

③ 원하는 산소농도가 될 때까지 ①과 ②를 반복한다.

(2) 압력 퍼지(Pressure Purging)

탱크에 불활성가스 같은 퍼지용 가스를 주입하고 혼합가스를 배출한 후 불활성화를 확인하여 불활성화가 될 때까지 대기 중으로 방출하는 과정을 반복해서 대상 기체의 농도를 점차적으로 낮추어 퍼지시키는 방법이다. 가장 일반적으로 사용하는 방법으로 가압에 의한 화학반응이나 용기에 문제가 생기지 않을 경우에 사용한다.

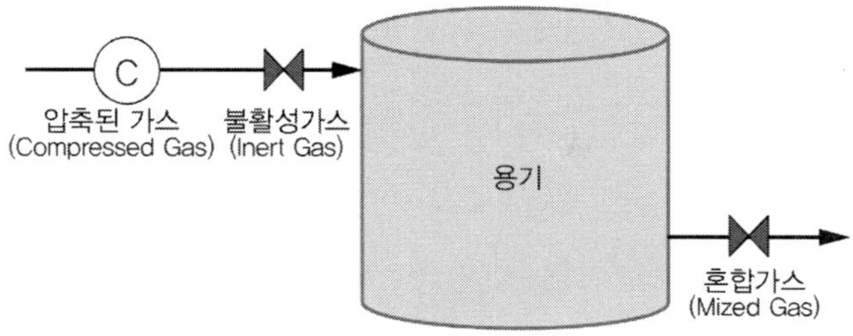

그림 4.6 압력퍼지(pressure purging)

압력 퍼지는 진공 퍼지에 비해 상대적으로 짧은 시간에 원하는 불활성화를 얻을 수 있으며 불활성가스를 많이 소모하는 단점이 있다. 압력 퍼지 절차는 다음과 같다.

① 용기에 원하는 압력까지 불활성가스를 주입한다.

② 주입가스가 용기 내에서 충분히 확산되면 대기로 방출한다.

③ 원하는 산소농도가 될 때까지 ①과 ②를 반복한다.

(3) 스위프 퍼지(Sweep-Through Purging)

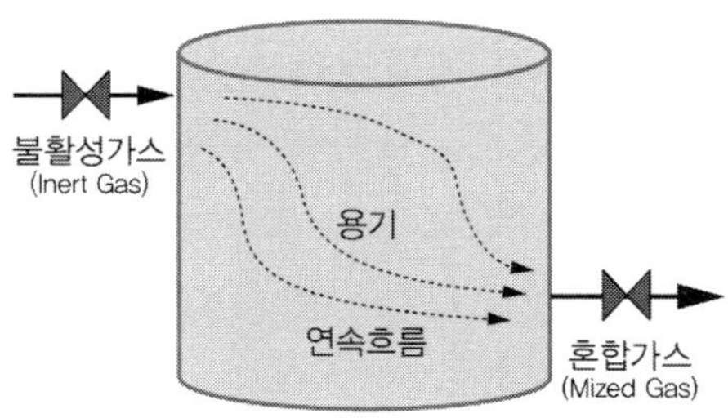

그림 4.7 스위프 퍼지(sweep-through purging)

용기에 입구와 출구를 구분하여 연속적으로 입구에서는 불활성가스를 주입하고, 출구에서는 혼합가스를 배출하며 불활성화가 될 때까지 반복하는 방법이다. 주로 큰 저장용기의 퍼지 시 사용하는 방법으로 입구는 불활성가스를 주입하고, 출구는 대기 또는 스크러버 등 처리 설비를 통해 퍼지된다.

불활성가스가 많이 소모되기 때문에 비용이 많이 발생하게 되지만, 액체를 용기에 채운 후 상부의 잔류산소를 제거하는 스위프 퍼지 방법이 바람직하다. 스위프 퍼지는 진공 퍼지나 압력 퍼지를 활용할 수 없을 때 사용하는 방법으로 혼합가스의 흐름에 주의해야 한다. 또한 출구에서 배출되는 유량(혼합가스)의 양이 입구에서의 유량(불활성가스)과 같은 정상 상태를 유지해야 한다. 퍼지 절차는 다음과 같다.

① 용기의 입구로 퍼지 가스를 가하고 출구는 대기 또는 스크러버 등 처리설비로 통하게 한다.
② 원하는 산소농도가 될 때까지 ①을 반복한다.

(4) 사이폰 퍼지(Siphon Purging)

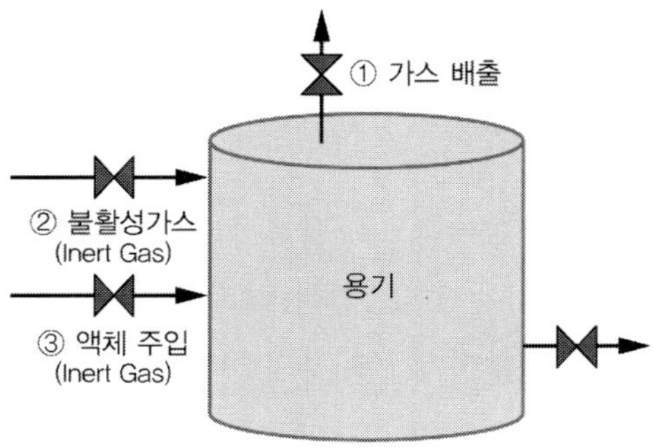

그림 4.8 사이폰 퍼지(siphon purging)

용기 내에 물, 비가연성, 비반응성 등 적합한 액체를 주입하면서 용기 내의 가스를 배출시키고, 다시 용기 내의 액체를 배출하며 불활성가스를 주입하는 방법이다.

사이폰 퍼지는 용기 내 산소의 농도를 매우 낮은 수준으로 줄일 수 있다. 소모되는 불활성가스의 부피는 용기의 부피와 같고 퍼지 속도는 액체를 방출하는 부피 흐름과 같게 된다. 불활성가스의 사용량이 가장 적은 방법으로 큰 저장용기에 대한 퍼지 경비를 최소화하기 위한 방법이다. 공정상 용기에 주입하는 액체의 선택과 사용에 문제가 없는 경우에만 사용이 가능하므로 사용 여부를 확인하여야 한다. 사이폰 퍼지 절차는 다음과 같다.

① 용기에 물 또는 적합한 액체를 채운다.
② 용기로부터 액체를 방출하며 증기층에 불활성가스를 주입한다.

(5) 고정비율 퍼지(Fixed Rate Purging)

이 방법은 장치 내로 일정량의 퍼지 가스를 피크치에 충분하도록 연속적으로 공급하는 방법으로, 피크치는 여름철의 폭우 등과 같은 갑작스런 냉각과 장치 내 수용물질의 최대 감소량을 감안하여 결정하여야 한다.

장점으로는 간단하고 압력조정기 같은 장치가 필요 없으며, 유지관리가 쉽다. 단점으로는

① 제품이 휘발성 액체일 경우 퍼지가스에 의한 증기 공간의 일소(sweeping) 효과로 인한 제품손실

② 필요성에 관계없이 다량의 퍼지가스 공급으로 인한 퍼지 가스 손실

③ 연속적으로 방출되는 혼합물에 대한 처리 문제(독성 등의 문제)

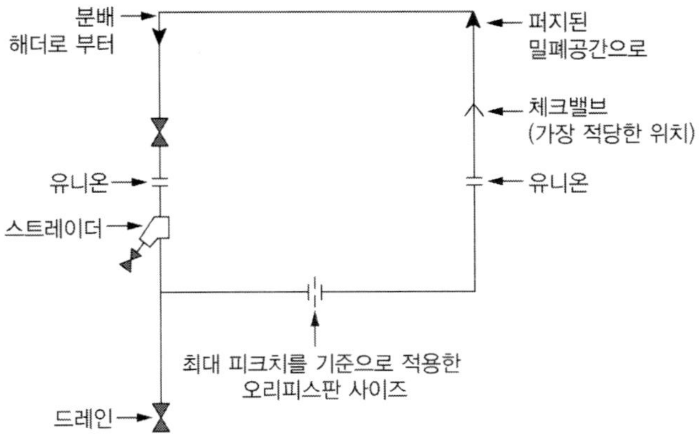

그림 4.9 고정비율 퍼지 방식을 사용하고 있는 유량제어 방법

(6) 변동비율 퍼지(Variable Rate or Demand Purging)

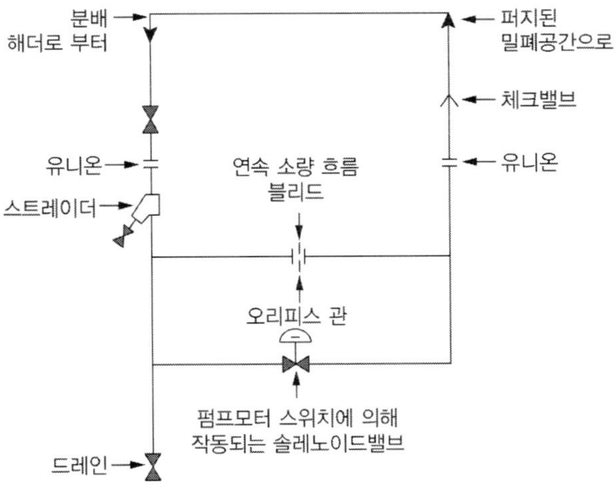

그림 4.10 변동비율 퍼지 방식을 사용하고 있는 유량제어 방법

이 방법은 통상 장치 내를 기본적으로 주위 대기압보다 약간 높은 압력으로 유지하면서 필요에 따라 가변적으로 퍼지 가스를 공급한다. 그림 4.10에서 블리드(bleed)는 장치 내의 미세한 압력변화에 따라 연속적으로 퍼지한다. 또한, 펌프모터 스위치에 의해 동작되는 솔레노이드밸브는 장치 내용물이 감소될 때 필요한 불활성가스 유량을 즉시 공급하게 되며, 이 방법은 불활성가

스 요구량의 변동이 큰 장치에서 권장된다.

장점은 퍼지 가스를 실제로 필요할 때만 공급하고, 공기 유입을 완벽하게 방지할 수 있는 것이다. 단점은 압력제어 밸브가 아주 낮은 압력 차에 의해 수시로 동작하기 때문에 유지관리가 어렵다는 것이다.

참고

> 블리드 밸브(bleed valve)
> 게이지 밸브의 계장장치에 사용하여 장치를 제거하기 전에 라인 상의 압력을 배출(vent)하여 제어 장치의 교정을 보전하거나 소량의 샘플을 채취하기 위하여 사용하는 밸브

5) 퍼지 가스

(1) 퍼지 가스원

퍼지 가스는 적정한 산소농도를 유지하기 위해 다음과 같은 퍼지 가스의 필요량을 공급받아야 한다.

① 고압탱크, 실린더 또는 공기분리 플랜트로부터 공급되는 질소, 이산화탄소, 아르곤 또는 헬륨과 같은 불활성가스
② 탄화수소를 태우거나 또는 촉매로 산화시켜 불완전 가스를 생산하는 가스발생기로부터 공급되는 불활성가스
③ 공업용 로 또는 보일러의 연도가스. 오염을 방지하기 위해 세정 또는 냉각이 필요할 수 있다.
④ 스팀. 보호대상이 되는 용기 등의 장치가 스팀응축을 방지할 수 있도록 충분히 높은 온도(71℃)에서 유지 가능할 경우 이용 가능하며, 냉각에 의한 스팀응축이 대기 중의 산소를 흡입하거나 진공으로 인한 용기파열을 일으키지 않도록 주의해야 한다.
⑤ 암모니아의 공기 산화에 의해 공급되는 고순도 질소
⑥ 흡수, 흡착, 화학반응 또는 삼투압에 의해 공기 중의 산소가 제거된 불활성가스
⑦ 메탄 또는 천연가스와 같은 연료가스

(2) 퍼지 가스의 제한

퍼지 가스는 방호장치에서 취급되는 가연성 물질과 물리 화학적인 반응을 일으키지 않는 것이어야 한다.

① 할로겐화탄화수소, 이산화탄소 및 질소 퍼지 가스는 고온에서 분진과 격렬한 반응을 일으킬 수 있다.

② 할로겐화탄화수소, 이산화탄소 및 질소 퍼지 가스는 알루미늄, 마그네슘, 티타늄, 지르코늄, 토륨, 우라늄과 같은 가연성 금속분진의 폭발을 방지할 수 없는 경우도 있으므로, 이들 가연성 금속분진에는 아르곤, 헬륨 등의 퍼지 가스가 사용된다.

(3) 퍼지 가스량

퍼지 가스량은 전체 방호설비에 충분한 양을 공급할 수 있는 용량이어야 하며, 대기압 부근에서 사용하는 옥외탱크에 여름철 폭우 등과 같은 갑작스런 냉각에 의한 탱크 붕괴를 방지하기 위하여 필요한 퍼지가스 공급비율은 다음과 같아야 한다.

① 3,028,000 L 용량을 초과하는 탱크의 경우 전체 동체와 지붕의 면적 1 ft^2마다 시간당 0.056 m^3(2 ft^3)의 퍼지가스

② 그 이하 탱크의 경우 탱크용량 151 L마다 시간당 0.028 m^3(1 ft^3) 퍼지 가스 또는 시간당 37.8℃(100°F)에 상응하는 증기공간의 변화 비율

6) 퍼지 가스 작업 시 고려사항

① 퍼지 가스 발생설비에는 운전정지를 최소화하도록 비상전력과 비상 연료를 공급해야 한다.

② 퍼지 가스 내의 오염물이 가스배분설비에 유해하거나 가스배분설비의 작동을 방해할 위험이 있는 경우 제거해야 한다.

③ 연도가스를 퍼지 가스로 사용하는 곳에서 유입된 분진, 검댕이 또는 다른 이물질 등이 설비의 조작을 방해할 위험이 있는 경우 제거해야 한다.

④ 퍼지 가스가 발화를 일으키거나 응축되는 것을 방지하기 위해서는 방호되는 공정과 비슷한 온도로 공급해야 한다.

⑤ 결빙되기 쉬운 설비에 공급되는 퍼지 가스는 당해 설비가 노출될 최소 주위 온도에서 물이 응축하지 않는 이슬점(dew point)을 가져야 한다.

참고

이슬점(dew point)
대기 속의 수증이가 포화되어 그 수증기의 일부가 물로 응결할 때의 온도

7) 산소농도감소에 따른 배관설비의 퍼지 시 고려사항

① 필요한 곳에는 중요한 압력조절기, 밸브, 계측기 등에 이물질이 유입되는 것을 방지하기 위해 필터나 스크린 등을 퍼지 가스 배관설비에 설치해야 한다.

② 퍼지 가스에 수분이 포함되어 있을 경우 필요한 곳에는 응축수를 모을 수 있는 트랩을 설치하고, 트랩에는 배수밸브를 설치하여 보온해야 하며, 배관은 트랩 쪽으로 경사져 있어야 한다.

③ 연도가스나 연소가스가 퍼지 가스로 사용될 경우, 방호설비 내로 화염이 확산되는 것을 방지하기 위해 화염방지기 등의 적합한 장치를 설치해야 한다.

④ 퍼지 가스 배분설비의 각 주요 분기점에 수동차단밸브를 설치하고, 정비를 용이하게 하기 위한 충분한 수의 차단 지점을 설정해야 한다.

⑤ 불활성가스 배분 설비는 위험한 공정물질에 오염되지 않도록 다음과 같이 설치해야 한다.

- 필요한 곳에는 퍼지 가스 공급의 중단 또는 방호 공정장치의 과압에 기인한 오염을 방지하기 위해 체크밸브나 기타 필요한 설비를 설치해야 한다.
- 단일 체크밸브는 역류되도록 연결해서는 안 된다.

⑥ 퍼지 가스 배분설비와 기타 다른 설비 사이의 교차접속은 피해야 한다.

※ 예외 : 퍼지 가스 설비로 역류되어도 위험이 없는 경우 및 역류방지조치를 취한 경우 교차접속이 허용된다.

⑦ 퍼지되고 있는 방호구역 또는 용기로부터 배출되는 가스는 안전한 장소로 배기해야 한다.

⑧ 방호설비 전체에 원하는 산소 농도 감소를 위해 불활성화 방법에 따라 퍼지 가스 유입과 배출이 이루어져야 하며, 다중의 입·출구를 허용해야 한다.

⑨ 모든 배분 설비는 사용하기 전에 청소 및 기능시험을 실시해야 한다.

8) 산소농도감소에 따른 계측기 설치 고려사항

① 원하는 산소농도를 유지하기 위하여 방호설비 내 많은 위치에 산소를 검지하는 계측기를 설치해야 한다.

② 방호설비 내의 원하는 산소 농도는 LOC(한계산소농도)에서 안전율을 감한 농도로 유지해야 하며, 설비의 한계산소농도는 가장 낮은 한계산소농도를 나타내는 최악의 상태를 기준으로 결정해야 한다.

- 산소농도가 연속적으로 감시되는 경우에는 LOC보다 최소한 2 vol%의 안전율을 감한 농도(LOC가 5% 미만일 때에는 LOC의 60% 농도) 이하로 유지해야 한다.

※ 예외 : 이 조건은 부분 산화공정에는 적용하지 않는다.

- 산소농도가 연속적으로 감시되지 않는 경우에는 LOC의 60%(LOC가 5% 미만일 때에는 LOC의 40%) 이하로 유지해야 하며, 산소농도를 정기적으로 검사해야 한다.

  ※ 예외 : 불활성가스로 퍼지된 저압 옥외탱크는 증기 공간의 산소농도를 검사할 필요 없음.

- 계측기는 계획된 주기별로 눈금 교정을 해야 한다.
- 계측된 산소도가 위험한 상황일 경우 경보를 발해야 한다.

7. 가연성 물질 농도 감소(Combustible Concentration Reduction)에 의한 폭발 방지

1) 의의

밀폐된 공간에서 가연성 물질의 농도를 연소하한계(LCL) 미만으로 유지시켜 화재나 폭발을 방지하는 방법이다.

주어진 공간에서의 가연성가스, 증기 또는 분진의 농도를 감소시키기 위해서는 맑은 공기를 사용하는 일반적인 자연환기 방법에 의해 달성할 수 있다. 적합하게 설계된 환기설비는 연료농도를 폭발하한계(LEL) 아래로 유지할 수 있으며, 비정상적인 누설로 연료농도가 LEL을 초과해도 비상환기설비가 설치되어 있다면 LEL 이하로 감소시킬 수 있다. 그러나 이러한 농도감소는 사고의 개연성(probability)은 줄일 수 있으나 사고의 가능성(possibility)은 완전히 제거할 수 없으므로 국소환기(강제환기)와 함께 사용함으로써 보다 쉽게 제어 목적을 달성할 수 있다. 다음과 같은 경우에는 일반 자연환기보다 국소환기가 권장된다.

① 운전자 또는 발화원이 가연물 방출지점에 가까이 있는 경우

② 가연물 방출률이 불확실한 경우

③ 가연성 분진을 제어하는 경우

2) 설계 및 운전조건

① 가연성 물질의 농도는 연소하한계의 25% 이하로 유지해야 하며, 설정농도를 초과할 경우 환기설비 등과 연동하여 농도를 감소시켜야 한다.

※ 예외 : 자동으로 작동하는 안전장치와 연동되어 있을 경우 연소하한계의 60% 이하로 유지 가능하며 알루미늄 분말제조의 경우 연소하한계의 50% 이하로 유지 가능하다.

② 가연성 물질의 농도를 감소시키기 위해 접촉산화(catalytic oxidation)가 이용되는 곳에서

는 접촉산화장치의 모든 입구에 화염방지기를 설치하고, 주기적으로 점검 정비해야 한다.

3) 환기

① 가연성 물질 농도를 감소하기 위한 환기설비의 설치

- 환기설비는 방호장치의 배출공기가 공기조화설비의 공기취입구로 유입되지 않는 위치에 설치해야 한다.
- 공기취입구는 가연성 물질이 설비 내로 유입되지 않는 위치에 설치해야 한다.
- 공기취입구 내의 필터, 건조기, 침전기 등은 청소와 정비를 위해 접근이 용이한 위치에 설치해야 한다.

② 퍼지 환기량 계산식(NFPA 69)

밀폐계에서 신선한 공기로 퍼지함으로써 가연성가스 농도를 연소한계 이하로 감소시키는 데 필요한 환기의 횟수와 시간의 측정은 다음 식을 사용하여 계산한다.

- 가연성가스가 순간 누출될 경우
  - 환기의 횟수 $\ln\left(\frac{C}{C_0}\right) = -KN$
  - 환기 시간 $t = \frac{V}{Q}N$
- 가연성가스가 밀폐공간 내로 연속 누출될 경우
  - 환기의 횟수 $\ln\ddot{y}\left((1-\frac{CQ}{G}\right) = -KN$
  - 환기 시간 $t = \frac{V}{Q}N$

여기서, C_0 : 초기 가연성가스 농도

C : 원하는 가연성가스 농도

Q : 공기유량(환기비율)[m^3/min]

V : 방호체적[m^3]

K : 혼합효율계수(표 4.5 참조)

t : 환기에 필요한 시간

N : 이론적 환기 횟수

G : 가연물 유량(연속누출 비율)[m^3/min]

표 4.5 환기장치에 대한 환기 효율

공급 방법		효율[K]값		공급 방법		효율[K]값	
		단일 배기구	복수 배기구			단일 배기구	복수 배기구
자연 환기	개방된 문 또는 창문	0.2	0.3	강제 환기	그릴과 통풍장치	0.3	0.5
	틈	0.2	0.4		디퓨저	0.5	0.7
					천정 개구부	0.8	0.9

K=1은 완전 혼합상태이며, 일반적으로 K=0.25를 적용한다.

8. 폭발억제설비(Deflagration Suppression) 설치에 의한 폭발 방지

1) 의의

밀폐 또는 제한된 공간을 가지는 설비 내에서 발생된 화재를 조기에 감지하여 이를 초기단계에서 억제함으로써 폭연(deflagration)으로 인한 압력이 설비의 설계압력 이상으로 상승하는 것을 초기에 감지하여 반응억제제를 살포함으로써 화염을 소멸시키고 폭발성장을 정지시켜 설비 등의 파손을 예방하기 위하여 설치하는 것을 폭발억제설비라고 한다.

이 설비는 방호할 장치 내부에서 억제과정을 종료시키는 것이며, 폭발 벤팅에서와 같이 화염이나 미연소물의 분출, 폭발음의 발생이 없기 때문에 외부로의 이러한 영향을 피해야 하는 경우 적합한 방법이다. 또한 분체 처리장치의 덕트와 같이 화염방지기(flame arrester)를 이용할 수 없는 경우 폭발억제장치가 덕트 내부를 전파하는 폭발화염을 저지할 수 있다. 폭발억제장치를 설치하는 경우에는 폭발압 배출장치를 병행하여 설치하는 것이 일반적이다.

다음과 같은 장치에는 폭발억제장치를 사용하지 않는다.

① 금속분진, 수소, 아세틸렌과 같이 아주 빠른 화염전파속도를 가진 물질을 취급하는 장치
  - 화염전파속도가 매우 빠를 경우 압력이 너무 급격히 증가하여 보호해야 할 장치의 강도를 초과할 수 있기 때문이다.

② 용적이 커서 설치가 어렵고 비경제적인 장치 또는 실(1,000 m^3 이상)

③ 공정온도가 −28℃(−20°F) 이하이거나 71℃(160°F) 이상인 장치(단, 사용된 억제제에 따라 최고 사용제한 온도가 결정되므로 검토 필요)

④ 운전압력이 약 0.68 MPa(100 psi) 이상인 장치

⑤ 장치 강도가 0.02 MPa(3 psi) 미만인 장치

2) 폭발억제장치의 적용설비

폭발억제설비는 가연성가스, 미스트 또는 분진이 존재하는 다음과 같은 방호구역에 적용한다.

① 반응기, 혼합기, 배합기, 분쇄기, 제분기, 건조기, 오븐, 필터, 스크린, 집진기 등 공정장치

② 상압탱크, 저압탱크, 압력탱크 등의 저장탱크

③ 공기 및 스크류 컨베이어, 버킷 엘리베이터 등의 이송 장치

④ 후드, 글러브 박스, 시험실, 연구소, 파일럿 플랜트

참고

파일럿 플랜트

상업용 공장 건설이나 제품생산을 목적으로 공정 안전성 확보, 잠재적 위험성 발견 등 상업화에 필요한 데이타의 획득으로 소규모의 연구/실험실 설비로 이루어진 시제품 생산공장을 말한다.

⑤ 에어로졸 충전실

3) 폭발억제장치의 구조 및 구성

감지부, 제어부, 소화약제부로 크게 구성되며 개략적인 구조는 그림 4.11과 같다.

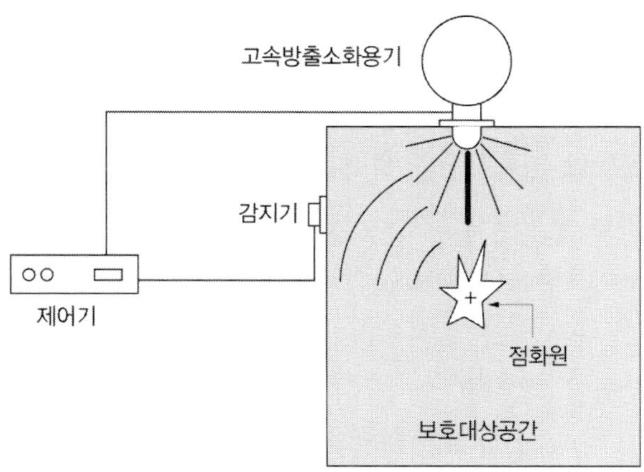

그림 4.11 폭발억제장치 개략도

(1) 감지기

① 감지기 종류

폭발 시 저장용기에서 파괴적인 압력을 형성하는데 30～100 ms가 소요되는데 감지기는

점화 후 폭발의 발생을 빨리 인식할 수 있어야 한다. 이러한 감지기에는 열전자, 광학 및 압력방식의 세 가지 유형이 있다.

- 열전자 및 광학 감지기

  열전자 및 광학 감지기는 열원 근처에 있을 때 효과적으로 작동하기 때문에 분진폭발의 위험이 있는 장소에는 사용하지 않으며, 설비의 오작동을 예방하기 위해서 교차회로방식으로 설치하는 것이 중요하다.

참고

교차회로방식

자동으로 작동하는 소화설비의 화재감지기를 이용한 방식을 쓰는 경우에 사용한 방식이다. 교차회로란 하나의 구역에 두개의 회로를 지그재그로 설치하는데 서로 교차되게 설치하고 교차회로로 설치한 경우 화재가 발생하면 먼저 한 개의 화재감지기가 화재를 감지할 것이고 그러면 화재경보와 자동식소화설비의 작동을 준비시키고 또 다른 화재감지기가 화재를 감지 할 경우 자동식 소화설비를 작동시킨다. 교차회로방식으로 하면 오동작을 방지할 수 있다.

교차회로방식은 스프링클러설비의 준비작동식이나 할로겐화물소화설비, 이산화탄소소화설비 등에 사용하는 방식이다.

- 광학감지기

  광검출기는 자외선이나 적외선 방출을 감지하기 때문에 가장 빠른 경보(일반적으로 10 ms 미만으로 작동)를 제공하고, 플래시 발화(예 : 발화성 액체 또는 액화 가연성가스가 있는 방) 또는 내압 7～14 mbar(0.1～0.2 psi)의 저강도 장치 내에 광검출기를 사용한다. 검출기 렌즈가 가려지게 되거나 가연성 매체에 의해 방사선이 감소되는 청결하지 못한 장소에서 사용 시 초기 폭발의 감지기 지연될 수 있어 유지관리가 중요하다.

- 압력감지기 : 압력 감지기는 지속적으로 압력을 측정하고 압력 상승률 및 임계 압력을 모니터링하는 설비이다. 활성화 압력은 정상적인 프로세스 압력 변동(일반적으로 27～35 mbar(0.4～0.5 psi)) 이상으로 설정한다. 검출기는 부식, 충격 및 진동에 견뎌야 하며, 온도 변화 및 취급되는 재료에 의해 영향을 받지 않아야 한다. 일반적으로 압력감지기는 의심되는 점화원으로부터 최대 6 m(20 ft) 떨어진 곳에 위치시키며 정상작동 압력에 큰 변동이 있는 경우 스트레인 게이지 또는 압전식 압력센서를 사용해야 한다.

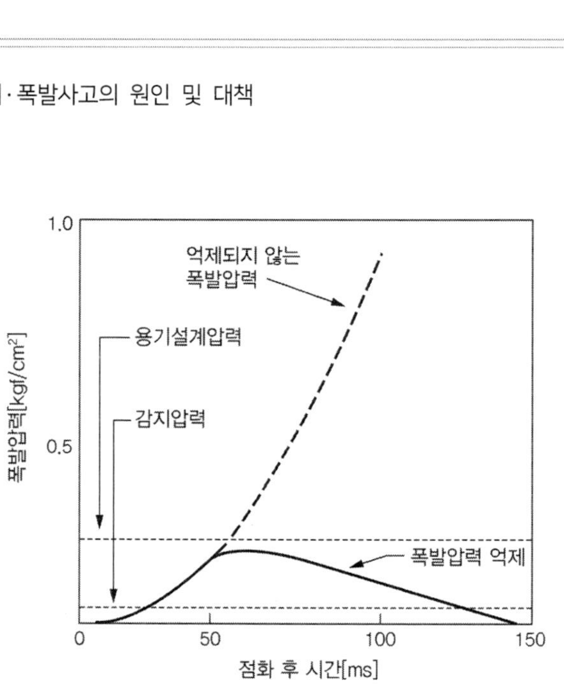

그림 4.12 폭발억제장치에 의한 점화 시간에 따른 폭발압력 변화

② 감지기 설치 시 고려사항

- 감지기는 기능을 방해하는 이물질이 축적되지 않도록 보호해야 한다.
- 감지기는 가능한 한 예상되는 발화원에 근접하여 설치해야 하며, 덕트에 설치할 경우 직경의 30배 이내 또는 15 m 이내의 간격으로 설치해야 한다.
- 감지기는 설치 환경 및 진동에 의한 장애가 최소화되도록 설치해야 한다.

(2) 반응억제제

① 반응억제제 종류

반응억제제는 폭발방지설비가 설치되는 설비 내에서 취급되는 가연성 물질에 대하여 물리 화학적으로 안정된 것을 사용한다, 표 4.6은 반응억제제의 종류를 나타내었다.

② 반응억제제 살포방법 및 방출 시간

- 억제제는 방호구역 내의 최고온도 범위에서 사용 가능해야 한다.
- 가압된 약제 저장용기의 압력을 감시할 수 있도록 압력계 등을 설치해야 한다.
- 감지기로부터 신호를 받아 억제제를 고속으로 살포하는 방법은 2가지 방법이 있다.
  - 강도가 약한 용기 내에 억제제를 채우고 전기뇌관을 기폭시켜 이 폭발압력에 의해 용기 벽 파괴와 동시에 억제제를 방출시키는 방법
  - 미리 약한 부분(파열판)을 설치한 용기 내(3～45 L)에 억제제를 질소 등으로 가압충진 (20～120 bar)하여 두고 용기 내에서 전기뇌관을 기폭시켜 파열판을 깨뜨리고 그 개구

부로부터 가압용 가스의 압력에 의해 억제제를 방출(방출거리 최대 10 m)시키는 방법

- 반구형 억제기의 경우 억제제는 일반적으로 할로겐화합물이며 10~30 ms 이내에 방출된다. 이 억제제는 일반적으로 액상 형태로 소량(1.3~4.9 L)을 함유하고 있으며 제한된 배출 거리(2.5 m 미만)를 가지고 있어 주로 소공간 및 덕트를 보호하는 데 사용된다.

표 4.6 반응억제제 종류

구분	반응억제제
기체	CO_2
	HFC-227ea(FM-200)
	HFC-23
	HFC-125
액체	Water(물)
	Salt-based antifreeze solutions(소금물)
분말	Mono-Ammonium Phosphate(MAP)(모노암모늄 인산염)
	Potassium Chloride(염화칼륨)
	Potassium Carbinate(탄산칼륨)
	Sodium Bicarbonate(탄산수소나트륨)
혼합형	MAP(모노암모늄 인산염)/Halon

(3) 전기기폭장치

전기기폭장치는 그 최고온도등급이 초과되지 않도록 설치해야 한다.

(4) 전력 및 제어장치

① 전력 및 제어장치는 24시간 동안 작동되는 예비전원용 축전지와 함께 각 억제설비에 설치해야 하며, 다음 사항에 충분한 에너지를 공급해야 한다.

- 모든 감지장치의 작동
- 모든 전기기폭장치의 작동
- 시청각 경보장치의 작동
- 모든 보조 제어 및 경보장치의 접촉면 분리
- 연동회로 및 공정 운전정지회로의 차단설비 제어

② 전력 및 제어장치는 최소한 다음 사항을 지속적으로 충분히 감시해야 하고 구성요소에 오류가 발생하면 경보를 울리고 자동으로 공정을 중지시켜야 한다.

- 전선회로의 개방 및 기타 결함
- 교류전원 공급장치
- 축전지의 전압, 전해액, 극성
- 설비 안전 연동회로
- 방출 출력신호장치
- 전기기폭장치
- 감지기
- 시청각 경보장치
- 연동회로 차단설비
- 회로접지 결함

③ 감시 신호회로는 시청각 경보장치와 연동시켜야 한다.

④ 제어장치는 감지기 작동 시 연동하여 관련 공정을 안전하게 정지시켜야 하며, 폭발억제설비 작동 후 폭발억제설비가 다시 사용 가능한 상태가 되기 전까지 관련 공정을 재가동해서는 안 된다.

⑤ 폭발억제설비가 설치된 장소에 점검 등을 위해 진입하기 위해서는 사전에 안전조치(공정정지, 퍼지 및 제어설비 비활성화)를 실시하여야 한다.

(5) 억제제 방출장치 설치

① 억제제 방출장치는 약제가 균일하게 방출되도록 설치하되, 모든 방호장치까지의 거리가 3.8 m를 초과해서는 안 된다.

② 억제제 방출노즐은 설치환경 또는 진동 등에 의한 장애가 최소화되도록 설치해야 한다.

③ 억제제 방출노즐은 방호구역 내의 부속장치나 시설에 손상을 입히지 않도록 설치해야 한다.

④ 억제제 방출장치는 그 기능을 방해하는 이물질이 축적되지 않도록 보호해야 한다.

⑤ 단말기와 기계 부속품은 습기 및 기타 이물질로부터 보호되어야 한다.

⑥ 설치 위치는 설비 구성요소의 최대작동온도를 초과하지 않도록 선정해야 한다.

(6) 폭연억제의 원리와 최고압력

① 폭연억제의 원리

폭연은 폭발물질에 따라 속도의 차이가 있지만 점화시간으로부터 약 200 ms(0.2초) 정도 경과되면 최고사용압력에 도달하게 되는데 점화 초기에 억제제를 분산하여 산화반응을 제한함으로써 압력상승을 억제하는 것이 그 원리이다.

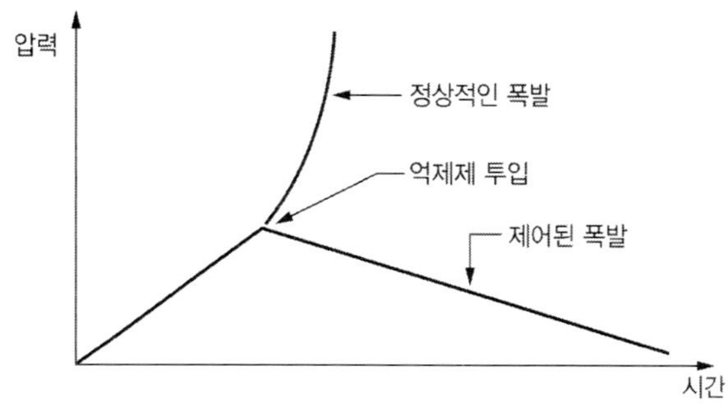

그림 4.13 폭연억제의 기본원리도

참고

> 폭연억제(deflagration suppression)
> 초기에 폭발억제방법은 압력파를 감지하여 자동적으로 억제제를 투입하는 방법과 불꽃감지에 의한 불꽃제압 방법이 있다.
> ① 연소개시 감지 → 적정 소화제 급속 공급 → 수용불가 압력 증가 전에 폭연파 소화
> ② 폭연억제의 원리
> • 미연소 가연물 - 공기혼합물 + 소화제첨가 → 불활성화
> • 점화시작 → 최저농도소화제 존재 → 보호대상 공간 불활성화
> 예) 프로판 - 공기의 양론적 혼합물 + 43[mol%]의 CO_2 첨가 → 약한 점화원에 대해 불활성화 되어짐 → 연소부위를 소화지점까지 냉각

② 폭연의 최고압력

폭연에 의해 발생되는 최고압력은 가연성 가스류와 증기류, 분진류의 종류에 따라 차이가 있지만 약 1,000 KPa 정도의 압력이 발생한다.

(7) 설비의 폭발억제과정

폭발억제설비는 감지기, 반응억제제, 제어장치로 구성되며 폭발억제설비는 파괴적인 폭발압력으로 발전되기 전 아주 짧고도 중요한 순간에 이루어져야 하기 때문에 확실한 조건에서만 가능하

다. 아래 그림은 폭발성장 과정의 초기단계에서 폭발압력이 억제되는 것을 보여주고 있다.

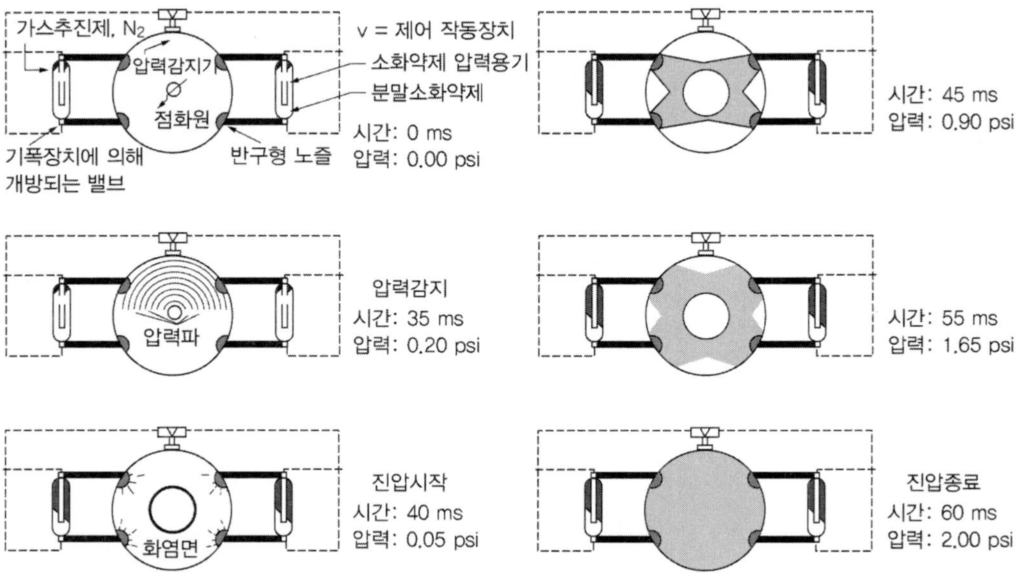

그림 4.14 폭발억제과정

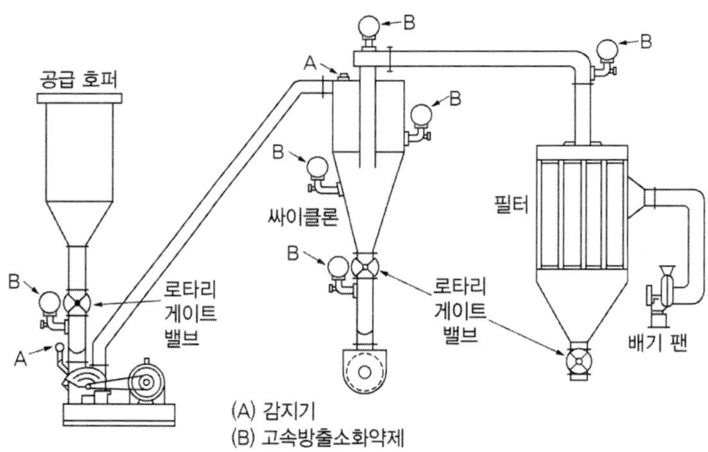

그림 4.15 연마공정에 대한 폭발억제장치 설치 예

참고

폭연(deflagration)

연소에 의한 충격파가 반응하지 않은 매체에서 음속 이하의 속도로 연소구역이 확산되는 현상

폭발(explosion)

폭연으로 내압압력이 증가되어 밀폐공간이나 용기가 폭발 또는 파열되는 현상

> 폭굉(detonation)
> 연소에 의한 충격파가 반응하지 않는 매체에서 음속보다 훨씬 빠른 속도로의 연소대가 확산되는 현상(1,000~3.500 m/s)
>
> 싸이크론
> 정화장치 또는 집진장치로 흡입된 공기와 분진(먼지)이 분진만 집진통으로 보내고 공기는 배출되게 하는 장치

(8) 점검 및 정비

① 억제장치는 제조자로부터 훈련받은 사람에 의해 3개월 간격으로 점검하고 시험해야 하며, 억제제 용기는 누설, 약제량, 용기압력 등을 확인해야 한다.

② 약제용기는 무게가 5% 이상 감소하거나 압력이 10% 이상 손실되었을 경우 재충전하거나 교체해야 한다.

③ 감지기는 설비 사양서에 적합하도록 주기적으로 시험하고 교정해야 한다.

④ 설비 연동장치는 제 기능을 확실하게 발휘할 수 있도록 관리해야 한다.

⑤ 제어장치는 필요에 따라 제 기능을 확실하게 발휘할 수 있도록 시험해야 하며, 모든 회로는 적합하게 감시되어야 한다.

⑥ 억제장치의 각 부분은 다음과 같이 일정 주기로 점검해야 한다.

- 폭발억제장치 전압계의 회로 접지 여부 : 매일
- 감지기와 약제방출장치의 페인트칠 또는 막힘 여부 : 작업환경에 따라 매주 또는 몇 시간
- 예비용 축전지설비 전압 : 매주
- 모든 장치의 기밀성과 물리적 손상 : 매 분기
- 모든 기동 또는 작동장치의 점검 및 시험 : 매년

⑦ 모든 설비 부품에 대한 시험 및 교정 자료 등은 서면으로 기록하여 파일로 보관해야 한다.

(9) 폭연억제 적용 시 고려할 사항

① 보호대상 설비의 형태 : bin, silo, hopper, 집진기, 싸이크론, 분쇄기

② 공정의 운전조건

③ 취급물질의 가연특성

④ 잠재 점화원

⑤ 소화제의 선정 및 소요량 결정

⑥ 고속방출 소화기의 크기, 수량 및 위치
⑦ 감지방법 결정 및 감지기 위치
⑧ 억제장치 동작과 동시 공정의 정지
⑨ 유지관리 및 보수

참고

Silo
장기간(1주일 또는 한 달) 저장을 주목적으로 하는 대형 용기

Bin
공정 간의 양적 변동의 조정과 비교적 단기간 일시저장(1시간 또는 하루)을 목적으로 설치되며 호퍼의 기능도 갖춘 용기

Hopper
저장을 목적으로 흐름(flow)의 방향과 속도를 일정하게 하기 위해 설치

9. 폭발압력억제(Deflagration Pressure Containment)에 의한 폭발방지

1) 의의

폭발압력억제는 용기와 그 부속장치의 설계압력을 지정하여 내부 폭발로 인한 압력에 견딜 수 있도록 용기와 그 부속장치를 설계하는 기술로서 내부의 산화제가 공기인 설비에만 적용하며, 시험에 의한 경우를 제외하고는 다음과 같은 사항에 적용해서는 안 된다.

① 폭굉(detonation)
② 직경 대 길이(L/D) 비율이 5보다 큰 용기
③ 초기압력이 0.2 MPa(30 psi)를 초과하는 설비
④ 둘 이상의 용기가 큰 직경의 배관이나 덕트에 의해 연결된 설비

[예외] 다음과 같은 경우에는 둘 이상의 용기를 큰 직경의 배관이나 덕트로 연결하여 사용할 수 있다.

- 상호 연결배관에 폭발차단장치가 설치된 경우
- 상호 연결배관에 폭발벤팅장치가 설치된 경우
- 상호 연결된 용기가 예가압으로 인한 증가된 압력을 견디도록 설계된 경우
- 하나의 용기에 폭발차단장치나 폭발방출장치가 설치된 경우

2) 설계 및 운전조건

① 용기의 설계압력은 용기의 파열방지(용기의 극한강도)에 기초하거나 용기의 영구변형(용기의 항복강도)을 내부에서 발생한 정과압으로부터 보호하는 차원에서 기초해야 하며, 폭발 시 수반되는 진공에 견디도록 설계해야 한다.

참고

인장시험만으로 알 수 있는 기계적 성질

⇒ 항복점, 인장강도, 연신율, 단면수축률, 탄성한도, 파괴강도

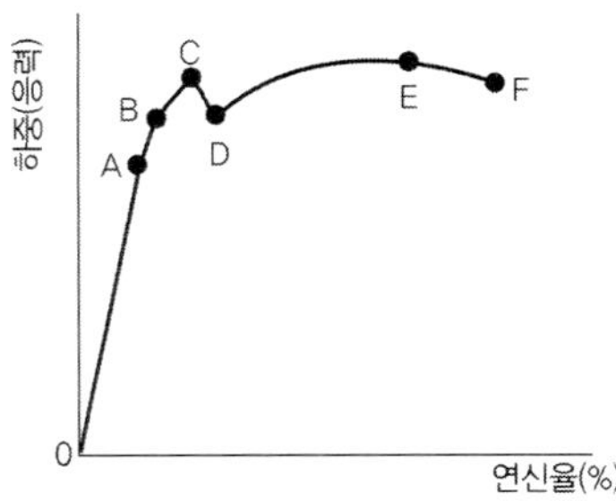

1. 비례한도(사용응력) - A점 : 응력(하중)의 증가에 따라 변형률 또한 거의 직선의 비례를 나타내게 되는 최댓점이다. 응력 제거 시 재료는 원래의 상태로 복귀한다. 후크의 법칙 $\sigma = E\epsilon$이 성립함.
2. 탄성한도(허용응력) - B점 : 비례한도를 지나 응력이 증가될 경우 영구변형을 일으키려는 최댓점이다. 재료의 변형이 발생하지 않는 범위 내에서 응력(하중)을 최대로 견딜 수 있는 지점이다.
3. 상항복점 - C점 : 탄성한도를 지나 응력이 증가될 경우 소성 변형(영구변형)이 발생하기 시작하는 점이다. 이 점부터는 응력(하중)이 제거된다고 하더라도 재료는 원래의 상태로 복귀가 불가능해진다.
4. 하항복점 - D점 : 응력(하중)의 변화가 없는 상태인데도 불구하고 재료의 변형이 급격히 발생하는 지점이다
5. 최대응력(극한강도) - E점 : 재료가 최대의 응력을 견딜 수 있는 지점이다.
6. 파괴점 - F점 : 재료가 더 이상의 응력에 견디지 못하고 파괴되는 지점이다.

② 설계압력 계산식

$$P_r = \frac{1.5[R(P_i + 14.7) - 14.7]}{F_u}, \ P_d = \frac{1.5[R(P_i + 14.7) - 14.7]}{F_y}$$

여기서, P_r : 내부폭발에 의한 파열방지를 위한 설계압력[psi]

P_d : 내부폭발에 의한 변형방지를 위한 설계압력[psi]

P_i : 가연성 분위가 존재하는 최대초기압력[psi]

R : 최대초기압력에 대한 최대폭발압력의 비율

F_u : 용기의 허용응력에 대한 용기의 파괴응력 비율

F_y : 용기의 허용응력에 대한 용기의 항복응력 비율

㉠ 무차원 비율 R은 최대초기압력(절대압)에 대한 최대폭발압력(절대압) 비율이다. 실제로 설계에서의 R값은 다음과 같으며, 시험자료와 계산을 통해 적합성이 인정된 경우 다른 R값을 사용할 수 있다.

- 대부분의 가스/공기 혼합물의 경우 $R = 9$
- St-1, St-2 분진/공기 혼합물의 경우 $R = 11$
- St-3 분진/공기 혼합물의 경우 $R = 13$

㉡ 작동온도가 25℃ 미만인 경우, R값은 다음과 같이 보정한다.

$$R' = R \times \left(\frac{298}{273 + T_i}\right)$$

여기서, T_i : 작동온도[℃]

R' : 25℃에서 측정한 혼합물의 최대폭발비율

㉢ 저탄소강과 저합금 스텐레스강으로 제작된 용기의 경우 $F_u = 4$, $F_y = 2$를 적용한다.

③ 설비의 어떠한 압력릴리프장치도 설계압력계산식 의해서 계산된 설계압력을 감소시켜서는 안 된다.

④ 가스와 액체를 취급하는 정압(+)설비에서의 최대초기압력은 가연성 혼합물이 갖는 최대압력이며, 이 압력은 압력릴리프장치 설정 압력에 압력릴리프장치 축적압력을 더한 압력을 초과해서는 안 된다.

분진을 취급하는 정압(+)설비에서의 최대초기압력은 물질을 이송시키는 컴프레서나 송풍기의 최대토출압력이나 보호 용기의 압력방출장치 설정 압력에 압력릴리프장치 축적압력을 더한 압력 중 더 큰 쪽이어야 한다.

⑤ 진공상태의 설비나 분진의 중력 방출인 경우 최대초기압력은 대기압(0.0 psig)과 같은 값이어야 한다.

⑥ 설계 시 폭발이 발생할 수 있는 최소작동온도를 고려해야 하며, 이 온도에서 용기 재질에 취성파괴(재료가 외력에 의해 거의 소성 변형을 동반하지 않고 파괴되는 것)가 발생하지 않아야 한다.

⑦ 벤트설비, 통로, 관 부속품 및 용기의 기타 개구부와 같은 부속장치는 전체 설비의 안전을 보장하도록 설계되어야 하며, 주기적으로 검사해야 한다.

3) 유지관리

릴리프장치는 막힘, 동결 또는 부식 등을 확인하기 위해 주기적으로 검사해야 한다.

4) 용기 부속품

용기 장치의 나사 조임은 설계압력에 적합한지 검사해야 한다.

10. 스파크 소화설비에 의한 폭발 방지

1) 의의

스파크 소화설비는 불티나 잔화가 가연성 분진이나 고체를 이송하는 덕트를 통과할 때 그 복사열을 초기에 감지하여 반응억제제를 살포함으로써 화염을 소멸시키고 폭발성장을 정지시킬 수 있는 설비이다.

폭발억제나 폭발 벤팅과 같은 다른 폭발방지설비와 함께 사용될 수 있으며, 다음과 같은 장소에 사용해서는 안 된다.

① 인화성 가스 이송 덕트

② 불꽃이 감지기에 영향을 미치는 덕트 설비

③ 소화약제가 위험을 초래할 수 있는 곳

2) 스파크 소화설비의 구성

감지기, 소화설비와 약제, 전력 및 제어장치로 구성되어 있다.

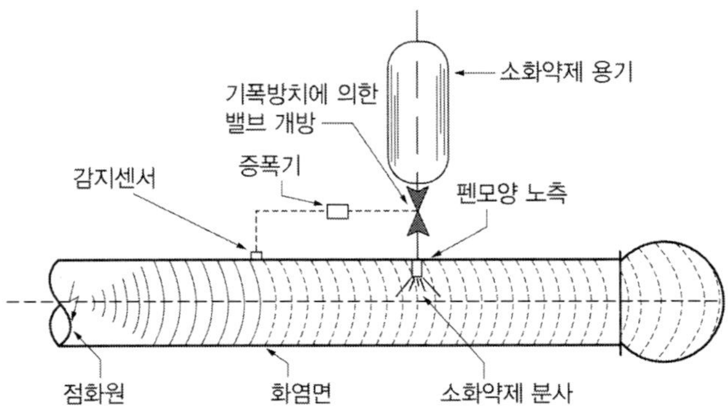

그림 4.16 스파크 소화설비

(1) 감지기

① 감지기와 소화약제 방출지점의 간격은 덕트 내부 물질의 이송 속도와 감지기의 반응시간 및 기동회로에 기초해야 한다.

② 감지기 수는 덕트의 어느 위치에서도 불티를 감지하기에 충분하도록 설치해야 한다.

③ 모든 감지기 회로는 감시되어야 하고, 회로 고장의 경우 경보를 발해야 한다.

④ 모든 감지기는 기능을 방해하는 이물질이 축적되지 않도록 보호되어야 한다.

(2) 전력 및 제어장치

① 전력 및 제어장치는 24 시간 동안 작동되는 예비전원용 축전지와 함께 각 스파크 소화설비에 설치해야 하며, 다음 사항에 충분한 에너지를 공급해야 한다.

- 모든 감지장치의 작동
- 모든 전기 기동 소화설비의 작동
- 시청각 경보장치의 작동
- 모든 보조 제어 및 경보장치의 접촉면 분리
- 연동회로 및 공정 운전정지회로의 차단설비 제어

② 전력 및 제어장치는 최소한 다음 사항을 지속적으로 충분히 감시해야 한다.

- 전선회로의 개방 및 기타 결함
- 교류전원 공급장치
- 축전지의 전압, 전해액, 극성
- 설비 안전 연동회로
- 방출 출력신호장치
- 전기적 소화기동장치
- 감지기
- 시청각 경보장치
- 연동회로 차단설비
- 회로접지 결함

③ 감시 신호회로는 시청각 경보장치와 연동시켜야 한다.

(3) 소화설비 및 소화약제

① 방출노즐은 고체입자 등 이물질이 누적되어 작동을 방해하지 않도록 설치해야 한다.

② 자동방출밸브의 전기회로를 감시해야 하며, 정전의 경우 경보를 발하고 수동 복구가 가능해야 한다.

③ 물을 소화약제로 사용할 경우는 급수설비에 여과기를 설치해야 한다.

④ 소화약제 공급설비는 모든 방출노즐에 정격 용량 및 압력으로 공급할 수 있어야 한다.

⑤ 소화약제는 당해 설비에서 최소한 100회 작동에 충분한 양을 확보해야 한다.

⑥ 소화약제 압력이 제조 사양서에 의한 최소공급압력 미만으로 감소될 경우 경보를 발해야 한다.

참고

소화약제 압력이 설비의 작동설계압력의 50% 미만으로 감소될 경우 경보를 발할 수 있다.

⑦ 소화약제 저장시설을 보온하기 위해 가열설비를 설치할 경우, 소화약제의 온도를 감시해야 하며, 온도한계 상한 또는 하한에 도달되면 경보를 발해야 한다.

(4) 소화제에 의한 차단(Chemical Isolation)

① 화염 감지 시 밸브에 의한 차단 대신 화학소화제를 배관 내에 방출하여 차단

② 주요 화학소화약제(chemical extinguishing medium)

- 중탄산수소나트륨(sodium bicarbonate) : $NaHCl_3$
- 인산암모늄(ammonium dihydrogen phosphate)
- 할로겐화 탄화수소(halogenated hydrocarbons)

  ex) HFC-23, HFC-125, HFC-227 → Halon 1301, 1211의 대체품임

(5) 시험, 점검 및 정비

① 스파크 소화설비는 제조 사양서에 따라 기능 시험, 점검 및 정비하여야 한다.
일반적으로 매주 시험을 실시해야 하나, 시험을 자동으로 실시할 수 있는 경우에는 1개월마다 시험 등 정기검사를 실시할 수 있다.

② 모든 설비 부품에 대한 시험 및 교정 자료 등이 서면으로 기록되어야 한다.

11. 폭발차단설비

1) 의의

폭발차단설비는 폭발의 억류, 폭발의 통과를 차단 및 방향 전환하는 방법, 화염을 소화하여 통과하지 못하도록 하는 설비로서 이들 장치는 인화성 가스 또는 가연성 분진 취급설비에 사용될 수 있다. 하나 이상의 폭발차단 장치에 폭발 벤팅을 포함한 기타 폭발방지설비를 설치할 수 있다. 이러한 장치의 종류로는 아래와 같은 것이 있으며, 방호장치의 특성에 따라 적합하게 선택하여 사용한다. 이러한 차단설비에는 로터리밸브, 화염방지기, 자동식 고속작동차단밸브, 화염방향전환기, 화염소화설비, 수봉장치 등이 있다.

표 4.7 배관 및 덕트 방호설비에 대한 각 차단장치의 특성

설비명	화염(연료)	폭발차단	발화원 차단	흐름차단
로타리 밸브	분진	○	참고	○
화염방지기	가스	○	○	
자동속도폐쇄 밸브	분진, 가스	○	○	○
화염방향전환기	분진			○
화염전면소화 밸브	분진, 가스	○	○	
액봉설비	가스	○	○	
플로트 밸브	가스	○	○	○
핀치 밸브	분진, 가스	○	○	○

참고 : 로타리 밸브는 화염의 통과를 차단할 수 있으나, 불티의 통과를 항상 차단할 수 있는 것은 아니다.

2) 로타리 밸브(Rotary Valve)

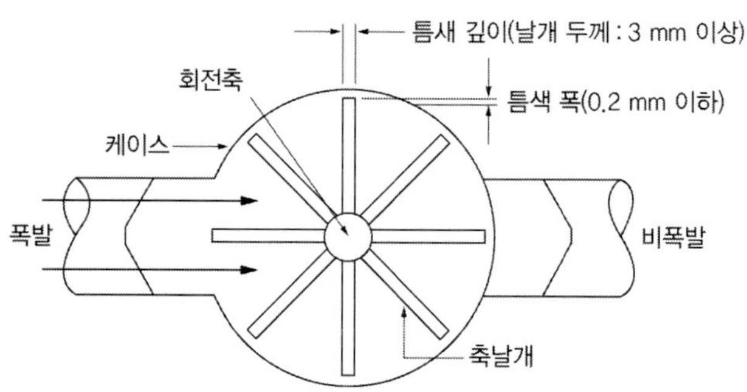

그림 4.17 로타리 밸브

① 로타리 밸브는 분진 취급설비에만 사용하며, 회전자와 밸브하우징 사이에 미세한 간격을 두어 화염의 통과를 방지하는 설비이다.

② 로타리 밸브는 폭발전파를 효과적으로 방지하기 위해 다음 조건을 만족해야 한다.

- 밸브 하우징의 각 면에 최소한 2개의 날개가 접하여야 한다.
- 밸브의 회전자 축에는 축 중심을 기준으로 양측에 3개의 날개가 있어야 한다.
- 회전자 날개와 밸브 하우징과의 거리는 0.2 mm를 권장한다. 단, 알루미늄과 같은 금속분진의 경우 회전자 날개와 밸브 하우징과의 거리는 더 작아질 수 있다.
- 회전자의 날개는 금속이어야 하며 두께는 최소 3 mm 이상이어야 한다.

③ 로타리 밸브는 예상되는 최대폭발압력에 견디어야 한다.

④ 로타리 밸브 회전자 날개와 밸브 하우징 사이의 거리는 마모로 인해 화염이 통과할 수 있으므로 초기 간격을 유지하고 있는지 정기적으로 검사를 해야한다.

3) 화염방지기(FA, Flame Arrestor)

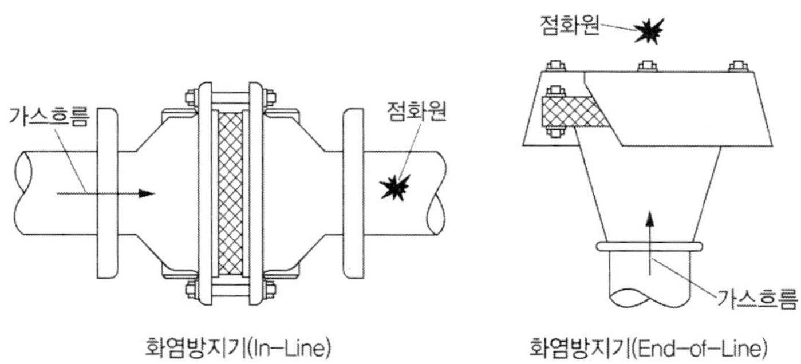

그림 4.18 화염방지기

(1) 의의

화염방지기는 인화성액체 또는 가스를 취급하는 석유저장탱크 또는 원유탱크, 화학약품 탱크 및 화학설비에서 내외부로부터 화재가 발생한 경우 화염이 인접설비로 전파되지 않도록 설치하는 인화방지장치이다. 외부에서 발생한 화염이나 열을 흡수하여 제거함으로써 내부설비로 유입되어 발생할 수 있는 화재나 폭발, 폭연, 폭굉의 화염전파를 방지하는 장치이다.

혼합물에 화염이 전달되는 작은 통로부분의 표면에서 화염을 진화함으로써 화염전파를 방지하는 역할을 한다. 누출 가스의 발화방지를 위해 방호면이 충분히 냉각되어야 하며, 다음과 같은 장치에는 적용하지 않는다.

① 화염의 통과를 방지하기 위해 액봉을 사용하는 장치
② 화염의 상류 전파를 방지하기 위해 가스 유속에 의존하는 장치
③ 가연성 분진 취급설비

(2) 화염방지기 적용 범위

인화점 60℃ 미만의 인화성액체의 증기나 가연성가스를 대기로 방출하는 설비나 화염의 전파가 우려되는 배관 등에 작용되며 인화점이 38～60℃인 경우에는 화염방지기 대신 인화방지망을 설치할 수 있다.(위험물안전관리법 시행령에 따라 38℃ 미만은 무조건 화염방지기를 설치해야 함) 그러나 인화점이 100℃ 이하이더라도 저장온도가 인화점을 초과하는 경우에는 화염방지기를 설치해야 한다.

참고

인화방지망

화염방지기와 비슷한 기능이지만 성능면에서 떨어지고 외부에서 발생한 화염의 전파를 억제하기 위해 통기관 끝에 40메시(체의 구멍이나 입자의 크기를 나타내는 단위) 정도의 구리망으로 만들어진 장치이다.

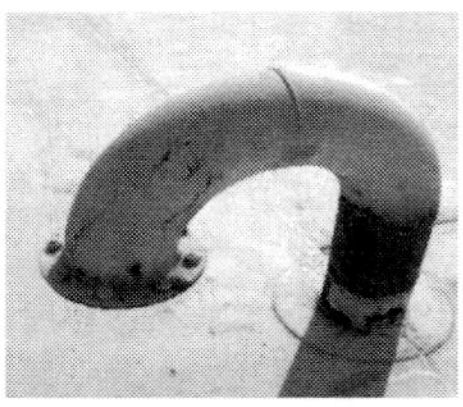

그림 4.19 인화방지망

(3) 용량선정

API(미국석유협회) 2000 기준에 따른 breathing(흡배기) 용량으로서 설비로 인입 혹은 배출되는 최대유량 및 태양열에 의해 증발, 바람이나 눈, 비로 인하여 응축되는 정도를 고려하여 설비 내 진공이나 가압상태가 되지 않도록 선정된 용량 이상이어야 한다.

(4) 화염방지기의 소염 소자

화염방지기 내부에 설치되는 내식, 내열성 재질로서 금망, 소결금속, 다공판, 주름리본, 기타 금속이나 무기재료를 이용한 것으로서 화염을 차단시키려 하는 것이다. 소염소자의 관리는 매년 1회 이상 막힘, 부식, 변형 파손 등의 상태를 확인하고 통기가 잘되도록 청소를 해야 한다. 또한 이물질 제거를 위한 정비작업이 용이해야 한다. 다만, 분진, 중합 등으로 막힘이 자주 일어날 우려가 있는 경우에는 점검 주기를 단축한다. 황화수소(H_2S), 황 성분이 배관 내에서 자연발화성

물질로 전환될 우려가 있는 경우에는 소염소자식 화염방지기를 사용할 수 없다.

화염방지기 내부에 화염 차단 역할을 하는 소염소자에는 다음과 같은 것이 있다.

① 빽빽한 간격의 평형판의 집합체

② 소구경 튜브의 집합체

③ 와이어 스크린

④ 나선형으로 감은 평판과 주름판이 교대로 구성된 것

⑤ 소결된 금속이나 다공성의 것

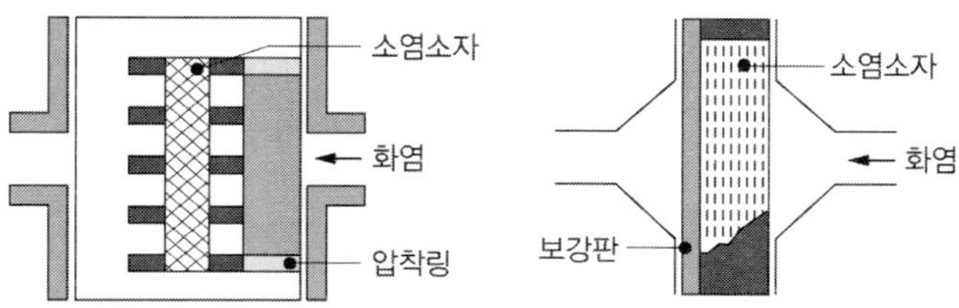

그림 4.20 소염소자

(5) 화염방지기의 올바른 적용을 위해서는 다음 사항을 검토한 후 그림 4.21을 참조하여 설치해야 한다.

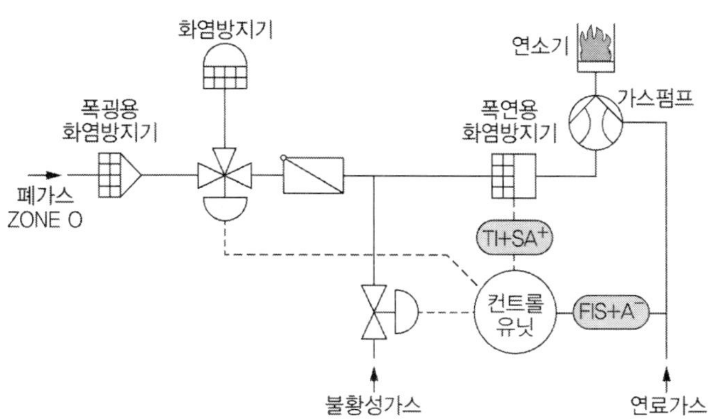

주: 0종 지역(소각로 시스템)에 설치된 3가지 독립된 방호계층
1 : 최소 체적 흐름이 초과될 경우 최소 단면 흐름 속도를 보장하여 역화를 방지하기 위한 공기-질소 공급용 체적흐름제어 장치와 결합된 버너흡입구
2 : 점화원에 최대한 가까운 위치에 설치하고 온도를 검출하여 동작하는 폭연용 화염방지기
3 : 폭굉용 화염방지기

그림 4.21 화염방지를 위한 독립된 방호계층 예(0종 지역)

① 화염의 확산 형태에 따라 화염방지기 유형 결정은 다음 표를 참조한다.

표 4.8 화염확산에 따른 화염방지기 분류

화염확산 분류	화염방지기 분류
개방계 폭연이 밀폐계(enclosure)로 전파	관단말형 폭연
밀폐계(enclosure)에서 개방계(대기) 측으로 전파	밀폐공간에서 폭연
파이프 내로 폭연(deflagration) 전파	관내 폭연
파이프 내로 폭굉(detonation) 전파	관내 폭굉

② 화염방지기 설치 위치 결정 : 관내, 관말단, 장치 내부

③ 공정 운전조건 파악 : 온도, 압력, 산소 농도, 가스그룹, 자기분해성 물질 존재 여부

④ 공정지역의 방폭 등급 결정 : 0종, 1종, 2종

⑤ 공정지역 내 화염전파 방지를 위한 방호계층 수 결정

표 4.9 위험지역 시스템 내 독립된 방호계층의 수

위험등급 \ 점화원 발생조건	폭발성분위기 발생빈도		
	0종(always)	1종(sometimes)	2종(rarely)
평상시	3	2	1
정상적인 결함 시	2	1	0
비정상적인 결함 시	1	0	0

(6) 화염방지기의 종류

① 관내용(in-line) 화염방지기

- 폭연방지용(deflagration) 화염방지기

  대상 물질을 저장·취급하는 설비 사이에 연결된 배관 중에 설치하여 일방의 설비에서 화재 및 폭발이 발생할 경우 반대편으로의 폭연의 전파를 차단하는 보호기능을 가지고 있다.

- 폭굉방지용(detonation) 화염방지기

  대상 물질을 저장·취급하는 설비 사이에 일방의 설비에서 화재 및 폭발이 발생하여 긴배관 내에서 가속화된 폭굉파가 발생할 경우 폭굉의 전파를 차단하는 보호기능을 가지고 있다.

② 관말단용(end of line) 화염방지기

대상 물질을 저장·취급하는 설비로부터 증기 또는 가스를 대기로 방출하는 통기관의 말단

부분에 설치하여 설비 외부에서 발생한 화염이 설비 내부로 전파되지 않게 하는 보호기능을 가지고 있다.

(7) 화염방지기 설치 위치

화염방지기는 발화원과 방호대상 설비 사이의 화염 경로에 위치해야 한다.

참고

> 화염방지기는 탱크 배기구에 설치된 것처럼 설비 밖에 설치하는 경우와 둘 이상의 탱크 배기구를 연결하는 배관에 설치된 것처럼 설비 내부에 설치하는 경우가 있다

그림 4.22 탱크에 설치된 화염방지기

그림 4.23 폭굉용 화염방지기

표 4.10 화염방지기의 작동원리

작동원리	화염방지기 타입	응용분야
좁은 틈에서 화염 냉각	정지 화염방사기 (in-line and end-of-line)	일반용도
밸브 작용에 의해 불꽃 속도 이사의 유량 발생	고속벤트 밸브 타입 화염방사기(end-of-line)	탱크 환기
외부장비의 작용에 의해 화염 속도 이상의 유량 생성 및 감시	흐름 제어용 개구부 타입 화염방사기(end-of-line)	버너 주입, 스택
액상제품라인의 액체 seal(Sipon) 형성	액상제품 화염방사기(in-line)	액체용 배관라인
물에서 불연속 버블로 폭발성 혼합 가스 흐름 차단	액봉(실드럼)형 화염방사기 (in-line)	입자(예 : 먼지, 물방울)가 포함된 가스-공기 혼합물

(8) 화염방지기는 다음과 같이 시험을 실시한 조건하에서 설치되어야 한다.

① 시험에 사용된 연료 혼합물은 실제 적용하는 것과 같거나 유사한 화염전파 특성을 가져야 한다.

② 화염방지기와 발화원 사이의 관 길이는 시험을 실시한 최대 길이보다 짧거나 같아야 한다.

③ 특수형의 최소 및 최대 크기의 화염방지기는 시험해야 한다.

④ 화염방지기에 설치된 가스켓, 시일(압력 용기나 배관 등의 이음매 부분이나 유압 실린더 등의 운동 부분에서 작동 유체의 누설을 막는 밀봉장치), 플랜지 및 기타 연결기구 등은 설치 상태와 유사한 상태로 시험해야 한다.

⑤ 화염방지기는 발화 순간에 발생하는 최대 온도 및 압력하에서 시험해야 한다.

⑥ 화염방지기는 상류와 하류 2방향에서 발화시험을 실시해야 한다.

⑦ 장치는 실제로 예상되는 유속범위를 초과하여 시험해야 한다.

⑧ 연소가 화염방지기 직근에서 지속적으로 일어나는 경우 연속 연소시험을 해야 한다.

(9) 화염방지기 설치 시 유의사항

① 배관 내부용 화염방지기가 시험 받은 시간을 초과하여 화재에 노출될 경우, 화염방지기 양측에 감지장치를 설치하여 고장 나기 전에 경보를 발하게 하고 연료흐름을 차단해야 한다.

ㅁ

참고

> 화염방지기의 제한온도
> 화염방지기는 연소가스 또는 열원과 같은 높은 온도의 외부 열원에 노출될 경우, 파괴될 수 있다. 제한온도는 시험에 의해 결정되며 보통 자연발화온도 미만이다.

② 화염방지기가 동결이나 막힐 우려가 있는 경우에는 차압 스위치와 같은 감지장치를 설치해야 한다.

③ 화염방지기는 주기적으로 점검하여 손상된 부품을 교체해야 한다.

④ 대기 벤트에 설치된 선단용(end-of-line) 화염방지기 후단에 환경보호를 위한 증기회수 또는 처리 시스템을 연결하는 경우는 기설치된 화염방지기를 배관용(in-line) 화염방지기로 교체하여야 한다.

4) 자동속동폐쇄밸브(Automatic Fast Acting Mechanical Valve)

(1) 의의

이 밸브는 폭발을 검지하고 화염이 배관을 통해 전파되지 않도록 기계적으로 밸브를 차단하는 장치로 압축가스용기(479i~870 psi의 질소), 가스발생기 또는 플랜트 에어를 이용하는 방식이 있다.

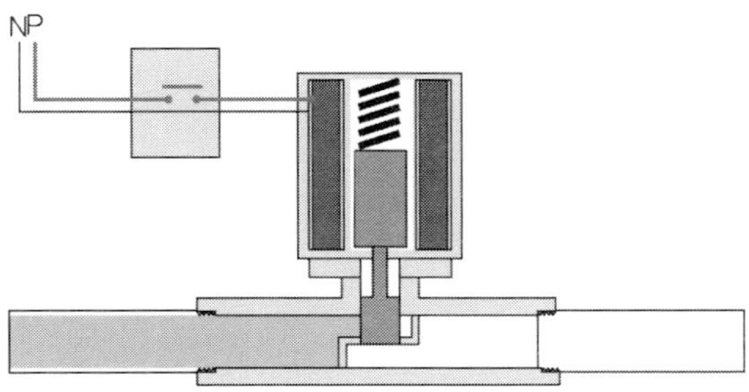

그림 4.24 자동속동폐쇄밸브 동작 원리

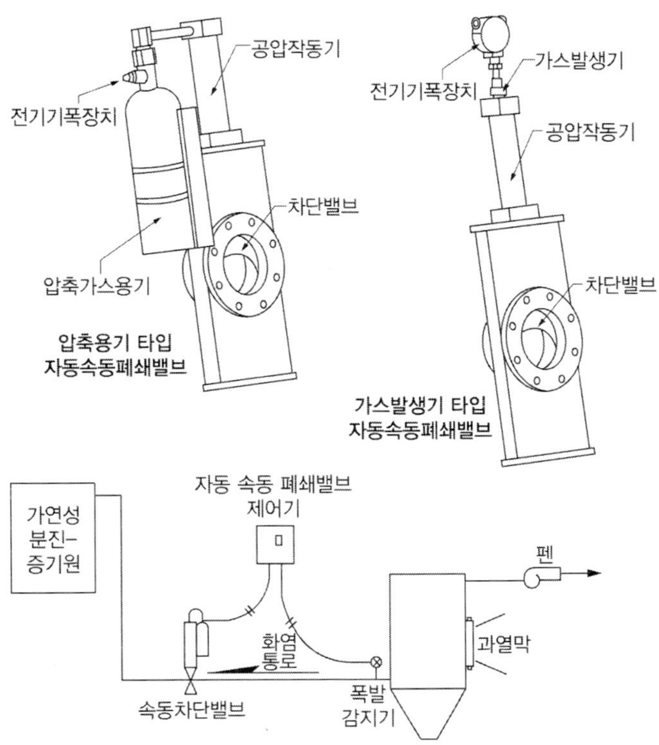

그림 4.25 자동속동폐쇄밸브 설치 예

(2) 자동속동밸브 설치기준

① 속동폐쇄밸브와 감지기는 예상되는 폭발압력에 견딜 수 있어야 한다.

② 속동폐쇄밸브는 다음과 같은 시험을 실시한 조건하에 설치되어야 한다.

- 화염전파특성은 실제의 연료혼합물의 최대화염속도와 최대이송속도를 기준으로 시험해야 한다.
- 속동폐쇄밸브의 응답시간은 시험에 의해 결정되어야 한다. 이 응답시간에 의해 속동폐쇄밸브와 감지기 사이의 간격을 결정한다.

③ 속동폐쇄밸브가 설치된 부분의 배관 직경이 감소되어서는 안 된다.

④ 속동폐쇄밸브는 방호장치의 정비작업 전에 작동을 해제시켜야 하며, 밸브의 재작동이 준비 완료될 때까지 방호장치를 운전해서는 안 된다.

(3) 제어장치

① 제어장치는 24시간 동안 작동되는 예비전원용 축전지와 함께 각 속동폐쇄밸브 설비에 설치해야 하며, 다음 사항에 충분한 에너지를 공급해야 한다.

- 모든 감지장치의 작동
- 모든 전기적 작동
- 시각 및 청각 경보장치의 작동
- 모든 보조제어 및 경보 전송
- 연동차단 및 공정운전 정지를 위한 컨트롤시스템

② 제어장치는 최소한 다음 사항을 지속적으로 충분히 감시해야 한다.

- 전선회로의 개방 및 기타 결함
- 교류전원 공급장치
- 축전지의 전압, 전해액, 극성
- 안전을 위한 시스템 연동회로
- lock-out/tag-out 상태를 포함한 시스템 연동 차단 회로
- 해제 출력
- 전기로 작동되는 장치
- 감지기
- 시각 및 청각 경보장치

- 회로접지 오류
- 격리된 용기의 압력계

③ 감시 신호회로는 시청각 경보장치와 연동시켜야 한다.

(4) 감지기

① 감지기는 연소과정의 압력증가나 복사에너지에 의해 폭발을 감지해야 한다.

② 복사 에너지형 감지기는 부유 분진의 입자, 감지기 감시창의 분진 누적 등으로 신속한 감지를 할 수 없을 경우 사용해서는 안 된다.

③ 감지기는 기능을 방해하는 이물질의 누적으로부터 보호해야 하며, 감지장치는 기능에 영향을 미칠 수 있는 이물질 누적이 최소화할 수 있도록 위치하여야 한다.

④ 복사 에너지형 감지기의 검출부는 불투명도를 최소화하기 위한 조치가 이루어져야 한다.

⑤ 감지기는 제조사가 지정한 최대 온도를 초과하지 않도록 장착되어야 한다.

(5) 전기기폭장치

전기 기폭식 밸브기동장치는 제조 사양서에 나와 있는 최대온도등급이 초과되지 않도록 설치해야 한다.

(6) 공기식 밸브기동장치

① 공기식 밸브기동장치는 제조 사양서에 나와 있는 최대온도등급이 초과되지 않도록 설치해야 한다.

② 공기식 밸브기동장치의 가압 저장용기의 압력은 감시되어야 한다.

(7) 전기시설

① 속동폐쇄밸브의 모든 제어용 배선은 유도전류에 의한 운전장애를 방지하기 위해 다른 배선과 격리 또는 차폐시켜야 한다.

② 전선관은 습기와 기타 이물질의 침투를 방지하기 위해 밀봉되어야 한다.

③ 속동폐쇄밸브를 복수로 설치할 때의 전선관은 각 설비별로 독립된 전선관을 사용해야 한다. 단, 차폐케이블을 사용할 경우는 공동 전선관에 설치할 수 있다.

(8) 설치, 점검 및 정비

① 감지기와 속동폐쇄밸브는 이물질에 의한 기능 저하를 방지하도록 설치해야 한다.

② 단자와 기계 부품은 습기 및 기타 오염물질로부터 방호되어야 한다.

③ 설비 구성요소는 최대작동온도를 초과하지 않는 장소에 설치해야 한다.

④ 속동폐쇄밸브는 제조 사양서에 따라 주기적으로 점검 및 정비해야 한다.

⑤ 제조 사양서에 나와 있는 최소압력보다 낮은 압력을 가진 용기는 조정하거나 교체해야 한다.

⑥ 모든 설비 부품에 대한 시험 및 교정 자료 등이 서면으로 기록되어야 한다.

5) 화염방향전환기(Flame Front Diverter)

(1) 의의

이 설비는 본체와 차단장치로 구성된다. 화염전파에 앞서 압력파는 폐쇄부를 개방시키고, 본체는 화염 전면을 대기 쪽으로 전환시킨다(그림 4.26 참조). 시험에 의하면 일부 차단기는 폭발을 완전히 차단시키는 데 비효과적이었으나, 설비 내의 폭발강도는 굉장히 감소되었다는 사실이 입증되었다.

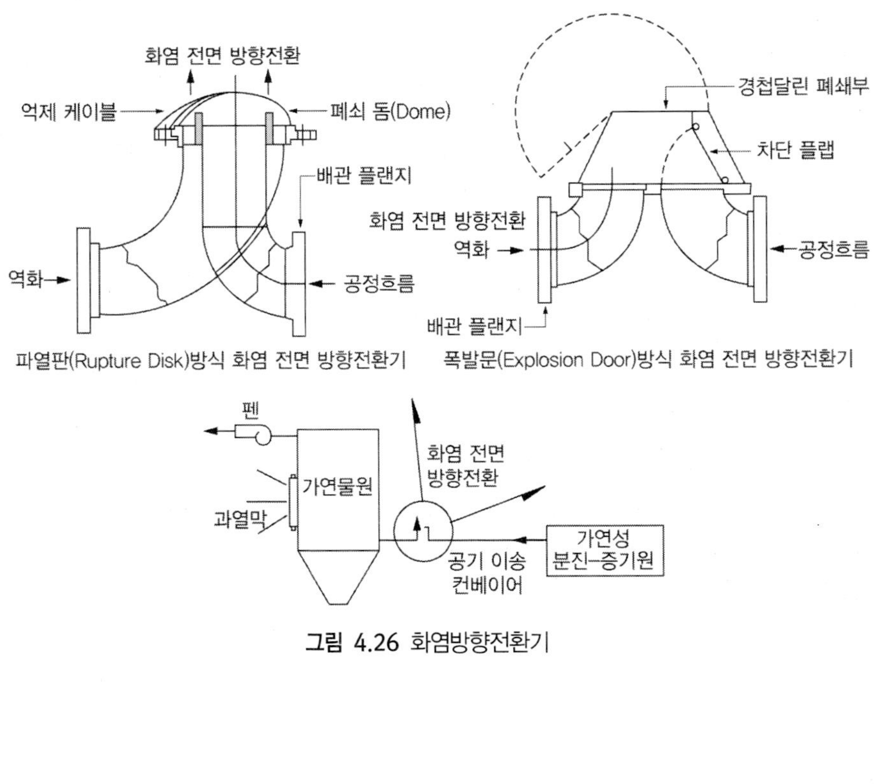

그림 4.26 화염방향전환기

(2) 설치기준

① 본체는 예상되는 최대폭발압력에 견딜 수 있어야 한다.

② 본체는 화염 전면을 대기 쪽 및 배관 하류로부터 먼 쪽으로 전환되도록 설치해야 한다.

③ 화염방향전환기는 안전하고 방해받지 않는 외부로 방출해야 한다.

④ 폐쇄장치는 파열판이거나 덮개판이어야 하며, 비산되지 않도록 조치해야 한다.

⑤ 화염방향전환기는 다음과 같이 시험을 실시한 조건으로 설치되어야 신뢰할 수 있다.

- 시험에 사용된 연료 혼합물은 실제의 것과 같거나 유사한 화염전파 특성을 갖는 것이어야 한다.
- 화염방향 환기와 발화원 사이의 배관 길이는 시험을 실시한 배관 길이와 같거나 짧아야 한다.
- 발화원 위치(상류 또는 하류)는 실제 방호장치에서와 같은 배치 형태로 시험해야 한다.
- 발화 시점에서의 유속이나 발화 결과로 야기되는 유속범위에서 시험해야 한다.

⑥ 화염방향전환기는 제조 사양서에 따라 주기적으로 점검해야 한다.

6) 액봉설비(Liquid Seals)

(1) 의의

액봉설비는 소염소자를 사용하지 않고 통기관 끝부분을 액체에 담금으로써 외부의 가스가 액체를 통과하도록 해서 화염 통로를 막는 장치이다.

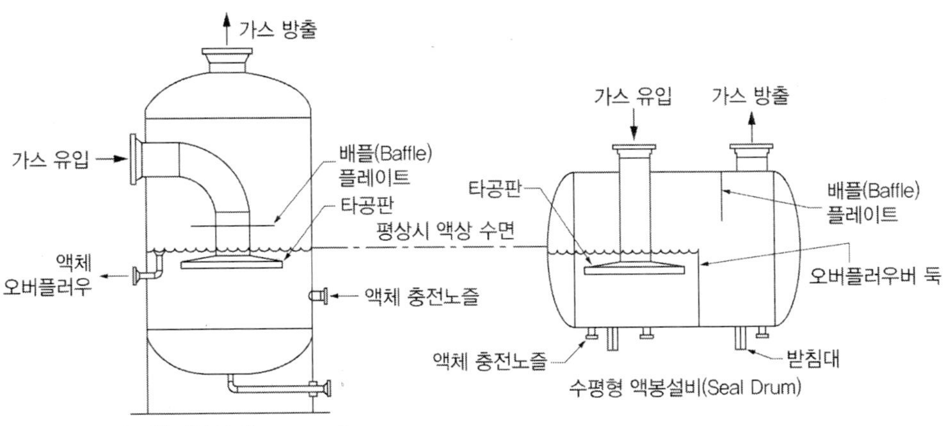

그림 4.27 액봉설비

(2) 설치기준

① 본체는 불연성이고 1,000℃ 이상의 내열성을 가져야 하고 담금 액체에 대하여 내식성이 있어야 한다.

② 담금 액체는 비독성이며 불연성 액체로서 보호대상 화학설비에서 취급하는 물질에 대하여 화학적으로 안정해야 한다.

③ 최대 운전 압력을 고려하여 시일(seal)높이를 결정하고 동결의 우려가 없도록 동결방지설비도 고려한다.

④ 액면확인을 위해 레벨 게이지(level gauge)나 사이트 그라스(sight glass)를 설치하고 필요에 따라 make-up을 할 수 있어야 한다.

⑤ 액면의 높이 변동에 따라 화염방지 성능에 영향을 줄 수 있다면 자동으로 액면을 조절할 수 있거나 알람을 설치하여 운전을 정지할 수도 있다.

⑥ 액봉설비는 취급되는 가스의 유속범위에서 설계되고, 최대예상폭발압력에 견디도록 설계해야 한다.

⑦ 인화성 가스-산소가 화학양론적 혼합물을 형성할 가능성이 있는 설비에 대해서 액봉장치 설계 시 시험을 실시해야 한다.

⑧ 화재가 지속될 경우 액봉장치 내부의 유입배관이 과열되지 않도록 조치해야 한다.

7) 플로트 밸브(Float Valve)

(1) 의의

이 밸브는 배관 내 유체흐름(폭발압력) 또는 외부의 가압원을 이용하여 배관을 차단하는 설비이다. 특히 흐름 작동식인 경우 배관을 통한 폭발 전파는 플로트 밸브의 최소 작동 압력보다 높아야 하므로 폭발원으로부터 밸브의 설치 거리가 중요하다.

흐름 작동식 밸브인 경우 폭발원으로부터 설치거리는 표 4.11을 참조하고 일반적으로 밸브 공급업체의 권장 사항을 따른다.

표 4.11 흐름 작동식 밸브 설치거리

화염원(연료) 특성	최소거리[m]	최대거리[m]
분진(K ≤ 300 bar·m/sec)	3	12
복합혼합물(K ≤ 400 bar·m/sec)	3	5
가스(K ≤ 100 bar·m/sec)	3	8

K : 폭발위험지수 값

(2) 플로트 밸브 종류

플로트 밸브에는 흐름 작동식 밸브와 외부 작동식 밸브가 있다.

① 흐름 작동식 플로트 밸브

- 흐름 작동식 플로트 밸브 설계 시 고려사항은 다음과 같다.
  - 가연성 물질의 폭연 특성
  - 보호 대상 장비 및 이송시스템의 용량, 구성 및 작동 특성

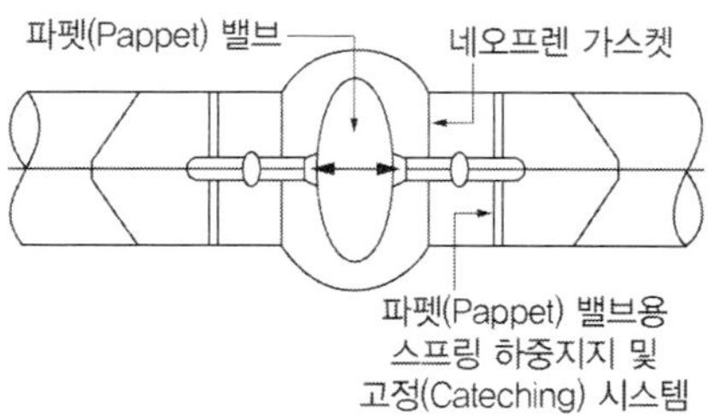

흐름 작동식(Flow-Actuated/Passive type)

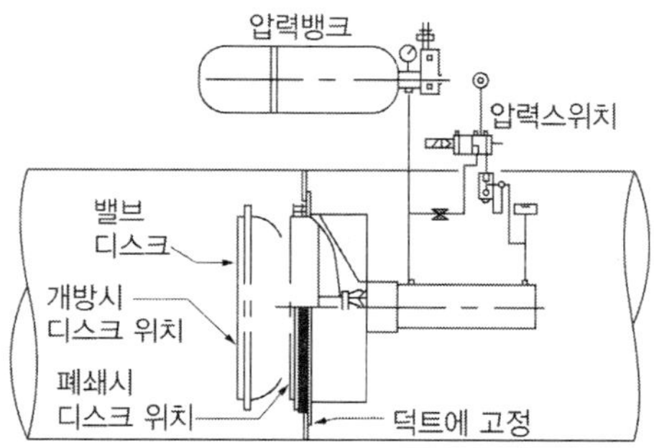

외부 작동식(Externally-Actuated/Active type)

그림 4.28 플로트 밸브

  - 외함(설치된 경우)에 사용된 폭연 보호유형
  - 배관의 길이, 단면적, 형상 및 강도
  - 피팅, 밸브, 엘보 및 배관 내벽 거칠기와 같은 배관의 난기류 생성 형상
  - 파이프 내의 가연성 연료-공기 혼합물의 속도
  - 예상 가능한 점화원의 위치
  - 폭연 시 밸브에서 예상되는 차압
  - 밸브 위치에서 일반적인 공정의 유속 및 흐름방향
  - 밸브의 방향(수직형, 수평형)
- 밸브 제조업체가 결정한 폭연시 밸브의 예상 차압은 플로트 밸브 폐쇄 압력보다 커야 한다.
- 밸브에서의 정상 공정 유속은 플로트 밸브 폐쇄에 대한 규정된 한계보다 적어야 한다.
- 밸브는 작동 시 밸브를 폐쇄 위치에 고정시키는 수단을 포함해야 한다.
- 밸브가 닫힌 위치에 있음을 나타내는 신호가 제공되어야 한다.

② 외부 작동식 플로트 밸브(externally actuated float valve, active type)

- 외부 작동식의 플로트 밸브 시스템 설치 및 운영에 필요한 정보는 다음과 같다.
  - 작동압력 또는 압력 상승 속도의 검출 사양
  - 압력 또는 광검출을 위한 검출기 위치 요구 및 제한사항
  - 보호공간과 검출기 위치를 고려한 밸브의 최소 및 최대 배치 위치(거리)
  - 공정 및 주변의 최대 온도
  - 최대 및 최소 공정 유속
  - 최대허용 분진 하중
- 플로트 밸브는 가압용기로부터의 공압 배출, 플로트에 연결된 공압 실린더로의 가스발생기 또는 다른 고속 작동 수단에 의해 작동되어야 한다.
- 외부에서 작동되는 플로트 밸브 시스템은 하나 이상의 감지기, 제어 패널, 플로트 밸브 및 압력용기 또는 가스 발생기 작동장치로 구성되어야 한다.
- 밸브는 제어 패널에서 액추에이터(actuator)에 보내지는 압력 또는 방사에너지 신호를 이용하여 작동하여야 한다.
- 밸브 작동 시 차단용 가스용기는 가스로 가압되어 플로트 밸브를 신속하고 완전하게 닫아야 한다.

③ 내부 시트 재질로 엘라스토머(탄력고무)를 사용하면 고온 환경에서 악영향을 받을 수 있으므로 온도영향을 고려하여야 한다.

④ 밸브의 안전한 작동을 위해서 밸브 설치 위치는 폭발원으로부터의 최소 및 최대거리를 결정해야 하며 일반적으로 밸브 공급업체에서 제공하는 권장사항을 따른다.

⑤ 배관에 폭발발생 시 압력 파형이 닫힌 플랩밸브에서 반사되기 때문에 덕트 공사의 최소설계 압력은 일반적으로 폭연발생 시 생성되는 압력의 2배를 적용한다.

참고

엑추에이터(actuator)

제어기기에서 출력된 신호를 바탕으로 시스템을 동작시키거나 제어하는 데 쓰이는 기계장치

플랩밸브

가스 및 유체가 한 방향으로 흐르면서 반대 방향으로 흐르지 않도록 하는 간단한 일방 밸브로 일종의 체크밸브와 같은 기능을 한다.

8) 핀치밸브(Pinch Valve)

(1) 의의

호스밸브, 또는 클래프 밸브라고도 하는 핀치밸브는 마모 및 부식을 수반하는 분말 또는 분진 등의 이송 라인에 설치하여 배관의 유체의 흐름을 조절하거나 차단하는 설비이다. 폭연이 발생하는 경우, 전기 신호가 폭파 완화 장치에 장착된 센서에서 밸브에 일체로 설치된 가스탱크로 보내지고, 가스탱크는 핀치를 감싸는 챔버로 가스를 방출하고 압축하여 파이프라인의 흐름을 막는다.

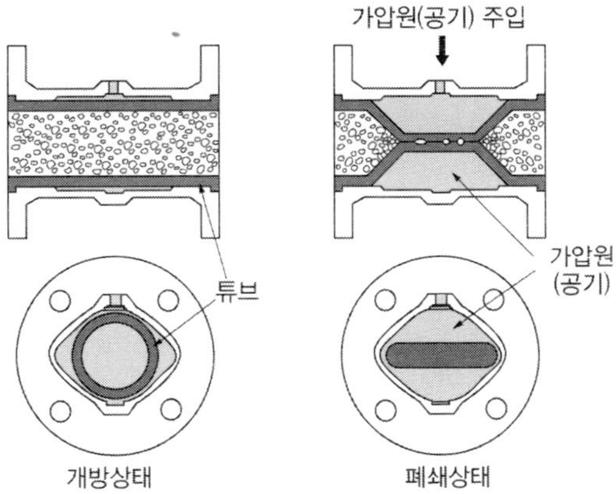

그림 4.29 핀치밸브

(2) 밸브 구성

핀치밸브 시스템은 몸체, 엑츄에이터, 슬리이브, 하나 이상의 검출기, 제어 패널, 핀치밸브 및 가압용 실린더로 구성된다.

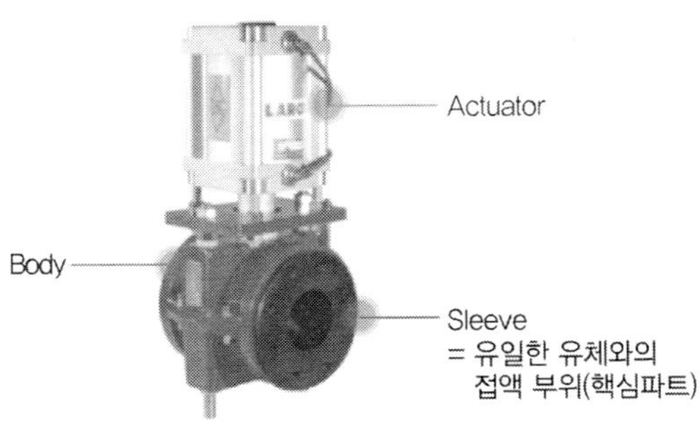

그림 4.30 핀치밸브 구성

(3) 핀치밸브 원리

밸브개방 시 배관과 동일한 구경(full bore) 상태가 되어 유체는 아무런 저항 없이 통과하며 밸브가 닫힐 때는 상하 2개의 핀치 바(pinch bars)에 의하여 고무탄성을 가지는 고분자 물질로 되어 있는 슬리이브가 눌리면서 유체의 흐름을 조절하거나 차단을 하는 원리이다.

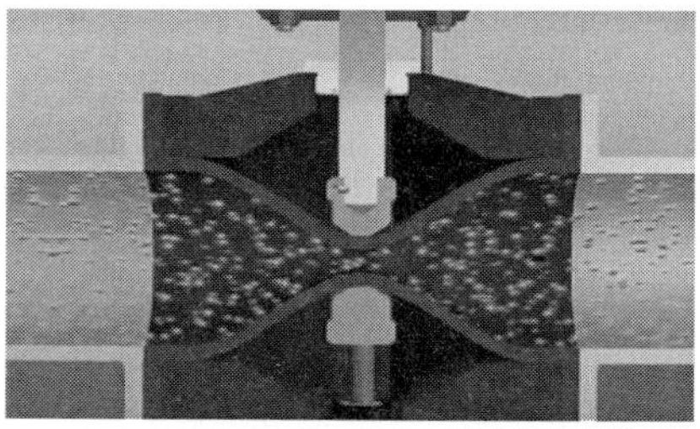

그림 4.31 핀치밸브 원리

(4) 핀치밸브 시스템 설치 및 운영에 필요한 정보

① 작동압력 또는 압력 상승 속도의 검출 사양
② 압력 또는 광검출을 위한 검출기 위치 요구 및 제한사항
③ 보호공간과 검출기 위치를 고려한 밸브의 최소 및 최대 배치 위치(거리)
④ 공정 및 주변의 최대온도
⑤ 최대 및 최소 공정 유속
⑥ 최대허용 분진 하중
⑦ 최소 작동압력

(5) 설치기준 및 관리

① 높은 유체 속도와 마모성이 매우 큰 분진을 취급하는 경우, 핀치가 마모될 수 있어 이 경우 핀치밸브의 선택은 제한되어야 한다.
② 핀치밸브가 설치된 장비가 진공상태로 운전되는 경우, 핀치밸브는 공정 흐름에 영향을 주지 않기 위해 핀치(튜브)는 균등화 라인 형태를 유지해야 한다.
③ 전기적으로 작동되는 기폭 장치, 가스발생기, 솔레노이드, 선형 액추에이터 및 격리 장치에 대한 유지 보수 작업을 수행하는 경우에는 시스템을 안전하게 차단시키고 실시하여야 한다.

제5장 석유화학공장의 중대 주요 사고사례

5-1 석유화학공장의 중대 주요 사고사례

1. 외국의 중대 사고사례

1) 영국 Flixborough 사고

(1) 개요

나일론 제조 원료인 카프로락탐을 생산하는 업체로서 석유화학의 기초물질인 사이크로헥산을 합성하여 카프록락탐을 생산하는 회사이다. 1974년 6월 1일 토요일 오후 영국 Flixborough의 Nypro 사 카프로락탐 공장에서 대략 0.96 MPa 및 155℃의 시클로헥산이 사고로 배출되어 증기운폭발(vapor cloudexplosion, VCE)을 유발하여 발생한 폭발사고로 당시 현장에 있던 72명의 인원 중 28명이 사망하였고 36명은 심각한 부상을 입은 대재해가 발생하였다. North Lincolnshire에 있는 NYPRO 공장이 거의 완전히 파괴되었으며 공장에서 4마일 떨어진 역에까지 피해가 미쳤다. 인근 총 24 ha의 공장이 파손되고, 많은 시민이 심한 부상을 입었으며 주변 지역의 많은 구조물에도 심각한 손상을 주고 32 km 떨어진 지점까지 파편이 날아갔다.

(2) 사고 상황

공장 내에서 종업원 28명이 사망하였는데 그중 컨트롤 룸 내에 있던 18명은 전원 사망하였으며 부상자는 36명이었다. 공장 외에서는 일반 주민 53명이 부상하고, 수백 명이 경상을 입었다. 또한 1,821호의 주택과 167개의 점포 및 공장이 피해를 입었다. Flixborough 지구 79호 중 72호, 암콕크 지구 73호, 바톤, 아폰, 스파쟈 지구 756호 중 644호, 스판소프 지구 786호가 피해를 입었다. 프릭스보로 및 암코크 지구는 공장에서 800 m 떨어져 있었으며, 바톤, 아폰, 스파쟈 지구는 3 km 떨어진 곳이었다.

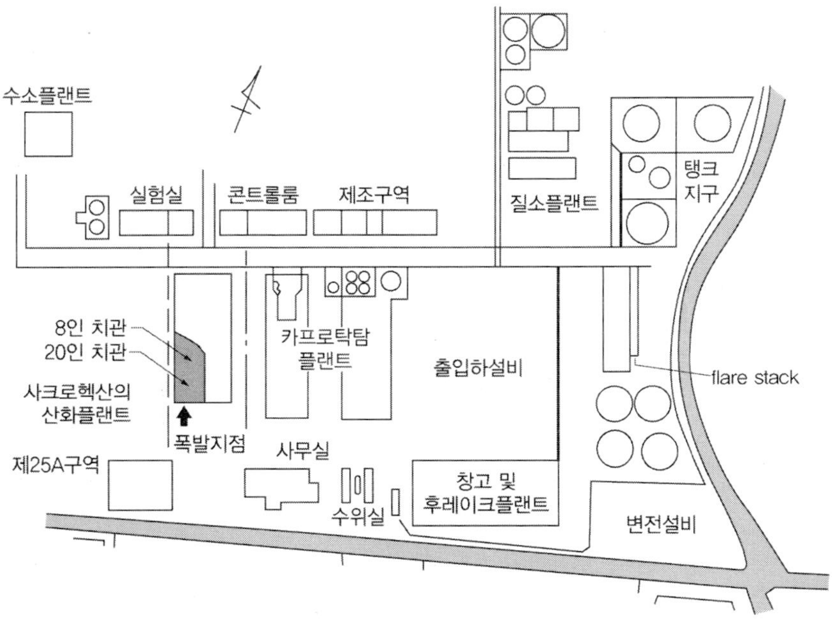

그림 5.1 공장 배치도

그림 5.2 영국 Flixborough의 Nypro 사 폭발

그림 5.3 영국 Flixborough의 Nypro 사 폭발 후 모습

(3) 사고 원인

사고 원인은 압력 8.8기압, 온도 155℃인 상태에서 누설한 다량의 사이크로헥산 증기가 폭발을 일으킨 것으로 그 폭풍의 폭발위력은 TNT 15~45 ton이 폭발한 위력에 해당한다고 판단된다. 이 사이크로헥산의 누설은 공장 내의 25 A 지구에서 발생하였으나 이곳은 사이크로헥산을 촉매로 하여 공기 산화로서 카프로락탐을 제조하는 플랜트이다.

참고

사이크로헥산

사이클로알케인의 한 종류인 유기화합물이다. 사이클로 헥세인은 벤젠의 수소첨가반응에 의해 합성된다. 상온에서 무색의 액체 상태로 존재하며 휘발성이 있다. 피부 등에 장기간 노출되면 피부염 등의 질병을 일으킬 수 있다. 또한 흡입하면 저농도에서는 두통을, 고농도에서는 의식 장애를 일으키는 위험성이 있다.

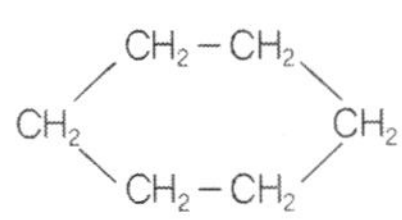
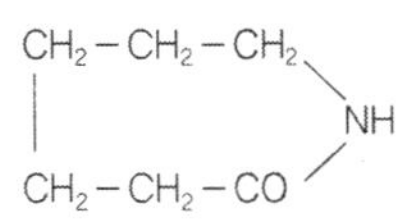

카프로락탐

원유로부터 얻어지는 사이크로헥산과 암모니아 및 유황 등을 주원료로 만들어지며 나이론 섬유나 수지를 제조하는 원료로 사용된다.

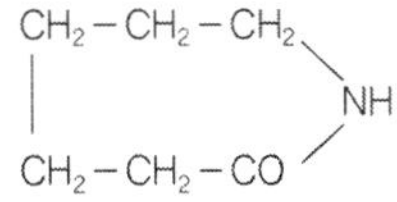

(4) 폭발사고 발생까지의 경과

대형사고 앞에는 항상 전조 징후가 있다. 소형사고를 발견하여 적절하게 조치함으로써 대형사고를 막을 수 있다는 것은 누구나 아는 사실이다. 프릭스보로의 사고도 작은 사고에서 나타난 현상을 잘 처리하였다면 대형사고의 발생을 막을 수 있었을 것이다. 사고는 1974년 6월 1일 발생하였으나 그 징후는 약 2개월 전인 3월 27일에 나타났다. 3월 27일 수요일 저녁 25A 지구 제5반응기에서 사이크로헥산이 누설되고 있는 것을 발견하였다. 이 반응기는 다른 반응기와 마찬가지로 연강판에 1/8 인치의 스텐인레스강을 덮힌 것이다. 연강부에 수직 균열이 발견되고, 사이크로헥산이 균열된 1개소에서 누설되어 스테인레스 강부에서도 결함이 있는 것으로 판명되어 공장의 운전을 정지하였다.

3월 28일 목요일 아침 제조부장은 균열이 6 ft나 되는 것을 발견하였다. 오전 중에 공장장 이하 간부 7명이 회의를 개최하였다. 이 회의에서 제5반응기를 검사하기 위해 떼어낼 것과 제4반응기에서 제6반응기로 바이패스(by-pass)를 설치할 것을 결정하였다. 만약 이때에 제5반응기의 균열 원인을 확인하고 다른 5기의 반응기에서도 동일한 결함이 있는지를 조사한다는 결정이 있었더라면 이와 같은 대형사고는 방지되었을 것이다. 수리는 진행되어 4월 1일(월)부터 플랜트는 가동되었다. 순조로워 보이던 플랜트에서 5월 29일(목)에 반응탑 저부의 관망창에 있는 정지변에서의 누설로 플랜트를 셧다운하였다. 플랜트는 2기압까지 감압, 냉각하여 5월 30일(목)과 5월 31일(금)에 누설 개소는 개·보수되고, 그 외의 작업도 종료되었다. 6월 1일(토) 오전 4시 사이크로헥산이 보내져 적정히 운전되었으나 오후 4시 52분 소폭발이 있었고, 48초 후에 대폭발이 일어났다.

이 폭발의 원인은 20인치 바이패스 관의 과열에 의한 것으로, 소위 증기운폭발을 발생시킨 것이다. 그림 5.4에서는 폭발한 반응기 제5반응기를 바이패스(by-pass)한 20인치 파이프가 보인다. 그림 5.5 및 5.6에서는 균열이 발생한 5번 반응기 대신에 4번 반응기와 제6번 반응기를 임시로 연결한 바이패스(by-pass)한 배관이 보인다.

(5) 사고의 교훈

① 잠재 위험성이 큰 시설에 대한 사회적 관리

Flixborough의 Nypro 사 사고로 화학플랜트의 잠재 위험성에 대한 관심이 높아져 화학공장에 대한 관리가 강화되었다. 정부는 중대한 위험성이 존재하는 시설에 권고위원회(ACMH)를 발족시켜 잠재 위험성이 큰 시설에 대하여 권고하게 되었다. 또한 이러한 시설은 건강안전부(HSE)에 의해서 엄격한 감독을 받게 되었다.

그림 5.4 제5반응기와 바이패스 관

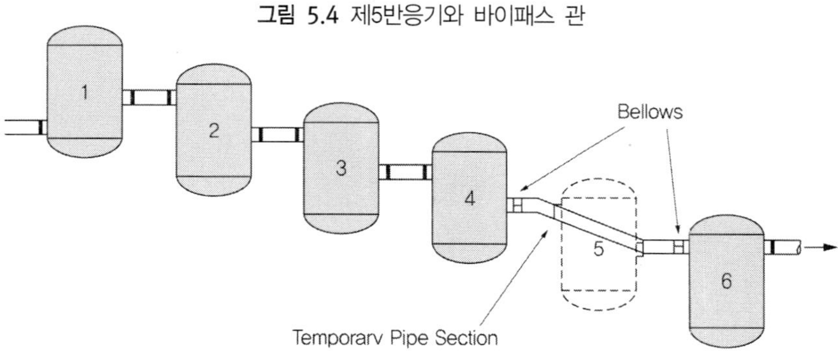

그림 5.5 제4반응기와 6번 반응기를 연결한 바이패스 관

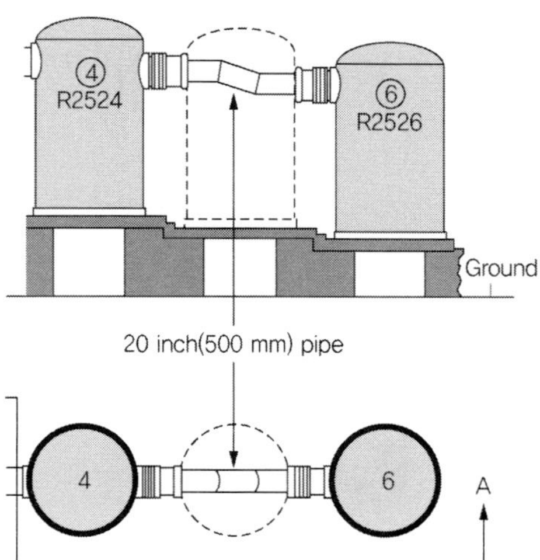

그림 5.6 제4번 반응기와 6번 반응기를 연결한 바이패스 관(20인치)

② 잠재 위험성이 큰 시설의 위치

조사보고서에 의하면 본 공장이 광활한 전원지역에 위치하지 않았다면 폭발에 의한 사상자는 더 많았을 것으로 보고 있다. 잠재 위험성이 큰 시설의 위치는 대단히 중요한 문제가 된다. 보안거리를 갖는 것은 안전성의 확실한 담보가 되지만 한편으로는 토지의 효용성이 떨어진다.

③ 잠재 위험성 물질의 저장 허가

1974년 6월 1일 Nypro 사에는 330,000 갤론의 사이크로헥산, 66,000 갤론의 납사, 11,000 갤론의 톨루엔, 26,400 갤론의 벤젠, 450 갤론의 가솔린이 저장되고 있었다. 이와 같은 잠재 위험성 물질을 저장하는 데에는 1928년 석유(종합)법에 따라 지방관리청에서 허가를 받아야 하지만, 실제로는 7,000 갤론의 가솔린밖에 허가를 받지 않았다. 무허가인 이들 위험물의 대량 저장은 이번 재해에 영향이 없었지만, 인·허가 제도를 무시한 것으로 밝혀져 이와 같은 대형 재난을 초래한 것으로 보인다.

④ 압력용기 시스템의 법 규제

프릭스보로의 폭발 사고 원인은 압력 시스템 보전의 실패에 기인한다. 영국에서 압력 시스템에 대한 현행 법규는 증기보일러, 증기저장조, 공기저장조에 대한 것만 있고 사이크로헥산과 같은 위험물에 대한 규제가 없다. 프릭스보로 사의 폭발사고는 압력용기가 아닌 배관의 파손이 원인이었지만 현행의 법규는 압력용기만 적용되며 압력 배관시스템에서는 적용되지 않는다.

보고서는 현행 법규를 개선하여 증기보일러의 범위를 위험성 물질을 포함한 압력시스템까지 확대할 것을 권고하고 있다.

⑤ 잠재 위험성이 큰 시설의 관리 조직

보고서는 Nypro 공장의 관리에 결함이 있었다고 강조하고 있다. 경험이나 자격을 인정하는 제도가 빠져 있어 주어진 책임을 수행할 능력이 있는 관리인지 판단할 수 없었다. 예를 들면, 공장기술자나 자격을 가진 적격의 기계기술자가 현지에 없었다. 또한 개인에게는 잔업이 많아 과오를 범하기 쉬운 상황이었다. 그러나 관리조직은 종업원을 지원하는 구조이므로 그 결함은 개인의 경우보다 중요한 문제이다. 예를 들면, 휴가나 질병 등으로 결근하는 경우에는 그 대리를 임명하는 조직이어야 한다. 조직관리의 또 하나의 중요한 역할은 작업순서를 명확하게 이해시키는 것으로 프릭스보로 사의 경우 플랜트를 개조하는 중요한 작업순서에 관리상의 결함이 있었으며, 안전관리자의 역할도 결정되어 있지 않았다.

⑥ 안정성과 생산성의 중요도의 비교

'프릭스보로의 보고서'는 생산을 계속하기 위하여 위험을 인지하고도 안전한 조업을 무시했다는 의견은 나와 있지 않으나 확신을 갖고 다음과 같이 기술하고 있다.

생산을 속행하는 경우, 반응기 탑 No.5의 고장을 확인하고 다른 반응탑의 이상을 검사하지 않으면 잠재위험이 남는다는 것, 반응탑 No.4에서 No.6에 연결하는 경우에 기술상의 문제를 해결하지 않으면 동일한 잠재위험이 있다는 것을 알고 있어야 했다.

⑦ 기술기준 및 법규의 적용 실시

20인치 바이패스는 관계법규에 의해 제작되지 않았다. 보고서는 이에 대해 BS3351 : 1791를 인용하여 다음과 같이 지적하고 있다. Bellows는 바이패스에 축방향으로 부착되어 유체에서 축방향 하중이 걸리지 않도록 타단이 고정되지 않으면 안 된다. 확장 연결부(expansion joint)를 사용하는 경우, 제작자는 연결된 배관에 대하여 안내, 지지, 고정방법에 대하여 주의가 필요하다.

⑧ 플랜트의 저장량 제한

조사보고서는 가연성 물질의 대량 저장은 재해규모에 큰 영향을 미친다고 말하고 있다. ACMH의 '제2보고서'에서도 잠재 위험성이 큰 시설에는 특별한 설계 목표로서 저장량 제한을 제시하고 있다.

⑨ 신뢰성 높은 플랜트 엔지니어링

프릭스보로의 폭발사고는 플랜트의 가동(start up) 시에 발생하였다. 조사보고서는 shut down/ start up의 반복을 최소로 하여 관리상 중요한 의사결정을 해야 하는 기회가 적도록 화학플랜트를 shut down하지 않으면 안되는 요인에 대해서 특별히 검토하도록 제안하고 있다.

⑩ 용역시설의 확보

프릭스보로 공장에서는 반응탑의 시일(seal)에 필요한 고압질소는 탱커에 의해 공장으로 보내진다. 폭발을 일으킨 때의 가동 시에 있어서 사용되는 질소의 양이 부족하였다. 프릭스보로 보고서는 안전에 필요한 질소를 확보해 두는 것이 중요하다고 기술하고 있다.

⑪ 위험에 노출된 인간의 제한

조사보고서는 이 사고가 토요일 오후가 아닌 평일에 일어났다면 사상자 수가 훨씬 많았을 것이라고 지적하고 있다. ACMH의 '제1차보고서'에서는 위험에 노출된 인간을 제한하도록 위험구역의 출입제한, 위험구역 부근의 건축물 배치와 설계에 대해서 특별한 배려를 권고하고 있다.

⑫ 컨트롤 룸(control room) 및 기타 건물의 설계와 배치

플릭스보로 사고로 인한 사망자 28명 중 18명이 컨트롤 룸에서 일어난 것에 대하여 제어실이나 연구소, 사무실 배치, 콘크리트 블록조의 콘트롤 룸 구조에 대하여 '조사보고서'는 여러 가지를 제안하고 있고 ACMH의 '제1차 보고서'도 화학플랜트 내의 건축물 구조에 대하여 언급하고 있다.

⑬ 플랜트의 제어 및 계장

플랜트의 제어 및 계장시스템은 이번 사고조사에는 중요한 문제가 되지 않았다. 그러나 조사보고서는 컨트롤 룸 제어방식은 평상 작업에 관한 것이어서 플랜트 계획 시에 인간공학적 배려가 있었다면 좋은 결과가 있었을지도 모른다고 말하고 있다.

⑭ 결함을 발견한 후 플랜트의 재가동

프릭스보로의 반응탑 No.5에 결함이 발견된 후 반응탑 No.5를 회피, 바이패스하여 재가동에 들어갔다. 프릭스보로 보고서는 남은 다른 5기의 반응탑이 안전하다는 것, 반응탑 No.5의 결함 원인을 확인하지 않고 가동한 것은 중대한 실수라고 지적하고 있다.

⑮ 플랜트 및 공정변경에 대한 관리

조사보고서에서는 다음과 같이 기술하고 있다. 이번 사고는 적정하게 설계·제작된 플랜트에서 본래의 성능을 파괴하는 개조공사 때문에 발생하였다. 이 사고의 직접적인 교훈으로서 플랜트를 개조할 때는 기술적 성능에 변화가 없는지 검사를 해야 한다. 보고서에는 중요시되지 않았으나 그 외에도 공정의 변경이 행해졌다.

⑯ 플랜트 출입에 대한 보안관리

조사보고서에서는 이번 사고와는 무관했으나 공장의 2개소 문에 보안원이 상주하지 않아 누구나 출입이 가능했다는 것에 대해서 주의를 하고 있다.

⑰ 긴급시의 대책

프릭스보로 재해 사고에는 몇 가지의 주목해야 할 기계적 성질에 대한 이상 현상이 나타났다. 질소에 의한 응력부식 파열, 스텐레스강의 캐비테이션 크리이프(cavitation creep), 스텐레스강의 아연 취성, 피복 연강제 용기의 사용에 대해 기술하고 있다.

참고

캐비테이션(cavitation) 유체의 속도 변화에 의한 압력변화로 인해 유체 내에 공동이 생기는 현상(공동현상) 크리이프(creep) 소재에 높은 온도에서 일정한 힘을 반복적으로 가하면 시간의 경과에 따라 소재의 변형이 계속되는 현상

⑱ 자유 공간 증기운폭발(unconfined vaper cloud explosion) 정보

프릭스보로 폭발은 자유 공간의 큰 증기운폭발이었다. 증기운폭발 사고는 증가하고 있으나 이와 같은 엄청난 재해를 가져와 사회적인 충격을 준 것은 아직 없었다. 조사보고서는 자유 공간 증기운폭발이 일어나는 조건에 관한 정보가 극히 미약하다는 것을 충고하고 있다.

⑲ 재해 사고조사와 사고정보의 피드백

조사보고서는 폭발에 의해서 콘트롤 룸의 계장기록이 파손되지 않았다면 조사는 보다 잘 할 수 있을 것이라고 주장하고, 항공사의 블랙박스 기록과 같이 플랜트의 중요한 정보는 기록·보존되도록 시스템을 만들어 둘 필요가 있다고 제언하고 있다.

2) 미국 텍사스 시티 브리티시 페트롤리엄(BP) 정유공장 폭발사고

(1) 개요

2005년 3월 23일, BP Products North America의 텍사스 시티 정유공장에서 이성체화(화합물이 분자식을 바꾸지 않고 그 화학구조만 바꾸어 이성질체를 만드는 반응을 의미) 유닛 재가동

준비 중 폭발과 화재가 발생하여 15명이 사망하고 180명 이상이 부상을 입었고 경제적 손실이 1조 5천억 원에 달하는 사고였다. 사고가 발생한 설비는 Raffinate Splitter(가솔린 혼합 성분 분리 증류탑)와 압력 조절 및 배기장치인 블로다운 드럼과 스택(F-20)이었다. 조사결과 폭발 원인은 F-20에서 방출된 탄화수소 증기가 발화한 것으로 추정된다.

그림 5.7 BP 텍사스 시티 정유공장 폭발

(2) 사고 상황

① 정비 후 재가동 개시 중 폭발

② 운전원들이 증류탑에 과다 주입 및 과열

③ 액체와 기체 혼합물의 압력 초과로 인근 스택으로 흘러갔으며 유닛 주위에서 대기 중으로 방출되었다.

④ 형성된 증기구름이 아직 밝혀지지 않은 점화원에 의하여 점화되었다.

⑤ 감독자들은 절차 준수 여부를 확인하지 않았으며 중요한 순간에 자리를 비웠다.

⑥ 간부들이 적절한 지도력을 발휘하지 못하였다는 사실과 작업자들이 절차서를 준수하지 않았다는 것이 사고의 근본 원인이다.

⑦ 최초 문제 발생 후 운전원들이 경보를 발신하지 못하였다.

(3) 정유공장의 오래된 문제 이력

① 임시 트레일러를 사고 현장 부근에 설치하도록 한 결정으로 인하여 사상자가 증가하였다.

② 경고 신호가 나타났었다.

③ 3월 23일의 폭발 이전에도 이 정유공장에서는 안전 관련 사고가 여러 건 있었다.

④ 9월, 과열된 물이 방출되어 두 사람이 사망하고 한 사람이 부상을 입었다.

⑤ 2004년 3월, 파이프 파열에 의한 폭발로 전원이 대피하였다.

⑥ 2004년 5월, 정비 용역업체 직원이 추락 사망하였다.

(4) 사고 설비(ISOM)의 이력

ISOM 유닛에서는 탄화수소 누출, 증기 유출, 또는 화재 등 여러 사고가 있었다.

① 1986, 1987, 1988년 10월 등 화재 3건

② 1992년 4월 : 폭발로 1명 사망

③ 1994년 : Preflash 타워 재가동 중 F-20 스택의 증기에 의한 사고

④ 1999년 1월 : F-20에서 탄화수소 5.85 톤 유출

⑤ 1999년 4월 : 정비 중 화재 발생

⑥ 2002년 2월 : 스크러버 탑 릴리프 밸브에서 30 배럴 유출

⑦ 2002년 11월 : Penex 반응탑에서 열폭주

⑧ 2003년 1월 : F-20으로 액체 탄화수소 배출

⑨ 2003년 1월, 블리더 누출로 화재 발생

⑩ 2003년 : Splitter(분리탑) 정격 압력을 70 psig에서 40 psig로 낮춘 후, 재가동 중 압력이 40 psig(릴리프 밸브 설정 압력)를 초과한 사례가 2건 이상 발생

⑪ 2005년 2월 : Splitter 재가동 준비 중 액체 탄화수소가 하수도로 유출

⑫ 2005년 3월 : 화재(D-300 또는 301 블리더의 플러그 탈락

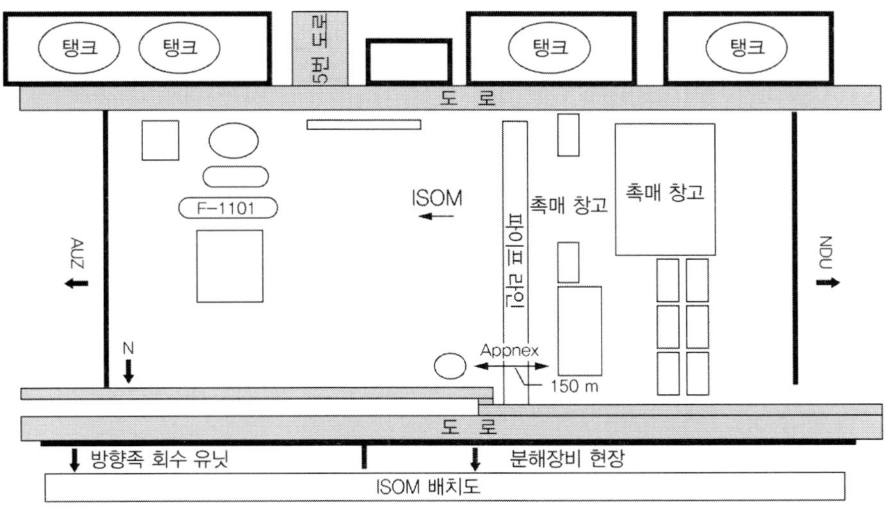

그림 5.8 이성질체화 시스템(ISOM) 배치도

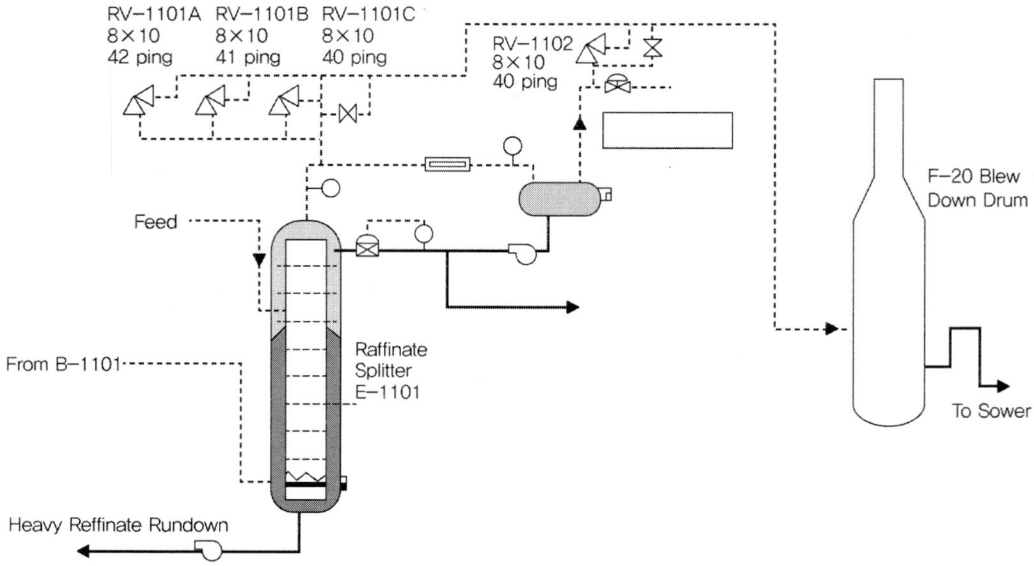

그림 5.9 스프리터(splitter) 블로우 다운 시스템 흐름도

(5) 블로우 다운 드럼 및 스택 F-20

① 유닛 고장 또는 가동 정지 시의 릴리프 라인 중 하나로서 탄화수소를 처리하도록 설계됨

② ISOM에서 오는 건습 두 탄화수소 라인 유입구 증설

③ 이 변경은 이전에 공장 평가 시 지적되었던 F-20의 폐기 사유에 해당하는 중대 변경으로 간주되지 않았음

④ 1995년 다른 유닛에 플레어 시스템을 설치할 때 및 2002년 NDU 플레어 라인을 F-20 부근에 설치하였을 때 F-20을 근본적으로 안전한 릴리프 시스템으로 바꿀 기회가 있었으나 시행되지 않았음

⑤ 블로우 다운 스택은 이런 용도에 위험성이 있다는 것이 알려져 있으며, 업계에서는 밀폐 릴리프 시스템이나 플레어를 사용하는 추세임. splitter 릴리프 라인을 플레어 시스템에 연결할 기회가 있었으나 시행되지 않았으며, F-20을 분리 증류탑(raffinate splitter)의 릴리프 및 배기 시스템의 일부로 계속 사용하였다.

※ 플레어 시스템을 사용하였다면 사고 피해를 감소시킬 수 있었을 것이다.

그림 5.10 분리탑(splitter tower)와 블로우다운 드럼

그림 5.11 블로우 다운 현상

(6) 운전 절차서

① 2003년 릴리프 밸브 정격을 70 psig에서 40/41/42 psig로 낮추었으나 표준운영절차(SOP, standard operation procedure)에 반영되지 않았다

② 주간 근무반장은 늦게 도착했으며 인수인계를 받지 못했다.

③ 총감독(교육훈련 조정관)은 splitter를 재가동한다는 사실을 알지 못했다.

④ 10 : 47. 주간 근무반장은 현장을 이탈했으며 이후 작업 감독책임자가 누구인지 불분명

⑤ 12 : 40, 증기 발생 및 13 : 15 증기와 액체가 F-20에서 방출된다는 보고가 있었으나 ISOM의 비상 경보장치는 작동되지 않았다. 이것은 텍사스시 규정 HSE Policy A-7의 위반이다.

(7) 운전원의 잘못

① 운전원은 raffinate splitter를 과다하게 주입하고(3시간 동안) 과열시켰으나 그로 인해 압력이 과다하게 상승할 것이라는 사실을 몰랐다.

② 제어밸브는 닫혀 있었으나 유량계 눈금에는 중질 raffinate(일반적으로 화합물 중 필요한 화합물반응을 분리해 내고 남은 찌꺼기) 제품의 흐름이 표시되었다. 이는 유량계의 영점오차로 추정되며 이로 인하여 제어반 운전원이 raffinate가 유출되고 있는 것으로 오해하였을 수 있다.

③ 바이패스 라인의 릴리프 밸브를 열어 거듭 수동으로 Splitter를 감압하였다.

④ splitter는 40미터 높이까지 충진되었다(정상 높이 1.8 미터).

⑤ 12 : 40, 증기, 13 : 15에 액체와 증기가 F-20에서 방출되는 것이 보고되었으나 ISOM의 비상경보장치는 작동되지 않았다.

그림 5.12 BP 공장의 폭발 후 잔해

(8) 교훈

① 공정안전관리 시스템의 미확보로 인한 대가

BP는 보상금, 보수비용, 기업손실 등으로 20억 달러 정도가 지출되었으며, 사고와 관련된 수백 건의 소송 해결을 위해 16억 달러의 자금을 준비했다. 한편 BP는 이러한 사고의 영향으로 경쟁사인 엑슨모빌 사보다 주가가 24% 이상 떨어졌다. 즉 공정안전관리 시스템의 미확보로 말미암은 대가가 회사의 존립을 위태롭게 할 수 있음을 단적으로 나타내 준다고 할 수 있다.

② 공정운전 및 유지 보수 전문가의 지속적인 확보

BP 사고에서 보듯이 시험 운전 과정에서 적절한 전문적 대처능력의 미비가 엄청난 결과를 불러오는 것을 볼 때 전문성의 유지 방안에 대한 많은 노력이 있어야 한다.

③ 객관적인 사고조사 시스템의 구축

미국, 영국을 비롯한 서방국가에서는 대형 중대 산업사고가 발생하면 2년에 걸쳐 장기간 정밀조사를 위한 전문가 그룹을 구성하여 철저하게 조사를 한 후 재발방지대책을 제시한다. 객관적인 위치에서 사고의 근본적인 원인을 파악하고 사고관리 조직의 능력 및 법률적 개정을 포함한 개선사항을 권고함으로써 근본적인 사고 예방체계가 가능하다는 점을 참고할 필요가 있다.

참고

블로우 다운(blow down)
설비의 내부 바닥부분에 축적되어 불필요한 성분을 제거하기 위하여 일정량의 유체를 흘려보내는 것

브리더 밸브(breather valve)
탱크 등 저장용기의 지붕에 설치된 안전장치로서 탱크 내의 재고 증가시 기체를 vent 시키고, 감소시 공기를 흡인하여 탱크 내 압력을 적정하게 유지시키는 역할을 하는 밸브

분리탑(splitter)
나프타(naph)와 액체 실리콘류(LSR)를 분리하는 장치

라피네이트(raffinate)
석유 정제에서는 나프타 개질에 의한 방향족성 가솔린에서 방향족 성분을 용제 추출한 잔분과 윤활유의 용제 정제에서 용제에 추출되지 않은 잔분 등을 지칭함

SOP(standard operating procedure)
표준 조작 절차

3) 미국 필립스 석유 폴리에틸렌 제조공장 대폭발(PSM을 시작하게 한 사고)

(1) 사고 개요

1989년 10월 23일 13 : 00경에 미국 텍사스주 휴스톤 Pasadena에 있는 필립스 66 석유화학공장에서 고밀도 폴리에틸렌(HDPE, High Density Polyethylene) 반응기의 보수 중에 반응기(용량 85,000 LB)로부터 내용물(iso butane, ethylene, hexane, hydrogen)이 개방된 밸브(ball valve)를 통하여 단시간(1.5~2분) 내에 누출되어 증기구름을 형성시켜 전 공장에 확산 점화되어 연속해서 화재·폭발 재해가 일어났다. 이로 인해 23명이 사망하고 314명이 부상을 당한 대참사가 발생하였다. 이 사고는 석유관련 산업의 대형 폭발사고로서 각 방면으로부터 커다란 관심을 받았다.

(2) 사고 석유화학공장 개요

사고가 발생한 이 필립스 석유화학공장은 휴스턴으로부터 남동쪽으로 약 16 km 떨어져 있고, 멕시코만에 인접한 휴스턴 수로를 따라 소재한 미국 석유화학공업 지역의 중앙에 위치하고 있다. 매일 약 32만 kL의 석유 원료와 제품을 실은 선박이 휴스턴 수로를 왕래하고, 수로를 따라 면직물, 보리, 쌀, 강철 등의 대형창고와 선적센터가 위치하고 있었다. 부지면적이 325만 m^2인 해당 석유화학공장은 1948년에 건설되었고, 종업원 900명을 고용하여 폴리에틸렌, 폴리프로필렌, K-Resin(스틸렌과 부타디엔 공중합체)을 제조하고 있다. 제조능력은 각각 약 68만톤/연(15억 lb/연), 약 23만 톤/연(5억 lb/연), 약 8만 톤/연(1.8억 lb/연)이며, 폴리에틸렌 생산량은 전미의 17%를 점유하고 있다.

(3) 사고 상황

① 오후 1시경, 사고가 있었던 고밀도 폴리에틸렌 제조장치 근처에서 작업을 행하고 있던 배관공은 약 5분간 뭔가가 누출되는 것처럼 “슈~” 소리를 들었고, 그 후 백색 연기 같은 것이 보여서 바로 안전담당자에게 그 사실을 보고하였다.

② 공장 내에 비상사태를 알리는 사이렌이 울리고, 작업원은 신속히 피난하기 시작했다.

③ 그로부터 25초 후에 1차 폭발이 큰소리와 함께 일어났고 화염이 발생하였다. 이 폭발은 높이 60 m의 No.6 반응탑에서 발생하였고, 이 반응탑은 1981년에 건설된 최신식으로 동일 형태의 반응탑은 전 세계에 80기가 가동되고 있었다.

④ 그 이후, 폭발은 소규모로 2회 더 발생하였고 화구(Fire Ball)도 확인되었다. 폭발의 위력은 굉장했으며 그 규모는 Magnitude(지진규모를 나타내는 단위, M) 3.5～4.0에 해당하며, 공장 주위 10 km까지 금속조각과 콘크리트 조각이 날아갔다.

⑤ 인근의 10여 개 소방서로부터 소방대가 파견되었으나 화세가 맹렬하여 가까이에 접근할 수 없었다. 또한, 플랜트의 스프링클러 설비가 날아갔고, 소화설비와 물 공급장치가 파손되어 소화용수를 배수 처리설비와 휴스턴 수로로부터 끌어와 수행함으로써 소화활동은 곤란을 겪었다. 부상자의 구조에는 헬리콥터 4대가 사용되었다.

⑥ 휴스턴 수로의 연안경비대는 사고 직후 약 7시간 동안 수로 약 10 km 사이를 폐쇄하고 공장 근처의 국도 225호 도로도 통행금지 시켰다.

⑦ 폭발로부터 약 8시간 후 오후 9시에 화재는 제압되어 화세는 줄어들었지만 밤까지 곳곳에서 작은 화재가 계속되었다.

⑧ 행방불명자의 구출을 위해 구조대가 출동하였지만, 새벽녘까지는 화재로 인한 열 때문에 플랜트 내로 접근하는 것은 불가능하였다. 다음 날 아침부터 본격적인 구출작업이 시작되었고 행방불명자의 대다수가 있을 것으로 예측되는 제어실 주변은 설비의 잔해로 어수선해져 있었으며 파편 1개를 치우면 또 다른 파편이 무너지는 위험한 상태이었기에 구출작업은 난항을 겪었다.

(4) 사고발생 부분의 상세 내용

① 필립스 공장 내에는 2개의 고밀도 폴리에틸렌(HDPE) 제조시설이 있었으며(UNIT IV, V) 고밀도 폴리에틸렌은 에틸렌 가스를 이소부탄에 녹여 파이프 반응기 내에서 제조된다(그림 5.13, 5.14 참조).

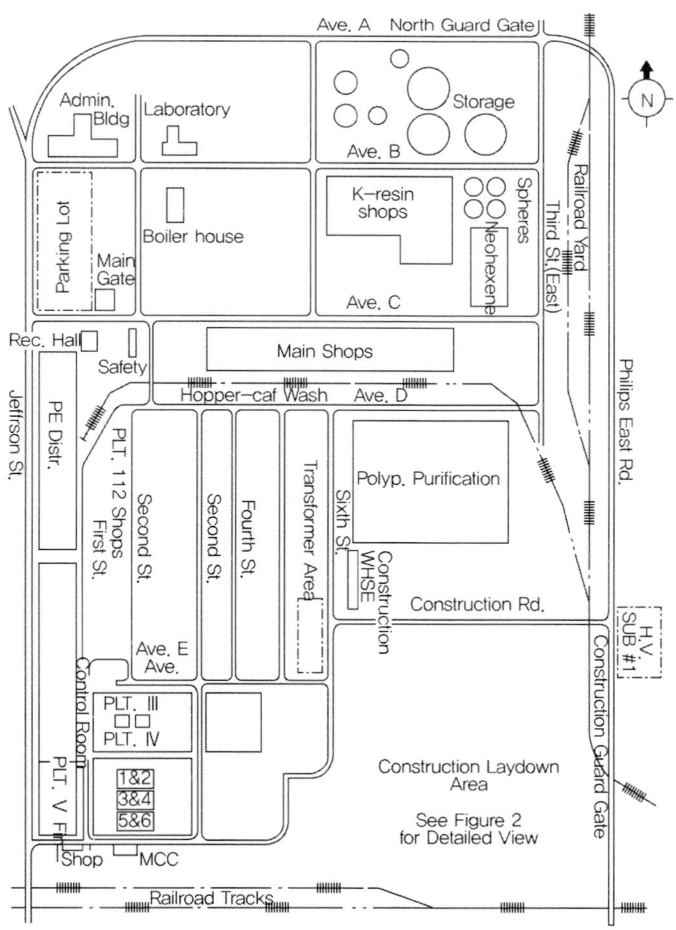

그림 5.13 폭발사고 공장 구성도

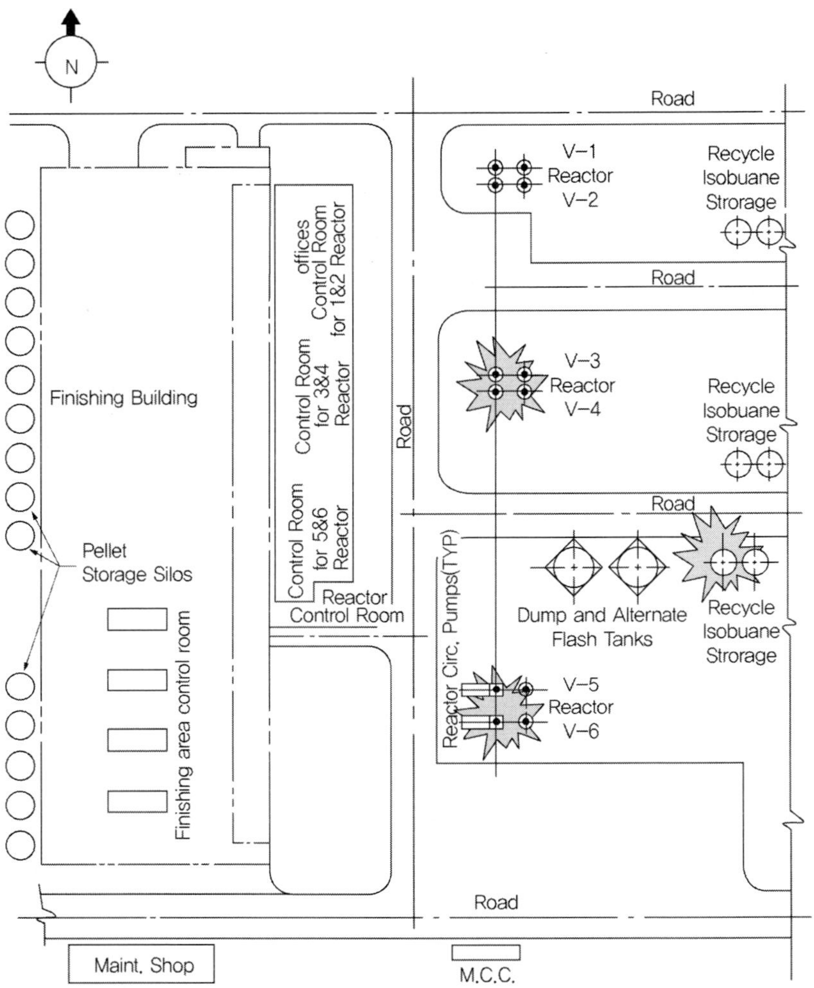

그림 5.14 폭발사고 지점의 설비 배치도

② 반응조건에서 공정 내의 증기 및 가스는 대단히 높은 가연성을 갖게 된다. 용해된 에틸렌은 자체적으로 반응하여 폴리에틸렌 입자를 형성하여 'settling leg'에 떨어지게 되어 하부의 밸브를 통하여 제거된다.

③ 각 settling leg의 상부에는 한 개의 자동 볼밸브가 반응기 사이에 설치되어 있으며 운전 중에는 밸브가 열려져 폴리에틸렌 입자가 침전하게 된다(그림 5.15 참조).

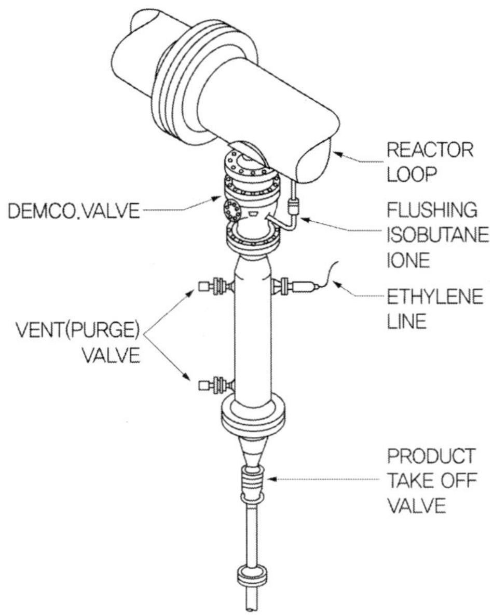

그림 5.15 Settling leg 설치방식

④ 폴리에틸렌 반응기 작업 시와 Settle leg 작업 시 3단계 안전조치가 되어 있음

- 탄화수소가 들어있는 Reactor Loop와 Settling Leg 사이의 블록밸브가 잠겨져 있으며, Lock-out 장치가 잠겨진 밸브 속으로 끼워져 있음
- 블록밸브를 작동시키기 위한 공기를 제공하는 호스가 격리된 밸브 세트에 의해 잠겨져 있음
- Air Hose가 분리되어 있음. 그러나 사고 후 조사결과는
  - 블록밸브가 OPEN 위치에 있고,
  - Lock-out 장치가 제거되어 있었으며,
  - Air Hose가 연결되었고,
  - Air Hose 밸브가 열려 있는 것이 발견되었다.

(5) 피해 상황

① 인적 피해

- 사망자 23명 중 대부분은 외부의 경보를 듣지 못한 제어실에 있는 상주인원이었다.
- 부상자 124명의 대부분은 화상과 호흡곤란, 유리와 금속조각의 비래에 의한 절상과 타박상이었다. 근처의 주민이나 소화구조 활동을 하고 있던 사람들의 부상은 없었다.

② 재산 피해

- 폴리에틸렌 제조장치는 2개 공장 거의 전소되었다.
- 재산손실금액 : 약 75억 달러, 벌금 : 약 650만 달러
- 총 보험청구금액 10억4천만 달러 이상
- 인접한 폴리프로필렌 장치, K-resin 장치는 폭풍과 비산물로 일부 파손되어 shut-down 되었지만 큰 손해는 발생하지 않았다.
- 인접 건물의 유리와 외벽, 자동차 등이 손상되었고, 특히 공장 주위 1.6 km 범위 내가 심했다. 또한, 주차장 내에 있던 500대 이상의 자동차도 손상되었다.
- 전화선도 파손되어 Pasadena 지구의 전화가 불통되었다.

③ 폭발위력

- 약 2.4톤의 T.N.T(Tri Nitro Tolune) 폭발 정도
- 파편이 약 10 km 정도 떨어진 곳까지 비행

(6) 사고발생 당시 보수작업 현황

① 보수작업일지

일자	작업자	작업내용
89.10.22(일)	필립스 운전자 Fish Engineering	• 3개의 leg가 보수 준비됨 • 볼밸브 잠그고 공기공급호스 이완시킴 • No.1 leg 분해하였으나 막히지 않음
10.23(월) 08 : 00	Fish Engineering	• No.4 leg 작업시작 3개중 2개가 막힘 • Leg 분해하여 막힌 것을 뚫기 시작함
10.23(월) 12 : 00	Fish Engineering	• 점심식사 • 점심식사 후 필립스에 작업협조 요청
10.23(월) 13 : 00		• 사고발생(분해된 leg에서 증기유출)

② 점화원

- 디젤 크레인(fish engineering 사용)이 있었으나 사고 당시 사용 곤란
- 호크 리프트(작업 중)
- 가스 사용방식의 촉매 활성화기(open flame)
- 용접기 및 토치(사용 중)
- 사무실 주위의 주차 중인 자동차 2대
- 제어실 및 finish 건물의 전기장치가 있었으나 어느 곳에서 점화되었는지는 밝혀지지 않음

(7) Phillips 66사의 작업순서

공장에서는 사고 발생 약 1주 전 정기보수 작업으로 배출 Leg를 분리하고 청소를 했다. 이 작업은 다음과 같은 순서에 의해 하도록 정해져 있었다.

① 밸브의 폐쇄

② 배관의 분리

③ 퍼-지(purge)

④ 밸브 시건장치 설치

⑤ 기타 안전장치

이런 작업순서와 더불어 작업자는 밸브를 개방하는 동력원을 완전히 차단하고, 밸브로부터 누출유무를 검사하는 것으로 되어 있었다. 또한, 보수작업자는 반응탑과 기타 운전 중에 있는 제조장치의 어떠한 밸브를 조작하는 것도 금지되어 있었다. 그리고 보수작업을 하기 전에 설비를 안전한 상태로 유지하는 일은 작업자의 책임에 있고 보수작업은 필립스66사의 종업원과 기타 하청업자가 하고 있었다.

노동조합당국(Oil, Chemical & Atomic Workers International Union)은 이 사고는 "일어날 수 있는, 당연히 일어난 사고이다"라고 하면서 공장관리체제 등의 미비를 들며 회사 측을 비판하였다.

① 시건 불충분

작업원이 보수작업을 할 경우 위험물이 누출되지 않도록 하는 시건조치가 불충분했다.

② 하청 작업원의 채용

정상작업의 업무보조로서 하청 보수작업원을 채용하고 있다.

③ 반응탑의 설계 불량

반응탑의 설계에 불량이 있었다는 것에 대해서는 없다는 견해도 있다.

(8) 사고원인

미국연방정부, 텍사스 주의 관계당국, OSHA의 조사에 의하면 폭발원인은 다음과 같은 원인으로 추정 발표되었다.

사고 직전, 폭발을 일으켰던 No. 6 반응탑 저부로부터 6개의 배출 leg(통상 운전 시에는 이 배출 레그로부터 폴리에틸렌 파우더가 배출되었음)중 1개를 청소하기 위해 분리해 놓았다. 반응탑과는 밸브 1개로 차단되었고 반응은 계속 중 이었다. 그러나 폭발 후의 잔해 검증 결과 이

밸브가 개방상태에 있었고, 이곳에서 누출된 에틸렌과 이소부탄의 혼합물이 증기운을 형성하여 미지의 착화원에 의해 폭발 화재가 발생한 것으로 밝혀졌다. 왜 밸브가 개방된 채 있었는지 착화원은 무엇인지 등을 조사하였다.

(9) 문제점 및 개선방안

구분	문제점	개선방안
기술 관리	• 자동밸브의 잠금장치 없음	• 보수작업시 잠금장치 설치 및 관리요망
	• 밸브 actuator 공기공급배관은 보수공사 시 탈락시키도록 되어 있으나 지켜지지 않음	• 작업준수 철저
	• 작업절차 제정 미흡(가스누출 가능성)	• 비상시의 작업절차를 수립, 시행이 요구됨
	• 공기공급호스 차단밸브 개폐표시 없음	• 밸브의 개폐표시를 하여 휴먼에러 방지
	• 도급자(시공자)에 대한 안전작업 허가 등 조치가 미흡	• 철저한 하도급자의 안전작업에 대한 규칙, 절차 등의 교육과 통제가 필요
설비 기술	• 자동밸브에 공기가 흐르면 자동밸브가 열려지도록 actuator 동작기구가 설정되어 있음	• 공기가 공급될 경우에도 운전원이 조작을 하는 경우에만 열리도록 설계 시 반영
	• 소화수 배관이 공정용수 배관과 연결되어 있어 폭발시 공정수 배관이 파열되므로 소화수의 기능이 없어짐	• 소화수와 공정용수 배관을 분리하여 설치
	• 소방용수 펌프가 전기의 공급중단으로 디젤엔진 펌프를 가동하였으나 연료부족으로 가동이 중단됨	• 전기의 공급중단시를 대비하여 디젤엔진 펌프를 설치하고 충분한 연료의 확보가 요구됨
	• 소방용수의 부족	• 화학공장은 소방법에 규정한 양 이상으로 충분한 소방용수가 필요함
	• 제어실과 process가 충분한 이격거리가 확보되지 못하여 제어실 근무자(15명) 가 대피하지 못하여 인적피해가 큼(이격거리 반경 45 m 이내의 사망자가 15명, 사망자의 전체가 75 m 반경 내에 상주)	• 충분한 안전상의 이격거리의 확보가 요구
	• 가스검지 및 경보시설이 설치되지 아니함	• 조기경보용 시설의 설비가 요구됨
	• 점화원이 공정에 근접되어 있어 주풍량을 고려하는 등 점화원 관리가 미흡함	• 증설 보수 등의 작업 시 안전조치 확보
	• 건물의 환기시설 및 양압시설이 미흡하여 가스나 증기가 물 내로 새어 들어 올 수 있는 구조임	• 환기시설 및 양압설비 등의 적절한 안전조치가 필요함

(10) 사고의 영향

① 당 폴리에틸렌 제조장치의 운전이 정지하여 고밀도 폴리에틸렌의 수급이 어려워져, 미국 걸프지역의 고밀도 폴리에틸렌 가격은 10월 중순까지 615～660달러/톤이었지만 11월 초에는 840～925 달러/톤에 이르렀다.

② OSHA는 화학 플랜트에 있어 규제를 강화하는 방향으로 검사한다고 발표했다.

③ 폴리에틸렌 장치의 조업정지에 따른 이익 상실은 물적손해 이상에 이르고, 종업원에 대한 보상, 인근주민 등에 대한 배상, 생산정지에 따르는 고객의 상실 등을 모두 종합해보면 손해액은 더욱 클 것으로 예상된다.

(11) 결론

향후 국내에서 동종의 재해를 예방하기 위해서는

① 조기경보체제 확립(가스검지 및 경보설비)

② 적절한 작업수칙의 제정과 철저한 준수

③ 충분한 소화시설의 설비와 소화수량의 확보

④ 설계단계에서부터 안전기준을 준수하고 작업자의 오류를 고려한 근원적인 안전설계 요구

⑤ 자동화설비 운전요원 양성과 교육 훈련 철저

⑥ 유해위험물질 처리설비 고장대책 수립 및 관리 철저

⑦ 밸브, 플랜지 등 설비 및 기구의 기밀 점검 철저

⑧ 형식적인 자체검사 개선 및 압력조절 기능 확보

4) Mexico LPG Terminal 폭발사고

(1) 사고개요

이 Mexico LPG terminal 폭발사고는 1984년 11월 19일 멕시코 시티의 San Juan Ixuatepec에서 국영 페멕스사가 운영하는 LPG 저장소에서 2,400 m^3 저장탱크 충전 중에 작업자의 실수로 인한 과충전되어 저장탱크의 압력이 상승하면서 저장탱크 연결 배관이 파손, LPG 누출폭발사고가 발생하였다. 이 사고로 144명의 사망자와 6400여 명의 부상자가 발생하여 현재까지 발생한 인화성액체로 인한 사고 중 가장 큰 것이다.

(2) 사고공장 주변 현황

페멕스 저장소에는 C3계열 및 C4계열의 저장탱크가 45 m^3 용량으로부터 2400 m^3의 크기까지 총 64기가 설치되어 있었으며 인근의 정유공장으로부터 파이프 라인을 통하여 공급받고 있었다. 1961년에 멕시코시티 근교에 설치된 후 확장되었으며 처음 설치 시 주변에 민가가 없었으나 멕시코 시티가 확장되면서 주변에 빈민들이 불법으로 저장설비와 별다른 구분 없이 근접하여 살게 되었다.

그림 5.16 Mexico LPG Terminal 폭발 상황

그림 5.17 Mexico LPG Terminal 폭발 후 현장

그림 5.18 Mexico LPG Terminal 폭발 후 현장

그림 5.19 San Juan Ixuatepec 국영 페멕스사가 운영하는 LPG 저장소

(3) 사고 상황

멕시코 정부의 거부로 정식조사는 실시되지 않았으나 여러 정보를 종합하면 다음과 같다.

11월 19일 5시30분경 40킬로미터 떨어진 펌프실에서 이상이 보고되었다. 전일 창고는 거의 비어있는 상태였으며 오후에 별 이상 없이 충전작업이 실시되었다. 가장 큰 용량의 2,400 m^3 볼 탱크부터 채워지기 시작하여 90% 충전되었다. 이어 48개의 수평탱크도 90% 충전되었다. 남아 있는 4개의 볼 탱크 중 50% 정도 채웠을 때 5시 30분경 제어실에서는 압력이 떨어지는 것이 감지되었다. 이때 11,000 m^3의 LPG가 누출된 것으로 조사되었다. 원유공장의 제어실에서는 압력이 낮아진 이유를 파악하려 하였지만 허사였으며 그 시간 저장소 근무자 6명과도 연락을 취할 수 없었다.

지상 파이프의 파손지점으로부터 LPG가 5-10분 방출되고 주변의 탱크를 포함한 주변 지역으로 계속 흘러가고 있었다. 주변 민가에서는 많은 사람이 가스의 특이한 냄새를 맡게 되었으며 방출 가스음을 듣고 잠에서 깨어났다. LPG 증기운이 대략 200×150 m의 범위에 걸쳐있을 때 점화가 되어 첫 폭발이 발생하였으며 이때의 시간은 5시 40분경이었다. 곧 대지가 격심하게 흔들리며 화염이 민가와 탱크 지역을 포함한 광범위한 지역을 덮게 되었다. 배관이 파손된 지점에서는 매우 강한 화염이 계속되었다.

공장 내의 작업자들은 화재를 국한하려고 필사적으로 노력했으나 허사였으며 한 작업자는 인근 저장소로 가서 비상정지버튼을 작동하였으나 다른 5명의 작업자는 화상으로 사망하였으며 시신은 파악되지 않았다. 생존자로부터 비로 인한 웅덩이가 있었다는 증언이 있었으며 다른 저장탱크의 화재는 처음 화재의 파이어 볼로부터 발생한 복사열이 직접적인 원인이 있는 것으로 조사되었다. 화염 내는 1500℃, 200 m 거리의 인접한 탱크도 300～500℃에 달할 정도였다. 폭발한 탱크 조각들도 비산되어 화재 확산에 기여했으며 작은 구형 탱크들은 590 m까지 비산하고 12개의 통형 탱크들은 미사일처럼 날아가 1200 m 거리에서도 발견되었으며 그 중 4개는 발견되지 않았다.

(4) 피해 정도

사고 저장소의 주위에는 수많은 빈민이 근접하여 살고 있어 많은 인명재해를 수반하였으며 7,231의 부상자 중 회복한 사람을 제외한 144명의 사망자, 32명의 항구적인 병원 입원자가 발생하는 외에도 저장시설의 거의 완전한 파괴와 39,000명의 피난자 및 이재민을 발생시켰다. 물적 피해로는 공장 전파 및 3,130만 달러(한화 344억 원)의 피해가 발생했다.

(5) 사고 원인 및 예방대책

① 위험설비 위치선정

민가가 위험설비에 근접하여 사망자가 많이 발생하였다.

② 대형 LPG 탱크군의 배치 및 보호

많은 저장탱크의 배치, 비상격리 및 물분무설비 등 전반적인 보호가 허술하여 설비의 전반적인 손상이 발생하였다.

③ 가스탐지 및 비상차단

효과적인 가스탐지 및 저장설비의 비상격리가 이루어졌다면 대참사는 피할 수 있었을 것이다. 저장단지 내에는 가스탐지 설비가 없었으며 결과적으로 비상 차단이 너무 늦게 시작되었다.

④ 비상계획

비상조치에 있어 특별한 사항은 사고지역을 일시에 빠져 나가려는 주민들로 인한 교통혼란으로 인하여 비상조치반이 현장에 도착하는 데 상당한 시간이 소요될 수밖에 없었다는 점이다. 또 다른 측면은 대형 탱크가 BLEVE의 발생 가능에도 불구하고 현장에 통제 없이 투입된 많은 구조요원의 위험에 대한 것이다.

⑤ BLEVE 발생 시 화재진압

소방대원이 가장 큰 대형 볼탱크의 냉각에 투입되었을 때 상당한 위험에 폭로되었다고 여겨지며 그러한 상황에서의 총 사망자 수는 매우 높은 것으로 예측된다.

⑥ BLEVE(boiling liquid expanding vapour explosion)
영국 흘릭스버러 사고 이후 UVCE에 대한 위험성에 대해서 많은 인식이 되었으며 멕시코 사고는 BLEVE 현상도 이와 버금가는 피해를 유발한다는 사실을 증명하였으며 연속적인 대형 탱크의 BLEVE 현상에 대한 많은 자료를 제공하였다.

5) 미쓰비시 석유(주) 미즈시마(水島)정유소 아스팔트 탱크의 폭발화재 사고

(1) 사고 개요

1990년 10월 23일(화) 14시 46분경 구라시키 미즈시마 해안 통(通) 4초메(丁目) 2번지 미쓰비시 석유㈜ 미즈시마 정유소에서 옥외 아스팔트 탱크(T-126) 시설에서 브라운 아스팔트 20-30을 1,000 kL의 용량을 저장한 종치(縱置) 동통(同筒)형 저장 탱크(돔 루프)가 폭발하여 옥외 아스팔트 탱크 1기, 브라운 아스팔트 504 kL, 물적 손해액 약 1,500만 엔의 피해를 가져온 폭발 사고이다. 다행히 인적 피해 없었다.

① 탱크구조
- 재질 : 일반 구조용 압연 강판(SS41)
- 두께 : 바닥 판 6 mm, 옆판 4.5～6 mm, 지붕 판 4.5 mm
- 크기 : 내경 11,623 mm × 높이 10,635 mm
- 보온재 : 규산 칼슘 50 mm × 2층 외장 철판 : 착색 아연 철판
- 외장 철판 : 착색 아연 철판

② 가열관 : 압력 배관용 탄소 강관(STPG38) 2인치 × 240 m
③ 보안 설비 : 소화용 스팀 배관 2인치 × 1개, 통기관 6인치 × 2개
④ 기초 : 바깥둘레 콘크리트 링 성토 기초, 기초 표층 오일 샌드

(2) 사고 발생 시의 상황

사고 탱크는 1973년 2월 건설된 것으로 사고 시의 탱크 온도는 228℃였고, 저장량은 브라운 아스팔트가 504℃가 저장되어 있었다. 날씨는 맑았으며 기온은 24도, 바람은 남서풍, 풍속은 3 m/s, 습도는 39%였다.

화재가 발생된 아스팔트 탱크(T-126)에는 당해 정유소의 브라운 아스팔트 제조 플랜트의 제품인 브라운 아스팔트 20-20이 저장되어 있었다. 이 종류의 아스팔트는 10월 20일까지 제조되어 T-126 탱크에 넣었는데 그 이후에는 넣지 않았다. 당해 탱크에서 분출하기 위해 당일도 평소대로 출하 펌프로 로리 출하장을 거쳐 탱크로 돌아오는 배관계에서 약 30 kL/t로 순환해서 로리에 넣는 작업을 했다. 작업시작 약 2분 후인 14시 46분경 갑자기 '쾅' 하는 소리와 더불어 T-126 탱크의 지붕 부분이 파손되어 보온재 등이 주위로 날아가고 검은 연기가 계속 발생했다. T-126 탱크의 비정상적인 상태가 시작될 무렵, 인근 플랜트에서 작업 중인 종업원이 목격했는데 다음과 같은 상황이었다.

"처음에 T-126 탱크의 돔형 지붕이 북쪽에서 부풀기 시작해서 지붕 전체가 부푼 후 '쾅' 하는 둔한 소리와 함께 지붕 중앙 부근이 파열된 것으로 보였다. 동시에 회색 연기가 섞인 오렌지색 또는 붉은색 화염이 뿜어 나온 듯하다. 그 직후 지붕은 탱크 내부로 떨어지고 남쪽 옆판 상부가 안쪽으로 꺾였다"라는 것이다.

탱크로리에 넣는 작업을 중지하고 운전수는 탱크로리 출하장 북쪽의 안전한 장소로 이동했다. 또, T-126 탱크 파열 시 탱크 바닥판 바깥둘레 부분의 균열개소 등에서 브라운 아스팔트가 서서히 유출되어, 당해 탱크 주변과 일부는 동쪽 도로상으로 확산되었다. 유출 면적은 약 1,600 m^2이며, 브라운 아스팔트의 유출량은 약 320톤으로 추정되었다.

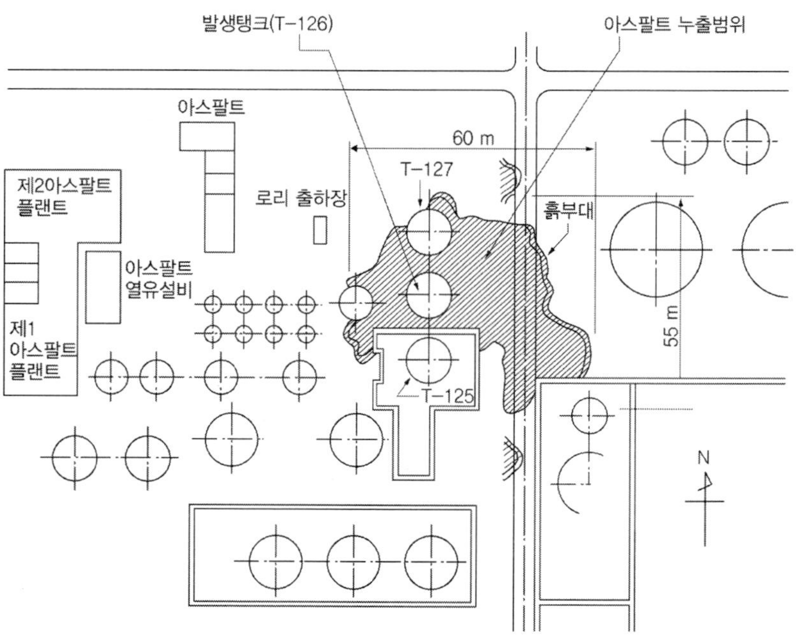

그림 5.20 화재발생 탱크 주변 배치도 및 아스팔트 누설 상황

아스팔트 제조 플랜트의 계기실에 있던 직원은 '쾅'하는 소리를 듣고 탱크 야드에 나가 재해 발생 탱크를 확인한 후 일제 지령으로 자위 소방대의 출동을 요청했다. 다른 운전원은 화재발생 탱크 가열관의 밸브 잠금 및 아스팔트 제조 플랜트의 운전정지 조작 등을 실시했다. 일제 지령을 들은 정문의 보안계원은 즉시 119에 통보했다. 그 후 지역 주민에 대한 홍보는 비상통보 설비와 홍보 차에 의해 주변 지구에서 실시되었다.

(3) 방재활동

사고 발생에 의해 현장에 달려간 아스팔트 플랜트의 운전원은 당해 탱크의 남쪽 상부에 부설된 소화용 스팀 배관을 사용해서 탱크 내에 스팀을 넣으려 했으나, 이 배관이 상부에서 탱크 안쪽으로 꺾여 있어서 사용을 단념했다.

공설 소방대에서는 미즈시마 소방서 및 인근 소방서에서 3종류의 장비(대형 화학 소방차, 대형 고소 방수(放水)차, 포말 원액 반송 차)와 화학차 등 19대, 66명이 출동해서 재해발생 탱크 및 인접 탱크의 냉각, 포말 소화활동을 실시했다. 사업소 소방대에서는 재해발생에 의해 당해 사업소의 자위소방대는 즉시 방재 활동을 시작했다. 주로 재해발생 탱크 옆판과 인접 탱크에 대한 냉각 방수이다. 그 후 공동 방재 미쓰이시(三石) 대 및 공동 방재 가와테쓰 대의 3종류의 장비(2팀)와 화학차 등 9대, 74명이 출동해서 냉각 및 포말 소화 활동 등을 실시했다. 또, 이외의 자위 소방대원 약 130명은 유출된 브라운 아스팔트의 확산 방지를 위해 탱크 주위에 약 1,200포대의 흙부대를 쌓았다.

탱크 화재에 의해 탱크 상부 옆판이 안쪽으로 꺾여 위험한 상태로 되어 있었다. 그래서 3종류의 장비를 3팀에 의한 포말 방사가 차례로 시작되자 화재는 급속히 약화되어 몇 분 후에는 외부에서 화염은 확인되지 않는 상황이 되었다. 15시 50분 화재 진화를 확인한 후에도 혹시나 해서 포말 방사는 16시 30분까지, 또 냉각 방수는 다음 날 아침 7시 무렵까지 계속해서 실시되었다.

(4) 관련 설비 상황

① 아스팔트 탱크

- 당해 탱크는 1973년에 건설된 이래 장기간 사용되어 왔다. 이 동안 탱크의 개방 청소 점검을 9회 및 개방 청소 수리를 2회 실시했다. 1990년에는 8월에 개방되어 청소하기 전에 탱크 내에서 확인된 상황은 다음과 같았다.
  - 옆판 : 높이 약 8～9 m 부근에 아스팔트가 선반 모양으로 부착되었고, 두꺼운 곳에서는 옆판에서 약 50 cm 정도였다. 그보다 아래는 20～30 cm 두께에서 서서히 줄어들고

있었다.

- 상판 : 옆판에서 상판을 따라 약 1 m 범위인 곳에 고드름 모양으로 아스팔트가 5~30 cm 달려있는 것을 볼 수 있었다. 또, 전체적으로는 아스팔트가 층상(層狀)으로 부착되어 있었다. 청소 시 옆판에 부착된 아스팔트를 모두 깎아냈고 상판 안쪽에 대해서는 매달려있는 아스팔트를 제거했으며, 기타 부분에는 특별한 조치는 취해지지 않았다.

• 브라운 아스팔트의 저장온도는 220~230℃의 범위를 목표로 설정해서 관리되고 있었으며, 재해발생 시의 온도는 228℃다. 과거 3년간의 온도 관리 실적을 조사한 바 202~237℃ 사이로 되어 있었다.

그림 5.21 불타고 있는 아스팔트 탱크(T-126의 남서쪽에서 촬영)

② 브라운 아스팔트 제조장치

당 제조장치로 생산되는 브라운 아스팔트 제품에는 3품종이 있으며, 브라운 아스팔트 10~20, 20~30 및 아스팔트 콤파운드 3종이다. 이들 제품은 반응 조건의 차이에 따라 제조되는 것으로, 가령 브라운 아스팔트 20~30의 경우에는 스트레이트 아스팔트와 프로판 탈 아스팔트 오일(de-asphalted oil)를 약 7 : 3의 비율로 혼합하고, 이 원료유를 반응 탑에서 압축공기의 블로(blow)에 의해 약 280℃에서 산화 축(縮)중합 반응을 시켜 제품 규격에 맞도록 조절되고 있다.

③ 핫 오일 히터

아스팔트 제조장치의 배관 계통 및 브라운 아스팔트 탱크 등의 가열을 위한 가스 전용 가열로에서는 핫 오일(윤활유)의 가열로 출구 온도는 약 260℃, 복귀 온도는 약 240℃로 운전되고 있었다.

④ 출하 설비

제품 브라운 아스팔트의 로리 출하장은 제품 탱크 야드에서 약 15m 떨어진 곳에 있었으며, 당일의 재해발생 탱크에서의 출하 상황은 10톤 로리에 4번째의 차에 적재 작업을 시작한지 얼마 되지 않아 사고가 발생했다.

(5) 사고 원인

사고 후 현장조사와 운전, 작업 및 관리 상황 등을 조사했다. 또 당해 사업소의 협력을 받아 각종 검사와 분석·측정 등이 실시되었다. 이들의 결과에 의거해서 사고원인을 검토했다.

① 착화원

브라운 아스팔트가 저장된 유사 탱크의 상판 부착물을 채취해서 열분석 등을 실시했다. 3기의 유사 탱크에서 총 6종류의 샘플을 채취해서 시차(示差) 주사(走査) 열량 분석(DSC)을 한 결과, 발열 개시 온도는 237～406℃였다. 또 상판 부착물의 가열 테스트(공기 환경) 결과, 약 200℃에서도 산화 분해되어 일산화탄소, 이산화탄소 및 이산화 유황 등이 생성되고 있다는 것이 밝혀졌다.

또한 외국의 문헌에 의하면, 브라운 아스팔트 탱크의 상판 부착물에는 약 190℃에서 자연 발열 발화하는 물질이 존재할 가능성이 있다는 지적도 있다. 또한, 재해발생 탱크의 액온도는 228도였는데, 기상(氣相) 부분 및 탱크 상판 등의 온도는 200～210℃로 추정되었다. 이외에 브라운 아스팔트와 상판 부착물의 원소 분석값의 결과를 비교해보면, 전자의 산소 함유량이 0.51 wt%임에 비해, 후자에서는 약 20 wt%로 매우 높은값을 나타냈다. 이것은 탱크 상판 안쪽에서 부착물의 산화반응이 진행되고 있을 가능성을 시사하고 있다. 이상의 분석 결과 및 문헌의 지적에 추가해서 시차 주사 열량분석(DSC)에 의하면 발열 개시 온도에 상당한 격차가 있는 점에서 재해발생 탱크의 상판 부착물이 그 환경 온도에서 서서히 산화 발열해서 자연발화한 것으로 생각된다. 탱크 부착물 속의 자연발화성 황화철의 존재에 대해서는 유사 탱크 부착물의 용제 불용 분의 X선 회절(파장길이가 짧은 X선을 발사하여 결정 내부의 원자가 어떤 배열을 하고 있는가를 밝히는 방법)에서 황화철은 검출되지 않은 점, 재해발생 탱크 내의 산소 농도는 약 20%로 추정되는 점 등에서 그 가능성은 적다.

다음으로 재해발생 탱크와 로리 출하 설비를 순환하는 배관계통이 있고, 브라운 아스팔트는 항상 순환되고 있었다. 이 배관계의 운전조건이나 당 아스팔트의 전기적 특성치를 사용해서 유동대전 양을 추산한 바, 탱크 내 전하 밀도는 10-9쿨롱(coulomb)/m^3 정도, 액면 전위는 300볼트 정도가 된다. 이들 값은 정전기를 방전하는 레벨에서 좀 멀다는 점에서 탱크 안에서의 정전기 대전이 착화원이 되었을 가능성은 거의 없다.

사고 당일 재해발생 탱크 지붕 위에서의 작업은 실시되지 않아 공구류 등의 금속물 낙하에 의한 충격 불꽃의 발생은 있을 수 없다. 또한 로리 출하에 수반되는 탱크 내 부압(負壓) 현상에 의한 파괴와 그에 의한 충격 불꽃의 가능성에 대해서도 통기관이 막히지도 않아 생각할 수 없다. 또한 당일 탱크 주변 약 80 m 이내에서 화기 사용은 전혀 없었다는 것이 판명되었다.

이상과 같이 착화원으로 명확한 데이터는 얻을 수 없었으나, 브라운 아스팔트 속의 경질 부분이 오랫동안 탱크 상판 내면에 부착되어 이것이 점차 산화하여 열이 축적되어 발화했을 가능성이 크다.

② 가연성 물질의 검토

• 탱크 상판 등의 부착물

유사 탱크의 상판 부착물에 가온 상태에서 화염을 가까이하자 이것은 착화해서 불꽃이 일어나고 연소가 확대되는 것이 확인되었다. 따라서, 브라운 아스팔트 탱크의 상판 등에 착화원이 있으면 상판 등의 부착물은 연소를 계속할 것으로 생각된다.

• 탱크 내 가연성가스

1982년에 실시한 브라운 아스팔트 탱크 내 및 사고 직후의 유사 탱크 내의 가스 분석 결과, 어느 것이나 가연성가스 농도는 폭발하한농도(LEL)의 약 20% 이하였다. 이들 분석에서는 탄소수 6 이하를 측정했으므로 그보다 중질(重質)인 탄화수소를 함유한 모든 가스 조성에 대해서도 검토했다. 그 결과에서 재해 발생 탱크 내의 가연성가스 농도를 추산한 바, 최대로 LEL의 30% 정도였다. 따라서, 재해발생 탱크 내에서 폭발한계 내의 가연성가스가 존재했을 가능성은 적다.

브라운 아스팔트에서의 가스발생 정도를 파악하기 위해 각종 인화점 시험법 중 발생한 가스를 밀폐용기 내에 봉입하는 세타 밀폐식 인화점 시험법을 채용했다. 당해 탱크에서의 로리 출하 배관계에 존재한 브라운 아스팔트를 채취해서 인화점을 측정한 결과 260~265℃였다. 당시 탱크의 저장 온도는 228℃로, 브라운 아스팔트에서 폭발성 혼합기체가 형성되지 않았다는 것을 뒷받침하고 있다. 또, 사고 후에 유사 탱크 내 기상(氣相) 부분의 산소 농도를 측정했으나 약 21%로서 공기 중의 것과 다름없었다.

다음으로 유사 탱크 상판 부착물의 열 중량 분석 결과, 실온에서 200℃까지 온도가 올라가는 동안에 1.0～5.5%가 감량되고, 그리고 230℃의 정온(定溫) 유지 조건에서는 0.5～3.4%/h로 감량되었다. 이 감량 성분의 조성을 밝히기 위해 부착물의 공기 환경에서의 가스발생 시험을 실시한 결과, 주로 이산화탄소와 이산화유황이 생성되었으며 가연성 가스 발생은 거의 없었다.

③ 핫 오일 등의 누설

가열용 핫 오일(윤활유)의 배관 계에서 브라운 아스팔트 탱크 내의 핫오일 누설 여부를 검토했다. 사고 후 재해발생 탱크 내에서 굳어진 아스팔트의 분석, 인화점 측정 및 탱크 내 바닥 부분에 설치된 가열관(히팅 코일)의 가압 누설 검사 등을 실시한 결과, 핫 오일의 누설은 없었다는 것이 확인되었다. 기타 브라운 아스팔트 제조장치의 제품과 원료(스트레이트 아스팔트와 탈 아스팔트 오일)의 열교환기에서의 누설 가능성에 대해서는 사고 후의 테스트에 의해 누설이 없었다는 것이 확인되었다

④ 브라운 아스팔트의 연소

브라운 아스팔트(당해 로리 출하 배관에서 채취)의 연소점을 클리블랜드 개방식 시험기에 의해 측정결과 374℃였다. 이 점에서 브라운 아스팔트 자체가 착화원에 의해 착화, 연소되어 탱크가 파열에 이르렀다고는 생각할 수 없고, 다른 가연성 물질이 연소되어 일부 브라운 아스팔트의 온도가 상승되고 나서 나중에 2차적으로 연소된 것으로 생각된다.

(6) 탱크 파열에 이른 경위

① 탱크 파손 상황

사고원인 규명과 관련해서 탱크 파손 상황을 조사했다. 결과는 다음과 같다. 탱크의 상판은 거의 정서쪽의 약 1.3 m를 남기고 톱 앵글과의 용접 부분에서 파단되고 변형되어 탱크 안에 떨어져 있었다. 옆판은 바닥판에서 약 5 m 정도의 높이까지는 원형을 유지하고 있었으나, 그보다 상부 약 5 m는 탱크 파열 후의 화염에 의해 탱크 안쪽으로 꺾어져 있었다. 탱크 하부 전 둘레에 융기(uplift)가 확인되고, 남쪽의 약 1/4 둘레와 북쪽에서 북서쪽의 범위에서 특히 현저했다. 옆판 바로 아래의 바닥판과 기초와의 간격이 가장 큰 곳은 사고 직후에는 정남에서 약 10 cm, 북쪽에서 약 7 cm였다. 융기가 현저한 부분에서는 바닥판의 파도 모양의 변형과 옆판의 파인 곳이 확인되었다.

바닥판의 바깥둘레 부분에 13군데의 균열과 천공(穿孔)이 확인되고, 대부분의 손상 부분은 바닥판의 파도 모양 변형과 옆판의 파인 곳과 일치되었다. 전체 둘레에 걸쳐 거의 같은 간격으로 발생된 좌굴(座屈)에 의해 두꺼운 부분 전부에서는 균열, 이면(裏面)에서의 부식으로 일부 두께가 줄어든 부분에서는 균열에 의해서 천공에 이르렀다고 생각된다. 이 천공 부분에서 고온의 아스팔트가 새어 나와 탱크 주변 부분으로 확대된 것이다.

다음으로 탱크 상판에서 옆판 접속 부분까지의 파단 부분에 대한 파단면을 관찰한 후 파단부분 / 파단되지 않은 부분의 시료를 채취한 파단면을 관찰 및 금속 조직 등의 조사 검토 결과, 파단 부분은 연성(延性) 파괴이며 또 취성(脆性) 균열이 전파된 모양이 없다는 점에서 보면, 폭발적인 속도가 아니라 비교적 완만한 내압 상승에 의해 상판이 부풀고 나서 파단되었다고 추정되었다. 또 탱크 상판에 설치된 통기관에는 상판이 탱크 안에 떨어졌을 때 침입했다고 생각되는 아스팔트 이외의 이물질은 확인할 수 없었다.

참고

연성파괴 강구조물에서 나타나는 대표적은 파괴형태로 강재가 탄성체에서 소성상태를 거쳐 파단에 이르는 현상 **취성파괴** 강구조물의 부재에는 소치, 리벳구멍 및 용접결함 등의 응력집중원이 많다. 저온에서 냉각 또는 충격으로 하중이 작용하는 경우 강재의 인장강도 또는 탄복강도 이내에서 파괴되는 형상

② 탱크 파열의 경위

탱크 파열에 이른 내압을 추정하기 위해 탱크 내압상승에 수반되는 탱크 변형 움직임의 해석이 실시되었다. 이 해석에서는 실제 탱크를 모델화해서 유한요소법(FEM : 응용을 위해서 대상물이나 시스템(계)는 개별화되고 서로 연결된 다수의 유한요소로써 수치해석 기법을 사용하여 공학분석에 사용되는 컴퓨터 시뮬레이션기술)에 의해 탄성 해석이 실시되었다. 당해 탱크의 파손 상황 조사결과를 참고로 삼아, 탱크 내압과 파손 프로세스는 대략 다음과 같이 추정되었다.

- 0.06 kg_f/cm^2 내압에서 바닥판 바깥둘레 부분의 융기가 시작된다.
- 0.13 kg_f/cm^2 내압에서 상판과 옆판의 접속 부분에서의 소성변형이 시작되고, 그 후 계산상으로는 0.35 kg_f/cm^2서 동 접속 부분이 파단되는데, 실제로는 좀 더 낮은 내압이었을 것으로 추정되고 있다.

• 상판과 옆판의 접속 부분 파단의 반동에 의해 옆판은 lift down으로 변하고, 바닥판과 옆판 접속 부분 부근에서는 균열이나 부식으로 인한 두께 감소 부분의 탈락이 생겨 브라운 아스팔트의 누설이 시작되었다고 추정된다.

③ 부착물의 연소에 의한 내압 상승

탱크 상판 등의 부착물은 약 200℃의 온도에서 일단 착화되면 연소가 계속되는 것을 알았는데, 이 물질이 어느 정도의 양이 연소되면 탱크 파열에 이르는지 검토했다. 이 연소는 시간과 더불어 확대되며 탱크 내 온도의 상승과 이에 수반된 압력 상승이 계속되고 통기관에서의 배출능력을 상회하게 되어 결국 탱크 파열 압력에 이른 것으로 생각된다.

이 연소과정을 모델화해서 계산한 예가 있어 이것을 참고로 계산이 실시되었다. 부착물이 어떤 시점에서 발화하여 연소가 시작되고 가령 등유(상온)의 60%의 연소 속도, 30%의 연소 확대 속도로 연소된다고 하면, 약 31초·약 1 kg의 연소로 0.1 kg_f/cm^2의 내압에 이르고, 약 42초·약 2.5 kg의 연소로 0.35 kg_f/cm^2의 내압에 이르게 된다.

④ 사고 원인의 정리

스트레이트 아스팔트가 통상 약 170℃ 이하에서 저장됨에 비하여, 브라운 아스팔트는 이보다 50～60℃ 높은 온도에서 저장되고 있다. 그 때문에 당해 탱크의 상판 등에는 브라운 아스팔트 속의 경질 부분이 증발해서 응축되거나, 기상(氣相) 내 산소에 의한 산화의 반복으로 오랫동안에 생성된 부착물이 축적되어 있었다. 이와 같이 퇴적된 상판에서 일부 산화 발열되기 쉬운 부착물에서의 열발생 속도가 열확산 속도를 초과하여 발열량이 많아져서 발화온도에 이르러 자연 발화된 것으로 추정된다. 그 후 연소가 주변의 부착물에 확대됨과 동시에 비교적 완만하게 탱크 내압이 상승된 것으로 생각된다. 또 탱크 상판의 부풀어 오름(팽출), 옆판 및 바닥판 주변 부분이 융기 된 후 결국 폭발에 이르러 상판과 톱 앵글의 용접 부분이 파단되어 화재로 발전했다. 이와 동시에 바닥판의 바깥둘레 부분에 균열과 천공이 생겨 브라운 아스팔트가 유출된 것이다.

(7) 재발 방지 대책

이 사고의 원인조사 결과, 재발방지를 위해 당 사업소에서는 다음과 같은 대책을 강구해서 철저한 관리가 도모되었다.

① 브라운 아스팔트 탱크에 대해 질소방호설비를 설치하고 탱크 기상(氣相) 부분의 산소농도가 3～7%로 되도록 질소 유량을 관리하고 있다. 또 가연성가스 농도를 정기적으로 측정함으로써 탱크의 안전관리를 실시하고 있다.

② 브라운 아스팔트 탱크의 상판 온도를 측정함으로써 탱크 상판 내부의 상태를 감시하고 있다.

③ 탱크의 설비관리 기준을 개선해서 탱크 개방 청소 점검 시에는 탱크 상판 내부의 상태를 충분히 조사해서 대처하기로 했다. 또 바닥판 바깥둘레 부분의 방식(防蝕) 대책으로 빗물 침입 방지 조치의 보전관리를 철저하게 실시하기로 했다.

④ 브라운 아스팔트 탱크의 저장 온도를 종전보다 10～15℃ 낮췄다.

⑤ 각종 표준류의 재평가 개정을 함과 동시에 종업원 교육을 실시해서 철저히 주지시켰다.

2. 국내의 석유화학공장 중대 사고사례

1) 반응폭주에 의한 반응기 폭발사고

(1) 사고 개요

2005.1.4(화) 19 : 50경 대전시 소재 ○○(주)기술원 pilot plant 반응기에서 과산화수소를 사용한 산화반응 중 갑작스런 반응폭주로 과압이 발생하여 반응기가 폭발하고 2차 화재가 발생하여 부상자가 1명 발생한 사고이다.

그림 5.22 사고가 발생한 실험동 폭발 후의 모습

사고 시 반응기 상하단 체결클램프가 압력으로 이탈하면서 상부와 하부가 각각 상하 방향으로 비산함

그림 5.23 실험동 2층의 사고 발생 반응기 기존 위치

(2) 사고 물질의 특성

① 원인물질

물질명	인화점	폭발 하한치	폭발 상한치	발화 온도	분자량	증기 밀도	비중	용해도
2-부텐-1,4-디올 (2-Butene-1,4-Diol)	128℃ 이하	자료 없음	자료 없음	자료 없음	88.11	3.0	1.05～1.07	가용성
에탄올	13℃ 이하	3.3%	19%	363℃ 이하	46.07	1.59	0.789	가용성
과산화수소	해당 없음	해당 없음	해당 없음	해당 없음	34.01	-	1.4067 /25℃	가용성

② 기인물

장치명	용량	최고 사용 압력	재질	방호장치(파열판)
반응기	0.847 m^3	6 kg/cm^3	ss41 (내부 Glass lining)	• 설정압력 : 5 kg/cm^3 • 크기 : ID 7.62 mm(3 in) • 재질 : Carbon Graphite

(3) 사고발생 공정 및 운전상황

① 재해발생 공정

원료배합 ⇒ 승온 ⇒ 반응 ⇒ 냉각/여과

- 동 공정은 신제품을 개발하기 위하여 시험실 연구단계(lab test)가 끝난 상태에서 2004년 11월 5일~12월 3일까지 대상실험(bench test)를 성공적으로 끝내고 상업운전을 하기 전 단계인 pilot test를 1차 시험하는 과정에서 폭발이 발생한 후 화재가 발생함
- 재해 발생일 2005. 1. 4(화) 18 : 30경 반응기 가동 시작함
  - 18 : 30~18 : 45경, 반응기 운전하여 반응 준비
  - 18 : 45~19 : 26경, 부텐디올, 에틸알코올 투입
  - 19 : 26~19 : 37경, 약 25℃에서 40℃ 정도까지 승온시킴
  - 19 : 37~19 : 49경, 과산화수소 투입
  - 19 : 50경, 반응기 내부온도가 급상승하기 시작하여 온도가 약 84℃, 압력은 5 kg/cm^2 이상으로 폭주반응을 일으키며 폭발하고 난 후 2차 화재가 발생한 것으로 추정됨

(4) 사고 원인 분석

① 공정에 대한 사전 위험성평가 미실시

- 사고 공정에 대해 bench test, pilot test 전에 예상되는 각종 위험성에 대하여 평가하고 그에 따라 안전대책을 수립하여야 하나 이행하지 않았음
- 반응열량계(reaction calorimeter)와 lab test에서의 실험결과, 해당공정의 반응 초기 및 진행과정에서 온도 변화가 많은 것이 관찰되었으며 온도 변화 시 압력증가로 폭발위험성이 잠재하므로 온도조절에 관한 것이 매우 중요함
- Lab Test에서 사용하지 않은 물질인 에탄올을 bench test, pilot test시 적용하였으며, 반응온도가 70℃ 이상 상승 시 에탄올의 증기압이 급상승하여 반응기 전체 압력을 급상승시키는 것에 대한 충분한 검토가 미흡하였음

  ※ 폭발 당시 반응기 내 온도가 약 84℃로 기록되어 있는데 이는 에탄올의 끓는점인 78℃ 이상이며 과압의 증기압이 발생하여 이때 압력이 약 5 kg/cm^2 이상으로 추정되었음

② 폭주반응에 대한 대책 미수립

- 정상적인 운전조건 및 온도변화에 따른 조치방법은 사전에 정하여 지시하였으나, 폭주반

응 등 온도가 급상승하였을 때의 비상조치 대책은 수립되지 않았음

③ 운전자의 교육미흡

- 운전자에게는 반응의 위험성, 조치방법, 셧다운 등에 대하여 충분한 교육을 실시하여야 하나 이를 이행하지 않아 운전자의 이해가 미흡하여 셧다운 등의 비상조치를 하지 못함
- 운전방법 및 온도가 상승하면 과산화수소 투입을 중단하고 냉각기를 운전하는 정도의 교육을 실시함

④ 파열판 용량 부족

- 온도 상승시 냉동기를 정상 가동하였으나 온도조절에 실패하였으며, 반응기에 설치된 파열판의 용량부족으로 압력상승 시 파열판의 작동에도 불구하고 반응기 내 압력을 완전히 방출하지 못함

(5) 사고방지 대책

① 위험성평가 실시

- 위험성평가 등을 통해 예방대책과 비상조치 방안이 강구된 후 안전하게 운전하여야 함
- 물질, 반응조건(온도 변화 등) 등에 대하여 위험성평가를 실시하여 폭주반응을 예방하고, 폭주반응을 대비한 비상조치계획을 수립하여 조치하여야 함

② 폭주반응에 대한 대책수립

- 폭주반응 발생을 대비하여 반응 억제방법을 수립하여 시행할 수 있도록 조치하여야 함 (예 : 물 투입 시 반응속도를 측정하여 효과적일 때 물을 공급할 수 있도록 설비 보완 조치 등)
- 폭주반응 시 운전자가 셧다운 할 수 있는 기준을 설정하고, 그 기준을 초과하면 즉시 비상조치를 시행하여야 함

③ 운전자에 대한 위험성평가 및 비상조치 관련 교육 실시

- 운전자에게 해당 반응의 위험성, 이상 시 조치방법을 교육하고 스스로 판단하여 폭주반응 발생 시 셧다운 등 비상조치를 할 수 있도록 교육하여야 함

④ 적정한 배출용량의 파열판 설치

- 파열판의 배출용량은 화재·폭발 등의 발생 시 소요 분출량을 계산하여 적정한 크기의 파열판을 설치하여야 함

2) 휘발성 용제 세정작업 중 화재사고

(1) 사고 개요

2005년 2월 25일(금) 18시 40분경 경기도 의왕시 소재 ○○화학(주) 합성수지 제조공장에서 피재자 외 1명이 합성수지실 수지제조공정 내에서 수지제조작업을 종료한 후 반응기 내부를 휘발성 용제(xylene)로 세정작업을 하던 중 화재가 발생하여 피재자의 작업복에 불이 옮겨 붙어 1층으로 추락하여 사망한 사고임

그림 5.24 화재사고가 난 알키드수지 제조 반응기

그림 5.25 세정장비

(2) 사고 물질의 특성

① 원인물질

물질명	CAS No	보유량
휘발성 용제(xylene)	108-38-3	200 L(1 drum)

② 기인물

• 반응기

설비명	용량	설계압력	설계온도	사용재질
반응기	3 m (ID 1.45 m × h 2.2 m 원통형)	2 kg/cm^2	160℃	SUS 304/SS41

• 이동용 세정장치

설비명	세정장치 용량	배관크기	압력	모터용량
세정장치	150 L/min	50 A	2 kg/cm^2	2.25 kw, 220 V

(3) 사고발생공정 및 운전상황

① 재해발생공정

• 합성수지 제조공정

• 이동용 세정장치

② 운전상황

• 2월 23일 15시 00분 : 제반설비 점검 및 충전 완료

• 2월 24일 08시 50분 : N_2, 열(열매유), 혼합

- 10시 00분 : 가열 중(165℃)
- 14시 00분 : 가열 중(225℃)
- 18시 00분 : 가열 중(230℃)
- 18시 50분 : 가열 중지(230℃) 및 진공(냉각) 시작
- 19시 20분 : 진공 제거, Bu-Ace로 희석(135℃)

• 3월 25일 07시 40분 : 4월 24일 작업분에 촉매(HOP-O) 투입과 혼합

- 00시 15분 : 가열(열매유)(51℃)
- 08시 40분 : SM, 2-HEMA, HOP-O 투입(127℃)

- 11시 40분 : dropping 완료(130℃)
- 13시 40분 : Bu-Ace, DT.B.P.O 주입(130℃)
- 13시 50분 : 주입 완료(127℃)
- 17시 50분 : 제조 완료, 냉각 및 희석(130℃)
- 18시 30분 : 포장 완료
- 18시 35분 : 세정준비 완료
- 18시 40분 : 세정 시작과 동시에 화재사고가 발생한 것으로 추정됨
- 18시 45분경 : 진화 및 피재자 후송

(4) 사고 원인 분석

① 유동 및 분출 정전기의 방전에 의한 화재 가능성

- 알키드 수지(도료에 사용되는 수지 중 하나로, 지방산, 다가알코올, 다염기산의 에스테르화 반응으로 생성)의 종류가 다양하여 한 batch의 제품을 제조/포장한 후에는 반응기 내부에 있는 잔유물을 제거하여야 함
- 반응기 내부를 휘발성 용제(xylene)를 이용하여 세정하고자 피재자가 반응기의 맨홀이 위치한 2층에서 세정호스를 잡고 있었으며, 외국인 근로자가 세정장치(xylene) 드럼통에 호스를 넣은 상태에서 펌프를 기동하고 있음)를 기동한 후 10여 초 경과 후 펑 하는 순간에 화재가 발생하여 피재자의 옷에 불이 붙음
- 피재자가 호스를 반응기에서 들고 있었던 것으로 보아 세정용 고무호스에서 생성된 정전기가 반응기 내부에서 분출과 동시에 방전된 것으로 추정

② 고무호스 말단의 연결구 회돌이에 의한 기계적 마찰열로 화재 가능성이 있는 세정작업시 반응기 내부에서 세정장치가 가동됨에 따라 고무호스의 말단 연결구가 회돌이를 치면서 반응기의 벽면과 충돌에 의해 기계적인 마찰에 따라 발생한 스파크에 의해 화재가 발생한 것으로 추정

③ 정전기의 방전에 의한 점화 가능성

세정장치의 용제(xylene)가 고무호스(부도체)를 통하여 이송되면서 유동에 의해 발생된 정전기(유동대전)와 호스에서 분출되는 순간에 발생하는 마찰에 의해 발생된 정전기(마찰대전)의 방전에 의해 화재가 발생한 것으로 추정

④ 기계적인 마찰열에 의한 점화 가능성

세정장치의 호스 말단에 설치된 연결구가 반응기 내벽과 마찰하면서 발생한 마찰열에 의

해 화재가 발생한 것으로 추정

(5) 사고방지 대책

① 철심이 있는 세정장치의 고무호스 사용

이동용 세정장치의 고무호스는 철심이 있는 것으로 교체하고 말단의 연결구(도체)와 연결하여 접지하도록 함

② 제품교체에 대한 작업표준 작성

다양한 제품의 제조 시 제품교체에 따르는 작업의 표준이 작성되어 있지 않음으로 인해 제품교체에 대한 안전작업표준을 작성함

③ 유해위험물질 및 작업의 교육·훈련 강화

사용 유해위험물질 및 작업표준을 정기적으로 교육·훈련을 강화함

④ 작업지시서와 실제 작업내용과의 일치

작업지시서와 현장에서의 실제 작업내용이 일치되지 않으므로 정확한 작업의 내용을 기록하도록 함

⑤ 위험성평가 실시

알키드수지 제조공정은 회분식 공정임으로 회분식 HAZOP 기법을 실시하여 위험성을 현장 근로자가 알 수 있도록 함

⑥ 비상대피 통로 확보

화재 시 2층에 원료를 야적하여 통로가 없었으므로 2층에서 추락에 의해 2차 재해를 유발한 것으로 추정되므로 긴급 시 대피할 수 있도록 통로를 확보함

참고

HAZOP(HAZard and OPerability analysis)

1. 의의

① 공장설비 프로세스에 존재하는 위험요소 및 운전분석방법으로 운용상 문제점(operability problems)을 찾아내는 정성적 분석 기법

② HAZOP 분석은 시스템의 원래 의도한 설계와 차이가 있는 변이(deviations)를 일련의 가이드워드(guidewords)를 활용하여 체계적으로 식별

③ 정량적 위험성평가를 하기 위해서는 먼저 대상 설비나 공정의 위험을 도출(확인)할 수 있는 HAZOP 같은 정성적 평가가 선행되어야 함

④ HAZOP은 공정의 상태가 복잡하거나 운전상의 조건이 복잡한 공정에 적합한 기법임

⑤ 실제 의도에서 벗어나는 공정상의 일탈(deviation)을 찾아내어 공정의 위험요소와 문제점을 발견하는 정성적 위험 평가 방법

2. HAZOP의 목적

① 안전측면에서 잠재적인 위험요소나 운전상의 문제점을 파악
② 파악된 위험요소나 운전상의 문제점에 대한 고려가 설계상에 반영되어 있는지 확인
③ 설계상의 고려가 적합한지 확인
④ 설계상의 고려가 누락 또는 적절하지 않다고 판단된 경우, 설계변경을 요구

3. HAZOP 전제조건(원칙)

① 동일기능의 2가지 이상 기기고장 및 사고는 발생치 않는다.
② 안전장치는 필요시 정상작동 하는 것으로 한다.
③ 장치와 설비는 설계 및 제작사양에 적합하게 제작된 것으로 한다.
④ 작업자는 위험상황 시 필요한 조치를 취하는 것으로 한다.
⑤ 위험의 확률이 낮으나 고가설비를 요구할 시는 안전교육 및 직무교육으로 대체한다.
⑥ 사소한 사항이라도 간과하지 않는다.

4. HAZOP 수행절차

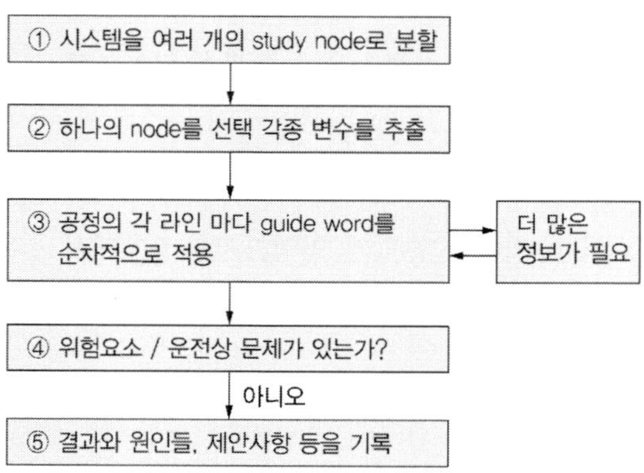

① 팀장은 참가자들에게 HAZOP 목적 수행방법 등에 대하여 간략히 설명한다.
② 검토하고자 하는 설비에 대하여 전반적인 공정 설명
③ 공정에 따라 검토구간(NODE)을 정하고
- 공정의 복잡성과 팀의 경험에 따라 결정
- 기능상의 구분과 시스템의 복잡성에 따라 구분

④ guide word 와 변수(parameter)를 조합하여 공정이 정상운전 상태로부터 벗어날 수 있는 가능한 원인과 결과를 찾아가는 방법으로 토의 방식은 난상토론(brain-storming)을 사용한다.
⑤ 논의사항을 문서화한다.

5. HAZOP의 장·단점

① 장점

- 체계적 접근/각 분야별 종합적 검토로 완벽한 위험요소를 확인할 수 있다.
- 공정의 운전정지시간을 줄여 생산물의 품질이 향상 및 폐기물 발생을 줄일 수 있다.

② 단점

- 팀의 구성 및 구성원의 참여 소요기간 과다
- 접근방법이 매우 지루하며, 시간이 오래 걸리고 위험과는 무관한 잠재적인 위험요소를 확인 하는 것이 단점

2) 헥산 누출에 의한 증기운폭발 사고

(1) 개요

2003년 10월 3일 오후 6시5분쯤 전남 여수시 여수산업단지 내 ○○석유화학 제1공장 폴리에틸렌(PE) 3공정 생산라인에서 폭발에 의한 것으로 보이는 화재가 발생했다. 이 사고로 공장 직원 1명이 사망하고 부상 7명이 중경상을 입었으며 물적 피해는 공장 부분전파(공장복구 3개월)로 PE 가공 공장 1,650 m^2가 전소돼 수십억 원대의 재산피해를 입었다.

(2) 사고상황

불이 나자 숨진 직원 등은 소화기를 들고 달려가 불을 끄던 중 지름 30 cm, 길이 1 m 크기의 중합기(반응기)가 폭발하면서 변을 당했다. 사고설비는 중합공정 2차 반응기 차단밸브 개방으로 헥산누출이 되어 폭발한 것으로 파악되었다.

○○석유화학화학 제1공장 폴리에틸렌(PE) 3공정 생산라인의 폭발로 공장 주변 주택가와 아파트 유리창이 깨지고, 이 일대 교통이 마비됐다. 사고가 나자 회사 측은 공장의 전 생산라인 가동을 중단시켰으며 근로자들도 모두 대피시켰다. 또 공장 주변 마을 1천 5백여 명의 주민이 4 km쯤 떨어진 시청과 체육관으로 긴급 대피하는 등 불안에 떨었다. 이날 산단과 시내는 한동안 유독가스를 품은 검은 연기로 뒤덮였다.

불이 나자 인근 소방서에서 소방차 80여대가 출동했으나 폭발에 따른 불똥과 파편이 1백 m나 날아가고 짙은 유독가스로 화재 진화에 어려움을 겪었다. 소방당국은 인근 공장으로 불이 번지는 것을 막기 위해 공장 주변에 방화벽을 설치해 놓고 진화작업을 했으며, 다행히 우려했던 연쇄폭발은 발생하지 않았다.

그림 5.26 여수 ○○석유화학공장 헥산 증기운폭발 화재사고

그림 5.27 여수 ○○석유화학공장 화재폭발사고 후 모습

(3) 사고발생 경과

① 12시 10분 : 반응기 하부 펌프흡입 측 스트레이너 청소

② 17시 00분 : 청소완료 후 저녁식사 후 17시 40분 점검실시

③ 17시 49분 : 스트레이너 단관이 연결되지 않은 상태에서 반응기의 차단밸브(10")가 열려 헥산과 PE 슬러리(다양한 불용해물과 액의 혼합현탁액. 고형물이 분산되어 있는 액, 분리, 탈수, 여과에 있어서 원액 등을 말함)가 단관을 통해 누출

④ 18시 05분 : 누출된 헥산이 증기운을 형성한 상태에서 외부의 점화원에 의해서 1차 폭발 후 화재로 연결됨

(4) 사고원인

소방당국은 라인 청소작업 도중 폴리에틸렌의 주성분인 헥산이 높은 압력을 이기지 못하고

반응기에서 누수되면서 화재가 발생한 것이 아닌가 보고 있다. 헥산은 압력이 높아질 경우 섭씨 510℃에서 열분해되어 메탄, 에틸렌, 프로필렌 등을 만들어낸다.

현장의 밸브 조작레버를 잠금 위치로 변경하지 않은 상태에서 조정실 DCS(분산제어시스템) 상의 조작 스위치를 개방으로 조작하여 차단밸브가 열림으로서 반응기의 내용물이 누출되었을 것으로 추정하였다.

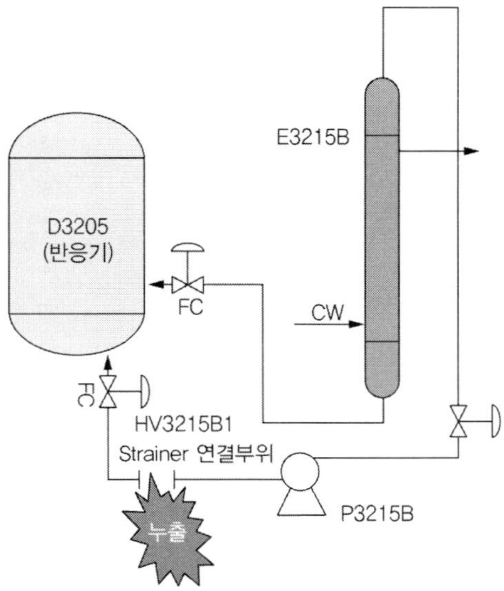

그림 5.28 폴리에틸렌(PE) 3공정 생산라인의 헥산 누출

(5) 사고교훈

① 헥산 등의 위험물 누출 방지조치 실시

- 반응기와 차단밸브 사이에 수동차단밸브를 추가로 설치하여 스트레이너 청소작업 시 차단 후 작업수행
- 배관 내부에 콘(cone) 형태로 설치되어 있는 스트레이너를 버킷형태(bucket type)의 이중구조(redundancy 개념)로 설치하되 전후에 차단 밸브를 설치하여 전후에 차단밸브를 설치하여 부하저감(load-down) 없이 청소가 가능토록 조치해야 한다.

② 현장 밸브조작레버를 전기 스위치로 변경

현장의 밸브조작레버가 기계적으로 조작하도록 되어 있는 형태를 전기 스위치 식으로 변경하고 반응기 운전 중이나 슬러리 순환펌프 가동 중단 시 차단밸브가 잠기는 것과 동일하게 조작레버 스위치도 close 되도록 인터록을 구성한다.

③ 작업절차서를 보완한다.

4) NCC 분해가스 압축공정 폭발사고

(1) 사고개요

2020년 3월 충청남도 ○○○사업장의 공장 압축공정 분해가스 압축기의 3단 토출부 신축이음(expansion joint, 20″)이 파단되어 에틸렌 프로필렌 등을 포함한 다량의 납사(naphtha) 분해가스가 누출되어 대규모의 폭발·화재가 발생한 사고이다. 이 사고로 사업장(인근 회사 포함) 근로자 24명 부상(휴업 및 요양 포함), 인근지역 주민 및 재산피해가 발생하였다.

사고발생 압축기동 위부 전경

사고발생 설비 - 신축이음

북쪽 방향 1

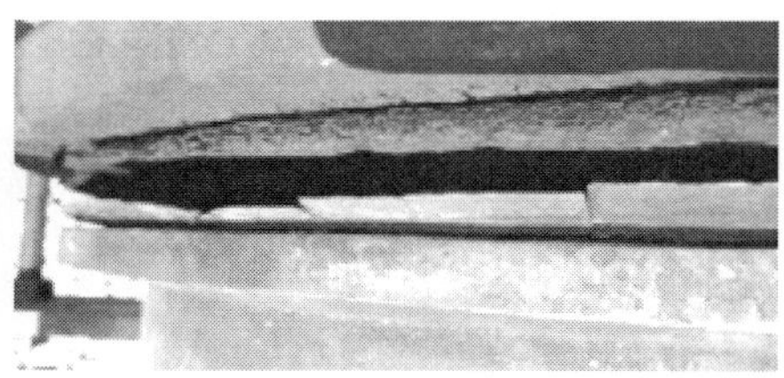

북쪽방향 2

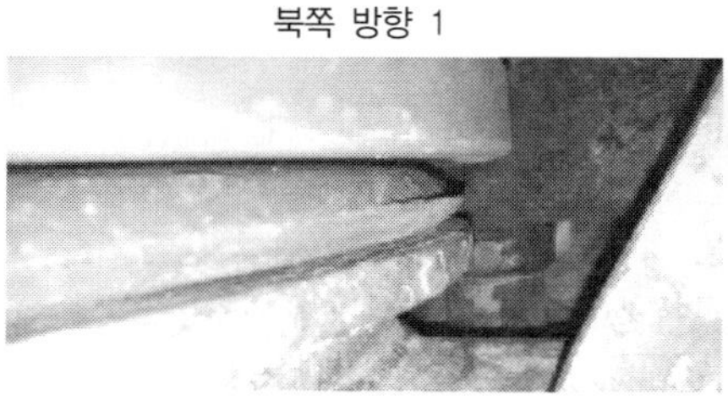

동쪽 방향

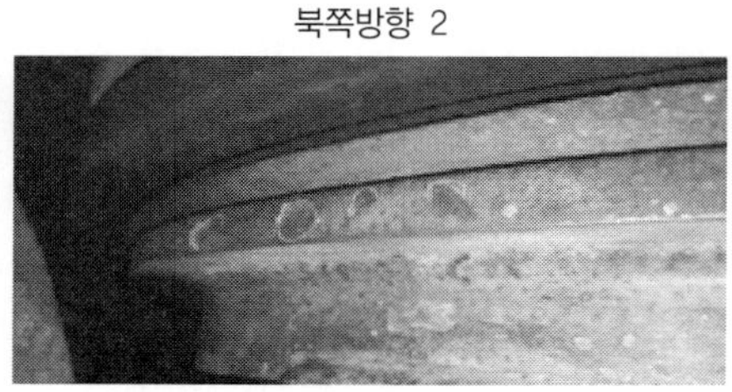

서쪽 방향

신축이음(벨로우즈) 방향에 따른 파손 형태

그림 5.29 폭발사고 관련 사진

(2) 사고발생 공정 및 물질

① 사고발생 공정 : NCC 공장의 압축공정

열분해 공정	• 원료인 납사를 약 1,000℃ 이상의 고온에서 열분해하여 여러 성분의 탄화수소 화합물로 분리하는 공정 • 주요설비 : 분해로(fired heater)
⇓	
급냉 공정	• 분해로에서 열분회된 물질을 냉각시켜 부반응을 억제하고 급냉타워에서 냉각 후 탑 하부로는 RPC를 생산하여 BTX 공장의 원료를 공급하고, 탑 상부로 분리된 탄화수소를 압축공정으로 이송 • 주요설비 : 급냉탑(quench tower)
⇓	
압축 공정	• 냉각된 탄화수소를 저온 고압으로 압축시켜 정제공정으로 이송 • 주요설비 : 분해가스 압축기(process gas compressor)
⇓	
정제 공정	• 압축 건조된 탄화수손 -167℃까지 냉각되어 증류탑, 반응기, 흡수탑, 정류탑 등을 거치면서 단계별로 각 제품으로 분리하는 공정 • 주요설비 : splitter 등 증류탑

② 사고발생 물질

물질명 (CAS No.)	물질 상태	인화점[℃]	폭발한계[%]	발화점[℃]	증기밀도	[wt%]
에틸렌 (74-85-1)	기체	자료 없음	2.7-36	450	0.97	33.1%
프로필렌 (115-07-1)	기체	-107	2-11.1	460	1.45	16.2%
메탄 (74-82-8)	기체	자료 없음	5-15	537	0.554	14.3%
에탄 (74-84-0)	기체	자료 없음	3-12.5	472	1.05	5.7%
부타디엔 (106-99-0)	기체		1.1-16.3	414	1.9	6.1%
이소부텐 (115-11-7)	기체		1.8-9.6	465	1.94	2.6%
수소 (1333-74-0)	기체	자료 없음	4-76	500	0.07	1.1%
기타 (프로판 등)	기체	-	-	-	-	약 20.9%

(3) 사고발생 원인(추정)

① 공장 증설 시 신축 이음 설계 및 설치 시공 미흡

공정설비 증설로 인한 변경사항에 대해 설계단계의 기술선(licensor)에서 권고하는 사양이 적절하게 반영되지 않았으며, 현장 설치(시공) 미흡으로 인해 제작 사양 대비 필요 이상의 응력이 가해졌을 것으로 추정됨

② 점검 정비 규정 부재 설비점검 및 관리 미실시

신축 이음 배관 지지대에 대한 점검 정비 규정이 없어 주기적인 점검 및 관리를 실시하지 않았음

③ 설비의 가동전 점검 미흡 추정

공정설비 증설로 인한 변경 및 정기보수 후 실시한 가동 전 점검 시 배관 플랜지의 정렬 상태 신축이음 설치 상태 등 배관설비에 대한 가동 전 점검, 실시 상태가 미흡하였음

④ 공정위험성평가 실시 상태 미흡

신축이음이 설치된 압축기 토출부에 대해 반복적인 진동변위 등 및 설비 파단으로 인한 화재·폭발 누출위험요인을 도출하지 않는 등 공정위험성평가 실시상태가 미흡하였음

(4) 동종사고 예방대책

① 공장 증설 시 설계 및 설치 시공 관리 철저

기술선(licenser) 또는 제작사의 설계사양 관련 규격(code, guide, specification) 등을 빠짐없이 반영하여 설계 및 설치 시공하도록 철저히 관리하여야 함

② 설비점검 정비 관리규정 제정 및 설비관리 철저

신축이음 배관 지지대에 대한 주기적인 관리를 할 수 있도록 관련 설비 점검정비 규정을 제정하여 설비별로 위험등급에 따라 적합한 점검 주기로 점검을 하여야 함

③ 설비의 가동 전 점검 철저

설비 설치가 끝난 후에는 발주자 및 설치사가 서류 및 현장점검, 가동 전 점검 등 을 철저히 하는 등 공장 운영에 필요한 장치 및 설비가 적합하게 설치되어 있는지 철저히 관리하여야 함

④ 공정위험성평가 실시 철저

위험물질누출로 인해 화재폭발의 위험이 높은 설비 및 부속설비의 경우 해당 구간에서 유해위험을 일으킬 잠재적 가능성이 있는 유해 위험 요인을 파악하고 위험성을 추정 결정하여 감소 대책을 수립 실행하는 등의 공정위험성평가를 통해 사업장 안전보건을 확보할 수 있도록 하여야 함

5) 여수산단 ○○○○(주) 공장서 화학물질 탱크에 장치 연결 작업 중 폭발 사고

(1) 사고개요

2021년 12월 13일 오후 1시 35분 경 전남 여수시 주삼동 여수 산단 내 석유화학제품 제조 공장인 ○○산업에서 '펑펑펑' 폭발음과 함께 불길이 치솟았다. 이 석유화학제품 제조 공장에서 폭발과 함께 발생한 화재로 노동자 3명이 숨졌다. A(70)씨와 B(64)씨가 사고 장소와 인접한 공장에서 숨진 채 발견되었으며, 60대 작업자 C씨도 사고 현장 근처에서 시신으로 발견됐다. 화재는 석유 물질 저장고에 유증기 회수 장치를 설치하다가 스파크가 튀거나 온도 차에 의해 일어난 것으로 추정되었으며 그 원인을 조사 중이다.

(2) 사고 발생 상황

당시 현장에는 노동자 7명이 회수 장치 나사를 체결하는 작업을 하고 있었던 것으로 알려졌다. 소방 당국은 폭발 당시 충격 때문에 사망자들이 인근 공장에서 발견된 것으로 추정하고 있다. 나머지 4명은 무사히 대피한 것으로 알려졌다.

당시 탱크에는 자동차용 휘발유 주 배합 연료인 수소 처리된 중질 나프타(중질 휘발유), 이소파라핀(탄화수소화합물로 합성 후 수첨하여 제조한 탄화수소계 용제) 등이 저장돼 있었다. 현장에는 모두 73기의 탱크 형태 저장고가 있었으며, 인근에 10개의 위험물 탱크도 있었다. 이 중 4기가 불에 타거나 폭발했다.

그림 5.30 ○○○○(주) 공장서 화학물질 탱크에 장치연결작업 중 폭발 사고

폭발로 인하여 화재가 발생하자 검은 연기가 10 km가량 떨어진 도심에서도 목격될 정도로 불길이 커지자 시민들은 불안에 떨었다. 소방당국은 2차 폭발에 대비해 반경 1 km 안에 주차된 차량을 다른 장소로 옮겨 달라고 당부하기도 했다. 불길은 4시간여 만에 완전히 잡혔다. 소방당국은 드론으로 연소 방향을 파악해 인근의 탱크로 불길이 확대되는 것을 막았다.

(3) 폭발사고 조사 상황

사고 뒷날 14일 전남경찰청에 따르면, 전남경찰청 과학수사대·국립과학수사연구원·소방 당국은 이날 오전 10시부터 여수시 주삼동 여수국가산업단지 내 화학물 제조업체 폭발사고 현장에서 폭발원인을 밝히기 위하여 합동 조사를 벌이고 있다. 경찰은 관계자 진술을 토대로, 당시 작업자 7명이 탱크 상부에서 배관 연결 작업을 하고 있던 것으로 파악했다. 이 중 4명은 대피했지만, 나머지 3명은 미처 폭발을 피하지 못한 것으로 추정됐다. 이들은 작업 현장에서 10여 m 떨어진 곳에서 숨진 채 발견됐다.

그림 5.31 ○○○○(주) 공장 폭발 사고 조사 및 감식

폭발한 탱크 내부엔 이소파라핀 등 화학물질이 담겨 있었던 것으로 경찰은 보고 있다. 경찰은 현장 탐문 등을 통해 최초 폭발 지점과 구체적 원인을 파악하고 있고, 또 공장관계자 등을 상대로 참고인 조사를 벌여 사고 전후 정확한 상황과 폭발 경위를 조사한다. 안전수칙 준수와 관리·감독 소홀 여부 등을 조사하고 있으며, 업체 관계자의 업무상 과실이 드러나면 형사 입건도

검토한다. 경찰은 현장 추가 폭발 위험 여부에 대한 안전진단을 마치는 대로, 합동 감식도 벌일 계획이다. 한편 광주고용노동청은 사고회사에 대한 산업안전보건 특별 감독결과 법 위반 사항을 적발하여 과태료 부과금액은 1억 5,422만 원에 이른다. 특히 관리 감독자가 국소배기장치, 안전 보호구·방폭 기계 등을 점검하지 않는 등 직무를 소홀히 한 것으로 조사되었다. 안전보건관리 책임자, 산업안전보건위원회 사용자 위원 선임 과정도 적절치 않았던 것으로 드러났다. 또한 입·출하 모터 방호 덮개, 가스 감지기, 국소배기장치 등의 안전 설비를 설치하지 않았다. 안전밸브 작동 검사도 하지 않은 것으로 밝혀졌다. 폭발 위험 장소 내에서는 위험한 비방폭 전기·기계 기구를 사용한 것으로 확인 되었다. 더욱이 관리 감독자, 채용 직원 대상 안전 교육을 하지 않는 등 전반적으로 안전·보건 관리가 부실한 것으로 나타났다.

(4) 여수산단 ○○○○(주) 화재·폭발사고 안전대책

① 작업 시 소홀한 점

경찰이 조사 중이지만 저장탱크에 사고 당시 저장고에 석유류 액체 화학물질이 3분의 1가량 남아 있었던 사실에 주목하고 있으며, 작업 전 안전을 위해 저장고 내부를 비운 후 물이나 불연성 가스를 사용한 퍼지작업을 완전히 다하고, 상·하부를 모두 개폐하고 나서 작업을 해야 되는 데 그 안전작업 자체 즉, 절차를 무시하고 작업을 진행한 것으로 추정하고 있다.

따라서 작업자들이 저장고 상부에서 배관 교체 작업을 했던 만큼 작업 과정에서 유증기가 흘러나와 폭발로 이어졌을 가능성이 제기되고 있어 노조는 사측이 작업 시간과 비용 절감을 위해 무리하게 작업을 진행한 결과라며 예견된 인재라고 주장하고 있다. 또한 가장 중요한 것은 점화원의 존재 유무가 문제이다. 일부 언론에서 용접작업 중 발생한 불티가 발의 원인이라고 보도했지만, 전국플랜트건설노조에서는 용접을 포함한 일체의 화기작업이 없었다며 이에 대해서는 사고회사 생산본부장과 노동자들이 소속되어 있던 하청업체 ○○플랜트 대표도 인정했다고 밝혔다. 현재로서는 원인불명의 불티나 정전기 등의 점화원이 유증기와 결합하면서 폭발이 발생했고 화염과 파편이 노동자들을 덮쳤다고 볼 수밖에 없는 상황이다.

아울러 사고현장에 안전관리자가 배치되어 있었는지도 조사할 사항이다. 탱크 배관 교체 시의 안전지시와 장치가 제대로 이루어졌는지가 중요하다. 해당 날짜의 날씨와 탱크 상태를 기초로 한 작업 타당성, 안전교육과 안전관리자 배치 여부 등에 대한 것은 안전관리자의 중요한 업무 중에 하나이기 때문이다.

② 여수화학공단의 문제점

㉠ 산업단지 노후설비 교체

여수국가산업단지를 비롯한 각 지역의 산단이 50년을 넘어서거나 50년을 눈앞에 두고 있고 설비 노후화가 현실적인 문제로 제기되고 있다. 이에 대한 중장기적 대책 마련이 시급한 과제이다.

㉡ 위험작업의 외주화

근래의 모든 중대 사망사고는 위험의 외주화를 통한 비정규직 노동자와 일용직 건설 노동자들에게 집중되고 있어서 안전불감증과 개인의 부주의로 치부하기엔 구조적인 문제가 크다. 직원이 2명뿐인 영세업체가 도급액 1억짜리 공사를 맡아 일용직 노동자들을 투입, 위험한 화학물질을 보유한 공장에서 작업을 벌였다는 점에서 하청근로자 보호를 위한 안전보건교육 등이 제대로 이뤄졌겠냐는 의혹도 제기되는 상황이다.

㉢ 기관별 관련 법령에 의한 소방, 환경, 노동, 가스 등 각종 분야별 중복 점검

석유화학공장의 중복규제와 빈번한 점검 등이 기업환경 저해요인으로 작용하고 있어 효과적인 안전관리를 위해서 석유화학 콤비나트 내의 공장만을 대상으로 하는 특별법령 제정이 필요하며, 국내 관련 석유화학공장의 안전사고를 체계적으로 관리할 필요가 있다.

㉣ 동일사고의 반복발생

여수산단 ○○○○(주) 화재·폭발사고와 유사한 사고는 17명의 사상자를 낸 2013년 여수산단 내 ○○산업 폴리에틸렌 공장 폭발사고와의 유사성 등으로 '제 2의 ○○참사'라고 지적하며 반복되는 유사 사고 예방을 위한 대책 마련이 필요하다. 산단 내 300개가 넘는 공장 대부분이 위험물질을 취급, 자칫 유사한 대형 사고로 이어질 가능성이 크다는 점에서 공단 회사의 통합 재난안전관리체계를 강화할 필요가 있다.

③ 여수화학공단의 폭발대책

㉠ 안전, 보건, 환경, 품질분야 종합 경영시스템을 구축

석유화학공정의 체계적인 안전관리 유지를 위하여 공정안전관리(PSM), 품질(ISO 9001), 환경(ISO14001)시스템 공통부분이 중복, 서로 다른 시스템 추진 조직의 운영에 따른 업무의 체계화 및 표준화한 제반시스템을 통합하여 종합 경영시스템을 구축하여

안전, 보건, 환경, 품질분야의 경쟁력을 확보해 나가야 한다.

㉡ 석유화학 콤비나트내의 공장만을 대상으로 하는 특별법령 제정

여수산단의 기관별 관련법령(18개)에 의한 소방, 환경, 노동, 가스 등 각종 분야별 점검 등으로 평균 34회의 점검을 받았다. 석유화학공장의 중복규제와 빈번한 점검 등이 기업환경 저해요인으로 작용하고 있어 효과적인 안전관리를 위해서 석유화학 콤비나트 내의 공장만을 대상으로 하는 특별법령 제정이 필요하다.

㉢ 관공서, 인근업체, 주민에게 유해성 정보전달 등 체계적인 안전관리 제도 확립

영국 번스필드 화재·폭발에서 발견된 문제점 중 하나는 상업지역과 주거지역에 인접하여 개발되었다. 화학물질을 취급하는 각 기업은 언제 발생될지도 모르는 화재·폭발·위험물질 누출 등으로 인한 재난을 예방하고 유사시 재난에 효율적으로 대응해 피해를 최소화하기 위하여 해당 유해물질의 신속한 대응조치 및 관공서, 인근업체, 주민에게 유해성 정보전달 등의 체계적인 안전관리 제도가 필요하다.

㉣ 석유화학공장의 방재인프라 구축을 위해 종합방재센터 설치

긴급사태 대응방법 개선으로 석유화학공장의 입주 업체들은 선진 안전관리 기법을 도입하여 화학공장에서의 사고 방지 및 신속한 대응으로 인명과 재산피해를 줄이기 위한 안전문화 정착에 기여해야 하고, 재난 및 불의의 사고나 응급상황, 가스사고, 전기사고, 화재는 물론 건물붕괴에서 환경오염에 이르기까지 사고가 발생한 경우, 어떤 상황에서도 119로 신고하면 대응할 수 있는 방재인프라 구축을 위해 종합방재센터 설치가 필요하다. 또한 현장에서의 대응은 소방대가 컨트롤타워가 될 수 있는 훈련을 지속적으로 실시해야 한다.

㉤ 기계·설비 등의 설비 보전(PM)의 안전의 시스템화 구축

대부분의 화학공장의 대형사고를 보면 기계·설비 등의 장치 유지·보수 시에 발생된다. 따라서 설비 유지 보수시 퍼지시스템 구축, 용접작업의 불티, 정전기 등의 점화원 관리, 작업시작전 안전보건 교육, 작업장에서 관련 물질의 MSDS 정보 전달 등 풀푸르프, 페일세이프 등의 원칙을 체계화하며 그 결과를 안전관리자가 확인하는 절차가 필요하다.

㉥ 석유화학업체의 자율적인 안전관리체제 구축

세계적인 안전관리 패러다임은 '규제위주의 단순시설검사'에서 '자율관리시스템의 종합적 평가제도'로 변화하고 있으며, 이의 효과적 추진을 위해 민간부분의 각종 전문기술코드(ASME, API, NFPA, IEC 등)을 국가기준으로 선별 채택하여 석유화학업체의

자율적인 안전관리체제 도입이 필요하다.

㉦ 회사의 공정에 알맞은 설비 신뢰성 확보를 위한 최신 관리기법 도입

설비의 신뢰성 확보의 일환으로 선진의 장치안전을 위한 프로그램 구축이 필요하고 대형화 및 노후화되고 있는 시설의 사고 발생을 낮추기 위해 위험도 기반검사기술(RBI, risk based inspection), 신뢰도중심 유지보수기술(RCM, reliability centered maintenance), 계장안전관리기술(SIS, safety instrument system) 등의 최신 관리기법을 도입하여 결함 등의 위험성과 잠재위험의 관리가 필요하다.

㉧ 공정안전관리제도의 지속적 개선

공정안전관리제도의 개선과 중대 산업사고 예방을 위하여 석유화학공장에 알맞은 안전관리 조직운영을 과학적으로 운영해야 한다.

제6장

석유화학설비의 안전대책

6-1 원인별 대책

1. 안전설계에 따른 설비 점검 체계화

① 사용원료의 특성에 맞는 계측 시스템 구축 위험요소에 대한 설비 오류 검사

② 주기적 점검(전문가에 의한 진단)

③ 주위 환경 변화에 따라 위험성 증가 포인트에 대한 설비적인 보완대책 프로그램화

④ 수행 내용에 대한 정보화 정보 활용계획 시스템

2. 작업자 부주의 교육

① 작업에 대한 위험성을 인지하여 예방책을 준비 관리하는 감독 체제 구축
: fool-proof 및 fail-safe 안전화

② 작업에 대한 체계화 : 작업 순서도 점검 및 보완 체크리스트 점검

③ 설비 시스템의 전문가를 활용

④ 개인보호장구(personal protection equipment) 착용 강화

3. 물질특성(MSDS)에 따른 안전교육 및 훈련

사고 시 대처 매뉴얼에 따른 교육·훈련

4. 안전 시스템 구축

① 안전규제 패러다임 변화 : 자율적 안전관리
⇒ 정부의 규제 외에 기업의 자발적 참여를 유도

② 선진 석유화학, 정유 플랜트에서는 정량적 위험 평가기술 정착

- QRA(quantitative risk analysis)
- RBI(risk based inspection)
- RCM(reliability centered maintenance)
- LOPA(layer of protection analysis) 등의 기법을 적용

참고

QRA(quantitative risk analysis) : 정량적 위험성평가
위험 이벤트의 가능성과 결과를 추정하고 그 결과를 사람, 환경 또는 비즈니스에 대한 위험으로 정량적으로 표현하기 위한 공식적이고 체계적인 접근법

RBI(risk based inspection)
위험도(risk)에 의해 검사체계의운영과 공정 또는 장치의 검사 우선순위를 결정하는 방법

RCM(reliability centered maintenance) : 신뢰성 중심 유지 보수
정 플랜트에 사용되는 장비의 신뢰성 손실의 위험성을 감소시키기 위한 방법인 신뢰성 중심 유지 보수이며 위험 요소 확인 및 등급 결정을 위한 일반적인 접근 방식

LOPA(layer of protection analysis) : 방호계층분석기법
원하지 않는 사고의 빈도나 강도를 감소시키는 독립방호계층의 효과성을 평가하는 방법 및 절차

③ 정량적 기법의 툴을 적용 → 위험을 예측 → IT를 접목한 위험성평가기술 도입 → 사고를 사전에 예방

④ 안전관련 국제 코드의 표준화 확대

⑤ 국내 산·학·연·관의 공동기술개발

⑥ 광역협의체의 구성

예) 여수산단 소방상호지원협약에 의한 단지 내의 입주사 간에 비상시 화학소방차와 인력 및 장비 지원으로 자사로의 피해확산을 방지

5. 석유화학설비의 위험성평가

정부

- 행정적, 기술적인 사항을 협의조정
- 주요 위험설비에 대한 대상을 규정
- 비상시에 대처할 수 있는 비상계획을 수립

사업자

- 주요 위험관리를 위한 사업주의 의무사항
- 설비에 대한 위험성 평가를 실시 (PHA, HAZOP, CHECK LIST 등 기법활용)
- 공정안정보고서
- 근로자에게 철저한 교육과 훈련

① 위험성평가의 특징

㉠ 사고의 잠재된 기계적 결함과 인적인 실수(human error)를 분석

㉡ 사고의 기능성이 있는 원인을 조사

- 계획변경의 관리수단으로 활용
- 특별한 정비·시험·검사 등 설비 보전차원에서 완전성 확인

② 위험성평가의 결과는 의사 결정자 전달 → 개선여부와 개선방안 자료로 활용

③ 위험성평가기법 → 정성적, 정량적 평가기법, 결과 영향 예측기법

㉠ Safety Review(안전성 검토)

작업자의 안전 위험을 증가시키는 위험 요소 및 요소를 검사하고 안전 위험을 줄이기 위해 취해진 안전 관련 조치의 효과를 검토

㉡ Checklist Analysis(체크리스트 분석)

공정 및 설비의 오류, 결함상태, 위험상황 등을 목록화한 형태로 작성하여 경험적으로 비교함으로서 위험성을 파악하는 방법

㉢ Relative Ranking(상대순위)

공정 및 설비에 존재하는 위험에 대하여 상대 위험순위를 수치로 지표화하여 그 피해정도를 나타내는 방법

㉣ Primary Hazard Analysis(예비위험분석 : PHA)

공정 또는 설비 등에 관한 상세한 정보를 알 수 없는 상황에서 위험물질과 공정요소에 초점을 맞추어 초기 위험을 확인하는 방법

㉤ What-If Analysis(사고예상질문분석)

공정에 잠재하고 있는 위험요소에 의해 야기될 수 있는 사고를 사전에 예상질문을 통하여 확인·예측하여 공정의 위험성 및 사고의 위험성을 최소화하기 위한 대책을 제거하는 방법

㉥ What-If/Checklist Analysis

사고예상질문분석과 체크리스트 분석을 혼합한 분석법

㉦ Process Hazard Review(공정위험분석 : PHR)

기존 설비 또는 공정안전보고서를 제출·심사받은 설비에 대하여 설비의 설계·건설·운전 및 정비의 경험을 바탕으로 위험성을 평가·분석하는 방법

㉧ Human Error Analysis(작업자 실수분석 : HEA)

설비의 운전원, 보수반원, 기술자 등의 실수에 의해 작업에 영향을 미칠 수 있는 요소를 평가하고 그 실수의 원인을 파악·추적하여 정량적으로 실수의 상대적 순위를 결정하는 방법

㉨ Event Tree Analysis(사건수분석 : ETA)

초기 사건으로 알려진 특정한 장치의 이상 또는 운전자의 실수에 의해 발생되는 잠재적인 사고결과를 정량적으로 평가·분석하는 방법

㉩ Fault Tree Analysis(결함수분석법 : FTA)

사고의 원인이 되는 장치의 이상이나 고장의 다양한 조합 및 작업자 실수 원인을 연역적으로 분석하는 방법

㉪ Cause Consequence Analysis(원인결과분석 : CCA)

잠재된 사고의 결과 및 사고의 근본적인 원인을 찾아내고 사고결과와 원인 사이의 상호관계를 예측하여 위험성을 정량적으로 평가하는 방법

㉫ Failure Modes Effect and Criticality Analysis(이상위험도분석기법 : FMECA)

공정 및 설비의 고장의 형태 및 영향, 고장 형태별 위험도 순위 등을 결정하는 방법

㉬ KOSHA Process Safety Review(공정안전성 분석기법 : K-PSR)

설치·가동 중인 화학공장의 공정안정성을 재검토하여 사고위험성을 분석하는 방법

㉭ Layer Of Protection Analysis(방호계층분석기법 : LOPA)

사고의 빈도나 강도를 감소시키는 독립방호계층의 효과성을 평가하는 방법

6. 중대산업사고 예방

① 중대산업사고 정의

㉠ 중대재해(중대재해처벌법 2022년 1월 27일부터 시행) : 사망의 경우 1년 이상의 징역 또는 10억 원 이하의 벌금

사망자가 발생하거나 전치 6월 이상 부상자 2명 이상 발생한 재해(중대재해처벌법)

직업성 질병자가 1년 이내 3명 이상 발생한 산업재해(중대재해처벌법)

㉠ 중대산업사고

산업활동 과정에서 비정상적 상태의 결과로 위험물 누출, 화재·폭발 등의 발생으로 단기간 또는 장기간에 걸쳐 사업장 내 근로자뿐만 아니라 인근 지역주민, 환경에까지 영향을 미치는 사고

② 국제노동기구(ILO)의 중대산업사고 예방을 위한 조치

㉠ 1984년 12월 인도 보팔시 MIC 누출사고(국제적 차원의 예방대책수립 필요성 제기)

㉡ 1985년 초에는 중대산업사고 예방을 위한 범국가적 차원의 체계적인 조치가 필요

㉢ 1989년 ILO 총회에서는 중대산업사고예방 매뉴얼(major hazard and a.practical manual)

㉣ 1992년 6월 ILO 총회에서 "중대산업사고예방"을 위한 협약안이 정식 의제

㉤ 1993년 6월 ILO 총회에서는 "중대산업사고예방"제도가 국제협약으로 정식 채택 중대산업사고를 예방하기 위한 미국, EEC, ILO 등 각국에서의 위험관리제도의 내용은 거의 유사하며, 정부, 사업주, 근로자 및 기술공급자들의 임무와 책임을 주로 규정

③ 국내 중대산업사고 대책

공정안전관리(PSM) 시행

㉠ 1996년부터 산업안전보건법에 중대산업사고를 예방을 위한 공정안전관리제도가 시행

㉡ 사업주, 경영자, 관리감독자들이 위험성평가기법, 공정안전확보 등에 관심 → 사업장 자율 안전관리

㉢ 발생빈도가 적다고 하더라도 사고결과가 엄청나기 때문에 중대산업사고로 규정

㉣ 공정·설비내의 잠재 위험성을 사업장 스스로가 평가하고 대책을 마련토록 제도를 시행

7. 석유화학설비의 안전성 확보

석유화학설비는 설치단계에서부터 효율적인 위험성평가, 정전기발생의 예방, 각종 안전장치

(가스탐지기, 소방설비 등)설치, 위험기계·기구의 foolproof 또는 fail-safe적 관리, 관리형 소프트웨어 도입, 비파괴 검사, 제어알고리즘, 최신기술 분산형 제어 시스템 구성 등의 안전성을 고려해야 한다.

① 효율화(intensification) : 유해, 위험성이 있는 물질의 양을 줄임
② 대체(substitution) : 유해, 위험성이 작은 물질로 변경
③ 완화(attenuation) : 유해, 위험성이 작은 조건, 형태로 변경
④ 영향의 제한(limitation of effects) : 유해, 위험한 물질 또는 에너지의 누출에 의한 결과가 최소화 되도록 설비설계
⑤ 단순화/실수허용도(simplification/error tolerance) : 운전상의 실수 또는 오류가 최소화될 수 있도록 설비를 설계

6-2 석유화학공장 안전작업절차

1. 표준작업지침

① 안전작업허가서 발급
② 작업준비
③ 운전정지
④ 주기 및 수시 교육
⑤ 격리 및 개방(P&ID 검토)
⑥ 세척
⑦ 환기
⑧ 가스농도 및 산소농도 측정

2. 작업절차 - 안전작업허가서 발급

1) 작업절차 - 안전작업허가서 내용

① 작업하고자 하는 설비명

② 작업목적

③ 작업허가일시 및 허가시간

④ 작업장, 감시자

⑤ 작업하고자 하는 설비의 위험요소

⑥ 초기 및 주기적인 가스농도 측정시기, 측정결과, 측정자

⑦ 호출할 수 있는 비상구조대 및 통신수단, 방법

⑧ 개인보호구, 측정장비, 구조장비

⑨ 기타 작업원의 안전에 필요한 정보

화기작업 허가서

허가번호 : 허가일자 :

신 청 인 : 부서________ 직책________ 성명________ (서명)

작업수행시간 : ( )일 ( )시 부터 ( )일 ( )시까지

작업장소 및 설비(기기)	작 업 개 요	보충적인 허가 필요여부
정비작업 신청번호 : 작업지역 : 장치번호 : 장 치 명 :		·제한공간 출입허가 : □ ·전 기 차 단 허 가 : □ ·굴 착 작 업 허 가 : □ ·기 타 허 가 : □

안전조치 요구사항

* 필요한 부분에 표시, 확인은 ⓥ 표시

o 밸브차단 및 차단표식부착	□ ○	o 전기차단/잠금/표식부착	□ ○
o 맹판설치 및 표식부착	□ ○	o 환기장비	□ ○
o 용기개방 및 압력방출	□ ○	o 조명장비	□ ○
o 공정물질방출 및 처리	□ ○	o 소 화 기	□ ○
o 불활성가스 치환 ( )	□ ○	o 안전장구	□ ○
o 용기내부 세정 및 처리 ( )	□ ○	o 작업구역 출입경고 표시	□ ○
o 가스점검 ( )	□ ○	o 안전교육	□ ○
o 인근/주위로부터 위험요인 ( )	□ ○	o 운전요원의 입회	□ ○
		o 안전관리자 입회	□ ○

기타특별 요구사항		첨부서류	o 차단밸브 및 맹판설치 위치표시 도면 o 소화기 목록 o 소요안전장구 목록 o 특수작업절차서 o 추가허가서	□ □ □ □ □

가스점검	가스명	결과	점검시간	가스명	결과	점검시간	점검기기명 : ______ 점검자 : ______ (서명) 확인자(입회자) : ______ (서명)

안전조치 확인	작업완료확인
정비부서 책 임 자 : ______ (서명) 입 회 자 : ______ (서명)	완료시간 : 입 회 자 : 작 업 자 : 조치사항 :
발 급 자 부서____ 직책____ 성명____ (서명)	관련부서 협조자
승인자(1) 부서____ 직책____ 성명____ (서명)	부서____ 직책____ 성명____ (서명)
승인자(2) 부서____ 직책____ 성명____ (서명)	부서____ 직책____ 성명____ (서명)

그림 6.1 안전작업허가서(화기작업) 예시

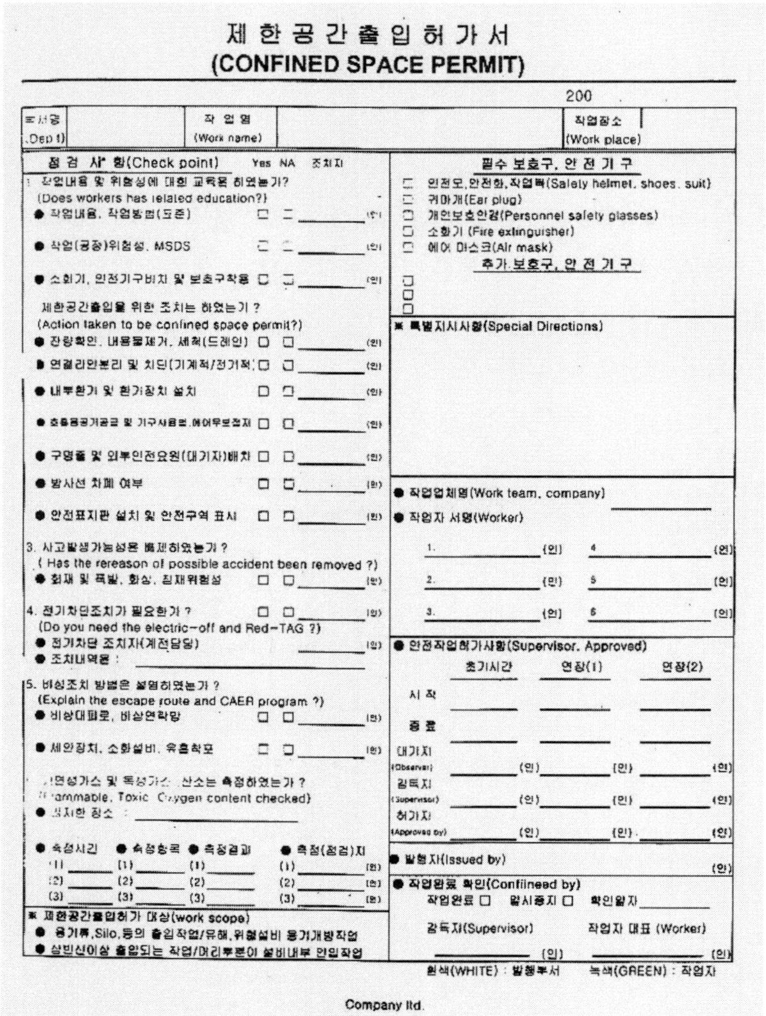

제 한 공 간 출 입 허 가 서
(CONFINED SPACE PERMIT)

200

부서명 (Dept.)		작 업 명 (Work name)		작업장소 (Work place)	

점 검 사 항(Check point) Yes NA 조치자

1. 작업내용 및 위험성에 대한 교육을 하였는가?
(Does workers has related education?)
● 작업내용, 작업방법(도면) □ □ ______(인)
● 작업(공장)위험성, MSDS □ □ ______(인)
● 소화기, 안전기구비치 및 보호구착용 □ □ ______(인)

2. 제한공간출입을 위한 조치는 하였는가?
(Action taken to be confined space permit?)
● 잔량확인, 내용물제거, 세척(드레인) □ □ ______(인)
● 연결라인분리 및 차단(기계적/전기적) □ □ ______(인)
● 내부환기 및 환기장치 설치 □ □ ______(인)
● 호흡용공기공급 및 기구사용법, 에어무보조자 □ □ ______(인)
● 구명줄 및 외부안전요원(대기자)배치 □ □ ______(인)
● 방사선 차폐 여부 □ □ ______(인)
● 안전표지판 설치 및 안전구역 표시 □ □ ______(인)

3. 사고발생가능성을 배제하였는가?
(Has the rereason of possible accident been removed ?)
● 화재 및 폭발, 화상, 질재위험성 □ □ ______(인)

4. 전기차단조치가 필요한가? □ □ ______(인)
(Do you need the electric-off and Red-TAG ?)
● 전기차단 조치자(계전담당) ______(인)
● 조치내역은 : ______

5. 비상조치 방법은 설명하였는가?
(Explain the escape route and CAER program ?)
● 비상대피로, 비상연락망 □ □ ______(인)
● 세안장치, 소화설비, 유출차단 □ □ ______(인)

6. 가연성가스 및 독성가스, 산소는 측정하였는가?
(Flammable, Toxic, Oxygen content checked)
● 측정한 장소 : ______

● 측정시간 ● 측정항목 ● 측정결과 ● 측정(점검)자
(1) ___ (1) ___ (1) ___ (1) ___(인)
(2) ___ (2) ___ (2) ___ (2) ___(인)
(3) ___ (3) ___ (3) ___ (3) ___(인)

※ 제한공간출입허가 대상(work scope)
● 용기류, Silo,등의 출입작업/유해,위험설비 용기개방작업
● 상반신이상 출입되는 작업/머리부분이 설비내부 인입작업

필수 보호구, 안 전 기 구
□ 안전모,안전화,작업복(Safety helmet, shoes, suit)
□ 귀마개(Ear plug)
□ 개인보호안경(Personnel safety glasses)
□ 소화기 (Fire extinguisher)
□ 에어 마스크(Air mask)

추가 보호구, 안 전 기 구
□
□
□

※ 특별지시사항(Special Directions)

● 작업업체명(Work team, company) ______
● 작업자 서명(Worker)
1. ______(인) 4. ______(인)
2. ______(인) 5. ______(인)
3. ______(인) 6. ______(인)

● 안전작업허가사항(Supervisor, Approved)

	초기시간	연장(1)	연장(2)
시 작			
종 료			
대기자 (Observer)	(인)	(인)	(인)
감독자 (Supervisor)	(인)	(인)	(인)
허가자 (Approved by)	(인)	(인)	(인)

● 발행자(Issued by) (인)

● 작업완료 확인(Confirmed by)
작업완료 □ 일시중지 □ 확인일자 ______
감독자(Supervisor) 작업자 대표 (Worker)
______(인) ______(인)
흰색(WHITE) : 발행부서 녹색(GREEN) : 작업자

Company ltd.

그림 6.2 안전작업허가서(밀폐공간 작업) 예시

2) 안전조치사항

① 작업구역의 설정

② 가연성물질 및 독성물질의 농도측정

③ 차량 등의 출입제한

④ 밸브차단 표지 부착

⑤ 가연성 또는 독성물질의 방출 및 처리

⑥ 가연성물질의 보호

⑦ 화기 안전담당자의 입회

⑧ 소화장비의 비치

3) 안전작업허가서(밀폐공간) 안전조치사항

① 압력(내용물)방출 및 냉각

② 질소 내지 공기 등으로 치환(퍼지)

③ 밸브 이중잠금 또는 맹판 설치 등 배관을 격리

④ 기기 내의 작동부분을 전기적, 기계적으로 차단

⑤ 가연성물질 및 독성물질의 가스농도 측정

⑥ 산소농도의 측정

⑦ 입회자의 감독하에 작업실시

3. 화학설비 안전수칙

① 화학설비 등을 조립·해체·변경할 때는 미리 시설 관할 관리감독자가 작업의 시기, 범위, 및 절차를 업자에게 주지시키고 안전수칙을 준수토록 할 것

② 관리감독자가 화학설비를 해체할 때에는 작업 진행상태를 감시하고 작업장의 안전 유지 상태를 감독할 작업입회자를 지정하여 배치할 것

③ 화학설비 해체작업의 입회자는 작업구역 내에 작업자 외의 출입을 금지시키고 그 내용을 보기 쉬운 장소에 게시할 것

④ 화학설비를 해체할 때 미리 해체 할 설비의 내용물을 대기압이 될 때까지 안전하게 방출하고 잔류물을 질소, 물 또는 스팀 등 당해 잔류물에 반응하지 않는 가스 또는 액체로 치환할 것

⑤ 화학설비를 해체하기 위하여 볼트를 풀 때에는 내부에 압력이 걸린 유해물이 존재한다고 가정하고 고압 유해물의 분출에 의한 사고에 유의할 것

⑥ 화학설비를 해체할 때에는 유해물질의 비산으로 인한 상해사고에 대비하여 안전보호구를 착용할 것

⑦ 화학설비 해체작업 수행 시는 충격·마찰에 의한 불꽃이 발생하지 않도록 유의할 것

⑧ 화학설비 해체작업 중 조금이라도 의심나는 사항이 있으면 작업감시자 및 동료 작업자와 그 사항에 대하여 충분히 의견을 교환할 것

⑨ 휘발유로 물건을 씻는 것은 매우 위험하니 솔벤트를 사용해야 하며, 용매가 묻은 걸레는 자연발화의 위험이 있으므로 별도로 지정된 안전 장소에 보관 폐기할 것
⑩ 무거운 물건은 2인 이상 작업하거나 장비를 이용하여 이동할 것
⑪ 무거운 물건을 들어 올리거나 내릴 때는 허리를 펴고 굽혔다 펴는 순으로 작업할 것
⑫ 녹을 와이어 브러시로 닦거나 녹을 제거할 시 필히 마스크를 작용하고 가슴높이 이상에서의 장소에서는 보안경을 착용할 것
⑬ 작업 후 정리정돈을 할 것
⑭ 가연성가스, 독성가스 및 산소의 충전용기는 각각 구분하여 용기 보관 장소에 보관 할 것
⑮ 고압가스 충전 용기를 이동하면서 사용하는 때에는 손수레에 단단히 묶어 사용할 것
⑯ 고압가스를 용기에 충전할 때에는 각인된 최고 충전압력 또는 질량을 초과하지 않도록 충전할 것
⑰ 저장탱크에 고압가스를 충전할 때에는 액화가스의 용량이 상용의 온도에서 그 저장탱크 내 용적의 90%를 초과하지 않도록 할 것
⑱ 아세틸렌, 에틸렌 또는 수소 중의 산소용량이 전 용량의 2% 이상의 것은 압축하지 말 것
⑲ 가연성가스 중 산소용량이 전 용량의 4% 이상의 것은 압축하지 말것
⑳ 압축기의 내부 윤활제로는 폭발을 일으키지 않는 지정된 윤활유를 사용할 것
㉑ 안전밸브 또는 방출밸브에 설치된 스톱밸브는 수리 등을 위하여 특히 필요한 경우를 제외하고는 항상 완전히 열어 놓을 것

4. 배관의 격리 및 개방

1) 배관의 격리방법

① 맹판과 밸브의 사용
② 밸브와 맹플랜지의 사용
③ 3개의 밸브의 사용
④ 블리이드 시스템 적용

그림 6.4처럼 밸브 2개를 직렬로 차단한 상태로 잠금장치와 꼬리표를 부착하고, 2개 밸브 사이의 벤트밸브 또는 드레인 밸브를 개방하여 잠금장치와 꼬리표를 부착하는 경우에는 격리된 것으로 볼 수 있다.

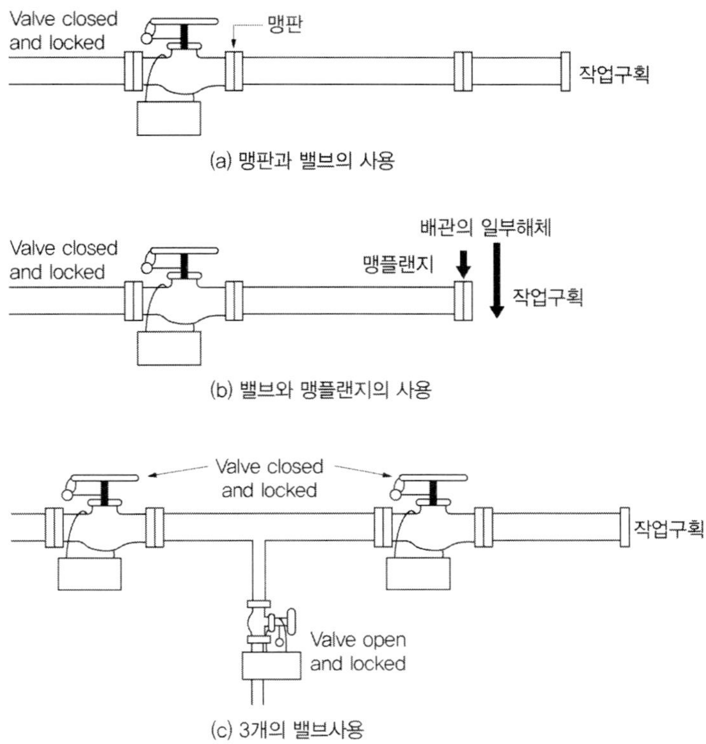

그림 6.3 배관의 격리방법

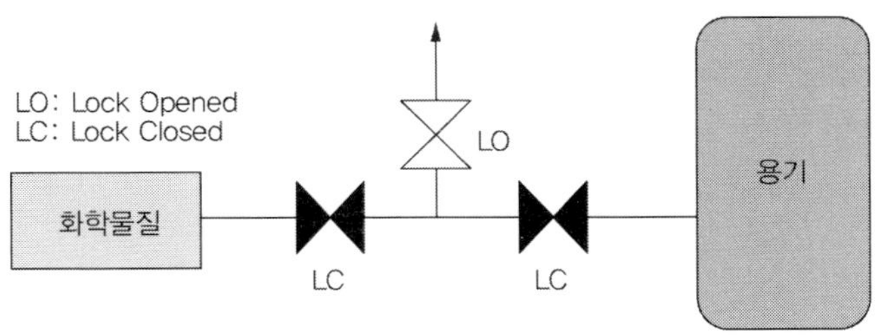

그림 6.4 블리드 시스템

2) 맹판(Blind)의 사용

(1) 맹판의 정의

유체의 흐름을 완전히 차단하기 위한 배관요소로서 화학장치, 보일러 등의 압력장치를 수리하려고 할 때 연결되어 있는 배관에 의해서 위험성이 초래될 경우 위험물이 누출되거나 분출하는 일이 없도록 플랜지 사이, 밸브 또는 화학설비 등의 플랜지 말단에 설치하는 금속판(덮개판)을 말하며 일반적으로 패들 블라인드(paddle blind)를 말한다.

(2) 맹판의 종류

① 스팩터클 블라인드(spectacle blind)

맹판의 한쪽은 구멍이 나있고 한쪽은 막혀있는 상태의 맹판으로 하나의 맹판으로 차단과 개방을 번갈아 수행할 수 있으며, 정기보수 시마다 항상 맹판을 설치하여야 하거나 또는 운전 중 맹판 설치가 필요할 때 사용한다.

② 벤트 블라인드(vent blind)

내부치환 또는 압력시험 등의 용도에 따라 내부의 유체를 빼낼 수 있는 구멍(vent hole)이 설치된 맹판을 말하며 일명 팽귄 블라이드라고 불린다.

③ 블라인드 플랜지(blind flange)

플랜지의 일종으로 배관 또는 밸브 등의 개방된 말단을 제거하기 위하여 설치하는 맹판을 말한다.

④ 스패이서(spacer)

패들 블라인드에 유체가 흐를 수 있도록 구멍이 있는 형태의 간격 유지용 배관 부품을 말한다.

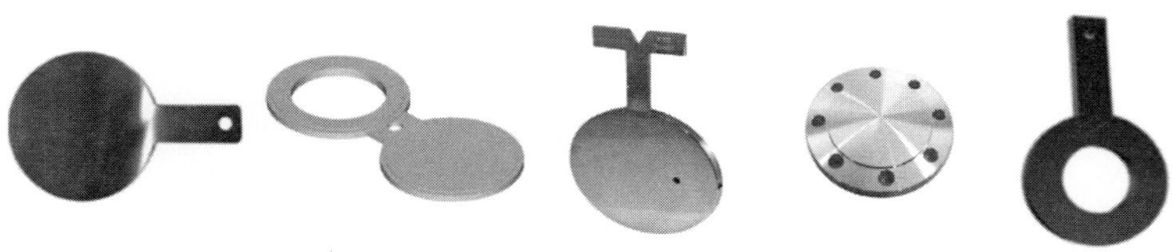

(a) 패들 블라인드 (b) 스팩터클 블라인드 (c) 밴트 블라인드 (d) 블라인드 플랜지 (e) 스페이서

그림 6.5 맹판의 종류

5. Lock-out/Tag-out Program

1) 개요

(1) Lock-out(잠금)

① 작업자가 기계설비의 유지보수 시 예상치 못한 가동과 장비의 결함으로 인하여 발생되는 사고를 미연에 방지하고 작업자의 부상 및 사망사고의 원인이 되는 각종 위험한 에너지원을 근본적으로 차단하기 위한 안전절차

② 장비 및 설비의 보수, 검사, 수리, 청소 등을 할 때 갑작스러운 구동으로부터 작업자와

기계를 보호하는 수단

③ 에너지 차단 대상 기기 등이 잠금장치를 제거할 때까지 작동되지 않음을 보증하기 위하여, 정하여진 절차에 따라 에너지 차단장치에 잠금장치를 하는 것을 말한다.

(2) Tag-Out(표지)

① 표지장치가 철거될 때까지 에너지 관리 대상 기기 등과 에너지 차단장치가 작동되지 않음을 표시하는 것으로, 정해진 절차에 따라 에너지 차단장치에 표지장치를 하는 것

② 간단하고 적은 비용의 안전관리 수단이지만 가장 위반하기 쉬운 안전규칙임

2) 관련규정

① 미국 규정

OSHA Standard 29 CFR 1910.147 "Control of Hazardous Energy(lockout/tagout)"

② 국내규정

한국산업안전공단 유지, 보수작업시의 위험에너지관리(lockout/tagout)지침 : KOSHA CODE E-08-2002

③ 산업안전보건법 제38조(안전조치), 산업안전보건기준에 관한 규칙 제92조(정비 등의 작업 시의 운전정지 등), 산업안전보건법 제167조(관련 벌칙조항)

그림 6.6 lock-out/tag-out

3) 도입 배경

① 대부분의 공장 사고의 원인은 기계, 장치의 에너지 관리와 관련되어 있다.

② 5대 공장 사고 원인 부적절한 방법으로 조업 중단

㉠ 에너지원 차단을 하지 않은 상태이거나 작업 잔류 에너지를 방출하지 않은 상태에서 작업, 누군가의 우발적으로 기계의 재가동

㉡ 작업자가 남아 있는지 확인 절차 없이 재가동

4) Lock-out vs Tag-out 비교

① lock-out이 tag-out보다 우선시 됨

② 자물쇠와 함께 tag(꼬리표)를 붙이는 것으로 tag-out은 위험/경고 태그로 작동하지 않은 장비를 식별하는 데 사용함

③ lock-out의 도구가 적당하지 않을 경우 사용

④ 모든 근로자들이 tag-out의 조치만으로도 안전할 수 있다는 보장이 될 경우 사용

⑤ lock-out은 자물쇠 및 잠금장치를 이용하여 밸브 손잡이나 전기 스위치 등을 잠그는 것으로 에너지 차단원에 부착될 때 시동장치가 움직이지 않도록 설계됨

5) Lock-out/Tag-out 관련 사고현황

① 산업재해의 10% 250,000건 중 LO/TO와 관련된 사고로 매년 200～300명 사망, 60,000 경·중 부상

② 사고로 인한 조업중단(24일)

※ 2002 National Safety Council 보고서

③ lock-out/tag-out 관련 사고사례

㉠ 2020년 3월 6일 ○○○(주) 펌프 보수 중 차단밸브 미차단 및 자동밸브 조작으로 혼합산 누출(4명 부상)

㉡ 2017년 9월27일 ○○○○(주) 온도센서 보수 중 열매보일러 운전으로 열매유 누출화재(1명 부상)

㉢ 2013년 11월 26일 ○○○○○ 공사 중 LPG가스 역류하여 일산화탄소 누출(1명 사망)

6) Lock-out/Tag-out와 관련된 재해 비율

① 제조업이 전체 재해의 74% 차지

② 기계설비 및 장비 이물질 제거 작업 중 30%

③ 기계설비 및 장비 청소 29%

※ 2000 OSHA 보고서

④ 부상의 경우 재해비율은 장비 사용 후 제대로 끄지 못함(80%), 다른 사람이 가동한 장비(10%), 잠재에너지 통제 못함(5%), 기타(5%)

※ BLS(미국노동통계국)

※ OSHA(미국노동 산하 작업안전위생국)

7) Lock-out/Tag-out 효과

① 제거/예방

㉠ 보수, 검사, 수리, 청소 중 갑작스럽고 예측하지 못한 구동에 의해 발생할 수 있는 상해나 사망을 효과적으로 예방

㉡ 승인받지 않은 작업자의 기계, 장치 조작 방지

㉢ 작업자의 생명 보호(OSHA 연구 결과에 따르면 lo/to 사용으로 25～50% 재해율 감소 효과)

㉣ 설비/장비의 손상과 작업 손실로 인한 생산효율 저하 방지

㉤ 개개인의 안전의식 향상

② 해외의 경우 법제화

③ 작업자의 실수 또는 다른 불안전 요소로부터 작업자 보호

8) 잠금장치 규정 준수에 관한 4단계

① 1단계 : 문서로 된 프로그램 개발(develop a written program procedures)

② 2단계 : 직원교육(training employees)

③ 3단계 : 잠금장치 실행(implement the program)

④ 4단계 : 정기적 감사(periodic audit)

※ OSHA Regulations－1910.147

9) Lock-out/Tag-out의 8단계 수행절차

단계	절차	내용
1	전원 차단 알림	현장에 있는 모든 작업자에게 알린다.
2	전원 차단	각각의 기계를 지정된 절차에 따라 정지시킨다.
3	체결 영역 에너지 차단	메인 전원과 2차 에너지원 조절 장치를 격리한다.
4	LOTO 체결	지정된 LOTO 포인트에 LOTO를 체결한다.
5	에너지 차단 확인	잔류에너지를 방출 차단 및 방출 여부를 확인한다.
6	경고표지(판) 부착	LOTO 설치 여부를 표시하여 준다.
7	유지/보수/서비스	단순 작업일지라도 LOTO에 예외는 없다.
8	재가동	재 가동에 앞서 공구제거, 조립상태 점검, 작업자 철수 확인한다. • LOTO 제거 알림, LOTO 최초 설치자가 직접 제거 • LOTO 회수 및 확인

그림 6.7 lock–out/tag–out의 8단계 수행절차

10) 잠금장치 종류(Lockout Devices)

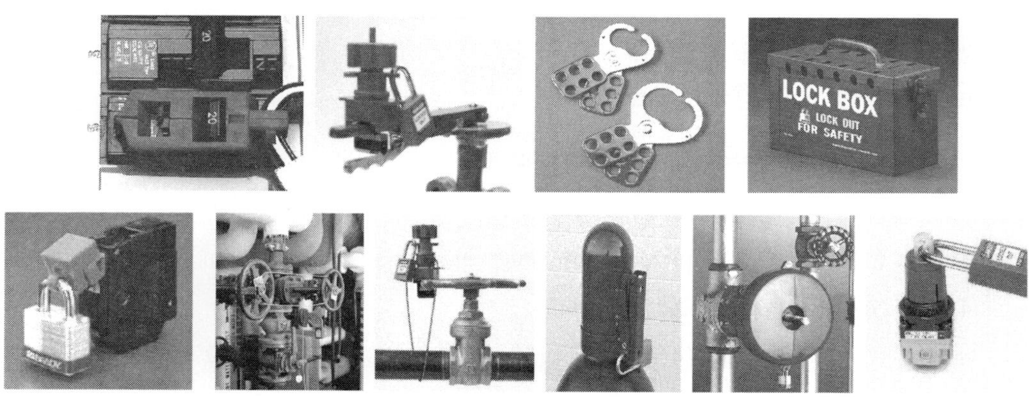

그림 6.8 잠금장치의 종류

6-3 공정안전관리(PSM)

1. 국내 도입 및 정착과정

1) 중대산업사고 예방을 위한 시스템을 법으로 규정

유해위험설비로부터 유해위험물질의 누출, 화재, 폭발 등으로 근로자에게 즉시 피해를 주거나 인근지역에 피해를 줄 수 있는 사고 즉, 중대산업사고(major industrial accident)를 예방하기 위한 체계적인 시스템

2) 60~70년대 산업화 과정 이후 화학공장 사고위험 요인 증대

① 노후 화학설비 보유사업장 증가

② 유해, 위험성 화학물질 사용량의 급격한 증가로 폭발사고도 함께 증가

㉠ 1989년 10월 4일 여수석유화학공단 ABS 분말수지가 누출되어 압출기 전기 가열기와 접촉·분해하여 분진 폭발 17명 사망, 부상 19명, 재산피해액 160억 원 발생

㉡ 포스겐가스 누출 사고

- 1994년 9월8일 여수석유화학공단 ○○캐미칼 노후 파이프로 포스겐 가스 누출로 작업 중이던 근로자 3명 사망
- 2005년 7월 16일 여수산업단지 내 ○○공장에서 1급 독가스인 포스겐이 유출되어 50여명이 중독되는 사고가 발생함
- 2012년 6월 19일 여수산업단지 내 ○○○○○ 화학(주)에서 포스겐가스 5 kg이 누출되 작업 중이던 노동자 140여 명이 긴급 대피하는 사고발생
- 2015년 1월 30일 여수산업단지 내 ○○○○○ 공장에서 협력업체 직원 4명이 기계장치 덮개인 맹판 제거작업 중 누출된 포스겐 가스에 노출되어 1명이 사망

㉢ 포스겐 노출 시 사망 특성

- 포스겐은 노출 후 30분에서 48시간 정도까지 증상이 없기도 하다가 일정한 시간이 경과 후 사망하였다. 포스겐을 흡입하면 폐포가 망가지고 체액이 축적되어 폐수종에 걸려 익사하거나 호흡을 하지 못해 사망한다.

참고

포스겐($COCl_2$)

- 포스겐은 일반적인 자연환경에서는 나오지 않으며 인간이 만든 불안정한 화합물로 1812년 영국의 존 데이비에 의해서 개발되었다. 곰팡이가 핀 건초에서 나는 냄새와 비슷한 냄새가 나며 화학적 반응성이 크고, 독성이 매우 큰 무색의 기체이다.
- 제조법도 매우 쉬워서 일산화탄소와 염소를 햇빛에 반응시키면 된다.
- 독성은 매우 강하여 독성물질별 유독한 순서는 포스겐 > 시안화수소 > 불소 >염소 > 황화수소 > 일산화탄소 > 암모니아 순이다.
- 포스겐을 흡입하면 속의 습기와 결합하여 염산이 발생하고 염산이 폐를 녹여 사망에 이르게 한다.

3) 1992년 국제노동기구(ILO)와 공동으로 중대산업사고예방 워크샵 개최

① 중대산업사고예방 제도의 조속한 국내도입 결의

② 국제적 협력 강화

4) 중대산업사고예방 제도 홍보사업 전개

① 1993년 7월 중대산업사고예방 세미나(서울, COEX)

② 1993-95년 공정안전관리 및 위험성평가 워크샵(울산, 여수 등)

5) 1995년 1월 5일 산업안전보건법에 공정안전관리제도 도입

법 제49조의 2 제1항 내지 제4항

6) 1996년 1월 1일 부터 시행

7) 중대산업사고예방 및 PSM 효과

① 사고발생 시에 사고 영향의 최소화

② 비상시 대응 조치의 개선

③ 공정에 대한 보다 증진된 훈련과 이해

④ 보다 효과적이고 생산적인 운전

⑤ 관계법의 만족과 공공 사회와의 관계 개선

2. PSM의 도입에 영향을 준 사고

1) 기술기준이 발전하게 된 사고

1974년 6월, 영국(U.K. Flixborough) 사이클로헥산 반응기 폭발(cyclohexanol-reactor explosion)

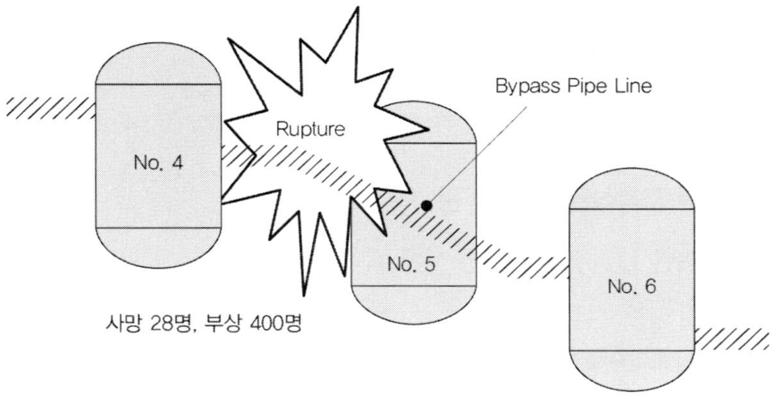

그림 6.9 Flixborough의 반응기 폭발

2) PSM을 시작하게 한 사고

① 사고회사 : Phillips Pasadena HDPE(고밀도폴리에틸렌) Plant 정비 중에 발생

② 사고발생 : 1989년 10월 23일

③ 사고형태 : 39톤의 증기운폭발

④ 인명피해 : 23명 사망, 124명 부상

⑤ 시설파괴 : 2개의 PE공장(total 600,000 t/y) 파괴

⑥ 총 보험청구금액 : 10억4천만 달러 이상

⑦ 12개월 후 1개 공장 재가동

⑧ 사고 후 조사결과

- block 밸브가 open 위치에 있었고 lock-out 장치가 제거되어 있었음
- air hoses가 연결 되어 있었고, air hose 밸브가 열려 있는 것을 발견함

그림 6.10 Phillips Pasadena HDPE Plant

3) 독성물질에 대한 경각심을 일깨워 준 사고

① 사고회사 : 1984년 12월 2일 23시경 세계 최악의 참사로 기억될 인도 보팔의 다국적 기업 유니온 카바이드 사

② 누출가스 : 농약제조원료 맹독성 가스인 아이소사이안화 메틸(MIC, methyl isocyanate)이 유출 탱크에 보관되어 있던 42톤 가량의 MIC가 기체로 바뀌어 누출됨

③ 피해자수 : 사망 4,000여 명, 부상자 20여만 명이고 이 후 후유증으로 사망하게 된 사람은 최소 1만 6천여 명임

④ 주 사망원인 : 기체 상태의 MIC가 폐 속으로 들어가 수분을 만나면 다시 반응을 일으켜 폐 조직 등을 녹여 폐가 기능을 잃고 또 폐에 체액이 차게 되어 죽게 되는 폐수종으로 사망

그림 6.11 1984년 인도 보팔 가스 누출사고

3. 산업안전보건법상 PSM 체계

① 공정안전보고서 제출대상 : 유해위험설비를 보유한 사업장

참고

유해위험설비
- 업종에 해당하는 사업장의 그 보유설비
- 규정수량 이상 취급하는 사업장의 경우 관련설비

② 업종별 적용대상(산안법 시행령 제33조의 5 제1항)
- 원유정제처리업
- 기타 석유정제물 재처리업
- 석유화학계 기초화합물 또는 합성수지 및 기타 플라스틱물질 제조업
- 질소, 인산 및 칼리질 비료 제조업
- 복합비료 제조업
- 농약 제조업(원제제조)
- 화약 및 불꽃제품 제조업

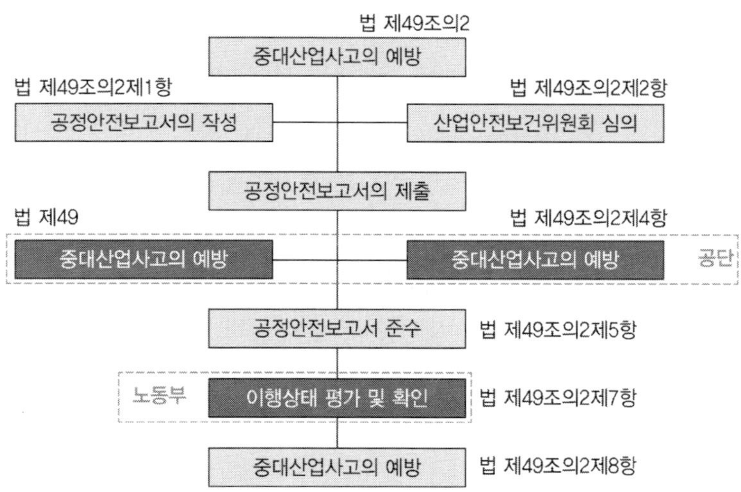

그림 6.12 산업안전보건법상 PSM 체계

③ 업종별 적용 제외대상 : 원자력, 군사시설, 난방 연료용 저장설비, 도소매시설 등

표 6.1 유해·위험물질 규정수량 [단위 : kg]

물질	수량	물질	수량
가연성가스	5,000(200,000)	불화수소	1,000
인화성물질	5,000(200,000)	염화수소	20,000
메틸이소시아나이트	150	황화수소	1,000
포스겐	750	질산암모늄	500,000
아크릴로니트릴	20,000	니트로글리세린	10,000
암모니아	200,000	트리니트로톨루엔	50,000
염소	20,000	수소	50,000
이산화황	250,000	산화에틸렌	10,000
삼산화황	75,000	포스핀	50
이황화탄소	5,000	실란	50
시안화수소	1,000		

6-4 종합적 안전관리시스템(SMS, Safety Management System)

1. 개요

기업의 안전관리 및 생산활동 중 전반에 존재하는 위해요인을 찾아내 이를 분석, 평가하고 필요에 따라 사전 예방조치를 강구함으로서 사고를 예방하는 제도적 시스템을 말한다. 즉, 기업활동 전반을 하나의 시스템으로 보고 이에 따르는 경영방침, 안전조직, 안전자료, 안전성평가 등을 포함한 모든 부분의 체크리스트를 체계화해 관리토록 한 것이다.

따라서 각 기업의 종사자들은 이 같은 시스템을 체계화해 스스로가 반복적으로 시스템을 평가함으로서 위험요소를 사전에 인지, 적극 대처할 수 있는 능력을 갖게 된다. 이는 기존의 안전관리규정과 기술검토, 검사 등의 안전관리체계를 보다 적극적으로 보완, 발전시킨 개념의 차세대 안전관리 기법인 것이다.

2. 구성

SMS는 크게 종합적안전관리규정과 안전성향상계획서의 두 가지 요소로 구성된다.

1) 종합적안전관리규정

사업소 전체에 대한 안전관리규정을 규범화한 것으로서 기존의 사람에 따라 상황적으로 대처해오던 안전활동을 명문화하고 체계적으로 정리해 모두가 공유토록 하는데 목적을 두고 있다.

2) 안전성향상계획서(SMS)

단위시설의 위험요소에 대한 기술적인 관리성격으로 계획서의 작성을 통해 각 시설의 문제점을 보다 면밀히 판단하게 되고 이에 대한 체계적인 관리를 가능케 한다. 안전성향상계획서(SMS)는 신업통상자원부령이 정하는 시설을 운영하는 사업장은 안전성향상계획서를 작성하여 한국가스안전공사 등에 제출하여 심사 후 소재지 관할 기관으로부터 허가를 득하는 제도이다.

3. 제도의 도입 배경 및 필요성

1) 도입배경

세계적으로 종합적 안전관리시스템이 처음 도입되게 된 계기는 76년 이탈리아 세베소에서의 독극물 누출사고가 발생한 후부터다. 이 사고로 우려되어 왔던 대형시설에 대한 안전관리 문제가 무엇보다도 중요한 문제로 떠올랐고 특히 시설물의 사고발생시 인근지역에 영향 및 피해범위까지도 우려되면서 각종 관리기준들이 등장하기 시작했다.

일본은 85년 각종 안전법령을 개정, 유럽의 세베소지침과 비슷한 제도로 위해위험 방지규정을 작성했고, 미국은 89년 캘리포니아주에서 RMPP제도를 도입한 것으로 시작으로 노동청(OSHA)의 공정안전관리제도(PSM), 환경청(EPA)의 위험관리제도(RMP), 운송국(DOT)은 배관위험성평가제도를 각각 도입하여 시행해 오고 있다. 즉 관련제도의 성격이나 범위는 다르지만 각기 시설물의 안전을 위해 종합적인 시스템상 관리적 성격을 띄고 각기 사업자 스스로가 이를 사업장에서의 규정으로 작성, 안전활동에 반영토록 하고 있는 것이다.

특히 우리나라의 경우도 가스수급규모의 대형화, 가스시설의 복잡·다양화 되어감에 따라 그 필요성이 대두된다. 94년 여천 화인케미컬의 독성가스 누출사고와 아현동 도시가스폭발사고, 95년 대구사고 등의 일련의 대형가스사고를 계기로 당시 검사중심의 안전관리 제도의 한계점을 인지하여 종합적인 안전관리 규정을 필요로 하게 됐다. 이를 계기로 총리실 산하 중앙안전점검통제회의에서 가스안전관리체계의 새로운 개선을 위한 SMS의 도입을 규정하게 된다.

2) 가스안전관리종합체계의 구축 필요성

① 시설위주의 검사에서 시스템에 의한 검사로 전환

② 국무총리 주재 중앙안전점검통제회의에서 결정

③ 안전을 경영의 일부로 인식

3) SMS운영 과정

① 제도적 도입

㉠ 1995년 8월 도입

㉡ 1996년 1월 시행

㉢ 공동심사 실시 : 산업안전보건법 및 고압가스안전관리법에 동시에 적용되는 경우

② 1차 제도 개선

㉠ 1997년 4월 복합심사제도 도입 · 감사원 중재로 동시에 적용되는 경우 복합 심사 실시

㉡ 현장 심사 및 서류심사 실시

③ 2차 제도 개선 : 1999년 6월

㉠ 업체로 부터 이중심사에 따른 불편 및 규제완화 요구

㉡ 규제개혁위원회 결정

㉢ 도입목적, 운영현안 등을 검토하고 동 제도의 필요성 인정

㉣ 정기적으로 재작성하여 심사하는 제도 폐지

4. SMS 적용 대상자

1) 고압가스분야

① 석유사업법에 의한 석유정제사업자의 고압가스시설 저장능력 100톤 이상 시설 보유자

② 석유화학공업자 또는 지원 사업을 하는 자의 저장능력이 100톤 이상 또는 1일 고압가스처리 능력이 10,000 m^3 이상

③ 비료관리법에 의한 비료생산업자의 고압가스 저장능력이 100톤 또는 1일 고압가스처리능력이 100,000 m^3 이상인 경우

2) 액화석유가스분야

저장능력이 1천 톤 이상인 저장시설을 보유한 액화석유가스 저장·충전사업자

3) 도시가스분야

도시가스사업자

4) 시설변경에 의한 안전성향상계획서 제출대상

① 생산량의 증가, 원료 또는 제품의 변경을 위하여 반응기(관련설비 포함)를 교체 또는 추가로 설치하는 경우

② 변경된 생산설비 및 부대설비의 당해 전기 정격용량이 300 kw 이상 증가한 경우

③ 플레어스텍을 설치 또는 변경하는 경우

5. 안전성향상계획서 구성내용 및 제출방법

1) 제출시기 및 방법

① 제출시기 : 착공 30일 전

② 제출기관 : 한국가스안전공사

③ 작성부수 : 안전성계획서 3부(기술검토서 포함), 단, 안전보건공단과의 공동심사에 해당하는 경우는 4부 작성

2) 구성내용

공정안전자료	안전성평가서	안전운전계획	비상조치계획	기타 안전성 향상을 위하여 산업자원부 장관이 필요하다고 고시하는 상황

6. 안전성향상계획서 심사 및 평가 주요 지적사항

1) 심사지적사항

(1) 무리한 건설일정에 따른 부실한 작성

① 내진 설계 및 package items

② safety valve schedule

③ 장치 및 설비 사양

④ 배관 및 계장도(P&ID, piping and instrumentation diagram)

(2) 기존 공장 용량 증가 시 부적절한 검토

① 안전밸브 분출용량 검토

② flare stack 용량검토

③ 장치 및 설비 추가설치에 따른 안전성평가 검토

2) SMS 확인평가 지적사항

① 시설 및 기술정보 등의 공유 부족

② 변경관리 부적절

③ 가동 전 점검 미비

④ 안전작업허가 등 부적절

⑤ 협력업체에 대한 책임 및 의무 미흡

⑥ 안전성평가 형식적 작성

⑦ 내부감사 형식적인 것에 그침

7. SMS 제도의 시행 효과

① 종합적인 안전관리시스템 구축 : 안전관리 feed back system의 개선

② SMS 대상사업장의 사고감소 : 공장의 안전조업으로 가동정지횟수 감소 및 경영수지 개선

③ 선진 위험성평가기법의 보급 및 활성화

④ 공장의 정기보수 주기 연장

⑤ 기술자료의 체계적 정립
⑥ 대내외 신뢰성 향상 : 재보험사의 요구사항 반영

6-5 설비유지관리기법

1. 위험기반검사(RBI, Risk Based Inspection)

1) 개요

석유화학공장의 안전을 위해서는 설비를 지속적으로 안전하게 유지관리 하는 것이 중요하며 이를 위해서는 정기적인 예방정비(PM, prevention maintanace)가 이루어져야 하고, 이러한 PM을 수행하는 것은 RBI 등과 같은 일정한 기준에 의하여 과학적이고 효율적인 관리가 되어야 한다. RBI는 특정설비에 대한 위험성평가를 위험도(risk)에 의해 검사체계의 운영과 공정 또는 장치의 검사 우선순위를 결정하는 방법이다. 즉, 각 설비가 노출된 위험인자 등을 과학적이고 체계적으로 분석하여 그에 적절한 검사방법과 주기를 결정, 효율적으로 설비를 관리하는 기법이라고 할 수 있다.

2) 도입배경

① 공정설비는 시간이 지남에 따라 점차 노후화되므로 설비의 안전도를 유지 또는 향상시키기 위해 현재 실시하고 있는 검사체계의 문제점
 ㉠ 개방검사에 대한 명확하고 객관적인 판단기준 부재(검사전례, 경험, 운전상태를 근거로 정비대상 선정)
 ㉡ 검사 및 관리비용이 매우 높음
 ㉢ 생산성 감소
 ㉣ 정비비 증가
② 설비의 유지·보존 상태, 경제성, 안전성에 따라 가장 효과적이고 적절한 시기에 검사/보수할 수 있는 방법이 필요
③ 검사주기, 검사항목, 검사방법, 검사일정 등의 종합계획을 수립하여 검사를 실시

3) RBI 목적

① 정량화된 위험도를 제공하여 공정 내 주요 설비를 효율적으로 관리할 수 있는 검사방법 제시

② 안전·환경 및 사업수행에 장애를 주는 위험요소를 검토하여 Cost-Effective한 방법으로 설비를 관리할 수 있도록 함

③ 검사 자원을 보다 효율적으로 운영하여 사고 가능성을 구조적으로 줄일 수 있도록 함

4) RBI 역사

(1) 미국 기계학회(ASME)

① 비행기의 제트엔진과 원자력의 안전성을 정량적으로 분석하기 위해 처음 시도

② CRTD : 1991, Risk-Based Inspection-Development of Guidelines, Volume 1. General Document

(2) 미국 석유학회(API)

RBI 기법을 석유화학공업분야로 개선 발전시킴

① API 581 : 2000, Risk Based Inspection, Basic Resource Document

② API 580 : 2001, Recommended Practice for Risk Based Inspection

5) RBI 검사 변천단계

(1) 1단계, 1980년 이전 : 가동정지 후 검사(Break Down Inspection)

① 장치시설을 전혀 검사하지 않고 손상될 때까지 가동하다가 손상이 되면 교체하는 방법

② 문제발생 시 또는 주기적인 검사 실시

③ 사고의 발생 가능성이 높음

④ 검사결과 기록 및 단순 대책을 수립 실시

(2) 2단계, 1980~1990년 : 가동 중/사용 중 검사(On Stream Inspection)

① 검사를 자주 오랜 시간에 걸쳐 자세히 시행하는 검사 방법

② 문제발생 다발 설비에 대해 운전 중 주기적 검사 실시

③ 검사능력의 한계 상존
④ 설비 관리비용이 과다 발생
⑤ 주기적인 검사 및 결과관리를 위한 전산자료 관리체계 필요

(3) 3단계, 1991~2000 : 예측사전검사(Predictive Inspection) - 손상 메카니즘을 예측

① 발생 예상부위 연구 및 집중검사 실시
② 설계자료 및 운전자료에 대한 분석과 입체적 관리 강화
③ 사고발생 가능성이 낮음
④ 설비 검사 및 관리비용이 매우 높음
⑤ 검사자료의 정확성 향상을 위한 검사표준 작성이 필요

(4) 4단계, 2000 이후 ; 위험기반검사(RBI, Risk Based Inspection)

① 전체 설비에 대해 문제발생 가능성과 대책이 수립
② 설비별 검사 방법 및 주기 설정
③ 설비 신뢰도 극대화
④ 설비관리 비용이 효율적 사용
⑤ 장치의 손상확률과 손상정도를 체계적으로 종합하고 장치의 전반적인 위험도를 정량적 혹은 정성적으로 분석하여 검사 및 교체시기의 우선순위를 결정하는 방법

6) 적용설비 및 분야

① pipe
② static : 열교환기, 압력용기, 반응기
③ rotating : 펌프, 브라우어, 컴프레서
④ valve : 제어밸브, 릴리프밸브
⑤ 정유 및 석유화학
⑥ oil & gas 취급 화학공장
⑦ 발전소
⑧ 철도, 차량, 선박

2. RBI 검사수행

1) 수행방법

운전 중 설비에서 발생할 수 있는 손상 메카니즘을 사고발생 이전에 찾아내기 위해 다음과 같이 수행한다.

① 어떤 종류의 손상 메카니즘(damage mechanism : why & what)을 찾기 위해 검사하는가?

② 어디(where)를 검사해야 하는가?

③ 언제(얼마나 자주) 검사(검사주기 : when) 해야 하는가?

④ 어떤 검사방법(how)을 적용해야 하는가?

2) 수행절차

위험기반검사에 의한 수행절차는 RBI 수행 전, 위험성평가, 세부계획, 검사계획의 4 단계로 구분된다.[KOSHA GUIDE P-15-2012]

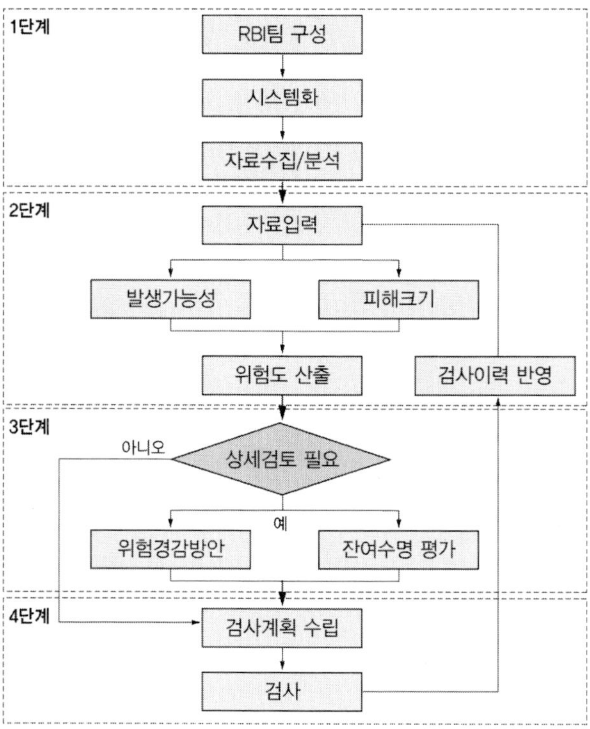

그림 6.13 RBI 수행절차

① 1단계(RBI 수행 전 단계)

RBI를 수행하기 위한 팀 구성, 공정배관계장도 시스템화(P&ID, piping and instrumentation) 및 공정유량흐름도(PFD, process flow diagrams)에 유체정보 및 인벤토리 구간을 정의), 자료수집/분석의 단계로 구성된다.

② 2단계(위험성평가단계)

수집 및 분석된 자료를 RBI 프로그램에 입력하여 정성작인 작업 또는 정성적인 방법으로 개별 설비에 대한 위험도를 산출하여 평가하는 단계이다.

③ 3단계(상세평가단계)

정량적으로 평가된 설비의 위험도를 기준으로 상세 평가가 필요한 설비에 대하여 설비의 위험경감 방안 수립 및 잔여수명(RUL)을 평가 수행하는 단계이다.

④ 4단계(검사계획단계)

검사주기, 검사부위 및 검사방법 등을 정의하여 표준검사계획(SEIP)을 수립하는 단계이다. 표준검사계획이 수립되면 검사계획보고서에 의해 유지·관리되며, 검사를 수행 후 2단계에서 검사이력을 반영하여 지속적으로 피드백 될 수 있도록 한다.

3) RBI 수행 전 단계(1단계)

(1) 팀 구성

팀 책임자 및 팀 구성원으로 RBI팀을 구성하고, 팀 구성원은 설비 및 기계 검사자, 재료 부식 전문가, 공정기술자, 운전 및 정비 전문가, 위험성평가 전문가로 구성한다. 또한 팀 구성원은 RBI평가 경험자 또는 교육을 받은 전문가로 구성되어야 한다.

① 팀 책임자

㉠ 위험설비의 운전 또는 검사에 충분한 경험과 지식을 겸비할 것

㉡ RBI팀을 조직화

㉢ RBI 추진 진도관리 및 수집된 자료에 대한 정확도 검증

㉣ 임의의 가정치에 대한 논리 확보 및 문서화

㉤ 자료수집 또는 가정치 설정을 자문하는 전문가 확보

㉥ RBI 최종보고서 작성 및 보급

㉦ 위험도 감소계획의 실행여부 확인 등

② 설비 및 기계 검사자

㉠ 설비상태 및 운전조건에 대한 자료를 확보

㉡ 재료 또는 부식 전문가와 함께 설비상태를 예측

㉢ 부식 전문가와 함께 과거의 검사효율 평가

㉣ RBI 추진결과의 검사계획서 이행 등

③ 재료 부식전문가

㉠ 손상 또는 파손 메카니즘의 형태와 적용방법에 대한 평가

㉡ 현재의 설비 상태에 대한 평가

㉢ 현재 상태와 예측치의 차이 발생 시 그 이유 규명

㉣ 재질변경, 부식방지물질 추가, 코팅 추가 등 사고발생 가능성 감소방안 제시

④ 공정기술자

㉠ 위험 설비의 운전조건, 유체조성, 독성 및 인화성 등 공정 기술정보 제공

㉡ 공정 조건 변경 등을 통해 위험도 감소 방안 제시 및 평가 등

⑤ 운전 및 정비 전문가

㉠ 운전 변수들이 규정된 운전범위 내에서 운전되고 있는 지 확인

㉡ 검사원으로부터 제공된 검사 결과 또는 설비 현상태에 적합하도록 정비 및 교체 등에 대한 평가 책임과 결정된 정비방안 수행 등

⑥ 위험성평가 전문가

㉠ RBI분석에 필요한 자료를 이용하여 위험성을 분석 및 평가

㉡ 자료 종류 및 정확도, 가정치 등의 결정

㉢ 전산자료에 입력할 자료 확보

㉣ 전산시스템의 입력 등

(2) 시스템화

RBI를 수행하기 위해서는 P&ID 및 PFD를 이용하여 시스템화를 수행하여야 한다. 시스템화에서는 인벤토리 그룹 설정, 인벤토리 그룹별 시스템 등급 결정, 유체흐름 정의, 설비 구분 등을 정의하게 된다.

① 인벤토리 그룹(inventory group)

㉠ 한 설비로부터 누출될 수 있는 유체량의 상한선을 정하기 위해 인벤토리(inventory)를

사용하며, 인벤토리 그룹의 개념은 피해영역을 계산하는 데 사용한다.

㉡ 인벤토리 그룹 내의 모든 설비의 총 누출량은 인벤토리 그룹 하나의 시스템 내의 압력 설비(장치)에서 고장이 발생할 경우, 잠재적으로 누출될 수 있는 양으로 간주한다.

㉢ 인벤토리 구간을 설정하는 구간은 다음과 같다.

- P&ID 상의 전동밸브(MOV, moter operated valve)
- 제어밸브 및 비상 시 차단 가능한 수동밸브
- 원격제어 가능한 펌프

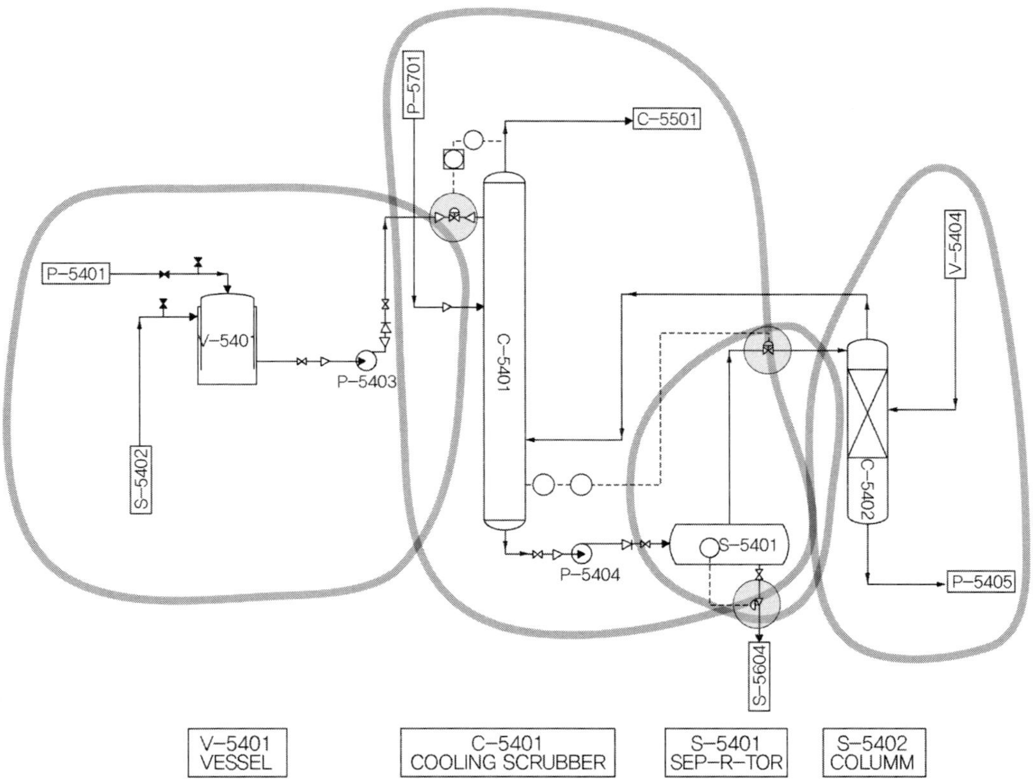

그림 6.14 인벤토리 그룹 예시

② 시스템 등급 결정

㉠ 인벤토리 그룹 내에 주어진 검출시스템, 차단시스템 및 완화시스템의 수준을 고려하여 등급을 부여한다.

㉡ 인벤토리 그룹별 시스템의 등급 부여 기준은 표 6.2와 같다.

표 6.2 검출 및 차단 시스템의 등급 분류

검출 시스템	차단 시스템	등급
시스템 계기로 검출	완전 자동(시스템 상에서 자동 차단)	A
외부시스템에 의한 검출	반자동(운전자 제어에 의한 차단)	B
육안검출 및 카메라에 의한 검출	수동	C

③ 유체 흐름 정의

㉠ 유체의 영역은 함유 유체에서 화학 조성의 변화가 일어나는 곳에 의해 구분된다.

㉡ 화학적 변화는 주로 공정용기, 열교환기, 로, 2개 이상의 흐름이 합쳐지는 배관, 부식억제제 주입되는 흐름 등에서 일어난다.

㉢ 유체흐름에 따른 압력과 온도의 변화에 대해서는 개별 설비에 대해 온도와 압력이 입력되기 때문에 유체흐름에서는 이를 반영하지 않아도 된다.

④ 설비 구분

㉠ 동일한 설비일지라도 상(phase) 분리, 서비스 유체, 재질 등에 의해 손상 메카니즘에서 차이가 발생될 수 있는 경우 설비를 세분화하여야 한다.

㉡ 타워류와 같은 경우 상(phase) 분리를 기준으로, 열교환기의 경우 서비스 유체를 기준으로 설비를 상세 분류해야 한다.

⑤ 자료수집 및 분석

㉠ 요구자료

- 공정 설명서(process description)
- PFD(process flow diagrams)
- P&ID(piping and instrumentation)
- 공정흐름데이타(process stream data)
- 배관 사양(piping specification)
- 재질 사양(materials of construction)
- 설계 기초자료(design assumptions & information)
- 배관 목록(pipe line list)
- 설비 데이터 시트(equipment data sheet)

- 검사 및 유지관리 기록(maintenance, inspection records)
- 수리 및 변경 기록(repair and modification records)
- 용기 피복 및 보온사양(vessels coating and insulation specifications)
- 기타 설비 관련 자료

㉡ 유체자료

- 입력하여야 할 유체의 정보는 유체번호, 유체명, HCl(Cl^-), 산소/산화제, 황, H_2S, 탄화수소, H_2SO_4, HF, NH_3, MEA(막전극집합체), DEA(디에탄올아민), MDEA(메틸디에탄올아민), 열안정아민염, 이산화탄소, 수산화나트륨, 수소, CO_3, 몰분율이다.

㉢ 설비자료

- 배관, 용기, 회전기계, 밸브에 대한 자료를 입력하여야 한다.

㉣ 자료분석

- 자료분석은 평가대상 설비요소에 대한 설계, 제작, 사용조건 및 검사 프로그램 등을 완벽하게 설정해야 한다.
- 분석결과가 정확하고, 재현이 가능하며, 현재 분석으로부터 다음 분석에 이르기까지 일관성을 유지할 수 있어야 한다.
- 모든 데이터 수집은 전문 인력에 의해 수행되어야 한다.

4) 위험성평가 단계(2단계)

(1) 자료입력

① 1단계에서 자료 수집 및 분석이 완료되면 RBI 프로그램에 데이터를 입력하게 된다. RBI 프로그램의 데이터 입력 및 운영에 관한 절차는 그림 6.15에 나타내었다.

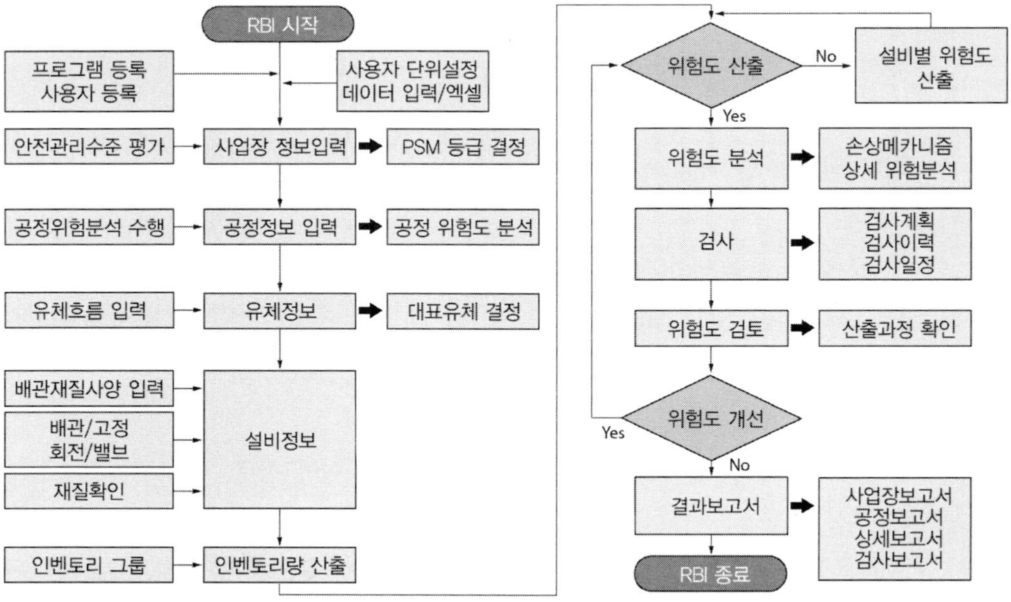

그림 6.15 위험기반검사의 데이터 입력 및 운영 절차

(2) 위험평가

① 발생 가능성 평가

㉠ 설비에 대한 고장 발생 가능성을 평가하기 위하여 두께감소(thinning), 응력부식균열(SCC), 고온수소침식(HTHA), 크리이프 손상(creep), 기계적 손상, 취성파괴(brittlement), 라이닝 손상, 외부손상의 손상형태에 대하여 분석하여야 한다.

㉡ 설비에 대한 고장율을 평가하여야 한다.

㉢ 고장 발생 가능성에 영향을 주는 주요 인자는 화학물질, 몰분율, 유속, 온도 등의 공정조건과 재질의 특성에 따라 손상 메카니즘의 정도가 달라지기 때문에 손상 메카니즘이 예상된다면 예방 및 완화를 위한 방법이 마련되어야 한다.

② 피해크기 평가

㉠ 설비의 피해크기는 장치손상 영역과 재정적 손실의 방법으로 산출이 가능하다. 인화성 물질을 사용하는 경우 장치손상 영역 또는 재정적 손실의 방법 중 하나를 선택해서 사용할 수 있다. 공기, 질소, 스팀 등과 같은 유티리티를 사용하는 경우 장치 손상영역이 없기 때문에 재정적 손실 방법을 택하여 평가하여야 한다.

㉡ 피해크기 범위는 누출 시나리오에 따라 소(small), 중(medium), 대(large), 파열(rupture)로 4가지로 나타내며, 피해예측을 위한 대책을 마련하기 위해서는 가중 평균과 파열로 인한 최악의 경우를 고려하여야 한다.

㉢ 피해크기에 영향을 주는 인자로는 공정유체의 물리화학적 특성, 공정조건에 의해 결정된다.

③ 위험크기 결정

㉠ 설비에 대한 위험도 등급은 일반적으로 그림 6.16과 같이 5×5의 위험도 행렬이 많이 사용되나 5×5의 행렬로 제한되는 것은 아니다.

㉡ 5×5의 행렬을 사용하는 경우 위험도 등급은 고위험도(high), 중상위험도(high-medium), 중위험도(medium), 저위험도(low) 등급으로 분류한다.

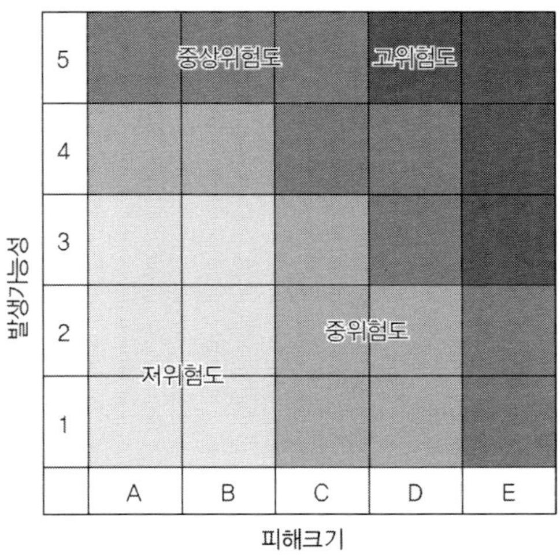

그림 6.16 위험도 등급 행렬

④ 검사이력 반영

㉠ 설비의 발생 가능성은 설비의 신뢰도에 영향을 받으며, 설비의 신뢰도를 확보할 수 있는 방법은 개방검사에 의한 비파괴검사를 통해 얻어질 수 있다.

㉡ 개방검사를 수행 후 설비에 대한 검사 이력을 RBI 프로그램에 입력하고, 설비에 대한 위험도를 재산출하여야 한다.

5) 상세평가단계(3단계)

(1) 상세평가 대상 선정 및 평가

① 위험성 평가 단계 후 상세평가 대상 선정을 위하여 그림 6.17의 위험도 행렬을 이용하여 상세 검토 확인 대상을 선정한다.

② 상세평가 대상은 위험도 행렬에서 고위험도, 중·상위험도 등급에 해당하는 설비는 위험경감방안 수립과 잔여수명 평가를 수행하여야 한다.

③ 중위험도 설비의 경우 발생가능성 등급이 4등급에 해당할 경우 잔여수명 평가를 수행하여 설비의 신뢰성을 확보해야 한다.

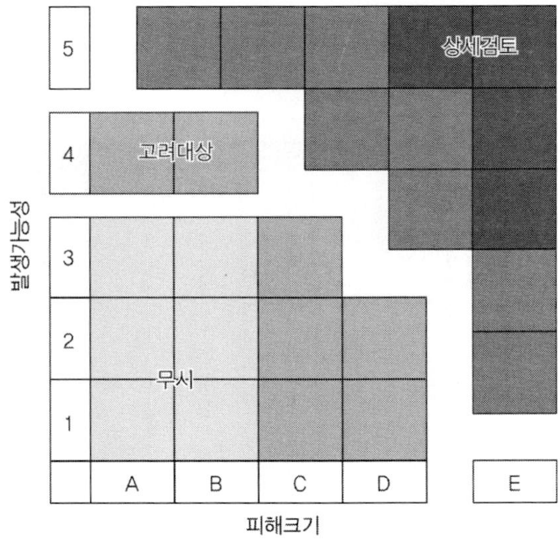

그림 6.17 상세 검토 대상 확인

(2) 위험경감방안

① 발생가능

㉠ 손상메카니즘이 예측된 경우 부식 억제 또는 이를 완화할 수 있도록 고려해야 한다.

㉡ 부식 억제 또는 완화가 불가능할 경우 재질의 변경을 고려해야 한다.

㉢ 유속, 온도 등의 공정 변수를 변경하여 부식 범위를 벗어나도록 고려하여야 한다.

㉣ 대등한 화학물질로 교체를 고려하여야 한다.

㉤ 주기적으로 개방검사를 수행하여 설비의 신뢰성을 확보해야 한다.

② 피해크기

㉠ 검출 및 차단시스템을 자동화하여 누출량을 최소화할 수 있도록 한다.

㉡ 위험물질 인벤토리 량을 감소하여야 한다.

㉢ 대등한 화학물질로 교체를 고려하여야 한다.

㉣ 완화시스템을 고려하여 피해 범위를 줄일 수 있도록 하여야 한다.

㉤ 피해크기를 줄일 수 있는 방법은 공정의 특성에 적합하게 경감방안을 수립하여야 한다.

6) 검사계획단계(4단계)

(1) 검사계획 수립 개요

① 검사계획은 정량화된 위험도에 근거하여 수립할 경우 검사자원을 보다 효율적으로 관리할 수 있으며, 매우 효과적이다.

② 검사계획 수입에서는 설비의 유지 및 보존상태, 경제성, 안정성에 따라 가장 효과적이고 적절한 시기에 검사 및 보수를 할 수 있도록 해주어야 한다.

③ 가장 효과적인 시기에 검사주기, 검사항목, 검사일정 등을 검사계획에 반영하여 체계적으로 수립하여야 한다.

④ 검사의 초점이 "어떤 종류의 손상메카니즘을 찾기 위해 검사하는가? 어디를 검사해야 하는가? 언제 검사를 해야 하는가? 어떠한 방법으로 적용해야 하는가?"에 가장 적합하게 이루어져야 한다,

(2) 육안검사 판단기준 수립

① 설비의 검사는 육안검사와 비파괴검사에 의해 이루어질 수 있으며 , 육안검사에서 문제점이 발견될 경우 비파괴검사를 병행하게 된다.

② 육안검사 판단 기준에서는 부위와 검사내용에 대하여 정의를 하게 된다. 표 6.3은 타워류에서 육안검사를 수행하기 위한 검사부위별 검사항목과 검사내용에 대한 예이다.

표 6.3 타워류 내·외부에 대한 육안검사 기준

항목	구분	부위	검사내용
외부	본체	• shell, head 표면 • 노즐(nozzle) • 보온·보냉재	• 부식, 균열, 변형상태 • skirt와 본체 용접부 결함 • 도장의 박리 • 탈락
	지지부	• skirt, saddle, foundation • 고정장치, 볼트/너트	• 부식, 균열, 변형상태 • 슬라이딩 포인트의 미끄럼 가능여부 • 부식, 조임상태
	부착류	• platform, ladder, cage • 볼트, 너트 • 내화재료 • 접지	• 부식, 도장, 박리상태 • 부식, 조임상태 • 균열 및 빗물 침투여부 • 탈락여부
내부	본체	• 모재 및 용접부 • 노즐	• 부식, 마모, 균열, 변형 여부 • 피팅 깊이측정 • 부식, 마모, 균열 유무 • 개스킷 면의 부식유무
		• 피복(cladding), 라이닝, 용접 overlay	• 부식, 균열 유무 • disbonding 유무
	Internal	• tray 부위	• cap 탈락수 • 변형(bending)유무 • 볼트/너트조임, 부식상태
		• 옥외배관(distribution pipe)	• Hole 막힘 유무, 부식상태
		• 김서림 방지장치(demister)	• 부식상태

(3) 손상메카니즘의 확인

① API-581 절차에서는 두께감소, 응력부식균열(인장응력과 부식 전해액이 동시에 존재함으로써 일어나는 균열), 고온수소침식(고온에서 금속 안에 수소가 흡수되어 금속의 기계적 성질이 약해져 부스러지기 쉽게 되는 현상), 크리이프, 기계적 피로, 취성파괴, 외부손상에 대한 손상메카니즘을 제공하고 있다. 표 6.4에서는 손상메카니즘을 나타내었다.

② 이들 손상메카니즘은 검사기법과 검사 유효성을 적용할 수 있도록 제시되었기 때문에 보다 폭 넓은 적용을 위해서는 API 571에서 제공되는 손상메타니즘에 확인이 이루어져야 한다.

③ API-571에서는 63종의 손상메카니즘은 표 6.5와 같다. 손상메카니즘에 대한 확인은 손상메카니즘에 영향을 미치는 인자, 완화 및 방지방법, 모니터링 방법 등에 대한 검토가 되어야 한다.

표 6.4 API-581 절차에 의한 손상메카니즘의 분류

손상의 형태	관련 메카니즘	손상의 형태	관련 메카니즘
두께감소	염산부식	응력부식균열	부식성 균열
	고온황산염/나프텐산부식		아민 균열
	고온 H_2S/H_2 부식		황화물 응력균열
	H_2SO_4 부식		HIC/HOHIC 균열
	HF 부식		탄산염 균열
	산성수 부식		PTA 균열
	아민부식		CISCC 균열
	고온산화 부식		HSC-HF 균열
수소침식	고온수소침식		HIC/SOHIC-HF균열
크리이프	크리이프 손상	취성파괴	낮은 온도/인성
외부손상	외부부식		뜨임취성
	보온밑 부식		457℃
	외부응력 부식 균열		시그마 취성
	보온밑 응력 부식균열	피로	기계적 피로
라이닝 손상	설비 라이닝 손상		

참고

미국석유협회(API) API-581 총괄 알고리즘

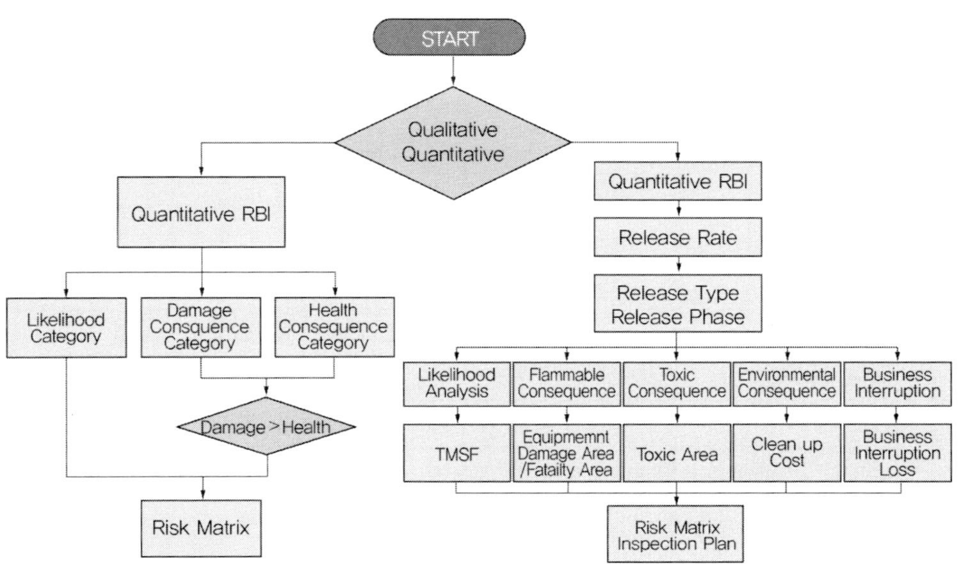

표 6.5 API 571에 의한 손상 메카니즘

DM#	Damage Mechanism	DM#	Damage Mechanism
1	Sulfidation	33	885"F(4 75°C) Embrittlement
2	Wet H,S Damage(Blistering/HIC/SOHIC/SSC)	34	Softening(Spheroidization)
3	Creep/Stress Rupture	35	Reheat Cracking
4	High temp H_2/H_2S Corrosion	36	Sulfuric Acid Corrosion
5	Polythionic Acid Cracking	37	Hydrofluoric Acid Corrosion
6	Naphthenic Acid Corrosion	38	Flue Gas Dew Point Corrosion
7	Ammonium Bisulfide Corrosion	39	Dissimilar Metal Weld(DMW) Cracking
8	Ammonium Chloride Corrosion	40	Hydrogen Stress Cracking in HF
9	HCI Corrosion	41	Dealloying(Dezincification/Denickelification)
10	High Temperature Hydrogen Attack	42	C02 Corrosion
11	Oxidation	43	Corrosion Fatigue
12	Thermal Fatigue	44	Fuel Ash Corrosion
13	Sour Water Corrosion(acidic)	45	Amne Corrosion
14	Refractory Degradation	46	Corrosion Under Insulation(CUI)
15	Graphitization	47	Atmospheric Corrosion
16	Temper Embrittlement	48	Ammonia Stress Corrosion Cracking
17	Decarburization	49	Cooling Water Corrosion
18	Caustic Cracking	50	Boiler Water I Condensate Corrosion
19	Caustic Corrosion	51	Microbiologically Induced Corrosion(MIC)
20	Erosion I Erosion-Corrosion	52	Liquid Metal Embrittlement
21	Carbonate SCC	53	Galvanic Corrosion
22	Amine Cracking	54	Mechanical Fatigue
23	Chloride Sress Corrosion Cracking	55	Nitriding
24	Carburization	56	Vibration-Induced Fatigue
25	Hydrogen Embrittlement	57	Titanium Hydriding
27	Thermal Shock	58	Soil Corrosion
28	Cavitation	59	Metal Dusting
29	Graphitic Corrosion(see Embrittlement)	60	Strain Aging
30	Short term Overheating-Stress Rupture	61	Seam Blanketing
31	Brittle Fracture	62	Phosphoric Acid Corrosion
32	Sigma Phase/Chi Embrittlement	63	Phenol(carbolic acid) Corrosion

(4) 검사부위 선정

① 설비 형태와 손상 메카니즘과 부식 영향인자를 고려하여 설비의 검사부위를 결정하여야 한다.

② 검사 부위 결정 시 고려할 부식 영향 인자는 설비의 형태 및 유체의 거동 특성 등을 기반으로 결정되어어야 한다.

③ 그림 6.18은 타워류에서 검사부위를 나타낸 것으로써 고려된 부식 영향 인자는 응력집중, 액상 경계면, 침전물, 유속, 유체 충격 등이다.

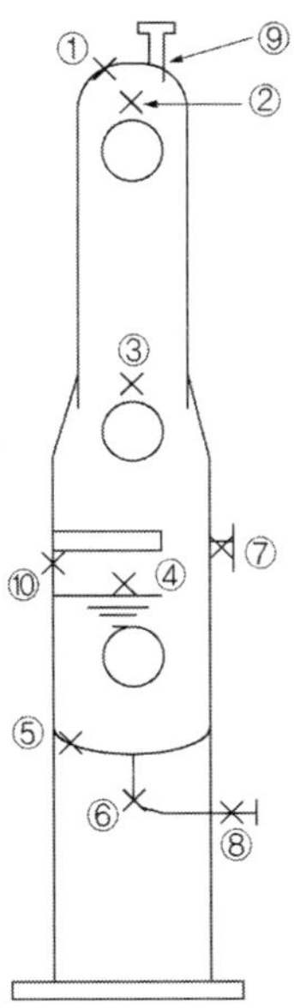

검사부위	부식 영향인자
①	응력집중
②	응력집중
③	응력집중
④	기-액상 경계면
⑤	응력집중, 침전물
⑥	유속
⑦	유속
⑧	유속
⑨	유속
⑩	유체 충격

X표: 측정 지점

그림 6.18 타워류에서 검사 부위 선정

④ 그림 6.19는 배관에서 제어밸브가 설치된 부위에서 고려된 부식 영향 인자의 검사위치를 나타낸 것이다. 고려된 부식 영향 인자로는 유체정체, 유속변화, 응력집중, 냉각 등을 고려할 수 있다. 특히 배관의 경우에는 사용되는 직경에 따라 유체의 거동 특성을 고려하여 검사해야 할 부위를 다르게 하여야 한다.

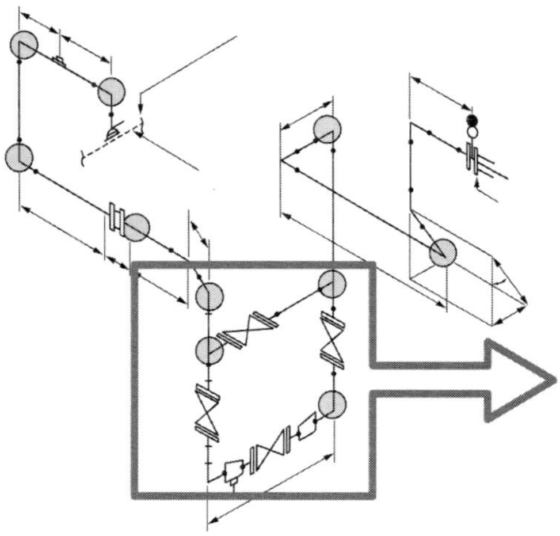

검사부위	부식 영향인자
①	유체정지
②	유체정지
③	유속변환
④	응력집중, 냉각

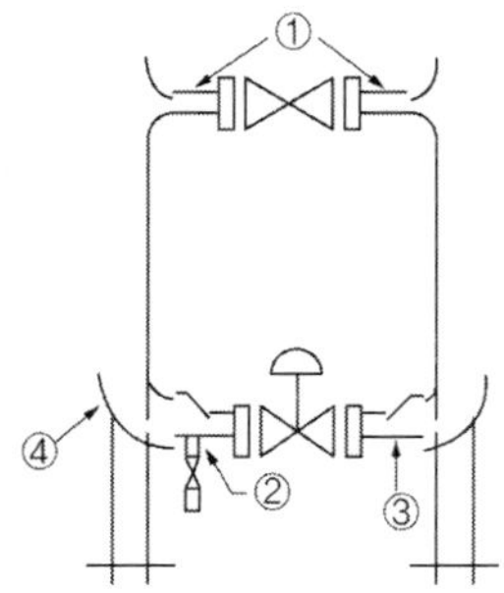

그림 6.19 제어밸브 및 연결부위에서 검사 위치 선정

(5) 검사효율 및 검사기법

① 설비의 검사 부위 선정 후 각 부위별로 비파괴검사를 수행하게 된다. 이 때 비파괴검사를 수행하기 위해 손상메카니즘 별로 검사효율을 달리 적용하게 된다.

② 손상메카니즘의 수준을 고려하여 심각한 경우 매우 효과적(highly)으로 수행하고, 정도가 심각하지 않은 경우는 약간 효과적(poorly)인 방법으로 검사를 수행하게 된다. 이 때 적용할 수 있는 검사효율 등급은 매우 효과적(highly), 대체로 효과적(usually), 효과적(fairly), 약간 효과적(poorly)으로 구분된다.

③ 검사의 형식은 용기인 경우 개방검사를, 배관인 경우 사용중 검사를 선택하여 검사효율에 맞게 적용해야 한다. 표 6.6은 두께감소에 대한 검사방법을 나타낸 예이다.

④ 손상메카니즘과 검사효율을 고려하여 가장 적합한 비파괴검사법을 설정하여야 한다. 표 6.7은 손상메카니즘별로 검사기법(비파괴검사)에 대해 적용 가능성의 예시를 나타낸 것으로 손상메카니즘과 검사효율을 고려하여 선택하게 된다.

표 6.6 두께감소에 대한 검사 방법

검사효율	개방검사	사용중 검사
매우 효과적 (Highly)	50~100% 표면검사(내부물 부분적으로 제거 후)와 두께산출	50~100% 초음파 스캐닝(자동 또는 수동) 또는 형상 방사선검사
대체로 효과적 (Usually)	명목상의 20% 검사(내부물 제거하지 않음)와 지점 외부 초음파 두께 산출	명목상의 20% 초음파 스캐닝(자동 또는 수동) 또는 형상 방사선 검사 또는 외부지점 두께(통계적으로 유효한) 산출
효과적 (Fairly)	두께 산출 없이 육안검사	2~3% 검사 또는 지점 외부 초음파 두께 산출과 내부 육안검사를 하지 않거나 거의 하지 않음
약간 효과적 (Poorly)	지점의 두께 읽은 값만 육안검사	2~3차례 두께산출과 문서화된 검사계획 시스템

표 6.7 손상메카니즘별 검사기법 예시

검사기법	두께 감소	표면 균열	표면하 균열	미세 균열	금속 변화	치수 변화	부풀음
Visual Examination	1-3	2-3	X	X	X	1-3	1-3
Ultrasonic Straight Beam	1-3	3-X	3-X	2-3	X	X	1-2
Ultrason Ic Shear Wave	X	1-2	1-2	2-3	X	X	X
Fluorescent Magnetic Particle	X	1-2	3-X	X	X	X	X
Dye Penetrant	X	1-3	X	X	X	X	X
Acoustic E Mission	X	1-3	1-3	3-X	X	X	3-X
Eddy Current	1-2	1-2	1-2	3-X	X	X	X
Flux Leakage	1-2	X	X	X	X	X	X
Radiography	1-3	3-X	3-X	X	X	1-2	X
Dimensional	1-3	X	X	X	X	1-2	X
Measurements Metallography	X	2-3	2-3	2-3	1-2	X	X

1 = 매우 효과적, 2 = 알맞게 효과적, 3 = 가능한 효과적, X=정상적 동작 않음

(6) 검사주기 설정

① 설비의 검사주기를 설정하는 방법은 크게 두 가지 방법을 사용하게 된다. 첫 번째는 RBI 프로그램에서 현재 이후의 설비 상태를 예측할 수 없을 경우와 두 번째 경우는 10년 후까

지 설비의 상태를 예측할 수 있는 경우이다.

㉠ 첫 번째는 정적인 위험도에 근거한 방법으로 위험도 행렬에 검사주기를 설정 후 해당 설비에서 위험도 등급을 위험도 행렬에 적용하여 검사주기를 찾는 방법이다.

㉡ 두 번째는 동적인 위험도에 근거하여 시간경과에 따른 위험도의 증가를 고려하여 설정된 위험도 값에 도달할 때까지 걸리는 시간을 고려하여 이를 검사주기로 설정하는 방법이다. 이 때 적용되는 검사 유효성 등급을 반영하여 다음 검사의 주기에 영향을 미치게 된다.

② 위험도 행렬에 의한 검사주기를 사용할 경우 설비의 잔여수명이 검사주기보다 짧은 경우 이를 고려하여 검사주기를 재설정하여야 하며, 현재와 향후 10년 후까지의 설비의 상태를 예측하여 설비의 설정 위험도에 도달하는 시간에 의해 검사주기를 결정하는 방법을 권장한다.

③ RBI 프로그램에서 사용하고 있는 검사주기는 위험도 행렬에 의해 검사주기를 설정하고 있으며 기본검사 주기는 그림 6.20와 같다.

발생가능성					
5	3	2	2	1	1
4	5	4	3	2	1
3	6	6	4	3	2
2	8	8	5	4	3
1	8	8	6	5	4
	A	B	C	D	E

피해크기

그림 6.20 RBI에 의한 검사주기

참고

산업안전보건법에서 석유화학설비 자체검사 항목
- 폭발·화재의 원인이 되는 물질의 존재여부
- 내·외면의 손상, 변형 및 부식상태
- 뚜껑, 후렌지 등의 상태

• 밸브 및 코크의 상태
• 설비 지지대의 내화구조
• 접지상태
• 기초의 상태

7) RBI 수행 미비로 발생된 사고 사례

(1) 사례 1

① circulation solvent line flange 부식에 의한 누출

② 다량 누출 시 화재·폭발 위험 및 셧다운

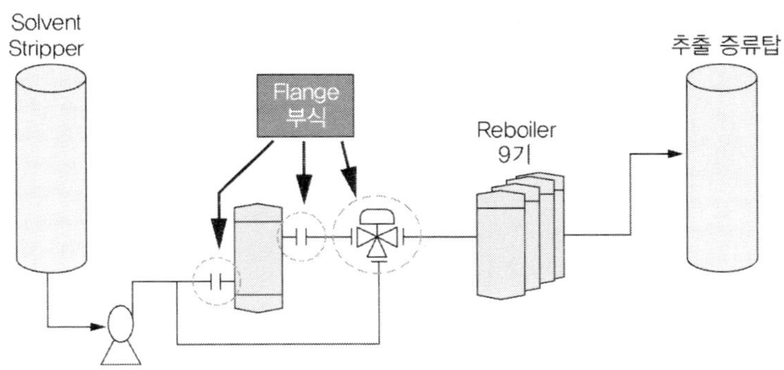

그림 6.21 부식부 사진(10인치 플랜지)

(2) 사례 2

solvent stripper reboiler shell side outlet 응축수 배관 부식에 의한 누출

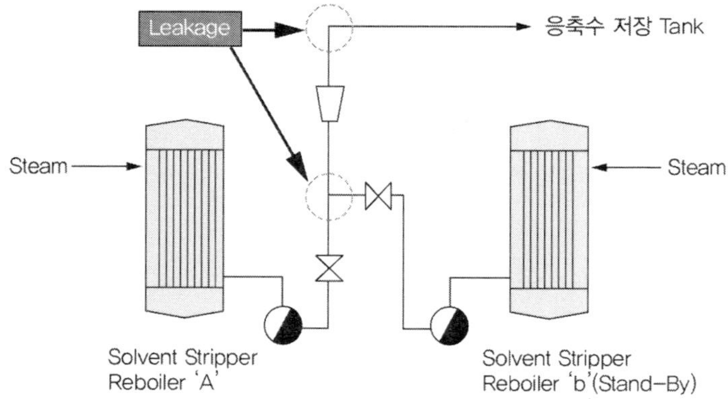

Reboiler Outlet Common부 3 inch 배관 누출

Reboiler Outlet Common부 3 inch 배관 누출

그림 6.22 응축수 배관 부식에 의한 누출

3. RBI 위험도 평가

1) 정의

RBI 검사는 시설 또는 장치의 고장률과 고장에 의한 영향을 평가하여 다양한 검사를 수행하거나 검사의 주기를 짧게 하는 등 관련 장치의 신뢰도를 높여 사고를 방지할 수 있는 방법이다. 위험도는 고장발생가능성(LOF, likelihood of failure)과 사고피해크기(COF, consequence of failure)의 곱을 말한다.

$$위험도(Risk) = COF \times LOF$$

또한 사고규모, 환경 및 인체에 미치는 영향, 회사 경영에 미치는 영향 등을 동시에 고려하여 분석한다. RBI에 관련된 용어를 정리하면 다음과 같다.

① COF(consequence of failure : 사고피해크기)

사고에 의해 영향을 받는 장치 손상범위 또는 재정적 손실의 크기를 말한다.

② LOF(likelihood of failure : 고장발생가능성)

설비의 고장발생 확률 및 고장 발생빈도를 말한다.

③ 손상메카니즘(damage mechanism)

설비를 손상시키는 부식 또는 기계적 작용을 말한다.

④ 설비변경계수(FE : equipment modification factor)

기술종속계수, 보편종속계수, 기계적 종속계수, 공정 종속계수에 의해 결정된 설비의 복잡성을 나타내는 인자를 말한다.

⑤ 관리시스템 평가계수(FM : management system evaluation factor)

공정안전관리 시스템의 차이에 의해 일반 고장 발생빈도를 보정하기 위한 인자를 말한다.

⑥ 검사표준(SEIP : specific equipment inspection factor plan)

설비의 검사를 위하여 검사부위, 부식원인, 완화 및 예방, 감시 등을 표준화하여 검사에 대한 계획을 수립함을 말한다.

⑦ 인벤토리 그룹(inventory group)

누출설비에서 블록을 형성할 수 있는 구간에 속한 모든 설비를 말한다.

⑧ 검출시스템(detection syatem)

화학물질의 누출시간을 줄이기 위해 설치되는 감지기 등을 말한다.

⑨ 차단시스템(isolation system)

누출량을 줄이기 위해 설치된 밸브 등을 말한다.

⑩ 완화시스템(mitigation system)

위험물질의 누출영향을 차단하고 줄이기 위해 설치되는 시스템을 말한다.

2) COF(Consequence Of Failure : 사고피해크기) 결정요소

① 유해물질 예상 배출량

② 사고유형(화재, 폭발, 독성물질배출, 환경오염)

③ 회사경영에 미치는 영향

3) LOF(Likelihood Of Failure : 고장발생가능성) 결정요소

① 장치, 배관 수량

② 열화기구

③ 검사의 적절성

④ 현재의 장치물 상태

⑤ 공정특성 및 장치설계기준

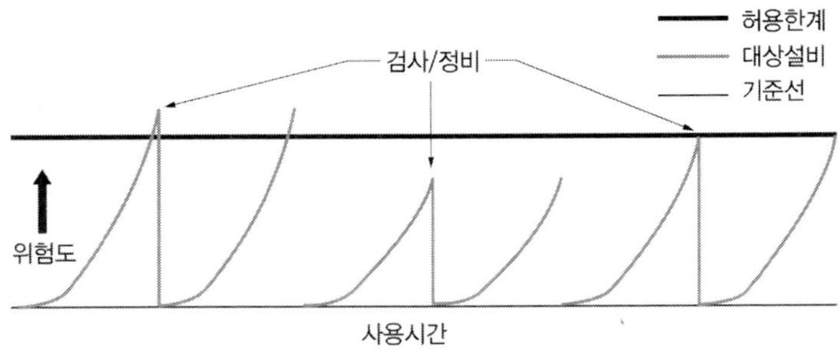

유지보수 사례

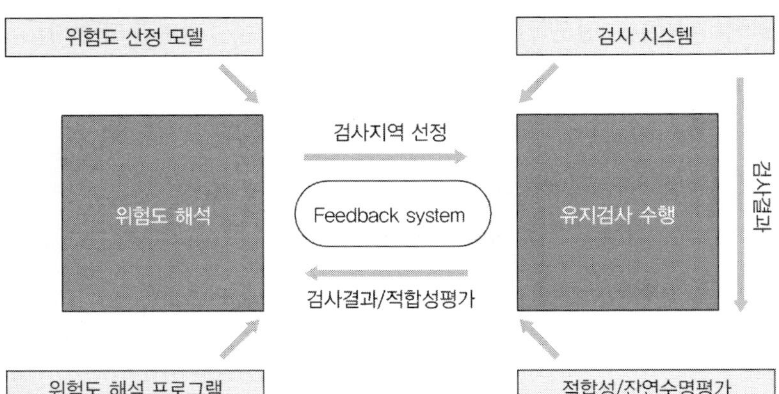

위험도 관리

그림 6.23 RBI 위험성평가

4) RBI 적용절차

① 고위험 지역 구분(identify areas of high risk)

② 적용우선 순위산정(prioritize)

③ 위험도 평가(evaluate of risk value)

④ 검사체계설계(design an appropriated inspection program)

⑤ 장치사고 위험도의 체계적 관리(systematically manage the risk equipment failure)

5) 공정위험도 평가

(1) 고장발생가능성(LOF, Likelihood Category)

① 설비계수(equipment factor) : 0∼15

② 손상계수(damage factor) : 0∼20

③ 검사계수(inspection factor) : -15∼0

④ 상태계수(condition factor) : 0∼15

⑤ 공정계수(process factor) : 0∼15

⑥ 기계적설계계수(mechanical design factor) : 0∼10

표 6.8 고장발생가능성(likelihood category)

factor의 합	category	비고
0∼15	1	
16∼25	2	
26∼35	3	
36∼50	4	
51∼75	5	

(2) 사고피해크기(Damage Consequence Category : COF)

① 화학물질(chemical factor) : 0∼25

② 물질함량(quantity factor) : 0∼50

③ 상태(state factor) : 0∼8

④ 자연발화(auto-ignition factor) : 0∼13

⑤ 공정(pressure factor) : -15∼0

⑥ 신뢰도(credit factor) : -10∼0

표 6.9 사고피해크기(COF, consequence of failure)

Factor의 합	Category	비고
0～10	A	
20～34	B	
35～49	C	
50～69	D	
> 70	E	

(3) 건강피해크기(Health Consequence Category)

① 독성함량(toxic quantity factor) : 0～55

② 확산(dispersibility factor) : 0～1

③ 신뢰도(credit factor) : 0～1

④ 인구(population factor) : 0～20

표 6.10 건강피해크기(Consequence Of Failure)

Factor의 합	Category	비고
< 10	A	
10～19	B	
20～29	C	
30～39	D	
> 40	E	

(4) 공정위험도평가 위험도 행렬(Risk Matrix)

① 가로축 : 사고피해크기(damage category)와 건강피해크기(health category) 중 큰 값 선택

② 세로축 : 고장발생가능성(likelihood category)

③ 특징

- 개별장치에 적용 불가능
- 비교적 정확하지 않음
- 시간과 경제적 과다손실을 막을 수 있음
- 대략적 위험도 등급 결정

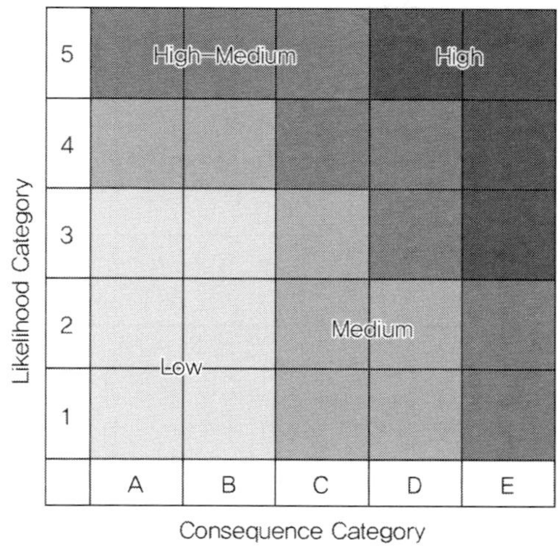

그림 6.24 공정위험도 평가 위험도 행렬(risk matrix)

6) 설비 위험도 평가

(1) 사고발생가능성 평가(LOF)

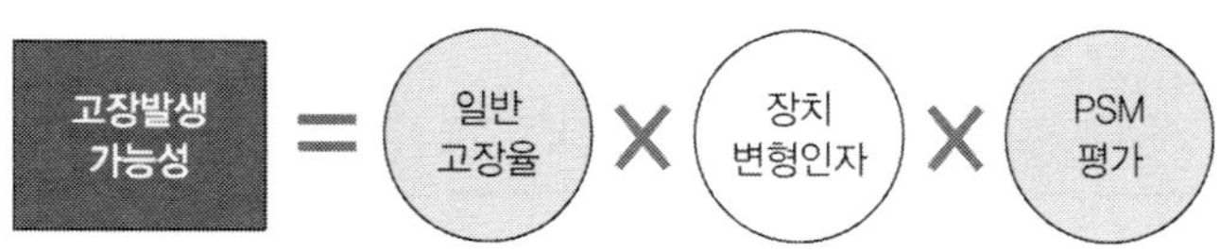

그림 6.25 설비 위험도 LOF 평가

(2) 사고발생 가능성 등급 결정

① 일반 고장율, 장치변형인자, 관리시스템 평가의 곱에 의해 결정

② 설비에 대한 변경된 사고 발생가능성과 TMSF를 얻음

③ 설비에 대한 TMSF를 기준으로 사고발생 가능성 등급 결정

참고

TMSF(technical module sub factor)
RBI 위험도평가 방법에 있어서 하위요소의 기술적 모듈로 두께감소, 응력부식균열, 고온수소침식, 크리이프, 기계적 피로, 취성파괴, 외부손상에 대한 손상메카니즘 등의 하위요소를 말한다.

표 6.11 TMSF에 의한 설비 LOF 평가

TMSF	Category	비고
< 1	1	
1~10	2	
10~100	3	
100~1000	4	
> 1000	5	

(3) 설비의 가스누출 사고발생가능성(LOF) 평가

① 사고피해 크기를 결정하기 위한 가연성 및 독성에 대한 피해 영역을 산출

② 설비별 누출 시나리오에 따라 가중 피해영역으로부터 등급 결정

표 6.12 가스누출 사고발생가능성(LOF) 평가

Area(ft^2)	Category	비고
< 10	A	
10~100	B	
100~1000	C	
1000~100000	D	
> 1000	E	

(4) 설비 위험도 평가(COF)

그림 6.26은 사고피해크기(COF)에 의한 설비 위험도 평가 알고리즘을 나타낸 것이다.

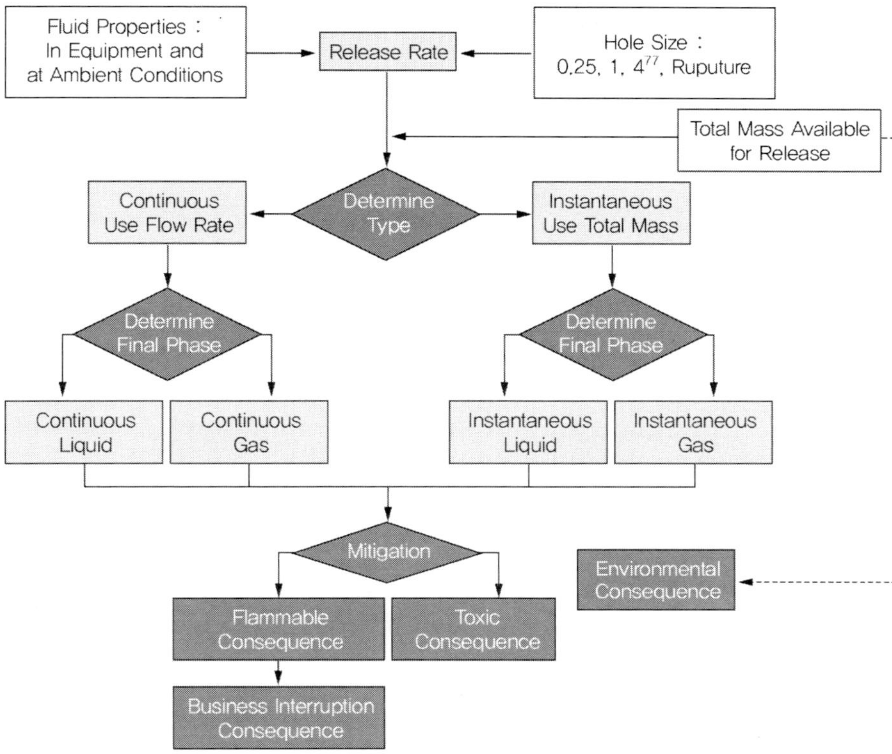

그림 6.26 사고피해크기(COF)에 의한 설비 위험도 평가 알고리즘

4. 한국형 위험기반검사(K-RBI)

1) 개요

위험기반검사(RBI) 기법은 미국기계학회(ASME)의 비행기 제트엔진과 원자력의 위험도를 정량적으로 분석하기 위해 처음 시도된 이래 미국석유협회(API, american petroleum institute)를 중심으로 석유화학공업분야로 발전하여 가장 활발하게 연구되고 있다.

한국형 위험기반검사(K-RBI)는 설비별 위험도를 정량적으로 산출하고 위험도 순위에 따라 검사·유지보수의 우선순위를 결정하여 집중적으로 관리함으로서 설비의 안전성 확보와 자율안전관리를 정착시키기 위해 설비의 위험도에 근거한 검사항목, 검사방법 및 검사주기 등을 제시해 줄 수 있는 한국형 위험기반검사이다.

2) K-RBI 프로그램 알고리즘

그림 6.27은 K-RBI 프로그램 알고리즘을 보여주고 있다.

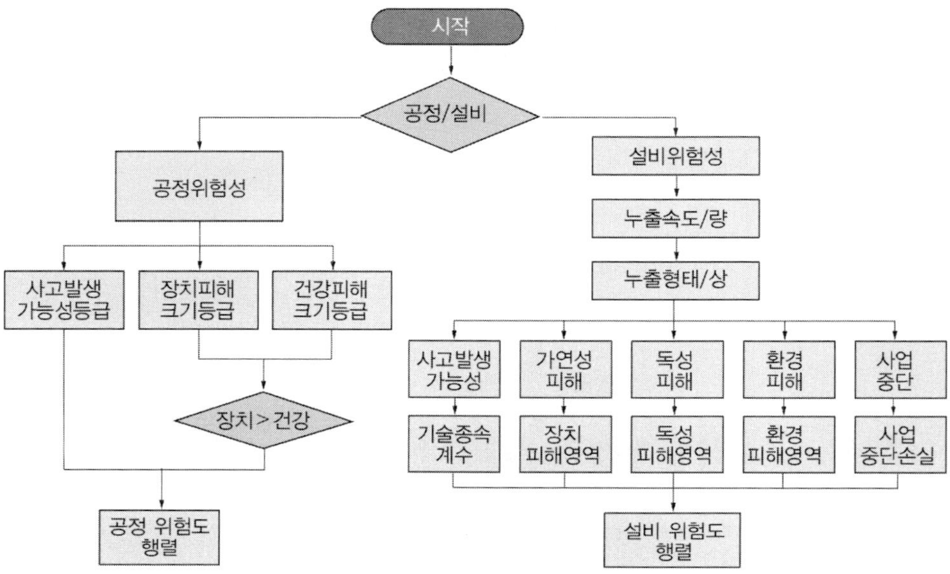

그림 6.27 K-RBI 프로그램의 알고리즘

(1) 공정의 위험도 평가

알고리즘에서는 한 개 공장에 있는 여러 개의 공정에 대한 검사 우선순위를 결정하는 공정의 위험도계산 단계 위험도를 기반으로 검사주기, 검사방법 등을 결정하는 검사계획이 최종적으로 수립된다.

공정의 위험도는 사고발생가능성, 장치피해크기등급, 건강피해크기 등급으로 구분하고, 설비 손상피해와 건강피해 중 큰 등급의 피해크기를 사고피해크기의 등급으로 결정한다. 이 때 사고 발생 가능성은 설비계수, 손상계수, 검사계수, 상태계수, 공정계수, 그리고 설계계수에 의해 결정되며, 설비손상피해는 화학물질계수, 물질량계수, 상태계수, 발화계수, 압력계수 그리고 신뢰도 계수에 의해 결정된다. 이와 같이 결정된 발생가능성 등급과 피해크기 등급을 이용하여 행렬에 각각 가로와 세로에 나타내어 정성적 위험도를 결정한다. 결국 공정위험도 평가는 공장 전반에 대한 unit 또는 주요 시스템에 대하여 검사 우선순위 결정과 한적 환경에 노출된 공장에 대한 잠재적 위험성을 평가하는 것이다.

(2) 공정에 있는 개별 설비에 대한 위험도 산출

설비별 검사의 우선순위를 결정하는 설비 위험도를 산출하기 위한 누출 시나리오(s)별 위험도(risk)는 사고발생가능성(LOF)과 사고피해크기(COF)의 곱으로 다음 식으로 나타낸다.

$$(\text{Risk})_s = (\text{LOF})_s \times (\text{COF})_s$$

여기서, LOF : likelihood of failure

COF : consequence of failure

s : 누출시나리오

Risk : 누출시나리오에 대한 위험도

를 나타낸다. 이때 사고발생가능성은 각 설비의 일반 고장발생빈도와 설비변경계수, 관리시스템평가계수로부터 산출된다. 설비변경계수는 각 설비의 운전 또는 조건과 관련된 기술종속계수, 보편적종속계수, 기계적종속계수, 공정종속계수로부터 결정되며, 각 계수들은 그림 6.28과 같이 세부 항목들로부터 결정된다.

관리시스템평가계수는 유해물질의 누출을 방지하고 공정설비의 기계적 건전성을 유지하는 데 영향을 주며, 1,000점 만점으로 계산하는 데, 이 값을 인자로 변환하여 설비들의 상대적 위험도를 바꾸는 것이 아니라 전체 설비들의 절대적 위험도를 높이거나 낮추는 데 사용된다.

그림 6.28 장치변형인자

사고결과의 크기는 대표 유체 및 유체의 특성결정, 누출공 선택, 유체의 총 누출량 또는 누출속도 산출, 확산 및 피해크기의 결정을 위한 유형 결정, 유체의 최종상태 결정, 누출 후 반응 영향평가 그리고 누출에 의해 잠재적으로 영향을 받는 영역으로·평가되거나 운휴 또는 환경정화로 인한 누출 피해 비용으로 산출된다. 결국, 공정설비의 위험도 평가 실시, 사고결과에 대한 발생 가능성과 피해크기 및 재정적 피해, 즉 환경적 손실과 사업 중단에 따른 손실을 고려 및 장치에 대한 위험도를 보다 정확하게 평가하는 데 있다.

(3) 최종 위험도 산출

설비에서 최종 위험도는 설비의 모든 누출시나리오에 대한 합으로서 다음 식으로 표현된다.

$$(\text{Risk})_{\text{equipment}} = \sum_{i=1}^{s} (\text{Risk})_i$$

이와 같이 K-RBI는 위험도를 공정위험도 평가 즉, 정성적(qualitative) 평가와 또는 설비 위험도 평가 즉, 정량적(quantitative)으로 평가하여 전체 설비 위험도의 대부분을 차지하고 있는 20% 내·외의 대상설비를 찾아내어 이에 대해 최적의 방법을 방법으로 인적·물적 자원을 투입함으로서 효율적인 안전성 확보와 함께 유지 관리의 경제성을 추구하는 기법이다.

3) K-RBI 수행절차

K-RBI는 수행하고자 하는 대상공정의 검사 우선순위를 결정하는 정성적 RBI와 대상공정에 대한 각 설비별 위험도를 산출하여 설비의 검사 우선순위를 결정하는 정량적 RBI로 구성된다. 그림 6.29는 RBI의 수행절차를 나타낸 것이다.

(1) 정성적(Qualitative) RBI

정성적 RBI는 정량적 RBI의 수행에 앞서 가혹한 환경에서 노출되어 상대적으로 타설비에 비해 높은 위험을 갖는 설비나 공정을 대략적으로 찾는 데 사용하는 방법으로 사업장의 안전관리수준평가를 산업안전보건법에 의해 시행중인 공정안전관리(PSM)에서의 안전관리 이행수준 평가방법으로 대체하여 설비의 사고발생확률에 적용하고, 공정 위험도 분석을 이용하여 RBI 수행공정을 선택하여 설비별 위험도 분석에 사용한다.

(2) 정량적(Quantitative) RBI

정량적 RBI는 공정별 DB에 포함된 공정 데이터와 설비 데이터를 가지고 접근한다. 어떠한 누출이 발생하고, 그 누출이 어떠한 상황으로 진전되는지를 결정하기 위해 여러 가지 지정된 누출 시나리오를 고려하고, 각각의 시나리오에 대해 위험도를 결정하고 결정된 위험도의 합이 그 설비의 최종 위험도가 된다.

위험기반검사에서는 그림 6.29와 같은 절차를 통해 설비의 검사를 계획하고 수행할 수 있게 된다. 공정 및 설비에 대한 위험도를 산출하기 위해 전문가들로 구성된 RBI 수행팀을 구성하고, 이 팀은 데이터 취득을 위한 시스템화를 통해서 구간을 정의하고, 시스템화로부터 설정된 설비의 데이터를 취득하게 된다. 이 때 K-RBI의 프로그램 적용이 가능한 설비는 배관, 고정설비, 회전설비 및 밸브이며, 얻어진 데이터를 K-RBI에 입력함으로써 설비의 위험도를 산출하고, 검사우선순위, 검사주기, 검사방법 등을 결정할 수 있다.

이처럼 K-RBI는 구성요소별로 위험도를 정량적으로 평가한 후 위험도가 높은 부품이나 설비에 우선순위를 두어 검사업무를 추진함으로써 위험도가 높은 소수의 설비에 대해 최적의 방법으로 인적, 물적 자원의 집중적인 투입이 가능하게 하는 과학적인 기법이라 할 수 있다.

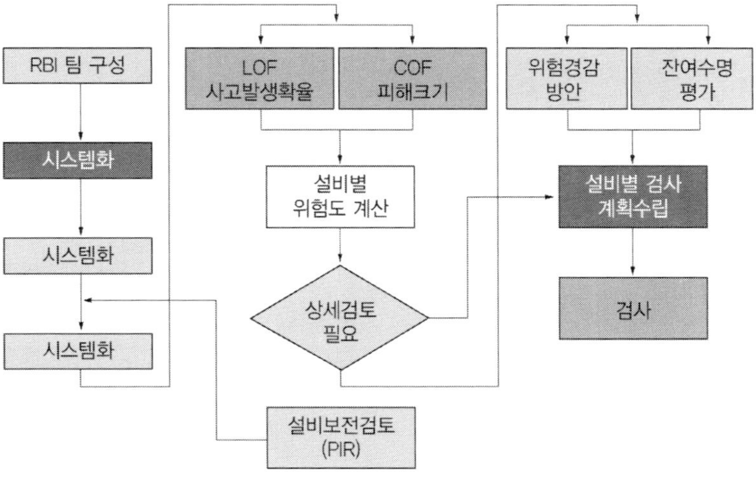

그림 6.29 RBI 적용절차

4) K-RBI 프로그램

K-RBI는 API-581의 절차를 바탕으로 국내 실정에 맞는 종합 알고리즘을 작성하고 그림 6.30과 같이 관리모듈, 입력수정모듈, 엔지니어링모듈, DB(database)모듈, 위험도산출모듈, 유지보수이력모듈, 검사계획모듈, 출력모듈 등 8개 모델로 구성하여 실행되도록 하였다. 그림 6.31에서

는 K-RBI 실행절차를 나타낸 것이다. 먼저 공정에 대한 정보를 입력 후 인벤토리 그룹(Inventory group)을 정의하고 유체 및 설비의 정보를 엑셀 프로그램에 입력하여 인벤토리 양을 계산하여 설비의 위험도를 분석한다.

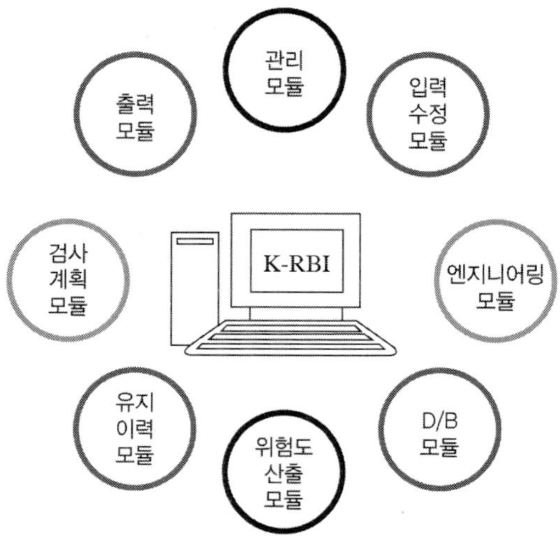

그림 6.30 K-RBI 프로그램 모듈

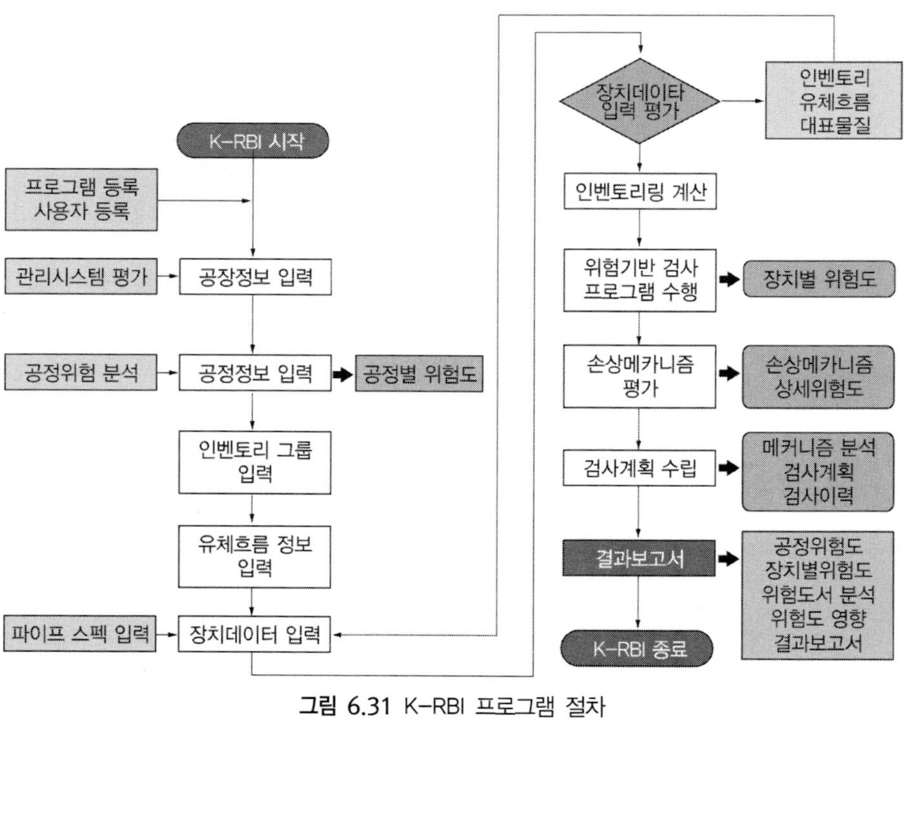

그림 6.31 K-RBI 프로그램 절차

한국산업안전공단(KOSHA)에서 K-RBI 프로그램의 특징은 비전문가도 사용할 수 있도록 각종 자료를 DB화하였고, 상세한 위험분석과 상세한 위험분석이 가능하고, 계산과정을 확인할 수 있으며, 다양한 보고서 기능과 그 보고서를 출력이 가능하게 하였다. K-RBI 프로그램을 사업장에 보급하여 적용하여 재정적 절약과 안전화를 이루는 데 효과적으로 기여하고 있다.

찾아보기

ㅈ

ㅊ

ㅋ

저 / 자 / 소 / 개

추병길

전남대학교 공학박사

전) 광주소방서 방호과 예방반장(소방장학생)

전) 순천제일대학교 산업안전관리과 / 소방방재과 교수

현) 청암대학교 소방안전관리과 교수

이재섭

전) 금호석유화학(주) 여수공장 안전과장

순천제일대학교 소방방재과 외래교수

석유화학공장 안전관리

1판 1쇄 발행 2022년 2월 25일

저자 추병길 · 이재섭

발행인 서철종

발행처 도서출판 지우북스

주소 경기도 파주시 문발로 115 세종출판벤처타운 209호

전화 031-915-6670(代)

팩스 031-915-6671

이메일 jwbooks@nate.com

홈페이지 www.jwbooks.co.kr

출판등록 제406-251002017-000032호

ISBN 979-11-88673-91-9 93570

정가 28,000원